21世纪应用型本科电子通信系列实用规划教材

光电信息与光电子综合实验

主　编　郭杰荣　刘长青　周春晓
副主编　尚　雪　黎小琴

内 容 简 介

本书内容主要包括光电信息技术综合性实验、光电信息技术设计性实验、光电信息技术创新性实验、光学器件组装与检验、光电子器件的制备与测试。本书从光电信息技术在生产和生活中的应用出发，根据光电信息技术相关专业实验课程教学的需要而编写，是一本集综合性、设计性、创新性于一体的"三性实验"教材。

本书可作为高等学校光电信息科学与工程类专业、测控技术与仪器专业、应用物理学专业的本科生和研究生的实验教材，也可供工程技术人员参考使用。

图书在版编目(CIP)数据

光电信息与光电子综合实验/郭杰荣，刘长青，周春晓主编. ——北京：北京大学出版社，2025.6
21 世纪应用型本科电子通信系列实用规划教材
ISBN 978-7-301-33654-0

Ⅰ.①光… Ⅱ.①郭…②刘…③周… Ⅲ.①光电子技术—信息技术—实验—高等学校—教材 Ⅳ.①TN2-33

中国国家版本馆 CIP 数据核字（2023）第 004724 号

书　　　名	光电信息与光电子综合实验 GUANGDIAN XINXI YU GUANGDIANZI ZONGHE SHIYAN
著作责任者	郭杰荣　刘长青　周春晓　主编
策 划 编 辑	郑　双
责 任 编 辑	黄园园　郑　双
数 字 编 辑	蒙俞材
标 准 书 号	ISBN 978-7-301-33654-0
出 版 发 行	北京大学出版社
地　　　址	北京市海淀区成府路 205 号　100871
网　　　址	http://www.pup.cn　新浪微博：@北京大学出版社
电 子 邮 箱	编辑部 pup6@pup.cn　总编室 zpup@pup.cn
电　　　话	邮购部 010-62752015　发行部 010-62750672　编辑部 010-62750667
印 刷 者	河北文福旺印刷有限公司
经 销 者	新华书店
	787 毫米×1092 毫米　16 开本　18.5 印张　450 千字 2025 年 6 月第 1 版　2025 年 6 月第 1 次印刷
定　　　价	52.00 元

未经许可，不得以任何方式复制或抄袭本书之部分或全部内容。
版权所有，侵权必究
举报电话：010-62752024　电子邮箱：fd@pup.cn
图书如有印装质量问题，请与出版部联系，电话 010-62756370

前　言

光学专业在很长一段时间内主要涉及光学仪器和光电测试设备。近年来，激光技术、光电子技术、微电子技术和计算机技术迅猛发展，给光学专业赋予了崭新的内涵，使其迅速发展成为内容广泛的光电子专业。光电子专业包含能量光电子、信息光电子、生物光电子、医疗光电子和消费光电子等诸多方面，是一个涉及众多专业领域的综合性学科；与此相适应，形成了丰富的光电子实验教学内容。然而，目前大多数实验教材是针对不同的内容而各自独立编写的，这种状况已不能满足新形势下光电子学科发展和人才培养的需要，因此出版一套相互关联的光电子系列实验教材十分必要。本教材旨在这方面做一个有益的尝试，以适应光电信息技术迅速发展对人才培养的需要。

本教材以新的实验室建设理念为指导思想，以提高学生动手与动脑能力为目标，旨在培养新一代创新型高科技人才。本教材在编写过程中参考了很多高校相关实验教学设备的设计思路和一些有创意的实验方案，结合编者团队多年从事实验室工作的感受和实验室建设的成功经验，在此基础上提出了新的实验室建设理念，即"自设实验题目，自搭实验系统，夯实创业基础，拓宽择业渠道"。

本教材将光电子技术实验内容分为5章，既体现了光电子学科领域的系统性，又能在每章体现不同性质实验的特点，是一本集综合性、设计性、创新性于一体的"三性实验"教材。本教材的内容包括：第1章为光电信息技术综合性实验，第2章为光电信息技术设计性实验，第3章为光电信息技术创新性实验，第4章为光学器件组装与检验，第5章为光电子器件的制备与测试。教材首先安排了一些简单而基础的综合性实验；然后根据先易后难的原则安排了一定量的设计性实验，筛选出了一些具有代表性的毕业设计课题，引用了一些应用性强的课题，目的是使学生掌握光电实验设计所必需的知识和技能；最后安排一些难度较高的创新性实验，目的是使学生了解、认识当前光电信息科技发展的创新内容。教材中的一些实验内容不是按照实验设计说明书的格式描述的，而是侧重讨论实验设计的关键点、难点和创新点，尽量把重复的内容简化。

本教材的具体编写分工如下：郭杰荣负责编写第1～3章；周春晓负责编写第4章；刘长青负责编写第5章；全书由刘长青负责统稿；尚雪和黎小琴绘制了表格及部分图形，完成了部分实验数据的收集。

本教材中的实验资料由北京杏林睿光科技有限公司、天津港东科技股份有限公司、武汉光驰教育科技股份有限公司提供，并获得了出版授权，在此表示感谢。由于编者水平所限，书中难免存在错误和疏漏，欢迎广大同行和读者批评指正。

编　者
2025年1月

资源索引

目 录

第1章 光电信息技术综合性实验 1

1.1 光学组合器件设计综合实验 1
- 1.1.1 概述 1
- 1.1.2 实验原理 2
- 1.1.3 参考方案 4
- 1.1.4 实验测试方案 7

1.2 连续空间频率传递函数的测量实验 8
- 1.2.1 概述 8
- 1.2.2 实验原理 9
- 1.2.3 参考方案 11
- 1.2.4 实验测试方案 11

1.3 数字式光学传递函数的测量和像质评价实验 12
- 1.3.1 概述 12
- 1.3.2 实验原理 13
- 1.3.3 参考方案 14
- 1.3.4 实验测试方案 15

1.4 机器视觉典型应用综合实验 15
- 1.4.1 概述 15
- 1.4.2 实验原理 18
- 1.4.3 参考方案 22
- 1.4.4 实验测试方案 22

1.5 光学动态三维测量综合实验 23
- 1.5.1 概述 23
- 1.5.2 实验原理 24
- 1.5.3 参考方案 29
- 1.5.4 实验测试方案 30

1.6 空间光调制器相位调制模式的参数测量及标定实验 31
- 1.6.1 概述 31
- 1.6.2 实验原理 32
- 1.6.3 参考方案 33
- 1.6.4 实验测试方案 34

1.7 激光原理与技术综合实验 35
- 1.7.1 概述 35
- 1.7.2 实验原理 36
- 1.7.3 参考方案 43
- 1.7.4 实验测试方案 45

1.8 半导体泵浦固体激光器调Q与倍频综合实验 48
- 1.8.1 概述 48
- 1.8.2 实验原理 48
- 1.8.3 参考方案 52
- 1.8.4 实验测试方案 53

1.9 光纤传感综合实验 55
- 1.9.1 概述 55
- 1.9.2 实验原理 55
- 1.9.3 参考方案 64
- 1.9.4 实验测试方案 65
- 1.9.5 实验结果及分析 66

第2章 光电信息技术设计性实验 67

2.1 光学镜头的设计 67
- 2.1.1 概述 67
- 2.1.2 实验原理 68
- 2.1.3 设计参考 76
- 2.1.4 实验测试方案 80

2.2 数字全息实验 88
- 2.2.1 概述 88
- 2.2.2 实验原理 89
- 2.2.3 设计参考 98
- 2.2.4 实验测试方案 101

2.3 相机标定系统的设计 102
- 2.3.1 概述 102
- 2.3.2 实验原理 102

	2.3.3	设计参考	106
	2.3.4	实验测试方案	108
2.4	无刷直流伺服电机 PWM 控制系统的开发与设计		108
	2.4.1	概述	108
	2.4.2	实验原理	109
	2.4.3	设计参考	109
	2.4.4	实验测试方案	111
2.5	有刷直流伺服电机 PWM 控制系统的开发与设计		119
	2.5.1	概述	119
	2.5.2	实验原理	119
	2.5.3	设计参考	122
	2.5.4	实验测试方案	124
2.6	聚合物光纤数据传输链路实验		133
	2.6.1	概述	133
	2.6.2	实验原理	134
	2.6.3	设计参考	142
	2.6.4	实验测试方案	143
2.7	光通信系统的信号分插复用模拟实验		144
	2.7.1	概述	144
	2.7.2	实验原理	144
	2.7.3	设计参考	148
	2.7.4	实验测试方案	149
2.8	波分复用光通信模拟实验		149
	2.8.1	概述	149
	2.8.2	实验原理	150
	2.8.3	设计参考	152
	2.8.4	实验测试方案	153
2.9	掺铒光纤放大器实验		154
	2.9.1	概述	154
	2.9.2	实验原理	155
	2.9.3	实验装置	158
	2.9.4	设计参考方案	158

第3章 光电信息技术创新性实验 ... 161

3.1	OCR 识别研究实验		161
	3.1.1	概述	161
	3.1.2	实验原理	161
	3.1.3	参考方案	164
	3.1.4	实验测试方案	164
3.2	机器视觉软件处理方法研究实验		164
	3.2.1	概述	164
	3.2.2	实验原理	165
	3.2.3	参考方案	170
	3.2.4	实验测试方案	171
3.3	条码检测方法研究实验		172
	3.3.1	概述	172
	3.3.2	实验原理	172
	3.3.3	参考方案	176
	3.3.4	实验测试方案	178
3.4	LED 发光器件光色电参数测试实验		178
	3.4.1	概述	178
	3.4.2	实验原理	179
	3.4.3	设计参考	190
3.5	彩色显示屏光色测试实验		195
	3.5.1	概述	195
	3.5.2	实验原理	195
	3.5.3	设计参考	196
3.6	利用反射光谱测定印刷品质量实验		198
	3.6.1	概述	198
	3.6.2	实验原理	200
	3.6.3	设计参考	205
3.7	利用透射光谱测定滤光片透过率实验		208
	3.7.1	概述	208
	3.7.2	实验原理	208
	3.7.3	设计参考	208
3.8	利用等离子体光谱测定气体成分实验		210
	3.8.1	概述	210
	3.8.2	实验原理	211
	3.8.3	设计参考	211
3.9	利用白光干涉测定薄膜厚度实验		212

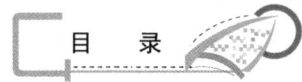

  3.9.1 概述 212
  3.9.2 实验原理 213
  3.9.3 设计参考 215

第 4 章   光学器件组装与检验 217

4.1 光学器件清洁包装、光洁度检测 217
  4.1.1 引言 217
  4.1.2 原理与知识点 218
  4.1.3 实训内容 225
4.2 光学器件面型与外形检测 226
  4.2.1 引言 226
  4.2.2 原理与知识点 226
  4.2.3 实训内容 229
4.3 光学器件抛光面的形位公差检测 229
  4.3.1 引言 229
  4.3.2 原理与知识点 229
  4.3.3 实训内容 233
4.4 光学棱镜检测 234
  4.4.1 引言 234
  4.4.2 原理与知识点 235
  4.4.3 实训内容 238
4.5 系统焦距检测 239
  4.5.1 引言 239
  4.5.2 原理与知识点 239
  4.5.3 实训内容 242
4.6 光学系统像差检测 244
  4.6.1 引言 244
  4.6.2 原理与知识点 244
  4.6.3 实训内容 249
4.7 光学系统刀口仪像差检测 255
  4.7.1 引言 255
  4.7.2 原理与知识点 255
  4.7.3 实训内容 258

第 5 章   光电子器件的制备与测试 260

5.1 产品展示与认知实训 260
  5.1.1 引言 260
  5.1.2 原理与知识点 261
5.2 光纤切割与光纤插针的制备实训 264
  5.2.1 引言 264
  5.2.2 原理与知识点 265
  5.2.3 实训工艺 267
5.3 光纤端面研磨实训 269
  5.3.1 引言 269
  5.3.2 原理与知识点 269
  5.3.3 实训工艺 270
5.4 光纤端面检测实训 271
  5.4.1 引言 271
  5.4.2 原理与知识点 271
  5.4.3 实训工艺 272
5.5 器件外观尺寸检验实训 274
  5.5.1 引言 274
  5.5.2 原理与知识点 274
  5.5.3 实训工艺 275
5.6 光通信器件光纤耦合实训 276
  5.6.1 引言 276
  5.6.2 原理与知识点 276
  5.6.3 实训工艺 278
5.7 激光焊接制备实训 279
  5.7.1 引言 279
  5.7.2 原理与知识点 280
  5.7.3 实训工艺 280
5.8 产品终检及成品包装实训 283
  5.8.1 引言 283
  5.8.2 原理与知识点 284
  5.8.3 实训工艺 285

第 1 章
光电信息技术综合性实验

本章所选择的项目是光电信息方向本科高年级学生进行综合研究性学习的实验项目。通过对本章的学习使学生在完成光电信息技术基本实验的基础上,学会如何运用光学器件、光电传感器件、变换电路和信息处理技术解决工业生产线上产品质量的检测问题,解决产品生产过程的控制、分选、分类等问题。教师应根据本校的特点、实验的难易程度、学生的动手能力适当安排实验。

1.1 光学组合器件设计综合实验

1.1.1 概述

本实验以光学基本器件为基础,用光学器件组合的方法研究光学系统的成像特性。实验内容主要涉及基本光路设计和组合器件综合实验,与教学内容紧密结合,有助于学生系统、全面地理解光学传递的基本定律、成像的基本规律,培养学生的综合实验能力。

1. 实验目的

(1) 掌握光学实验主要仪器的使用、光路调整方法与技巧。
(2) 掌握光学系统基点测量的方法。
(3) 掌握望远镜光学系统参数测量的方法。
(4) 掌握显微镜光学系统分辨率检测的方法。

2. 实验器材

点光源(GY-6A)、物屏(SZ-14)、凸透镜($f=190\text{mm}$)、二维架(SZ-07)、平面镜、二维平移底座(SZ-02)、通用底座(SZ-04)。

3. 实验任务及要求

(1) 正确地选择和使用光学器件,完成对光路系统的搭建和调整。
(2) 根据自行搭建的光学系统,准确测量该光学系统的基点。
(3) 正确地选择光学器件,搭建望远镜光学系统并测量相应的参数。
(4) 正确地选择光学器件,搭建显微镜光学系统并测量系统的分辨率。

1.1.2 实验原理

光学系统是由一些通用性很强的光学器件组成的,掌握常用的光学器件的结构性能、特点和使用方法,能正确地选择和使用光学器件,是进行光学系统实验的前提。常见的光路实验有以下两种。

1. 自准法测薄凸透镜焦距

若物体正好处在透镜的前焦面处,物体上各点发出的光经过透镜后,变成不同方向的平行光,经透镜后方的反射镜把平行光反射回来,反射光通过透镜,成一倒立的与原物体大小相同的实像,像位于原物体平面处,即成像于该透镜的前焦面上。此时物体与透镜之间的距离就是透镜的焦距。

自准法测薄凸透镜焦距实验原理如图 1.1 所示。光源置于 S_0 透镜焦点处,发出的光经过透镜后成为平行光,若在透镜后面放一块与透镜主光轴垂直的平面镜 M,平行光射向 M 并沿原路反射回来,仍会聚于 S_0 上,即光源和光源的像都在透镜的焦点 F 处,透镜的光心与光源 S_0 之间的距离即为此凸透镜的焦距 f,如果光源不是点光源,而是一个发光的、有一定形状的物屏,则当该物屏位于透镜的焦平面时,其像必然也在该焦平面上,而且是倒像,此时物屏至透镜光心的距离便是焦距 f。这种使物、像在同一平面上且成倒像的测量透镜焦距的方法称为自准法。

2. 两次成像法测凸透镜焦距

两次成像法测凸透镜焦距实验原理如图 1.2 所示。如果物体和物屏的相对位置不变,且间距 d 大于 $4f$ 时,凸透镜置于物体和物屏之间,移动凸透镜能在物屏上得到两个清晰实像。

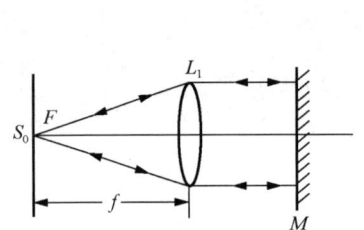

图 1.1 自准法测薄凸透镜焦距实验原理

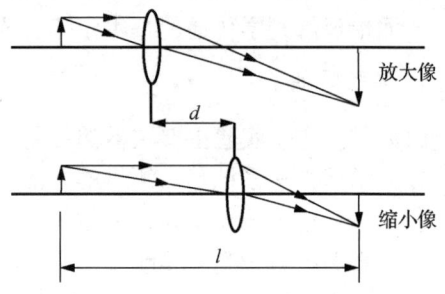

图 1.2 两次成像法测凸透镜焦距实验原理

光学仪器中常用的光学系统,一般都是由单透镜或组合透镜等球面系统共轴构成的。光学系统基点测量实验原理如图 1.3 所示。对于由薄透镜组合成的共轴球面系统,每个厚透镜及共轴球面透镜组都有 6 个基点。共轴球面系统的基点、基面具有如下的特性。

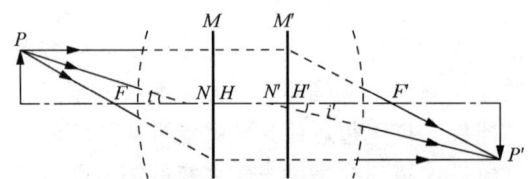

图 1.3 光学系统基点测量实验原理

（1）主点和主面。若将物体垂直于系统的光轴放置在第一主点 H 处，则必成一个与物体同样大小的正立像于第二主点 H' 处，即主点是横向放大率的一对共轭点。过主点垂直于光轴的平面分别称为第一主面、第二主面（图 1.3 中的 MH、$M'H'$）。

（2）节点和节面。节点是角放大率 $\gamma = \pm 1$ 的一对共轭点。入射光线（或其延长线）通过第一节点 N 时，出射光线（或其延长线）必通过第二节点 N'，并与 N 的入射光线平行。过节点垂直于光轴的平面分别称为第一节面、第二节面。当共轴球面系统处于同一媒质时，两主点分别与两节点重合。

（3）焦点和焦面。平行于系统主轴的平行光束，经系统折射后与主轴的交点 F' 称为像方焦点；过 F' 垂直于主轴的平面称为像方焦面。第二主点 H' 到像方焦点 F' 的距离，称为系统的像方焦距 f'。此外，还有物方焦点 F、物方焦面和物方焦距 f。

显然，薄透镜的两主点与透镜的光心重合，而共轴球面系统两主点的位置，将随各组合透镜或折射面的焦距和系统的空间特性而异。下面以两个薄透镜的组合为例进行讨论。设两薄透镜的像方焦距分别为 f_1' 和 f_2'，两薄透镜之间的距离为 d，则透镜组的像方焦距 f' 可由下式求出。

$$f' = \frac{f_1' f_2'}{(f_1' + f_2') - d}, \quad f = -f' \tag{1-1}$$

两主点位置为

$$l' = \frac{-f_2' d}{(f_1' + f_2') - d} \tag{1-2}$$

$$l = \frac{f_1' d}{(f_1' + f_2') - d} \tag{1-3}$$

计算时注意，l' 是从第二透镜光心量起，l 是从第一透镜光心量起。

（4）望远镜系统的搭建和参数测量。

望远镜系统的光学原理如图 1.4 所示。

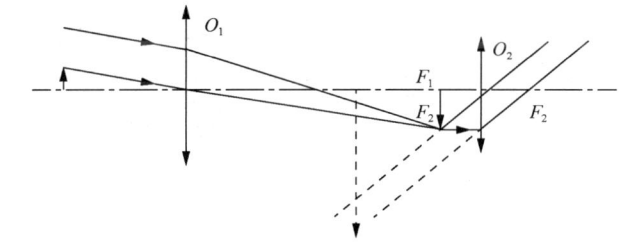

（a）开普勒望远镜的光路图

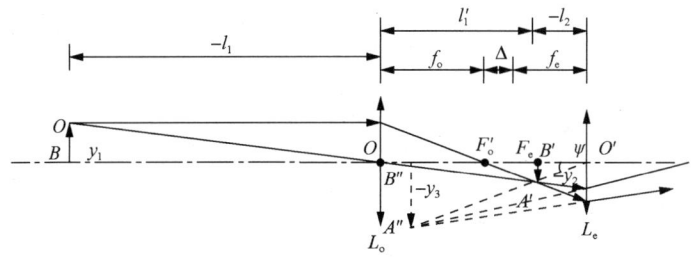

（b）观察近处物体时望远镜的光路图

图 1.4　望远镜系统的光学原理

望远镜是一种利用凹透镜和凸透镜帮助人们观测遥远物体的光学仪器。通过本实验能使学生了解望远镜的光学原理，自己搭建望远镜，测量相关参数。望远镜的第一个作用是放大远处物体的张角，使观测者能看清间距更小的细节。望远镜的第二个作用是把物镜收集到的比瞳孔直径（最大 8mm）粗得多的光束，送入人眼，使观测者能看到原来看不到的暗弱物体。1608 年，荷兰人汉斯·利伯希发明了第一部望远镜。1609 年，意大利佛罗伦萨人伽利略发明了 40 倍双镜望远镜，这是第一部投入科学应用的实用望远镜。望远镜能把远处物体很小的张角按一定倍率放大，使之在成像空间具有较大的张角，使本来无法用肉眼看清或分辨的物体变得清晰可辨。它是一种通过物镜和目镜使入射的平行光束仍保持平行射出的光学系统。

（5）显微镜系统的搭建与光学系统分辨率检测。

显微镜主要用来帮助观测者观察近处的微小物体，显微镜与放大镜的区别是二级放大。通过本实验能使学生了解显微镜的光学原理，自己搭建显微镜，测量相关参数。

显微镜的光学原理如图 1.5 所示。光学显微镜的工作原理基于凸透镜的成像原理，它需要经过两次成像过程。首先，物体通过物镜（第一个凸透镜）进行第一次成像。在这个阶段，物体应该位于物镜焦点之外但在两倍焦距以内的位置，根据光学透镜成像原理，此时形成的是一个放大且倒立的实像。这个倒立的实像是作为"物体"被目镜（第二个凸透镜）用于第二次成像的基础。当我们观察时，实际上是站在目镜的另一侧看过去。依据光学原理，第二次成像产生的应该是一个虚像，这样使得最终观察到的图像与原始物体在同一侧。因此，为了确保这一点，第一次成像后得到的像必须落在目镜焦点之内。这样一来，经过第二次成像处理之后，我们所看到的就是一个放大了并且正立起来的虚像。但是需要注意的是，对于实际存在的物体而言，它在显微镜下呈现出来的仍然是倒立放大的形象。

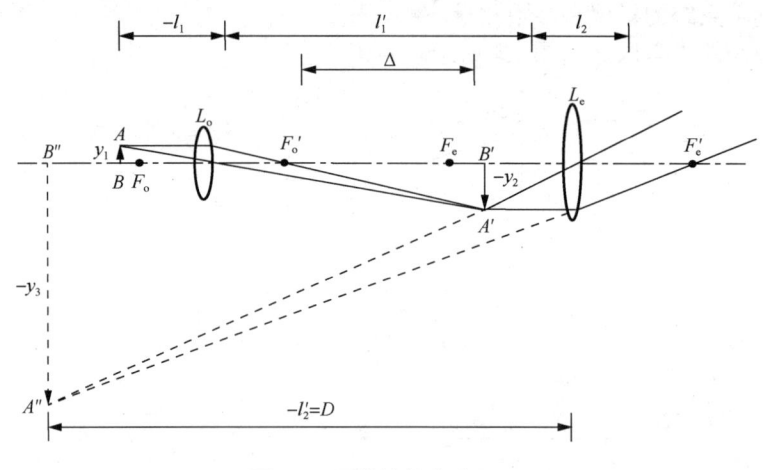

图 1.5　显微镜的光路原理

1.1.3　参考方案

1. 光路调整

光学实验中经常会遇到用一个或多个透镜成像，为了获得较好的像，必须使各个透镜的主光轴重合（即共轴），并使物体位于透镜的主光轴附近。另外，为了最大限度地利用激光扩束后的面光源,所有透镜的主轴都需要大致通过光斑中心,才能获得清晰的像。

共轴调节使物、屏的中心处在透镜光轴上,并使各光学元件共轴,达到共轴能保证近轴光线的条件成立。一般分为两步进行。

第一步粗调,即用眼睛观察,使物、屏与透镜中心大致在一条直线上。粗调方法如下:通过前后移动白屏的方法,先使激光光束与平台面平行,再将透明物、扩束镜、双凸透镜依次摆好,调节它们的取向和上下左右位置,让光斑、物、镜的几何中心处在一条直线上,这样便使透镜的主光轴与平台面平行且共轴,光斑也最大限度地得到利用。

第二步细调,即移动透镜,当两次成像中心重合即达到共轴,若不重合,需视情况有针对性地调节各光学器件,直至两次成像的中心重合。如果系统有两个以上的透镜,则先加入一个透镜调节共轴,然后依次加入透镜,使每次所加透镜都与原系统共轴。

2. 透镜焦距调整

步骤 1:按照图 1.6 所示的实验装配图安装实验器件。

步骤 2:打开平行光管外盖,观察平行光管内部结构,了解基本原理。

步骤 3:平行光管调整后,将待测透镜置于平行光管的前方,在待测透镜的前方放上测微目镜,调节平行光管、待测透镜和测微目镜,使它们处在同一光轴上,尽量将测微目镜拉近到实验者方便观察的位置。

步骤 4:前后移动透镜,使待测透镜在平行光管中的普罗棱镜(Porro prism)成像于测微目镜的标尺和叉丝上,表明透镜的焦平面与测微目镜的焦平面重合。

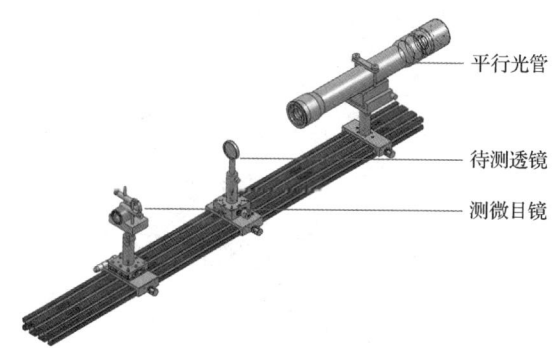

图 1.6 透镜焦距调整实验装配图

步骤 5:用测微目镜测出普罗棱镜像中 $y = 10\text{mm}$ 两刻线间距的测量值 y',读出平行光管的焦距实测值 f'_0(仪器说明书中给定),重复 5 次,将各数据填入自拟表中。

步骤 6:计算出透镜的焦距,取平均值。

3. 光学系统基点测量

步骤 1:按照图 1.7 所示的实验装配图安装实验器件。

步骤 2:调整各光学器件同轴等高,借助反射镜调节目标板(目标板图案为正方形,边长 10mm)与标准透镜(透镜焦距为 $-f_0$)之间的距离,使目标板(物方图案宽度为 h_1)位于透镜 L_0 的前焦面(自准法)。

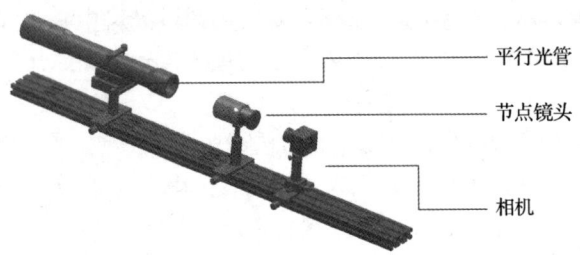

图 1.7 光学系统基点测量实验装配图

步骤 3：调整相机位置，获得清晰的普罗棱镜像。

步骤 4：使用焦距测量软件，测量节点镜头的焦距 f'。

步骤 5：使用钢板尺，测量相机固定孔位置（芯片位置与固定孔位置重合）到镜头顶点的距离。

步骤 6：绘图标示节点器中透镜组的主面及基点位置。

4. 望远镜系统原理实验

步骤 1：按照图 1.8 所示的实验装配图安装实验器件。

步骤 2：调节目镜和测量系统的距离，使目镜能清晰地看到平行光管内的像。

步骤 3：通过目镜上的刻度测出平行光管内分划板两条线之间的长度 L'，L 为分划板两条线之间的实际长度。其放大率 γ 为

$$\gamma = -\frac{L'}{L} \tag{1-4}$$

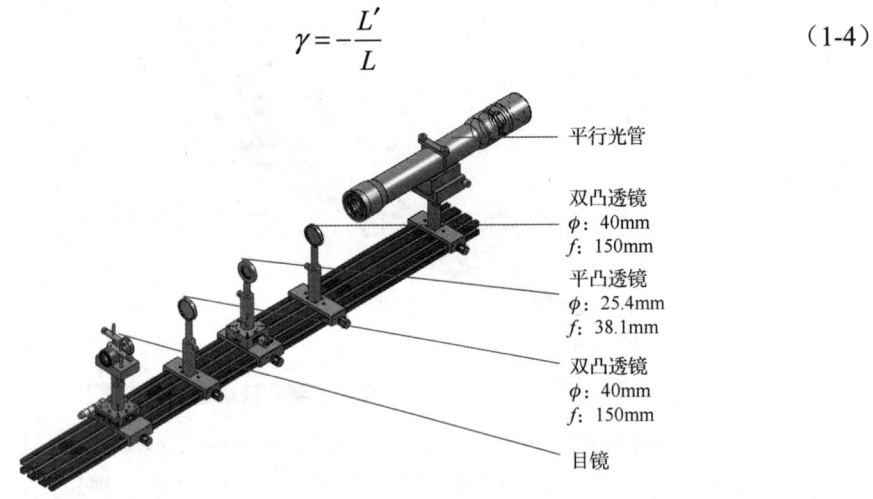

图 1.8 望远镜系统原理实验装配图

步骤 4：测出望远镜的镜筒长度 l 和物距 l'，计算其放大率，并与实验观测出来的放大率进行比较。

步骤 5：替换物镜（$f = 200\text{mm}$）和目镜（$f = -40\text{mm}$），搭建伽利略望远镜，重复步骤 2～4。

步骤 6：更换平行光管目标物为分辨率板。通过调整望远镜系统逐组观察分辨率板，直到刚好能将某单元 4 个方向上的线条像全部分辨清楚，而下一单元的线条像不能全部分

辨清楚。根据此单元号和分辨率板号，查表得出该单元的线对数。再根据平行光管焦距 f 和分辨率板间距 b，求得望远镜系统的分辨率 α 为

$$\alpha = \frac{2b \times 10^{-3}}{f} \times 206265''$$ （1-5）

5. 显微镜系统原理实验

步骤 1：按照图 1.9、图 1.10 所示的实验装配图安装实验器件。

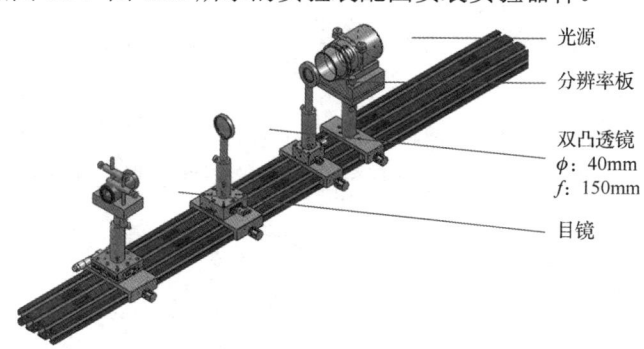

图 1.9　显微镜系统原理实验装配图

步骤 2：调节透镜和目镜之间的距离，使得通过目镜可以清晰地看到分辨率板内的图案。
步骤 3：观测分辨率板上线对数为 10 的区间，从目镜分划板上读出此区间的长度。
步骤 4：计算显微镜的物镜放大率。
步骤 5：观察分辨率板，记录能够清晰分辨的分辨率板区间。
步骤 6：将物镜改成 10 倍放大率的显微物镜，观察分辨率板可分辨的范围。

图 1.10　显微镜系统分辨率检测实验装配图

1.1.4　实验测试方案

1. 光路调整

（1）光路等轴，保证系统各光学器件光轴重合。
（2）将白光源放入光路中，将透镜 1 放入光路中，调节光源的高度，使从透镜出射的光通过测量物的中心。

（3）根据实验需要调整各个透镜间的距离，将白光源放置在透镜1的焦平面上，从透镜1出射近似平行光照明正弦光栅，透过透镜2照射到测量物表面。

（4）调节CCD（charge coupled device，电荷耦合器件）的高度，使CCD镜头中心与透镜2尽量等高。

（5）调节CCD与被测面的距离，使光栅像充满整个CCD像面。

2．实验测量

（1）将测量物放入调整好的光路中，调节CCD与被测面的距离，使光栅像充满整个CCD像面。

（2）调整测量物的高度，使光栅像照射到感兴趣区域，同时此区域可被CCD接收。

（3）打开图像软件的采集功能，将有标定光源的图像信息记录下来。

3．软件处理

利用图像软件进行相关处理。

4．结果分析

输出测量结果报告，根据误差程度分析误差原因，调整实验精度，优化实验方案。

1.2　连续空间频率传递函数的测量实验

1.2.1　概述

光学传递函数（optical transfer function，OTF）是表征光学系统对不同空间频率目标的传递性能，广泛用于对系统成像质量的评估。本实验以光学镜头为基础，测量由光学镜头组成的光学成像系统连续空间频率的光学传递函数。实验内容主要涉及线扩散函数在光学传递函数中的基本原理和应用，快速傅里叶变换在计算测量中的应用，以及光学镜头参数对光学传递函数的影响。本实验与教学内容紧密结合，有助于学生系统、全面地理解光学传递的基本定律、成像的基本规律，培养学生的综合实验能力。

1．实验目的

（1）了解衍射受限的基本概念。

（2）掌握线扩散函数在光学传递函数中的基本原理和应用。

（3）掌握快速傅里叶变换在计算测量中的应用，光学镜头参数对光学传递函数的影响。

（4）光学传递函数评估的基本原理。

2．实验器材

LED光源、光束准直透镜、待测透镜、显微物镜、CCD、计算机。

3. 实验任务及要求

本实验基于光学镜头成像系统，旨在测量连续空间频率的传递函数。其基本任务包括以下几个。

① 正确选择和使用光学镜头及元器件，完成光路系统的搭建和调整。

② 掌握线扩散函数在光学传递函数中的基本原理和应用。

③ 熟悉快速傅里叶变换在计算测量中的应用，并了解光学镜头及其参数对传递函数的影响。

④ 在掌握传递函数基本原理的基础上，对所搭建的光学系统进行评估。

1.2.2 实验原理

1. 光学传递函数的基本理论

傅里叶光学证明了光学成像过程可以近似地作为线性空间中的不变系统来处理，从而可以在频域中讨论光学系统的响应特性。任何二维物体 $\psi_o(x,y)$ 都可以分解成一系列 x 方向和 y 方向的不同空间频率 (ν_x, ν_y) 简谐函数(物理上表示正弦光栅)的线性叠加。

$$\psi_o(x,y) = \int_{-\infty}^{\infty}\int_{-\infty}^{\infty} \Psi_o(\nu_x,\nu_y)\exp\left[i2\pi(\nu_x x + \nu_y y)\right]d\nu_x d\nu_y \tag{1-6}$$

式中，$\Psi_o(\nu_x,\nu_y)$ 为 $\psi_o(x,y)$ 的傅里叶谱，它正是物体所包含的空间频率 (ν_x,ν_y) 的成分含量，其中低频成分表征缓慢变化的背景和大的物体轮廓，高频成分表征物体的细节。

当物体经过光学系统后，各个不同频率的正弦信号发生两个变化，首先是调制度（或反差度）下降，其次是相位发生变化，这一综合过程可表示为

$$\Psi_i(\nu_x,\nu_y) = H(\nu_x,\nu_y) \times \Psi_o(\nu_x,\nu_y) \tag{1-7}$$

式中，$\Psi_i(\nu_x,\nu_y)$ 表示像的傅里叶谱；$H(\nu_x,\nu_y)$ 为光学传递函数，是一个复函数，它的模为调制度传递函数（modulation transfer function，MTF），相位部分则为相位传递函数（phase transfer function，PTF）。显然，当 $H=1$ 时，表示像和物完全一致，即成像过程完全保真，像包含了物的全部信息，没有失真，光学系统成完善像。

由于光波在光学系统孔径光阑上的衍射及像差（包括设计中的余留像差，以及加工、装调中的误差），信息在传递过程中不可避免地会失真，总体来讲，空间频率越高，传递性能越差。

对像的傅里叶谱 $\Psi_i(\nu_x,\nu_y)$ 再作一次逆变换，就得到像的光强分布为

$$\psi_i(\xi,\eta) = \int_{-\infty}^{\infty}\int_{-\infty}^{\infty} \Psi_i(\nu_x,\nu_y)\exp\left[i2\pi(\nu_x\xi + \nu_y\eta)\right]d\nu_x d\nu_y \tag{1-8}$$

2. 光学传递函数测量的基本理论

（1）衍射受限的含义。

衍射受限是假设在理想光学系统中，根据物理光学的理论，光作为一种电磁波，由于电磁波通过光学系统中限制光束口径的孔径光阑时发生衍射，在像面上实际得到的是一个具有一定面积的光斑，而不是一个理想像点。因此，即使在理想光学系统中，其光学传递

函数超过一定空间频率后也等于零。该空间频率称为系统的截止频率，公式如下。

$$v_l = \frac{2n'\sin U'_{\max}}{\lambda} \tag{1-9}$$

式中，v_l 为像方截止频率；n' 为像方折射率；U' 为像方孔径角；λ 为光线波长。

如上所述，物面上超过截止频率的空间频率是不能被光学系统传递到像面上的，因此可以把光学系统看成一个只能通过较低空间频率的低通滤波器。所以通过对低于截止频率的频谱进行分析就可以对成像质量进行评估了。我们把理想光学系统所能达到的光学传递函数曲线称为该系统光学传递函数的衍射受限曲线。

因为实际光学系统存在各种像差，其光学传递函数值在各个频率上均比衍射受限曲线所对应的值低。

（2）光学传递函数连续测量的原理。

当目标物为一狭缝，设狭缝的方向为 y 轴方向时，可以认为在 x 轴上它是一个非周期的函数，如图 1.11 所示。

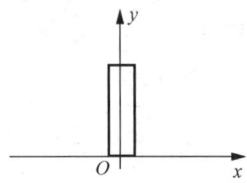

图 1.11　狭缝函数图

传递函数可以分解成无限多个频率间隔的振幅频谱函数。由于传递函数是空间频率的连续函数，因此对它的光学传递函数的研究可以得到所测光学系统在一段连续的空间频率的传递函数分布。其中目标物中的几何线（即宽度为无限细的线）成像后均被模糊了，即几何线被展宽了。它的抛面称为线扩散函数。设光学系统的线扩散函数为 $L(x)$，狭缝函数（从狭缝输出的光强分布的几何像）为 $\eta(x)$。根据傅里叶光学的原理，在像面上的光强分布函数为

$$L'(x) = L(x) * \eta(x) \tag{1-10}$$

如果使用面阵探测器，则沿 y 轴方向的积分给出 $L'(x)$。式（1-10）表明测出的一维光强分布函数为线扩散函数与狭缝函数的卷积。对式（1-10）进行傅里叶变换，得到

$$M'(v) = \mathrm{FT}\{L'(x)\} = \mathrm{FT}\{L(x)\} \times \mathrm{FT}\{\eta(x)\} = M(v) \times \tilde{\eta}(v) \tag{1-11}$$

式中，FT 表示傅里叶变换；$M(v)$ 为线扩散函数 $L(x)$ 的傅里叶变换，即一维光学传递函数；$\tilde{\eta}(v)$ 为狭缝函数的傅里叶变换。

式（1-11）表明，$L'(x)$ 的傅里叶变换为光学传递函数与狭缝函数的几何像的傅里叶变换的乘积。如果已知 $\eta(x)$，通过对式（1-11）的修正即可得到光学传递函数。

当狭缝足够细，如比光学系统的线扩散函数的特征宽度小一个数量级以上，即 $\eta(x) \approx \delta(x)$，就有

$$L'(x) \approx L(x) \tag{1-12}$$

对 $L'(x)$ 直接进行快速傅里叶变换处理就得到一维光学传递函数。

$$M'(v) \approx M(v) = \mathrm{FT}\{L'(x)\} \tag{1-13}$$

评估光学系统成像质量（像质评价）时通常要对一对正交方向的光学传递函数进行测量。

1.2.3 参考方案

（1）按图 1.12 所示将 LED（light emitting diode，发光二极管）光源与光束准直透镜连接好，调整光束准直透镜的输出光斑基本准直，调整其出光方向与光学导轨平行，即定义为系统光轴。

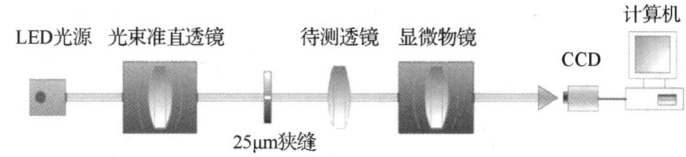

图 1.12 实验光路图

（2）将显微物镜、显微物镜连接筒、CCD 相连，并固定在导轨上，调整它们与光源的高度一致。

（3）将 25μm 狭缝固定在导轨上，调整狭缝的位置，使其位于光束准直透镜的正前方。

（4）将标定用双胶合镜放置在待测透镜的位置，调整物像距，使狭缝按照标示的比例清晰成像在 CCD 上。标定时狭缝竖直（子午方向）。将狭缝的图像存在计算机里，并在计算机里进行标定运算。在标定过程中，按照软件的引导输入 CCD 灰阶响应值和标定光学传递函数值。

1.2.4 实验测试方案

标定完成后，将测量用双胶合镜放在光路中，调整其高度与光源和 CCD 同轴，并调整其物像距，使光阑清晰成像在 CCD 上，保存图像并利用软件进行光学传递函数测量（见图 1.13～图 1.16），分别测量子午方向和弧矢方向。

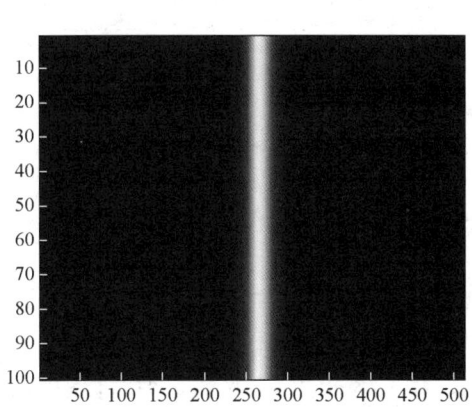

图 1.13 狭缝图

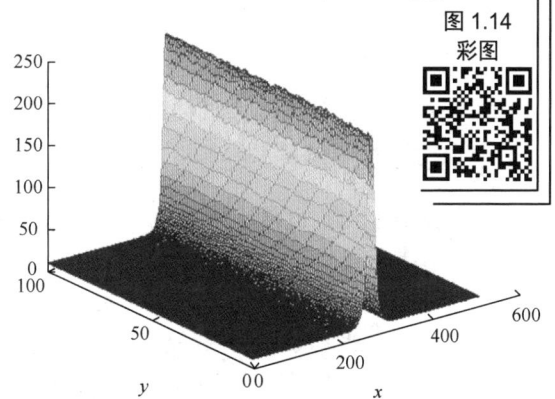

图 1.14 狭缝三维图

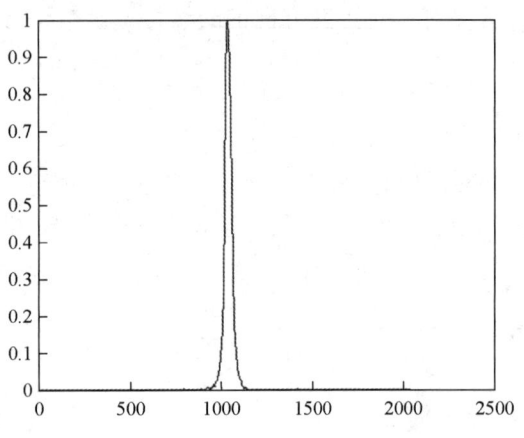

图 1.15 狭缝叠加的二维图

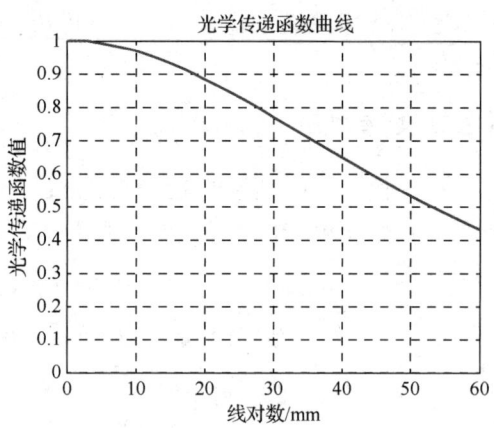

图 1.16 光学传递函数曲线图

1.3 数字式光学传递函数的测量和像质评价实验

1.3.1 概述

本实验以光学镜头为基础，借助 CCD 和计算机技术测量光学镜头组成的光学成像系统的光学传递函数。实验内容主要涉及光学传递函数测量和成像品质评估的近似方法。本实验与教学内容紧密结合，有助于学生系统、全面地理解光学传递的基本定律、成像的基本规律，培养学生的综合实验能力。

1．实验目的

（1）了解光学镜头光学传递函数测量的基本原理。

（2）掌握光学传递函数测量和成像品质评估的近似方法。

（3）掌握抽样统计方法。

2．实验器材

LED 光源、待测透镜、目标板、CCD、计算机。

3．实验任务及要求

本实验基于光学镜头成像系统，采用 CCD 测量数字式光学传递函数，并对光学系统的成像质量进行评价。其基本任务包括以下几个。

（1）正确选择和使用光学镜头及元器件，完成光路系统的搭建和调整。

（2）掌握传递函数和成像品质评价的方法。

（3）熟悉快速傅里叶变换在计算测量中的应用，并了解光学镜头及其参数对传递函数的影响。

（4）在掌握传递函数基本原理的基础上，采用抽样、平均和统计等方法对光学系统的成像品质进行评估。

1.3.2 实验原理

光学传递函数的基本理论在实验 1.2.2 中有说明。

调制度 m 定义为

$$m = \frac{A_{\max} - A_{\min}}{A_{\max} + A_{\min}} \tag{1-14}$$

式中，$A_{\max}$ 和 $A_{\min}$ 分别表示光强的极大值和极小值。

光学系统的调制传递函数可表示为给定空间频率下像和物的调制度之比。

$$\mathrm{MTF}(v_x, v_y) = \frac{m_i(v_x, v_y)}{m_o(v_x, v_y)} \tag{1-15}$$

除零频以外，MTF 的值永远小于 1。MTF（v_x, v_y）表示在传递过程中调制度的变化。一般来说，MTF 越高，系统的像越清晰。平时所说的光学传递函数往往是指调制度传递函数。图 1.17 给出了一个光学镜头的设计 MTF 曲线，不同视场的 MTF 不同。

在生产检验中，为了提高效率，通常采用如下近似方法处理。

（1）使用某几个甚至某一个空间频率 v_0 下的 MTF 来评估成像质量。

（2）由于正弦光栅较难制作，常常用矩形光栅作为目标物。

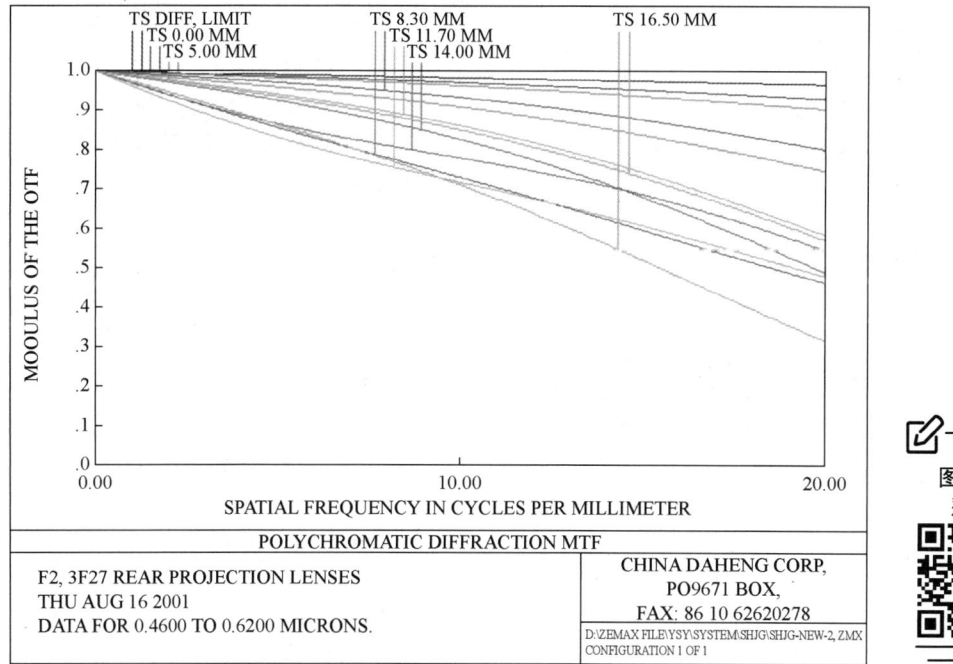

图 1.17 彩图

图 1.17 一个光学镜头的设计 MTF 曲线

本实验用 CCD 对矩形光栅的像进行抽样处理，测定像的归一化的调制度，并观察离焦对 MTF 的影响。该装置实际上是数字式 MTF 测量仪的模型。

一个给定空间频率下的满幅调制（调制度 m=1）的矩形光栅目标函数如图 1.18（a）

所示。如果光学系统生成完善像,则抽样的结果只有 0 和 1 两个数值,像仍为矩形光栅,如图 1.18(b)所示。在软件中对像进行抽样统计,其直方图为一对 δ 函数,位于 0 和 1,如图 1.18(c)所示。

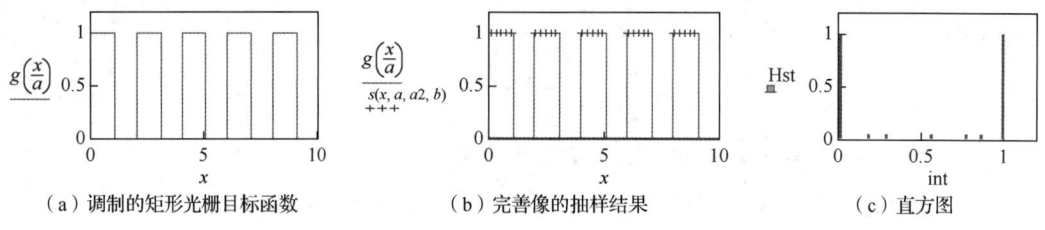

图 1.18　给定空间频率下的满幅调制原理图

如上所述,由于衍射及光学系统像差的共同效应,实际光学系统生成的是不完善像,不再是矩形光栅,其抽样结果如图 1.19(a)所示,波形的最大值 A_{max} 和最小值 A_{min} 的差代表像的调制度。对图 1.19(a)所示图形实施抽样统计,其直方图如图 1.19(b)所示。找出直方图高端的极大值 m_H 和低端的极大值 m_L,它们的差 $m_H - m_L$ 近似代表在该空间频率下的 MTF 值。为了比较全面地评估成像质量,不但要测量出高、中、低不同频率下的 MTF 值,从而大体绘出 MTF 曲线,还应测定不同视场下的 MTF 曲线。

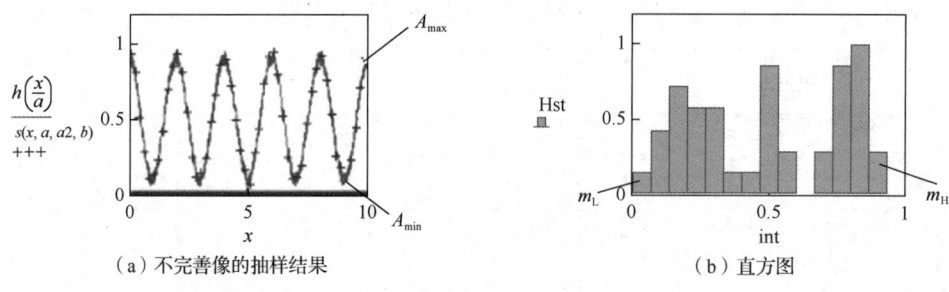

图 1.19　矩形光栅抽样图

1.3.3　参考方案

(1) 安装图像卡、软件锁及图像采集软件(详见安装说明)。

(2) 按图 1.20 所示将各部分光学器件安装好,固定到导轨上,CCD 与安装了图像采集卡的计算机相连。

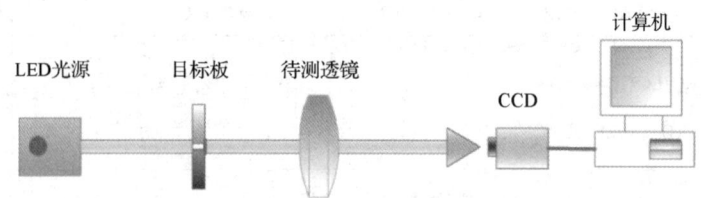

图 1.20　光学传递函数实验光路图

(3) 调节各光学器件的中心高度,使之同轴。目标板(波形发生器)可使用不同空间频率的条纹单元,每个单元由水平条纹、竖直条纹、全黑(不透光)、全白(全透光)4 个部分组成，选择想要测量的空间频率的条纹单元，移动目标板使该单元移至光路中心。

（4）根据透镜成像原理，把目标板放在物平面，用 CCD 在成像系统（或透镜）的像平面接收。打开图像采集软件，在计算机屏幕中得到相对清晰的放大的像（一个条纹单元完整充满图像采集软件的显示窗口）。

（5）单击图像采集软件窗口左侧的"局部存储"按钮，此时整个图像静止，屏幕上会出现一个红色方框。将该方框拖动至水平条纹部分，双击方框内部，将所采集的图像保存为扩展名为.prn 的数据文件，并保存至 Mcad 文件夹中。按照以上方法依次将竖直条纹部分、全黑部分、全白部分采集后保存至 Mcad 文件夹中。局部存储的红色方框应保证包围 3 条以上的明暗条纹。

1.3.4 实验测试方案

运行 Mcad 文件夹中的 MTF-new.MCD 文件（该文件是基于 MathCAD 软件编写的，所以计算机系统中必须预先安装好 MathCAD 2001 或更高版本）。将之前保存在 Mcad 文件夹中的水平条纹、竖直条纹、全白、全黑 4 个文件分别粘贴在 MTF-new.MCD 文件相应位置的引号内，MathCAD 软件会自动处理，并在最后给出水平方向和竖直方向的图文并茂的处理过程和 MTF 值。

1.4 机器视觉典型应用综合实验

1.4.1 概述

对机器视觉的研究是从 20 世纪 60 年代中期美国学者罗伯兹关于理解多面体组成的积木世界的研究开始的。当时运用的预处理、边缘检测、轮廓线构成、对象建模、匹配等技术，后来一直在机器视觉中应用。罗伯兹在图像分析过程中，采用了自底向上的方法，用边缘检测技术来确定轮廓线，用区域分析技术将图像划分为由灰度相近的像素组成的区域，这些技术统称为图像分割。其目的是用轮廓线和区域对所分析的图像进行描述，以便同计算机内存储的模型进行比较匹配。实践表明，只用自底向上的方法分析太困难，必须采用自底向上和自顶向下相结合的方法，即把目标分为若干子目标的分析方法，运用启发式知识对对象进行预测。这同语言理解中采用的自底向上和自顶向下相结合的方法是一致的。在图像理解研究中，古兹曼提出运用启发式知识，表明用符号过程来解释轮廓画的方法不必求助于诸如最小二乘法匹配之类的数值计算程序。

20 世纪 70 年代，机器视觉形成了几个重要的研究分支：①目标制导的图像处理；②图像处理和分析的并行算法；③从二维图像提取三维信息；④序列图像分析和运动参量求值；⑤视觉知识的表示；⑥视觉系统的知识库；等等。

20 世纪 80 年代，机器视觉在国外的应用主要是在半导体及电子行业，其中 40%～50%的应用集中在半导体行业，具体如印刷电路板制造、SMT 表面贴装、电子生产加工设备制造等。机器视觉系统还在质量检测方面得到了广泛应用。

在中国，机器视觉技术的应用开始于 20 世纪 90 年代，因为半导体及电子行业本身属于新兴领域，再加之机器视觉产品技术的普及不够，导致以上各行业的应用几乎空白。到了 21 世纪，大批在海外从事机器视觉工作的技术人员回国创业，机器视觉技术开始在自动化行业应用。2004 年，深圳创科推出具有划时代意义的国内首款高性能机器视觉软件开发包 CKVision，代表了国内机器视觉技术已经成熟。目前，随着我国配套基础设施的完善、技术、资金的积累，各行各业对采用机器视觉技术的工业自动化、智能化需求开始出现，国内相关高等院校、科研院所和企业在机器视觉领域进行了积极的探索和大胆的尝试，逐步将其应用于工业现场，如药品检测分装、印刷色彩检测等。真正高端的应用还很少，因此，未来的应用空间还很大。

一个典型的机器视觉系统包括五大部分：相机、照明、镜头、图像采集卡、图像处理系统。

（1）相机。

按照不同标准，相机可分为标准分辨率数字相机和模拟相机等。根据不同的实际应用场合，需要选择不同类型的相机，如高分辨率相机（包括线扫描 CCD 和面阵 CCD）、单色相机和彩色相机。

（2）照明。

照明是影响机器视觉系统输入的重要因素，它直接影响输入数据的质量和应用效果。由于没有通用的机器视觉照明设备，因此针对每个特定的应用实例，需要选择相应的照明装置，以达到最佳效果。光源可分为可见光和不可见光。常用的可见光源包括白炽灯、日光灯、水银灯和钠光灯。然而，可见光的缺点是其光能难以保持稳定。如何在一定程度上保持光能的稳定，是实用化过程中急需解决的问题。另外，环境光可能影响图像质量，因此可采用加防护屏的方法来减少环境光的影响。照明系统按其照射方法可分为背向照明、前向照明、结构光照明和频闪光照明等。其中，背向照明是被测物放置在光源和摄像机之间，其优点是能够获得高对比度的图像。前向照明是光源和摄像机位于被测物的同侧，这种方式便于安装。结构光照明是将光栅或线光源等投射到被测物上，根据它们产生的畸变，解调出被测物的三维信息。频闪光照明则是将高频率的光脉冲照射到物体上，摄像机拍摄需与光源同步。

（3）镜头。

镜头一般分为远心镜头和非远心镜头。远心镜头的视场小但景深较长，拍摄畸变小。非远心镜头相对视场大，适合大面积测量。

（4）图像采集卡。

图像采集卡是整个机器视觉系统中的关键组件之一，主要用于将摄像机或其他图像传感器捕获的模拟信号转换为计算机可以处理的数字数据。具体来说，图像采集卡直接决定了摄像机的接口类型，包括黑白、彩色、模拟和数字等多种模式。

（5）图像处理系统。

图像处理系统主要是一些处理软件，通过计算机对所拍摄的图像进行优化和运算处理，以实现识别检测的功能。

具体的应用实例如下。

（1）大型工件平行度、垂直度测量仪。

采用激光扫描与 CCD 探测系统的大型工件平行度、垂直度测量仪，以稳定的准直激光束为测量基线，配以回转轴系，旋转五角标棱镜扫描出互相平行或垂直的基准平面，将其与被测大型工件的各面进行比较。在加工或安装大型工件时，可用来测量面之间的平行度及垂直度。

（2）螺纹钢外形轮廓尺寸的探测器件。

采用频闪光照明，利用面阵 CCD 和线阵 CCD 作为螺纹钢外形轮廓尺寸的探测器件，实现热轧螺纹钢几何参数在线测量的动态检测。

（3）汽车车身检测系统。

英国 ROVER 汽车公司 800 系列汽车车身轮廓尺寸精度的 100%在线检测，是机器视觉系统应用于工业检测中的一个典型的例子。该汽车车身检测系统由 62 个测量单元组成，每个测量单元包括一台激光器和一台摄像机，用以检测车身外壳上 288 个测量点。汽车车身置于测量框架下，通过软件校准车身的精确位置。

测量单元的校准将会影响检测精度，因而受到特别重视。每个激光器或摄像机单元均在离线状态下经过校准。同时还有一个在离线状态下用三坐标测量机校准过的校准装置，可对摄像机进行在线校准。检测系统以每 40 秒检测一个车身的速度，检测 3 种类型的车身。检测系统将检测结果与技术人员从 CAD 模型中提取的合格尺寸进行比较，测量精度为±0.1mm。

（4）农产品品质检测。

农产品的外形尺寸是农产品品质的重要特征之一，因而也是农产品分级的重要依据。农产品在生产过程中由于受到人为和自然等因素的影响，产品品质差异很大，如大小、形状、色泽等都不相同，故在农产品品质检测时要有足够的应变能力来适应各种情况的变化。机器视觉不仅是人眼的延伸，更重要的是具有人脑的部分处理功能。现在，随着图像处理技术的专业化、计算机硬件成本的下降和运行速度的提高，机器视觉系统已广泛地应用于农产品品质检测、品种的识别和分级中。利用机器视觉系统进行检测不仅可以排除主观因素干扰，还能对检测所得指标进行定量分析，具有人工检测所无法比拟的优越性。

1. 实验目的

（1）掌握 HALCON 软件的使用方法。
（2）了解机器视觉典型应用的相关知识。
（3）利用现有软件，在线进行机器视觉检测。
（4）设计 HALCON 程序，实现机器视觉典型应用，提高创新能力。

2. 实验器材

机器视觉平台设备，包括计算机、CMOS 相机、远心镜头、光源、机器视觉实验平台及相关软件、相关机械调整部件等。

3. 实验任务及要求

（1）学会 HALCON 软件的使用方法。
（2）利用测量软件实现机器视觉典型应用。
（3）自行编写程序实现机器视觉典型应用。
（4）撰写实验报告。

1.4.2 实验原理

本实验所使用的机器视觉软件 HALCON 是德国 MVTec 公司研发的高性能通用图像处理算法软件包，由 1400 多个图像处理运算子和多种交互式开发工具组成。其包括了各类滤波、色彩分析、几何变换、数学变换、形态学计算分析、校正、分类、辨识、形状搜索等基本的几何图像计算功能。由于这些功能大多数不是针对特定的工作设计，因此只要用得到图像处理的地方，就可以利用 HALCON 强大的计算分析能力来完成。

HALCON 包含了一套交互式的程序设计界面 HDevelop，如图 1.21 所示，可以在其中直接编写、修改、执行 HALCON 程序。本实验主要使用 HDevelop 完成对图像处理过程的演示和计算结果的输出。

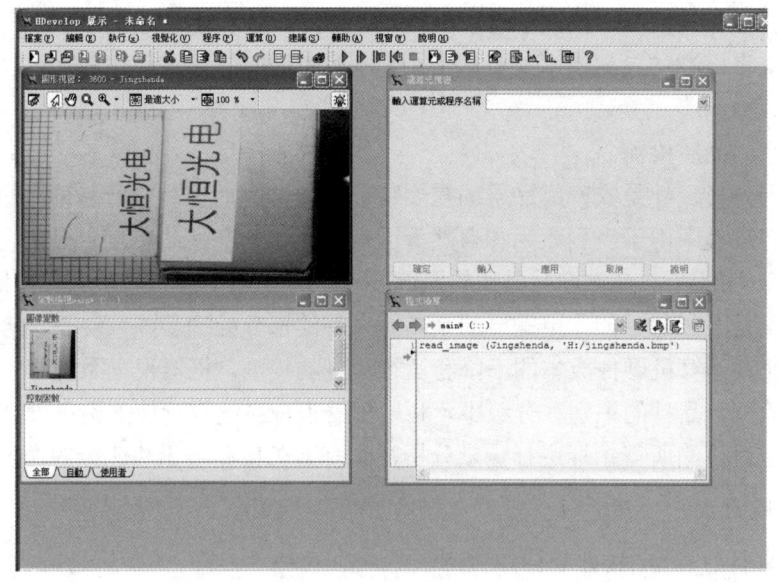

图 1.21　HDevelop 界面

图像处理任务的完成只是机器视觉解决方案的一部分，此外，还包括处理控件和数据库连接等软件任务，图像获取及其照明等硬件部分。因此，图像处理工具简单易用，并且可以嵌入开发项目是非常重要的。HALCON 充分考虑到这些，它具有如下特点。

① 通过一个交互式的工具 HDevelop 快速完成软件开发的工作，完成程序代码的输出，可以轻易地和标准的软件开发工具（如 Microsoft Visual C++）整合。

② 除了针对影像，HALCON 还提供了机器视觉应用中常用的功能，如 socket 通信及

RS232 的沟通、档案存取、数据分析、分类等。

HALCON 不限制取像设备，可以自行挑选合适的设备。

HALCON 功能介绍如下。

（1）HALCON 强大的算子函数库提供了既有效率又有弹性的图像处理功能，简化了图像处理程序的设计。

HALCON 算子函数库有千余个运算子，所有的 HALCON 应用程序（如 HDevelop 和 HALCON C++程序）都是利用这个库来工作的。

这些运算子实现的功能范围广泛，包含了简单的读取影像功能，以及复杂的 Kalman 滤波功能等。HALCON 运算子的功能单一，一个影像分析功能由好几个运算子组成，因此其弹性远大于由数量少而复杂的运算子组成的分析程序。复杂的运算子往往只适用于某些特定工作，应用范围狭窄，而 HALCON 运算子却能通过任意组合来完成工作。

在众多的运算子中，有些是用不同的算法来达到相同的功能。例如，只需要实现粗略定位时，可用 fast_match 运算子来作快速运算；需要实现精确定位时，则用 best_match 运算子以较多的时间算出精确的结果。

（2）可处理多种图像资料。

可用 HALCON 运算子计算的图像资料包含二值化图像、单色图像、彩色图像、多频道图像（多频道图像是以多镜头系统获得的图像资料）等，在计算时并无差别。

（3）提供了快速有效率的 region 计算。

region 计算除了使计算更容易，还具有 region 尺寸无限制，甚至可以重叠，region 资料经过最佳的编码处理后，在存储时所占的资源极少等优势。

（4）提供了针对 ROI（region of interest，感兴趣区）的计算。

每张图像都可由用户自定义其 ROI，然后用运算子计算时就可以只针对 ROI 进行处理，因此可以集中运算资源和速度，达到最高的效率。

（5）提供了快速的 pattern 匹配计算模式。

pattern 匹配在许多应用上是很有用的，但是却很花时间，HALCON 有许多不同的 pattern 匹配算法，可以让用户自行选择使用。

HALCON 提供了形状导向（shape-based）的匹配计算，使得物体在有重叠或是旋转倒置的状况下仍可计算。除了 pattern 匹配，形状导向的运算子可以在物体有缩放、照明改变、旋转或重叠等情况下仍能辨认出物体。从 6.1 版本开始，还新增了一个辅助工具 HMatchIt，通过简单的设定就可用来测试匹配计算执行的效率，可调整的参数能让用户找出最佳的设定值，以达到最快的计算速度。

（6）提供了方便有效的 tuples 功能。

tuples 是一种很有用的功能，使用户处理图像、区域、参数等资料集合时更为方便。HALCON 的 tuples 可以将相关资料整合成一个整件，用户可以针对单一或多个 tuples 进行处理，不必为一个 tuples 中有多个元素要处理而烦恼，只要将指定的 tuples 丢给运算子，HALCON 就会处理 tuples 中所有要计算的元素。

（7）在图像和资料管理上效率卓著。

HALCON 有个快速而有效率的存储器管理核心，这个机制提供了资料的读写和溢位检查功能。为了提高效率,共享的图像资料不会在内存中重复存储。

(8) 支持 C、C++及 COM 程序设计。

用户可以在自己编写的 C、C++及 COM 程序中使用 HALCON 运算子。

(9) HDevelop 工具帮助用户进行图像分析。

编写图像分析程序通常是费时的,为了帮助设计人员找出合适的运算子及参数,HALCON 提供了一套工具程序 HDevelop。HDevelop 有一个图形界面,要使用的运算子和要分析的图像一目了然,运算子可以自行组合,计算结果实时显示在界面上,可以帮助用户了解不同运算子和参数对计算结果的影响。HDevelop 还会提出一些运算子和参数的建议,给出运算子的功能说明及范例。

当用户对计算结果满意后,可以把设计好的成果保存为 HDevelop 的专用档案,下次使用时直接调用,或者将其输出为 C、C++或 COM 程序代码,供其他程序调用。

(10) 可连接 40 余种取像设备。

目前支持的取像设备列表可在 http://www.mvtec.com/halcon 查询。要连接取像设备,只要使用 open_framegrabber 运算子设置格式或获取模式等参数,再用 grab_image 运算子即可获取图像。

(11) 可以让用户自行新增取像设备。

如果用户用的取像设备 HALCON 尚未支持,用户可以利用专用界面连接。HALCON 有个开放的界面,配合一些程序代码,就可以和 HALCON 连接。

下面介绍机器视觉系统典型应用的综合原理。

1. 尺寸测量

机器视觉尺寸测量是非接触测量的一种方法,本实验采取对比的方法进行测量。首先利用已知长度对系统进行标定,计算出每一像素所代表的长度或面积,然后根据实验测量的物体所占的像素的多少,得到所要测量的结果。下面分别介绍面积测量和周长测量的基本方法。

(1) 面积测量。

图像的面积测量常用标号法实现。所谓标号法,就是图像中的不同物体都有唯一识别的标号,同一物体中所有像素点的标号都是一致的,不同物体其标号不同。在图像的面积测量中,首先对图像进行分割,然后对图像进行标号操作,以区分互不连通的图形,以便计算其面积。

对图像进行标号的方法有很多,在此介绍扫描标号法。

① 从左到右、从上到下进行扫描,在同一行(列)中不连通的像素(灰度级不同的点)标上不同的标号。

② 从左上到右下扫描,如果相邻的行中有相连通的行程,则下行的标号改成上行的标号。

③ 从右上到左下扫描,如果相邻的行中有相连通的行程,则上行的标号改成下行的标号。

④ 对标号进行排序。

⑤ 通过对图像进行标号后，可对不同物体的面积进行测量。方法是将相同标号的像素进行累加，得到物体的像素和，再乘以每个像素的实际面积，就得到图像中物体的近似面积。

（2）周长测量。

对于二值图像的周长测量，通常的方法是对图像的边缘像素进行标记，然后累计所标记的像素个数，所得到的值就是图像的周长。下面介绍两种常用的算法。

算法 1 如下。

① 定义一个二维数组 $a(i, j)$。
② 对整幅图像从上到下扫描，比较相邻两点的像素值，如为 1 和 0 则记为 $a(i,j)=1$。
③ 对整幅图像从左到右扫描，比较相邻两点的像素值，如为 1 和 0 则记为 $a(i,j)=1$。
④ 累计整幅图像中 $a(i,j)=1$ 的像素，即为周长。

算法 2 如下。

① 定义一个二维数组 $a(i, j)$。
② 对整幅图像从上到下扫描，比较相邻两点的像素值，如为 1 和 0 则记为 $a(i,j)=1$。
③ 对整幅图像从左上到右下扫描，比较相邻两点的像素值，如为 1 和 0 则记为 $a(i, j)=1$。
④ 对整幅图像从右上到左下扫描，比较相邻两点的像素值，如为 1 和 0 则记为 $a(i, j)=1$。
⑤ 累计整幅图像中 $a(i,j)=1$ 的像素，即为周长。

2. 一维码和二维码识别

机器视觉识别基于图像信息，通过轮廓、纹理、颜色灰度等特征来区分不同的物体并予以归类。从大的学科角度来讲，基于图像信息的视觉识别属于模式识别学科范畴。

视觉识别实质上是对物体的"再认识"过程，这也是对被测物体实施检测之前必须完成的一个重要步骤。概括地说，视觉识别的关键是如何实现物体图像信息特征的提取，就是要从一个蕴含着目标物体信息的图像中寻找出其中的性能特征，并根据其性能特征的类别属性进行识别，进而实现对目标的识别。

一维码技术是一种以图形为识别对象的识别技术。一维码由一组规则排列的条、空组成。二维码是用某种按一定规律在平面（二维方向）上分布的黑白相间的图形记录信息的，在代码编制上巧妙地利用构成计算机内部逻辑基础的"0""1"比特流的概念，使用若干个与二进制相对应的几何形来表示信息。一维码和二维码识别通过图像输入设备或光电扫描设备自动识读以实现信息自动处理，与其他识别技术相比具有简单易行、信息采集速度快、采集信息量大、可靠性高等优点。

3. OCR

OCR（optical character recognition，光学字符识别）是指用电子设备（如扫描仪或数码相机）检查纸上打印的字符，通过检测暗、亮的模式确定其形状，然后用字符识别方法将形状翻译成计算机文字的过程，即对文本资料进行扫描，然后对图像文件进行分析处理，获取文字及版面信息的过程。如何除错或利用辅助信息提高识别正确率，是 OCR 最重要的课题，ICR（intelligent character recognition，智能字符识别）也因此而产生。衡量一个 OCR 系统性能好坏的主要指标有拒识率、误识率、识别速度、用户界面的友好性、稳定性、易用性及可行性等。

4. 零件识别检测

零件识别检测是基于模式匹配技术来完成的。所谓模式匹配，即根据已知标本的特征，将该特征采集后采用数学建模作为模式匹配标准，然后将物体信息拍摄下来，利用软件将物体的特征归一化，将归一化数据与模式匹配标准进行对比，最终根据对比结果将符合模式匹配标准的零件检测出来。

1.4.3 参考方案

（1）利用测量软件对相应的待测物体进行长度、面积、周长、角度、直径、曲率等常规参数的测量。

（2）利用测量软件对生成的一维码、二维码进行解码操作，将解码后的图与原图对比。

（3）利用 HALCON 软件对图形文字或字母进行处理，将识别结果罗列出来，检查对比识别结果的准确率。

（4）利用 HALCON 软件选定零件种类模板，将几种不同类型的零件放在一起拍摄，利用软件将设定的目标零件检测出来。

（5）缺陷检测基于模式匹配原理，首先把标准图片让软件采集取样作为模板，这个过程可视为机器教学，然后加上有缺陷的图片让软件采集，经过计算分析，输出检测报告。

（6）利用 HALCON 软件编写程序，实现一维码和二维码识别。

（7）利用 HALCON 软件编写程序，实现图形文字或字母的识别，分析检测结果的准确性。

（8）利用 HALCON 软件编写程序，实现物品的瑕疵检测，将瑕疵处用颜色标记出来。

（9）利用 HALCON 软件编写程序，实现车牌图片的车牌号码识别。

1.4.4 实验测试方案

（1）零件分类识别结果测试参考如图 1.22 所示。

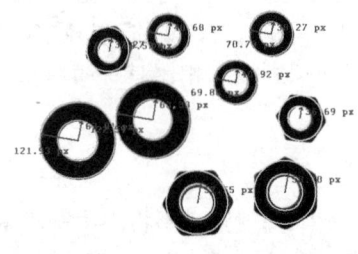
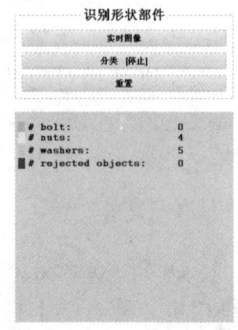

图 1.22　零件分类识别结果测试参考

(2) 瓶盖印刷检测结果测试参考如图 1.23 所示。

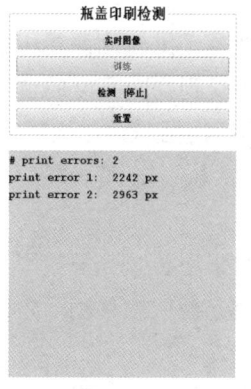

图 1.23 瓶盖印刷检测结果测试参考

1.5 光学动态三维测量综合实验

1.5.1 概述

光学动态三维测量是随着计算机技术的发展而发展起来的新技术研究，它包括三维形体测量、应力形变分析和折射率梯度测量等方面。其应用到的技术有莫尔条纹、散斑干涉、全息干涉和光阑投影等光学技术和计算机条纹图像处理技术。光学动态三维测量技术广泛应用于模具设计、逆向工程、实体测量、生物医疗、工业品在线实时检测和控制、动漫与影视制作、文物保护、动态人体测量等众多领域。本实验是利用投影式相移技术，对形成的被测物体表面上的条纹进行计算机相移法自动处理的综合性实验。

1. 实验目的

（1）通过本实验了解投影光栅相位法的基本原理。
（2）了解一种充分发挥计算机特长的条纹投影相移技术。
（3）对于光学动态三维测量有一定的感性认识。

2. 实验任务及要求

利用 HG-DMS 型光学动态三维测量仪、计算机、被测物体等，要求完成以下任务。
（1）研究利用投影光栅相位法进行三维轮廓测量的系统组成和关键技术。
（2）学习相位测量轮廓术的基本原理。
（3）利用标定板，完成相机标定方法的设计和实现。
（4）分别投射灰度正弦光栅和彩色光栅，进行时间相位展开测量和彩色条纹测量。
（5）保存测量的点云数据结果，利用逆向工程技术显示三维模型，与原物进行对比，找到改进的办法。

1.5.2 实验原理

投影光栅相位法是三维轮廓测量中的热点之一，其测量原理是光栅图样投射到被测物体表面，相位和振幅受到物面高度的调制使光栅像发生变形，通过解调可以得到包含高度信息的相位变化，然后根据三角法原理完成相位与高度的转换。根据相位检测方法的不同，主要有 Moire 轮廓术、Fourier 变换轮廓术、相位测量轮廓术，本实验采用的是相位测量轮廓术。

相位测量轮廓术采用正弦光栅投影相移技术。其基本原理是利用条纹投影相移技术将投影到物体上的正弦光栅依次移动一定的相位，由采集到的相移变形条纹图计算得到包含物体高度信息的相位。

基于相位测量的光学动态三维测量技术本质上仍然是光学三角法，但与基于光学三角法的轮廓术有所不同，它不直接去寻找和判断由于物体高度变动后的像点，而是通过相位测量间接地实现，由于相位信息的参与，使得这类方法与单纯基于光学三角法的轮廓术有很大区别。

1. 相位测量轮廓术的基本原理

将规则光栅图像投射到被测物体表面，从另一个角度可以观察到由于受物体高度的影响而引起的条纹变形。这种变形可解释为相位和振幅均被调制的空间载波信号。采集变形条纹并对其进行解调，从中恢复出与被测物体表面高度变化有关的相位信息，然后由相位与高度的关系确定出高度，这就是相位测量轮廓术的基本原理。

投影系统将一正弦分布的光场投影到被测物体表面，由于受到物面高度分布的调制，条纹发生形变。由摄像机获取的变形条纹表示为

$$I_n(x,y) = A(x,y) + B(x,y)\cos[\phi(x,y) + \delta_n] \quad (n = 0,1,\cdots,N-1) \tag{1-16}$$

式中，n 表示第 n 帧条纹图；$I_n(x,y)$、$A(x,y)$ 和 $B(x,y)$ 分别表示摄像机接收到的光强值、物面背景光强值和条纹对比度；δ_n 表示附加的相移值，如采用多步相移法采集变形条纹图，则每次相移量为 δ_n。

所求被测物体表面上的相位分布可表示为

$$\phi(x,y) = \arctan\left[\frac{\sum_{n=0}^{N-1} I_n(x,y)\sin(2\pi/N)}{\sum_{n=0}^{N-1} I_n(x,y)\cos(2\pi/N)}\right] \tag{1-17}$$

用相位展开算法可得物面上的连续相位分布 $\phi(x,y)$。已知 $\phi_r(x,y)$ 为参考平面上的连续相位分布，由于物体引起的相位变化为

$$\phi_h(x,y) = \phi(x,y) - \phi_r(x,y) \tag{1-18}$$

根据所选的系统模型和系统结构参数可推导出高度 h 和相位差 $\phi_h(x,y)$ 的关系，最终得到物体的高度值。

下面具体分析高度和相位差之间的关系。

在实际照明系统中，采用远心光路和发散照明时，都可以通过对相位的测量而计算出被测物体的高度。只是前者的相位差与高度之间存在简单的线性关系，而后者的相位差与高度之间的映射关系是非线性的。本实验的照明系统为远心光路。如图 1.24 所示，在参考平面上的投影正弦条纹是等周期分布的，其周期为 p_0，这时在参考平面上的相位分布(x,y)是坐标 x 的线性函数，记为

$$\phi(x,y) = Kx = 2\pi / p_0 \tag{1-19}$$

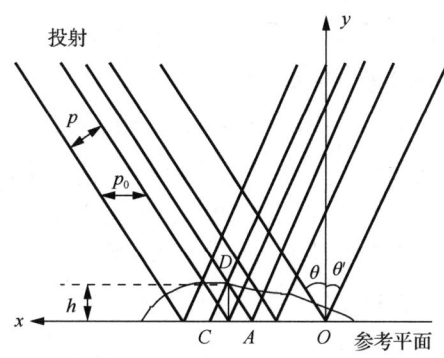

图 1.24　系统中高度和相位的关系

以参考平面上的 O 点为原点，CCD 探测器上的 D_c 点对应参考平面上的 C 点，其相位为 $C(x,y) = (2\pi / p_0)OC$，D_c 点与被测三维表面 D 点在 CCD 探测器上的位置相同，同时其相位等于参考平面上 A 点的相位。有 $\phi_D = \phi_A = (2\pi / p_0)OA$，显然有

$$AC = (p_0 / 2\pi)\phi_{CD} \tag{1-20}$$

则 D 点相对于参考平面的高度 h 为

$$h = \frac{AC}{\mathrm{tg}\theta + \mathrm{tg}\theta'}$$

当观察方向垂直于参考平面时，式（1-20）可表示为

$$h = \frac{AC}{\mathrm{tg}\theta} = (p_0 / \mathrm{tg}\theta)(\phi_{CD} / 2\pi) \tag{1-21}$$

根据式（1-21）就可以求出物体上各点的高度值。

2. 相位的求取过程

如前所述，求得物体加入测量场前后的展开相位差就可以获得物体的高度，因此相位的求取过程是整个测量过程中重要的一环。而条纹图中的相位信息可以通过解调的方法恢复出来，常用的方法主要有傅里叶变换法和多步相移法。用傅里叶变换法或多步相移法求相位时，由于反正切函数的截断作用，使得求出的相位分布在 $-\pi$ 和 π 之间，不能真实地反映出物体表面的空间相位分布。因此，相位的求取过程可分为两大步：求取截断相位和截断相位展开。

（1）求取截断相位。

从条纹图中恢复出的相位信息由于要经过反正切运算，使得求出的相位只能分布在$-\pi$和π之间的四象限内，这种相位称为截断相位φ。与之相对应的真实相位称为展开相位ϕ。

傅里叶变换法仅仅通过对一幅条纹图处理就可以恢复出截断相位，获取图像时间短，更适合要求测量速度快的场合。多步相移法是相位测量中的一种重要方法，它不仅原理直观，计算简便，而且相位求解精度与算法直接相关，可以根据实际需要选择合适的算法。其中，最常用的是使可控相位值δ_n等间距的变化，利用某一点在多次采样中探测到的强度值来拟合出该点的初相位值，N帧满周期等间距相移法是最常用的多步相移法。下面以标准的四步相移法为例来说明。采用四步相移法时，式（1-16）中的$n=4$，相位移动的增量δ_n依次为0、$\pi/2$、π、$3\pi/2$，相应的四帧条纹图表示为

$$\begin{cases} I_1(x,y) = A(x,y) + B(x,y)\cos[\phi(x,y)] \\ I_2(x,y) = A(x,y) - B(x,y)\sin[\phi(x,y)] \\ I_3(x,y) = A(x,y) - B(x,y)\cos[\phi(x,y)] \\ I_4(x,y) = A(x,y) + B(x,y)\sin[\phi(x,y)] \end{cases} \quad (1\text{-}22)$$

联立式（1-22）中的4个方程，可以计算出相位函数为

$$\phi(x,y) = \arctan\left[\frac{I_4(x,y) - I_2(x,y)}{I_1(x,y) - I_3(x,y)}\right] \quad (1\text{-}23)$$

对于更常用的N帧满周期等间距相移法，采样次数为N，$\delta_n = n \sim N$，则

$$\phi(x,y) = \arctan\left[\frac{\sum_{n=0}^{N-1} I_n(x,y)\sin(2\pi/N)}{\sum_{n=0}^{N-1} I_n(x,y)\cos(2\pi/N)}\right] \quad (1\text{-}24)$$

本实验采用N帧满周期等间距相移法，理论分析证明，N帧满周期等间距相移法对系统随机噪声具有最佳抑制效果，且对$N-1$次以下的谐波不敏感。

（2）截断相位展开。

相位测量轮廓术通过反正切函数计算得到相位值[见（式1-24）]，该相位函数被截断在反三角函数的主值范围$(-\pi,\pi)$内，呈锯齿形的不连续状。因此，在按三角对应关系由相位值求出被测物体的高度分布之前，必须将此截断的相位恢复为原有的连续相位，这一过程就是相位展开（phase unwrapping），简称PU算法。

相位展开的过程可从图1.25和图1.26中直观地看到。图1.25是分布在$-\pi$和π之间的截断相位。相位展开就是将这一截断相位恢复为图1.26所示的连续相位。相位展开是利用物面高度分布特性来进行的。它基于这样一个事实：对于一个连续物面，只要两个相邻被测点的距离足够小，两点之间的相位差将小于π。也就是说，必须满足抽样定理的要求，每个条纹至少有两个抽样点，即抽样频率大于最高空间频率的两倍。从数学的角度而言，相位展开是十分简单的一步，其方法如下：沿截断的相位数据矩阵的行或列方向，比较相

邻两个点的相位值。例如，在图 1.25 中，如果差值小于 $-\pi$，则后一点的相位值应加上 2π；如果差值大于 π，则后一点的相位值应减去 2π。

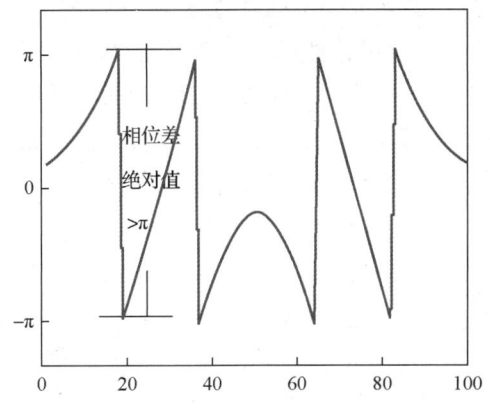

图 1.25 截断相位　　　　　　　　图 1.26 连续相位

下面以一维相位函数 $\phi_w(j)$ 为例说明上述相位展开过程。

$\phi_w(j)$ 为一维截断相位函数，其中，$0 \leqslant j \leqslant N-1$，这里 j 是采样点序号，N 是采样点总数。展开后的相位函数用 $\phi_u(j)$ 来表示，则相位展开过程可表示为

$$\begin{cases} \phi_u(j) = \phi_w(j) + 2\pi n_j \\ n_j = \text{INT}\left[\dfrac{\phi_w(j) - \phi_w(j-1)}{2\pi}\right] + n_{j-1} \\ n_0 = 0 \end{cases} \quad (1\text{-}25)$$

式中，INT 是取整运算符。

实际中的相位数据都是与采样点相对应的一个二维矩阵，所以实际上的相位展开应在二维矩阵中进行。首先沿二维矩阵中的某一列进行相位展开，然后以展开后的该列相位为基准，沿每一行进行相位展开，得到连续分布的二维相位函数。相应的，也可以先对某行进行相位展开，然后以展开后的该行相位为基准，沿每一列进行相位展开。只要满足抽样定理的条件，相位展开可以沿任意路径进行。

对于一个复杂的物体表面，由于物体表面起伏较大，得到的条纹图十分复杂。例如，条纹图形中存在局部阴影，条纹图形断裂，在条纹局部区域不满足抽样定理，即相邻抽样点之间的相位变化大于 π。对于这种非完备条纹图形，相位展开是一个非常困难的问题，这一问题也同样出现在干涉型计量领域。目前，已有多种复杂相位场展开的方法，包括网格自动算法、基于调制度分析的方法、二元模板法、条纹跟踪法、最小间距树法等，使上述问题能够在一定程度上得到解决或部分解决。

3. 高度计算

上面分析了测量高度和系统结构参数的关系，如式（1-21）。其中有 3 个与系统结构有关的参数，即投射系统出瞳中心和 CCD 成像系统入瞳中心之间的距离 L，共轭相位面上的

光栅条纹周期 p_0，以及投射光轴和成像光轴之间的夹角 θ。这几个参数是在系统满足一定约束条件下测得参数值，其约束条件如下。

① CCD 成像系统的光轴必须和参考平面垂直，即保证一定的垂直度。

② 投射系统的出瞳中心和成像系统的入瞳中心之间的连线要与参考平面平行。

③ 投射系统的光轴和 CCD 成像系统的光轴在同一平面内，并交于参考平面内一点。

为了方便系统测量，本实验采用简便的标定法，避免参数标定的烦琐过程，提高系统的适应性。标定测量原理如图 1.27 所示。首先建立如图 1.27 所示的物空间坐标系 $O-XYZ$ 和相位图像坐标系 O_pIJ，以参考平面所在的面为 XOY 面（也就是零基准面），垂直于 XOY 面并交 XOY 于点 O 的轴为 Z 轴，此时建立的坐标系称为物空间坐标系。选择相位图的横轴为 J、竖轴为 I 建立相位图像坐标系。在参考平面初始位置 $z_1=0$ 时，可以通过多步相移法获得参考平面上的截断相位分布，该截断相位的展开相位分布为 $(i,j,1)$，i、j 是相位图像坐标系中的坐标值；将参考平面沿 Z 轴正方向平移一定距离 ΔZ 到达 $z_2=\Delta Z$ 后，同样通过多步相移法获得参考平面条纹分布，并由此求得展开相位 $(i,j,2)$；同理，依次等间距移动参考平面到多个位置 $z_k=(k-1)\Delta Z$，并得到对应位置参考平面上的展开相位 (i,j,k)，其中 $k=3,4,\cdots,k$。由于将 $z_k(k=3,4,\cdots,k)$ 参考平面作为后续测量的相位参考基准面，因此把它们统称为基准参考平面。

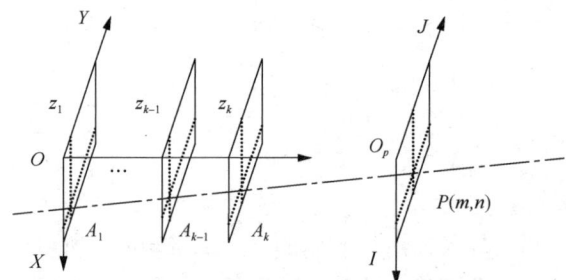

图 1.27 不同位置参考平面高度与相位的对应关系

由相位-高度映射算法，可将物面高度（相对于参考平面）表示为

$$\frac{1}{h(x,y)} = a(x,y) + \frac{b(x,y)}{\phi_h(x,y)} \tag{1-26}$$

一般情况下，$\dfrac{1}{h(x,y)}$ 和 $\dfrac{1}{\phi_h(x,y)}$ 成线性关系。但在实际测量中由于成像系统的像差和畸变（特别是在图像的边缘部分），$\dfrac{1}{h(x,y)}$ 和 $\dfrac{1}{\phi_h(x,y)}$ 之间的关系用高次曲线表示更为恰当。在此采用二次曲线，式（1-26）可改写为

$$\frac{1}{h(x,y)} = a(x,y) + b(x,y)\frac{1}{\phi_h(x,y)} + c(x,y)\frac{1}{\phi_h^{\,2}(x,y)} \tag{1-27}$$

为了求出 $a(x,y)$、$b(x,y)$、$c(x,y)$，图 1.27 中的基准参考平面（其法线方向与 CCD 成像系统的光轴平行）的个数必须大于等于 4，相邻平面间的距离为一个已知常数。

首先令 $\phi_h(x,y)$ 为零基准面上的连续相位分布,由平面2、平面3、平面4这3个平面得到的3个线性方程可解出 $a(x,y)$、$b(x,y)$、$c(x,y)$ 这3个未知常数(注意,这里每个常数实际上是二维常数矩阵);然后保存3个常数到计算机中,由测量时得到的相位图的绝对相位,对相位图中的每一点进行相应运算,就可以确定每一点的高度值,即实现三维轮廓的测量。

1.5.3 参考方案

1. 光路调整

(1)用半导体激光作为高度基准,调整各光学透镜中心使其高度一致。将各个元件都固定在导轨上,首先校准激光束水平度,将可变光阑置于邻近激光器的位置,使激光束通过光阑的中心,再把光阑沿导轨平行移至离激光器尽量远的位置,调整激光器俯仰角度和光阑的高度,使光阑中心与激光束中心重合;再将光阑沿导轨平行移至邻近激光器的位置,调整激光器俯仰角度和光阑的高度,使光阑中心与激光束中心重合。重复上述过程,直到邻近和远离两个位置光阑中心与激光束中心都重合。在此光束中逐个放入透镜的支架,调整支架高度,使有无透镜时激光束中心都不发生上下偏移,此时系统中各光学器件光轴重合。

(2)将白光源放入光路中,将透镜1放入光路中,调节白光源的高度,使从透镜出射的光通过测量物的中心。

(3)将固定标准平面的支架固定在导轨上,将固定光学器件的导轨与装置 CCD 的导轨1成约25°角度安置。

(4)调节标准平面的俯仰角度,使标准平面垂直于系统的光轴。调节方法与步骤(1)类似,在标准平面上做一标记点,相当于步骤(1)中的光阑中心。

(5)调整各个透镜间的距离,将白光源放置在透镜1的焦平面上,从透镜1出射近似平行光照明正弦光栅,透过透镜2照射到测量物表面。

(6)调节 CCD 的高度,使 CCD 镜头中心与透镜2尽量等高。

(7)调节 CCD 与被测面的距离,使光栅像充满整个 CCD 像面。

2. 实验测量过程

(1)将 2 线/mm 的正弦光栅放入调整好的光路中,调节 CCD 与被测面的距离,使光栅像充满整个 CCD 像面。

(2)调整测量物的高度,使光栅像照射到感兴趣区域,同时此区域可被 CCD 接收。

(3)打开光学三维动态软件的图像采集功能,将有标定光源的图像信息记录下来。

(4)沿垂直于导轨的方向移动光栅,每次移动 1/5 栅距(0.1mm),记录每次移动后的光栅图像,共5幅(若用4次相移则为0.125mm四帧条纹图,共5幅图像)。

测量过程如图1.28所示。

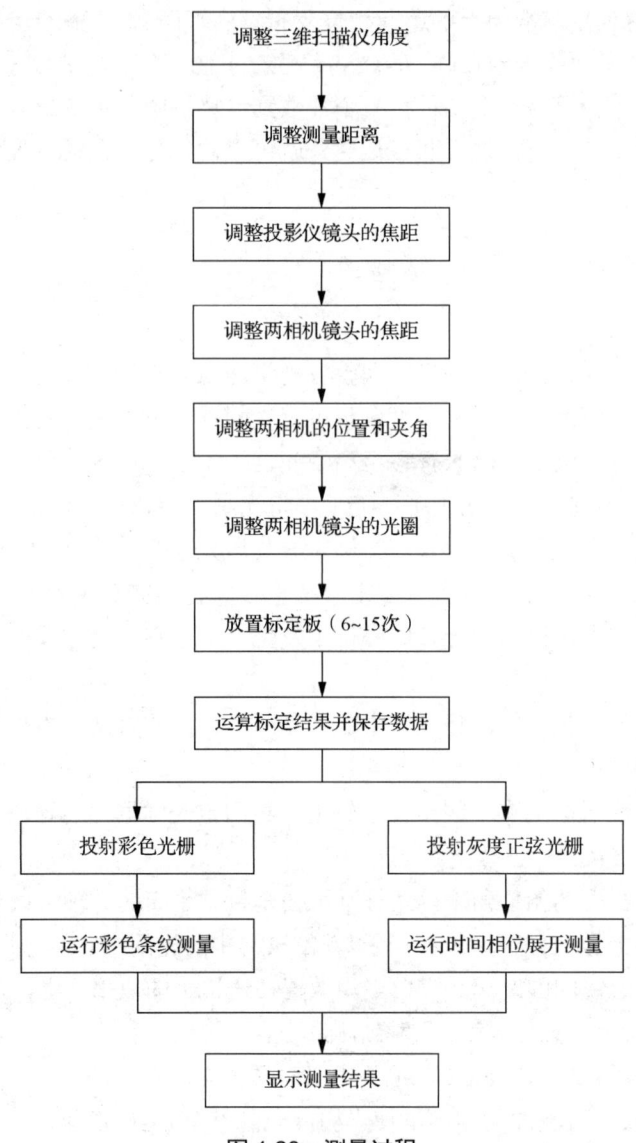

图 1.28　测量过程

3. 实验结果分析

将测量结果输出，根据误差程度分析误差原因，调整实验精度，优化实验方案。

1.5.4　实验测试方案

（1）以模型飞机为例，投影白光，进行标定之后，得到的左右相机相位模板图如图 1.29 所示。

（2）投影彩色结构光，进行标定之后，得到的左右相机彩色光栅投影图如图 1.30 所示。

 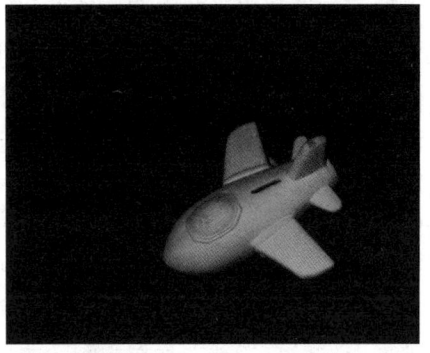 

图 1.29　左右相机相位模板图

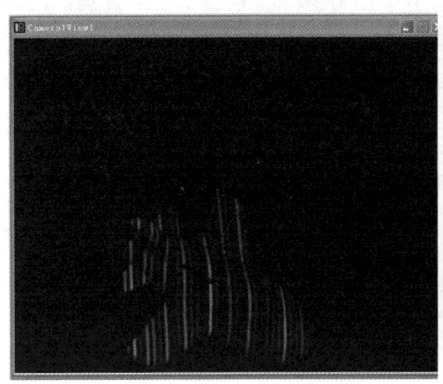  

图 1.30　左右相机彩色光栅投影图

（3）最后得到的时间相位展开飞机模型三维效果图如图 1.31 所示。

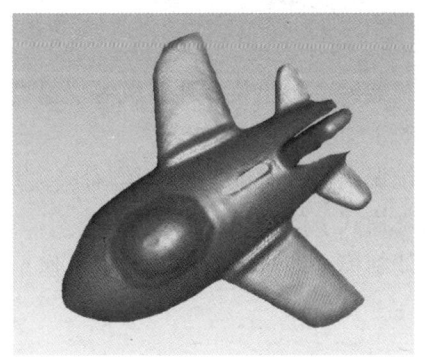 

图 1.31　时间相位展开飞机模型三维效果图

1.6　空间光调制器相位调制模式的参数测量及标定实验

1.6.1　概述

空间光调制器（spatial light modulator，SLM）是一类能将信息加载于一维或二维的光学数据场上，以便有效地利用光的固有速度、并行性和互连能力的器件。这类器件可在随时间变化的电驱动信号或其他信号的控制下，改变空间上光分布的振幅或强度、相位、偏振态及波长，或者把非相干光转化成相干光。由于空间光调制器的这种性质，因此它是实时光学信息处理、自适应光学和光计算等现代光学领域研究的关键器件，在一定程度上，空间光调制器的性能决定了这些领域的实用价值和发展前景。

空间光调制器按照读出光的读出方式不同，可以分为反射式和透射式；按照输入控制信号的方式不同，可以分为光寻址式和电寻址式。最常见的空间光调制器是液晶空间光调制器，应用光-光直接转换，效率高、能耗低、速度快、质量好，可广泛应用于光计算、模式识别、信息处理、显示等领域，具有广阔的应用前景。

本实验是传统光信息处理实验与计算机等先进技术手段相结合的现代光学实验，旨在让学生了解空间光调制器的广泛应用和科研价值。本实验注重学生对光信息处理中关键器件的理解，同时具有利用空间光调制器解决实际科研与产业应用问题的能力，实验直观且有很强的指导性。

1. 实验目的

（1）了解相位型空间光调制器的工作原理。
（2）标定空间光调制器相位调制模式时的灰度-相位对应关系。
（3）观察空间光调制器相位调制模式下的成像图案。

2. 实验器材

线偏振激光器、可调衰减片、空间滤波器、半波片、分束器、空间光调制器、偏振片、数字摄像机等。

3. 实验任务及要求

本实验要求利用液晶空间光调制器综合实验仪、计算机等仪器设备完成以下任务。
（1）研究相位型空间光调制器的工作原理。
（2）学习标定空间光调制器相位调制模式时的灰度-相位对应关系。
（3）观察空间光调制器相位调制模式下的成像图案。
（4）完成对空间光调制器相位调制模式的参数测量及标定工作。

1.6.2 实验原理

按照空间光调制器调制光参量的不同，可以将空间光调制器分为振幅型空间光调制器、相位型空间光调制器和复合型空间光调制器。本实验主要研究空间光调制器的相位调制特性。所谓相位型空间光调制器，即该空间光调制器只是对其读出光的相位分布进行调制，读出光的光强基本不变。

本实验主要采用扭曲向列型液晶来实现纯相位调制。扭曲向列型液晶可以作为纯相位型空间光调制器，相位的改变依赖电极上的电压。研究认为，当液晶分子受到外加电场时，如果外加电场高于弗里德里克斯转变（Freedericksz transition）阈值电压且低于光学改变阈值电压时，液晶分子呈现沿电场排布的趋势，但依然保持自身的扭曲状态不变，在此区间的相位改变来自各层液晶分子的有效双折射效应，这种双折射的变化与电压的增大和液晶分子的偏转成反比。在此区间不会有太大的强度变化，因为液晶分子的扭曲状态依然不变。若外加电场高于光学改变阈值电压时，液晶分子的扭曲不再一致，这时双折射效应增加，光的通过率增加。

作为纯相位型空间光调制器，要求相位调制时强度基本不变，并且还要求通过率较大。本实验采用将空间光调制器放在 2 个偏振片之间（为了减少光功率的损耗，第一个偏振片用线偏光和半波片的组合代替），不断调节偏振片的偏振状态来确定合适的偏振角度，以达到纯相位调制的模式。空间光调制器放置在偏振片 P_1 和 P_2 之间，然后调节偏振片的角度，当光强基本保持的时候记录前后偏振片的角度，在此角度下是否为纯相位调制还需要进行相位标定。

本实验的相位标定方法是基于干涉理论。如图 1.32 所示，激光被分束器分成两束平行的相干光束。两束光分别照在空间光调制器的左、右半屏上。其中，左半屏的灰度值为固定值，右半屏的灰度值从 0 到 255 变化可调（见图 1.33）。两光束在经过空间光调制器相位调制后，再通过一个合束器发生干涉，然后由 CCD 采集条纹图案。由于空间光调制器右半屏的灰度值在不断变化，因此右边光束的相位也在随之发生变化，导致干涉条纹产生相移，我们通过计算分析干涉条纹的相移数据来测量空间光调制器的相位调制特性。

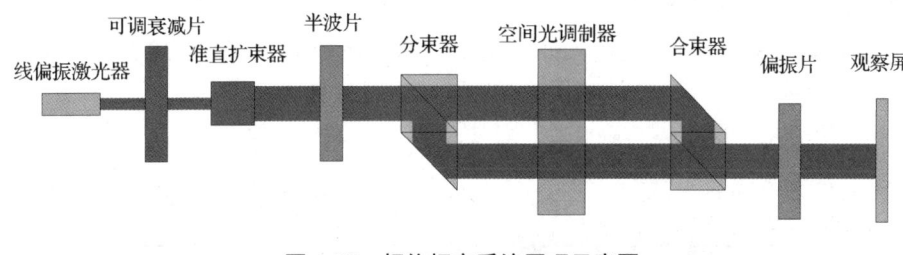

图 1.32 相位标定系统原理示意图

图 1.33 右半屏灰度值调节示意图

1.6.3 参考方案

（1）参照图 1.34 搭建光学实验系统，调整各光学器件同轴等高，激光偏振方向竖直向下。

（2）调整各光学器件，使激光扩束准直后，由分束器分为两束平行光，分别投射在空间光调制器的左、右半屏上，再由合束器将两束光合为一束，形成清晰稳定的干涉条纹，通过数字摄像机进行图像采集。

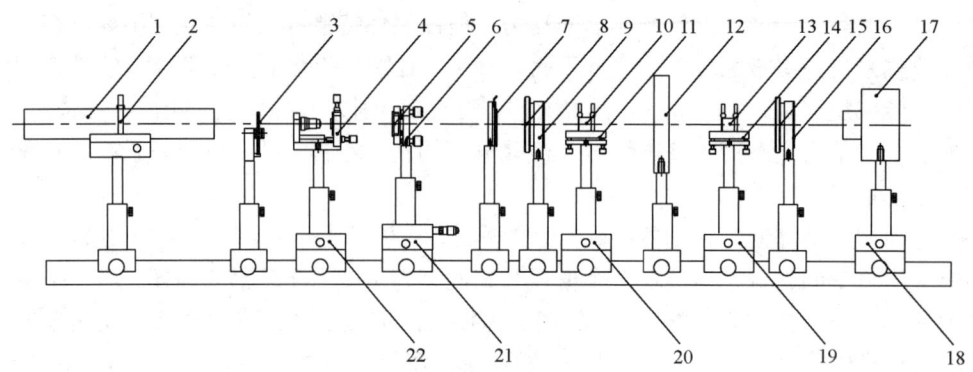

图 1.34 光学实验系统示意图

1-线偏振氦氖激光器；2-激光夹持器；3-可调衰减片；4-空间滤波器；5-f=100mm 准直透镜；6-透镜支架；7-可变光阑；8-半波片；9-波片架；10-分束器；11-可调棱镜支架；12-空间光调制器；13-合束器；14-可调棱镜支架；15-偏振片；16-偏振片架；17-数字摄像机；18，19，20，22-一维平移台；21-二维平移台

（3）调节半波片的旋转角度为 25°，则此时入射线偏光角度为 50°，旋转偏振片的角度为 0°，则此时出射线偏光角度为 0°。在空间光调制器中读入相应的图像，使得左半屏的灰度值保持 0 不变，右半屏的灰度值从 0 到 255 变化，以 25 灰度值为间隔来改变。每改变一次灰度值，采集一次条纹图案。通过配套软件计算每一幅条纹图案相对于第一幅条纹图案的相位差。

（4）参考图 1.35 搭建相位调制实验系统，将给定的相位图写入空间光调制器，观察衍射图案。

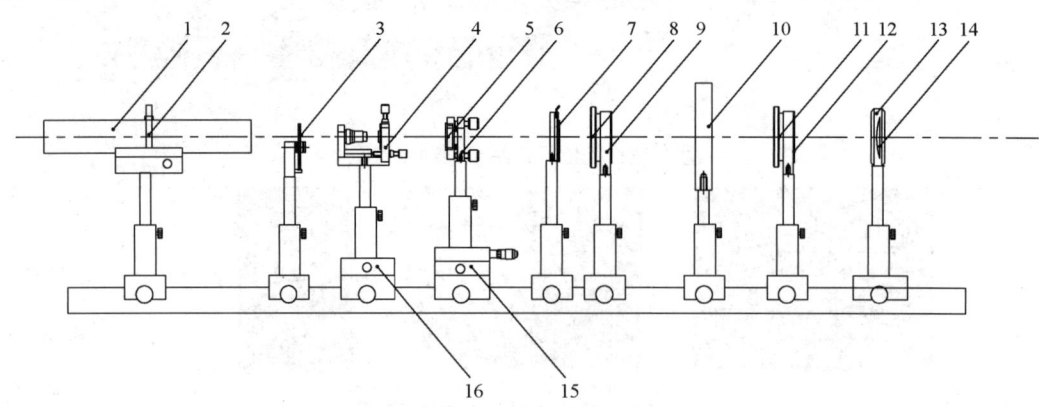

图 1.35 相位调制实验系统示意图

1-线偏振氦氖激光器；2-激光夹持器；3-可调衰减片；4-空间滤波器；5-f=100mm 平凸透镜；6-透镜支架；7-可变光阑；8-半波片；9-波片架；10-空间光调制器；11-偏振片；12-偏振片架；13-f=40mm 平凸透镜；14-透镜支架；15-二维平移台；16-一维平移台

1.6.4 实验测试方案

（1）将计算出来的当空间光调制器右半屏显示不同灰度值时产生的条纹图案相对于 0 灰度值时的条纹图案的相位差填入表 1-1。

表 1-1 相位差表

右半屏灰度值	0	25	50	75	100	125	150	175	200
相位差	0								
右半屏灰度值	225	250	255						
相位差									

（2）根据表 1-1 绘制灰度-相位差关系图，分析此状态时空间光调制器的相位调制能力。

1.7 激光原理与技术综合实验

1.7.1 概述

虽然在 1917 年爱因斯坦就预言了受激辐射的存在，但在一般热平衡情况下，物质的受激辐射总是被受激吸收所掩盖，未能在实验中观察到。直到 1960 年，第一台红宝石激光器才面世，它标志了激光技术的诞生。

激光器由激光谐振腔、放电管、激励系统构成。相对一般光源，激光有良好的方向性，也就是说，光能量在空间的分布高度集中在光的传播方向上，但也有一定的发散度。在激光的横截面上，光强的分布能用高斯函数描述，故称高斯光束。同时激光还具有单色性好的特点，也就是说，激光可以具有非常窄的谱线宽度。工作物质受激辐射后经过激光谐振腔等多种机制的作用和相互干涉，最后形成一个或多个离散的、稳定的谱线，这些谱线就是激光的模。

在研究激光的应用之前（如定向、制导、精密测量、焊接、光通信等），我们需要先了解激光器的构造和激光器的各种参数指标。

1. 实验目的

（1）理解激光谐振原理，掌握激光谐振腔的调节方法。
（2）掌握激光传播特性的主要参数的测量方法。
（3）了解共焦球面扫描干涉仪的结构和工作原理，掌握其使用方法。
（4）掌握激光器模式分析的基本方法。
（5）理解激光光束特性，学会对高斯光束进行测量与变换。
（6）了解激光器的偏振特性，掌握激光偏振测量方法。
（7）了解激光纵模正交偏振理论与模式竞争理论。

2. 实验任务及要求

本实验要求利用氦氖激光器综合实验仪、计算机、示波器等仪器设备完成以下任务。
（1）在理解激光谐振原理的基础上，掌握激光谐振腔的调节方法。
（2）掌握激光传播特性并对其主要参数进行测量。

（3）熟练掌握共焦球面扫描干涉仪的结构和工作原理，掌握其使用方法。

（4）掌握激光器模式分析的基本方法。

（5）学会对高斯光束进行测量与变换。

（6）掌握激光偏振测量方法。

1.7.2 实验原理

1. 氦氖激光器的原理与结构

氦氖激光器又称 He-Ne 激光器，由激光谐振腔（输出镜与全反镜）、放电管（毛细管、增益介质和电极）、激励系统（激光电源）构成，如图 1.36 所示。

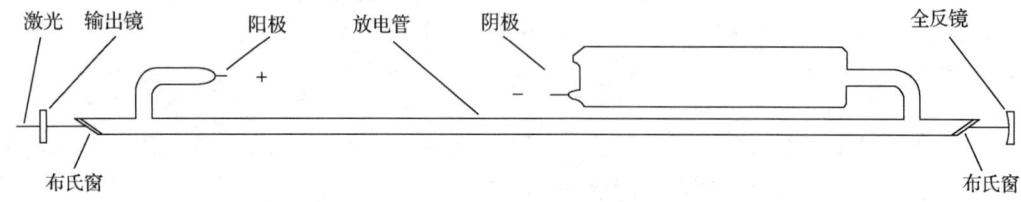

图 1.36 氦氖激光器的结构

对氦氖激光器而言，增益介质就是在毛细管内按一定的气压充以适当比例的氦、氖气体，当氦、氖混合气体被电流激励时，与某些谱线对应的上下能级的粒子数发生反转，使介质具有增益。介质增益与毛细管长度、内径粗细、两种气体的比例、总气压及放电电流等因素有关。

对激光谐振腔而言，腔长要满足频率的驻波条件，谐振腔镜的曲率半径要满足腔的稳定条件。总之腔的损耗必须小于介质的增益，才能建立激光振荡。

内腔式氦氖激光器的腔镜封装在激光管两端，而外腔式氦氖激光器的激光管、输出镜及全反镜是安装在调节支架上的。调节支架能调节输出镜与全反镜之间的平行度，使激光器工作时处于输出镜与全反镜相互平行且与放电管垂直的状态。在激光管激励系统的阴极、阳极上串接着镇流电阻，防止激光管在放电时出现闪烁现象。氦氖激光器的激励系统采用开关电路的直流电源，体积小，质量轻，可靠性高，可长时间运行。

2. 激光器模的形成

如果用某种激励方式，将增益介质的某一对能级间形成粒子数反转分布，由于自发辐射和受激辐射的作用，将有一定频率的光波产生，在腔内传播，并被增益介质逐渐增强、放大。被传播的光波绝不是单一频率的（通常所谓某一波长的光，不过是光中心波长而已）。因为能级有一定宽度，所以粒子在谐振腔内运动受多种因素的影响，实际激光器输出的光谱宽度是由自然增宽、碰撞增宽和多普勒增宽叠加而成。不同类型的激光器，工作条件不同，以上诸影响有主次之分。例如，低气压、小功率的氦氖激光器 6328Å（1Å=10^{-10}m）谱线，以多普勒增宽为主，增宽线型基本呈高斯函数分布，宽度约为 1500MHz，只有频率落在展宽范围内的光在介质中传播时，光强将获得不同程度的放大。但只有单程放大，还不足以产生激光,还需要有谐振腔对它进行光学反馈,使光在多次往返传播中形成稳定持续的振荡,才有激光输出的可能。而形成持续振荡的条件是,光在谐振腔中往返一周的光程差应是波长的整数倍,即

$$2\mu L = q\lambda_q \tag{1-28}$$

这正是光波相干极大条件,满足此条件的光将获得极大增强,其他则相互抵消。式中,μ 是折射率,对于气体 $\mu \approx 1$;L 是腔长;q 是正整数,每一个 q 对应纵向的一种稳定的电磁场分布 λ_q,称为一个纵模,q 称为纵模序数。q 是一个很大的数,通常我们不需要知道它的数值,需要知道的是有几个不同的 q 值,即激光器有几个不同的纵模。

从式(1-28)中还可以看出,这也是驻波形成的条件,腔内的纵模是以驻波形式存在的,q 值反映的恰是驻波波腹的数目。纵模的频率为

$$\nu_q = q \frac{c}{2\mu L} \tag{1-29}$$

式中,c 为光速,$c=3\times10^8 \text{m/s}$。同样,一般我们不去求它,需要求出相邻两个纵模的频率间隔

$$\Delta\nu_{\Delta q=1} = \Delta\nu_{纵} = \frac{c}{2\mu L} \approx \frac{c}{2L} \tag{1-30}$$

从式(1-30)中可以看出,相邻纵模频率间隔和激光器的腔长成反比。即腔越长,$\Delta\nu_{纵}$越小,满足振荡条件的纵模个数越多;相反,腔越短,$\Delta\nu_{纵}$越大,在同样的增宽曲线范围内,纵模个数就越少,因而用缩短腔长的办法是获得单纵模运行激光器的方法之一。

综上所述,得出纵模具有的特征是:相邻纵模频率间隔相等;对应同一横模的一组纵模,它们强度的顶点构成了多普勒线型的轮廓线。

任何事物都具有两重性,光波在腔内往返振荡时,一方面有增益,使光不断增强;另一方面也存在着不可避免的多种损耗,使光能减弱,如介质的吸收损耗、散射损耗、镜面透射损耗和毛细管的衍射损耗等。所以不仅要满足谐振条件,还需要增益大于各种损耗的总和,才能形成持续振荡,有激光输出。如图 1.37 所示,增益线宽内虽有 5 个纵模满足谐振条件,但只有 3 个纵模的增益大于损耗,能有激光输出。对于纵模的观测,由于 q 值很大,相邻纵模频率差异很小,眼睛不能分辨,因此必须借助一定的检测仪器才能观测到。

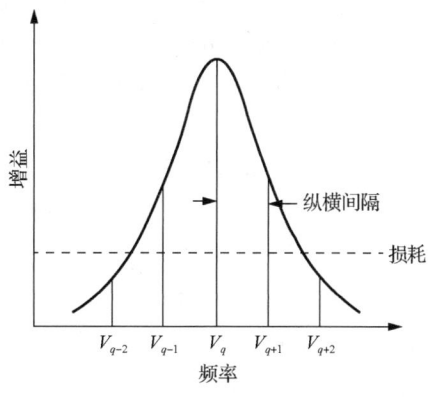

图 1.37 横模和纵模间隔

谐振腔对光多次反馈，在纵向形成不同的场分布，那么对横向是否也会产生影响呢？答案是肯定的。这是因为光每经过毛细管反馈一次，就相当于一次衍射。多次反复衍射，就在横向的同一波腹处形成一个或多个稳定的衍射光斑。每一个衍射光斑对应一种稳定的横向电磁场分布，称为一个横模。我们所看到的复杂的光斑则是这些基本光斑的叠加，几种常见的基本横模光斑图形如图1.38所示。

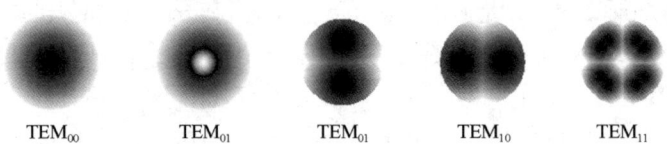

图1.38 相同纵模指数 q 下的横模光斑图形

总之，任何一个模，既是纵模，又是横模。它同时有两个名称，不过是对两个不同方向的观测结果分开称呼而已。一个模由3个量子数表示，通常写作 TEM$_{mnq}$，q 是纵模标记，m 和 n 是横模标记，m 是沿 x 轴场强为零的节点数，n 是沿 y 轴场强为零的节点数。

通过前面的介绍可知，不同的纵模对应不同的频率。那么同一纵模序数内的不同横模又如何呢？同样，不同横模也对应不同的频率，横模序数越大，频率越高。通常不需要求出横模频率，需要求出具有几个不同的横模及不同的横模间的频率差，经推导得

$$\Delta v_{\Delta m + \Delta n} = \frac{c}{2\mu L}\left\{\frac{1}{\pi}\arccos\left[\left(1-\frac{L}{R_1}\right)\left(1-\frac{L}{R_2}\right)\right]^{1/2}\right\} \qquad (1\text{-}31)$$

式中，Δ_m、Δ_n 分别表示 x、y 方向上横模序数差；R_1、R_2 分别为谐振腔的两个反射镜的曲率半径。

相邻横模频率间隔为

$$\Delta v_{\Delta m + \Delta n = 1} = \Delta v_{\Delta q = 1}\left\{\frac{1}{\pi}\arccos\left[\left(1-\frac{L}{R_1}\right)\left(1-\frac{L}{R_2}\right)\right]^{1/2}\right\} \qquad (1\text{-}32)$$

从式（1-32）中还可以看出，相邻的横模频率间隔与纵模频率间隔的比值是一个分数。如图1.39所示，分数的大小由激光器的腔长和曲率半径决定。腔长与曲率半径的比值越大，分数值越大。当腔长等于曲率半径时（$L=R_1=R_2$，即共焦腔），分数值达到极大，即相邻两个横模的横模间隔是纵模间隔的1/2，横模序数相差为2的谱线频率正好与纵模序数相差为1的谱线频率兼并。

激光器中能产生的横模个数，除前述增益因素外，还与毛细管的粗细、内部损耗等因素有关。一般说来，毛细管直径越大，可能出现的横模个数越多。横模序数越高，衍射损耗越大，形成振荡越困难。但激光器输出光中横模的强弱不能仅从衍射损耗一个因素考虑，它是由多种因素共同决定的，这是在模式分析实验中，辨认哪一个是高阶横模时易出错的地方。因仅从光的强弱来判断横模阶数的高低，即认为光最强的谱线一定是基横模，这是不对的，而应根据高阶横模具有高频率来确定。

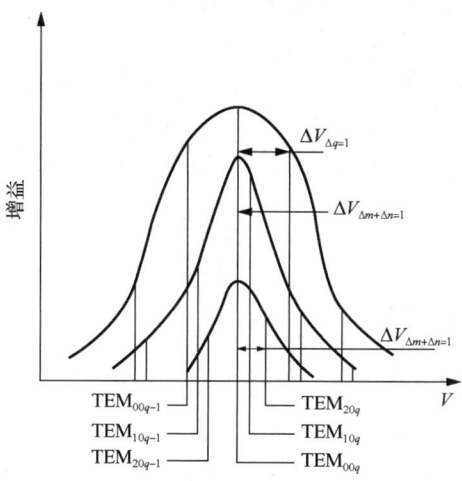

图 1.39 在增益线宽内纵模、横模的频谱图

横模频率间隔的测量同纵模频率间隔一样,需借助展现的频谱图来计算。但阶数 m 和 n 的数值仅凭频谱图是不能确定的,因为从频谱图上只能看到有几个不同的 $(m+n)$ 值,以及可以测出它们之间的差值 $\Delta(m+n)$,然而不同的 m 或 n 可对应相同的 $(m+n)$ 值,相同的 $(m+n)$ 在频谱图上又处在相同的位置,因此要确定 m 和 n 各是多少,还需要结合激光输出的光斑图形加以分析才行。当我们对光斑进行观察时,看到的应是它全部横模的叠加图(即图 1.38 中一个或几个单一态图形的组合)。当只有一个横模时,很易辨认;如果横模个数比较多,或基横模很强,掩盖了其他横模,或某高阶模太弱,都会给分辨带来一定的难度。但由于我们有频谱图,知道了横模的个数及彼此强度上的大致关系,就可缩小考虑的范围,从而能准确地定位每个横模的 m 和 n 值。

3. 高斯光束的基本性质

众所周知,电磁场运动的普遍规律可用麦克斯韦方程组来描述。对于稳态传输光频电磁场可以归结为对光现象起主要作用的电矢量所满足的波动方程。在标量场近似条件下,可以简化为赫姆霍兹方程,高斯光束是赫姆霍兹方程在缓变振幅近似下的一个特解,它可以足够好地描述激光光束的性质。使用高斯光束的复参数表示和 ABCD 定律能够统一而简洁地处理高斯光束在腔内外的传输变换问题。

在缓变振幅近似下求解赫姆霍兹方程,可以得到高斯光束的一般表达式为

$$A(r,z) = \frac{A_0 \omega_0}{\omega(z)} e^{-r^2/\omega^2(z)} \cdot e^{-i\left[\frac{kr^2}{2R(z)} - \psi\right]} \tag{1-33}$$

式中,A_0 为振幅常数;ω_0 定义为场振幅减小到最大值的 $1/e$ 的 r 值,称为腰斑,它是高斯光束光斑半径的最小值;$\omega(z)$、$R(z)$、ψ 分别表示高斯光束的光斑半径、等相面曲率半径、相位因子,是描述高斯光束的 3 个重要参数,其具体表达式分别为

$$\omega(z) = \omega_0 \sqrt{1 + \left(\frac{z}{Z_0}\right)^2} \qquad (1\text{-}34)$$

$$R(z) = Z_0 \left(\frac{z}{Z_0} + \frac{Z_0}{z}\right) \qquad (1\text{-}35)$$

$$\psi = \text{tg}^{-1} \frac{z}{Z_0} \qquad (1\text{-}36)$$

式中，$Z_0 = \dfrac{\pi \omega_0^2}{\lambda}$，称为瑞利长度或共焦参数。

（1）高斯光束在 $z = \text{const}$ 的面内，场振幅以高斯函数 $e^{-r^2/\omega^2(z)}$ 的形式从中心向外平滑地减小，因而光斑半径 $\omega(z)$ 随坐标 z 按双曲线

$$\frac{\omega^2(z)}{\omega_0^2} - \frac{z}{Z_0} = 1 \qquad (1\text{-}37)$$

规律而向外扩展，如图 1.40 所示。

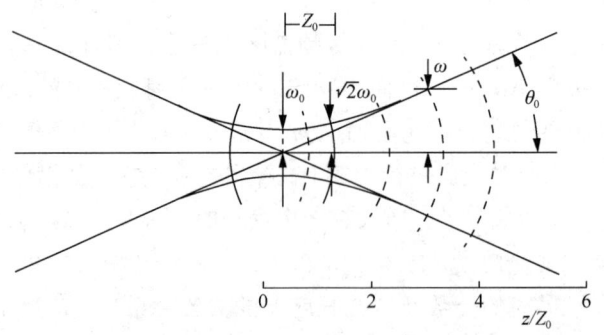

图 1.40　高斯光束及相关参数的定义

（2）当式（1-37）中 z 的变化非常微小时，可忽略式（1-33）中相位 ψ 的变化，由此可得到轴线附近的等相面方程为

$$\frac{r^2}{2R(z)} + z = \text{const} \qquad (1\text{-}38)$$

因而，可以认为高斯光束的等相面为球面。

（3）瑞利长度的物理意义为：当 $|z| = Z_0$ 时，$\omega(Z_0) = \sqrt{2}\omega_0$。在实际应用中通常取 $z = \pm Z_0$ 范围为高斯光束的准直范围，即在这段长度范围内，高斯光束近似认为是平行的。所以，瑞利长度越长，就意味着高斯光束的准直范围越大，反之亦然。

（4）高斯光束远场发散角 θ_0 的一般定义为当 $z \to \infty$ 时，高斯光束振幅减小到中心最大值 1/e 处与 z 轴的交角。即表示为

$$\begin{aligned}\theta_0 &= \lim_{z \to \infty} \frac{\omega(z)}{z} \\ &= \frac{\lambda}{\pi \omega_0}\end{aligned} \qquad (1\text{-}39)$$

4. 高斯光束的复参数表示和高斯光束通过光学系统的变换

定义 $\dfrac{1}{q} = \dfrac{1}{R} - i\dfrac{1}{\pi\omega^2}$，由前面的定义，可以得到 $q = z + iZ_0$，因而式（1-33）可以改写为

$$A(r,q) = A_0 \dfrac{iZ_0}{q} e^{-kr^2/2q} \qquad (1\text{-}40)$$

此时，$\dfrac{1}{R} = \mathrm{Re}\left(\dfrac{1}{q}\right)$，$\dfrac{1}{\omega^2} = -\dfrac{\pi}{\lambda}\mathrm{Im}\left(\dfrac{1}{q}\right)$。

高斯光束通过变换矩阵为 $\boldsymbol{M} = \begin{pmatrix} A & B \\ C & D \end{pmatrix}$ 的光学系统后，其复参数 q_2 变换为

$$q_2 = \dfrac{Aq_1 + B}{Cq_1 + D}$$

因而，在已知光学系统变换矩阵参数的情况下，采用高斯光束的复参数表示法可以简洁快速地求得变换后的高斯光束的特性参数。

5. 共焦球面扫描干涉仪的结构与工作原理

共焦球面扫描干涉仪是一种分辨率很高的分光仪器，已成为激光技术中一种重要的测量设备。实验中使用它，将彼此频率差异甚小（几十至几百 MHz），用一般光谱仪器不能分辨的所有纵模、横模展现成频谱图来进行观测。它在实验中起着不可替代的重要作用。

共焦球面扫描干涉仪是一个无源谐振腔。由两块球形凹面反射镜构成共焦腔，即两块镜的曲率半径和腔长相等，$R_1=R_2=l$。反射镜镀有高反射膜。两块镜中的一块是固定不变的，另一块固定在可随外加电压而变化的压电陶瓷上。如图 1.41 所示，①为由低膨胀系数制成的间隔圈，用以保持两球形凹面反射镜 R_1 和 R_2 总是处在共焦状态；②为压电陶瓷环，其特性是若在环的内外壁上加一定数值的电压，环的长度将随之发生变化，而且长度的变化量与外加电压的幅度成线性关系，这正是共焦球面扫描干涉仪被用来扫描的基本条件。由于环的长度的变化量很小，仅为波长数量级，不足以改变腔的共焦状态。但是当线性关系不好时，会给测量带来一定的误差。

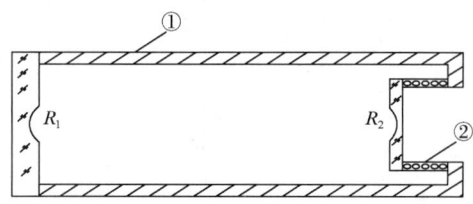

图 1.41 共焦球面扫描干涉仪内部结构图

共焦球面扫描干涉仪有两个重要的性能参数，即自由光谱范围和精细常数，下面分别对它们进行讨论。

（1）自由光谱范围。

当一束激光以近光轴方向射入共焦球面扫描干涉仪后，在共焦腔中经 4 次反射呈 X 形路径，光程近似为 $4l$（l 为腔长），如图 1.42 所示，光在共焦腔内每走一个周期都会有部分光从镜面透射出去。如在 A、B 两点，形成一束束透射光 1, 2, 3…和 1′, 2′, 3′…，这时在压电陶瓷环上加一线性电压，当外加电压使腔长变化到某一长度 l_a，正好使相邻两次透射光束的光程差是入射光中模的波长为 λ_a 的这条谱线的整数倍时，即

$$4l_a = k\lambda_a \tag{1-41}$$

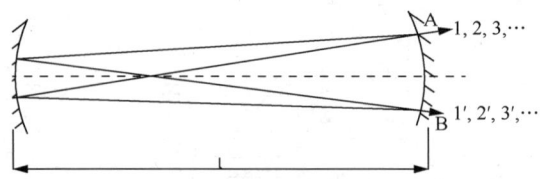

图 1.42　共焦球面扫描干涉仪内部光路图

此时模 λ_a 将产生相干极大透射，而其他波长的模则相互抵消（k 为共焦球面扫描干涉仪的干涉序数，是一个整数）。同理，外加电压又可使腔长变化到 l_b，使模 λ_b 符合谐振条件，产生极大透射，而 λ_a 等其他模又相互抵消。因此，透射极大的波长值和腔长值有一一对应关系。只要用一定幅度的电压来改变腔长，就可以使激光器全部不同波长（或频率）的模依次产生相干极大透射，形成扫描。但值得注意的是，若入射光波长范围超过某一限定时，外加电压虽可使腔长线性变化，但一个确定的腔长有可能使几个不同波长的模同时产生相干极大透射，造成重序。例如，当腔长变化到可使 λ_b 极大时，λ_a 会再次出现极大，有

$$4l_d = k\lambda_d = (k+1)\lambda_a \tag{1-42}$$

即 k 序中的 λ_d 和 $k+1$ 序中的 λ_a 同时满足极大条件，两种不同的模被同时扫出，叠加在一起，因此共焦球面扫描干涉仪本身存在一个不重序的波长范围限制。所谓自由光谱范围（S.R.），就是指共焦球面扫描干涉仪所能扫出的不重序的最大波长差或频率差，用 $\Delta\lambda_{\text{S.R.}}$ 或 $\Delta\nu_{\text{S.R.}}$ 表示。假如上例中 l_d 为刚刚重序的起点，则 $\lambda_d - \lambda_a$ 即为此共焦球面扫描干涉仪的自由光谱范围值。经推导，可得

$$\lambda_d - \lambda_a = \frac{\lambda_a^2}{4l} \tag{1-43}$$

由于 λ_d 与 λ_a 间相差很小，可共用 λ 近似表示

$$\Delta\lambda_{\text{S.R.}} = \frac{\lambda_a^2}{4l} \tag{1-44}$$

用频率表示，即为

$$\Delta\nu_{\text{S.R.}} = \frac{c}{4l} \tag{1-45}$$

在模式分析实验中，由于不希望出现式（1-42）中的重序现象，故选用共焦球面扫描干涉仪时，必须首先知道它的 $\Delta\nu_{\text{S.R.}}$ 和待分析的激光器频率范围 $\Delta\nu$，并使 $\Delta\nu_{\text{S.R.}} > \Delta\nu$，才能保证在频谱面上不重序，即腔长和模的波长或频率是一一对应关系。

自由光谱范围还可用腔长的变化量来描述，即腔长变化量为 $\lambda/4$ 时所对应的扫描范围。因为光在共焦腔内经 4 次反射呈 X 形，四倍路程的光程差正好等于 λ，干涉序数变化 1（若光程差增加 λ，则干涉序数增加 1，反之减少 1）。

另外，还可以看出，当满足 $\Delta v_{S.R.} > \Delta v$ 条件后，如果外加电压足够大，可使腔长的变化量是 $\lambda/4$ 的 i 倍时，那么将会扫描出 i 个干涉序，激光器的所有模将周期性地重复出现在干涉序 $k, k+1, \cdots, k+i$ 中，如图 1.43 所示。

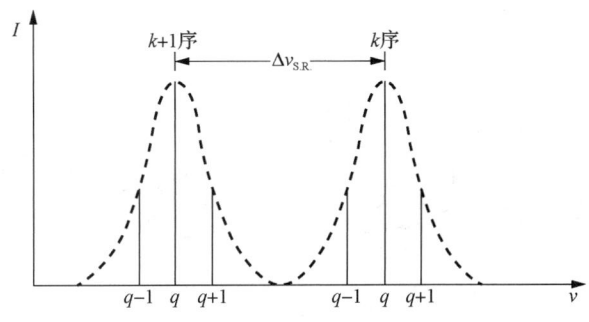

图 1.43　展现多个干涉序

（2）精细常数。

精细常数 F 是用来表征扫描干涉仪分辨能力的参数。精细常数的定义是：自由光谱范围与最小分辨率极限宽度之比，即在自由光谱范围内能分辨的最多的谱线数目。精细常数的理论公式为

$$F = \frac{\pi R}{1-R} \tag{1-46}$$

式中，R 为凹面镜的反射率。

从式（1-46）中可以看出，F 只与镜片的反射率有关，实际上还与共焦腔的调整精度、镜片加工精度、干涉仪的入射和出射光孔的大小及使用时的准直精度等因素有关。因此精细常数的实际值应由实验来确定，根据精细常数的定义，有

$$F = \frac{\Delta \lambda_{S.R.}}{\delta \lambda} \tag{1-47}$$

显然，$\delta \lambda$ 就是共焦球面扫描干涉仪所能分辨出的最小波长差，用仪器的半宽度 $\Delta \lambda$ 代替，实验中就是一个模的半值宽度。从展开的频谱图中可以测定出 F 值的大小。

1.7.3　参考方案

（1）按照图 1.44、图 1.45 所示连接线路，经检查无误，方可接通。

（2）打开导轨上的总开关，打开激光器的开关，点燃激光器。

（3）调整光路，首先使激光束从光阑小孔通过，调整扫描干涉仪上、下、左、右位置，使光束正入入射孔中心，再细调扫描干涉仪板架上的两个方位螺丝，以使从扫描干涉仪腔镜反射的最亮的光点回到光阑小孔的中心附近（注意不要穿过光阑小孔入射激光器），这时表明入射光束和扫描干涉仪的光轴基本重合。

（4）将放大器的接收部位对准扫描干涉仪的输出端。

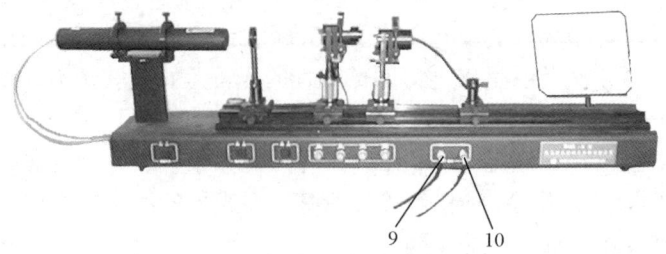

图 1.44 实验装置图（正面）

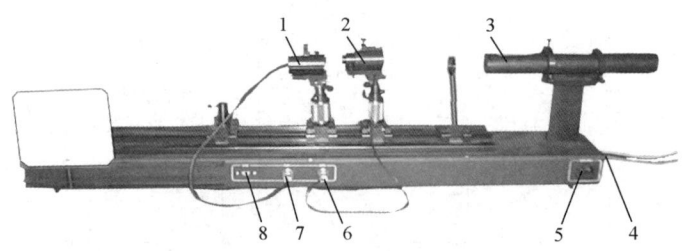

图 1.45 实验装置图（反面）

1-接收器，应与端口 7 相连接；2-扫描干涉仪，应与端口 6 相连接；3-氦氖激光器，应与电源 4 相连接；4-电源；5-仪器的总电源；6，7-端口；8-USB 接口；9，10-端口，通过配套的线缆与示波器相连接

（5）打开放大器、锯齿波发生器、示波器的电源开关。

（6）观察示波器上展现的频谱图，进一步细调扫描干涉仪的方位螺丝，使谱线尽量强，噪声很小。

（7）改变锯齿波输出电压的峰值，看示波器上干涉序数目的变化（电压的峰值越高，出现的干涉序数目越多），将峰值固定在某一值（一般在 100~140，能看清楚且容易分辨两个或三个干涉序即可），确定示波器上展现的干涉序数目。

（8）根据干涉序的数目和频谱的周期性，确定哪些模属于同一 k 序。

（9）根据自由光谱范围的定义，确定它所对应的频率间隔（即哪两条谱线间隔为 $\Delta\lambda_{S.R.}$）。为了减小测量误差，需要对 x 轴增幅，测出与 $\Delta\lambda_{S.R.}$ 相对应的标尺长度，计算出二者比值，即每厘米代表的频率间隔值。

（10）在同一干涉序 k 中观测，根据纵模定义对照频谱特征，确定纵模的个数，并测出纵模频率间隔 $\Delta v_{\Delta q=1}$，与理论值比较，检查辨认是否准确。

（11）根据横模的频率频谱特征，在同一干涉序 k 内有几个不同的横模，并测出不同的横模频率间隔 $\Delta v_{\Delta m+\Delta n}$，与理论值比较，检查辨认是否正确。代入式（1-31），解出 $\Delta m+\Delta n$ 的值。

（12）确定横轴频率增加的方向，以便确定在同一 q 纵模序中哪个模是高阶横模，哪个模是低阶横模，以及它们之间的强度关系。

（13）用白屏在远处接收激光，这时看到的应是所有横模的叠加图，还需要结合图 1.38 中单一横模的光斑图形加以辨认，以便确定每个横模的模序 m、n 值。

（14）通过对两个不同模式状况的激光器进行观测，总结出模式分析的基本方法。

1.7.4 实验测试方案

（1）按照图 1.44、图 1.45 所示连接线路，经检查无误，方可接通（要注意用 USB 线的一端连接到实验导轨的 USB 接口，另一端连接到计算机的 USB 接口），启动计算机。

（2）打开导轨上的总开关，打开激光器的开关，点燃激光器。

（3）调整光路，首先使激光束从光阑小孔通过，调整扫描干涉仪上、下、左、右位置，使光束正入入射孔中心，再细调扫描干涉仪板架上的两个方位螺丝，以使从扫描干涉仪腔镜反射的最亮的光点回到光阑小孔的中心附近（注意不要穿过光阑小孔入射激光器），这时表明入射光束和扫描干涉仪的光轴基本重合。

（4）将放大器的接收部位对准扫描干涉仪的输出端。

（5）打开放大器、锯齿波发生器、示波器的开关。

（6）启动测量软件。选择"工作"→"测量"选项，或者按 F5 键，或者单击工具栏中的 按钮，弹出如图 1.46 所示的"采集数据"对话框。

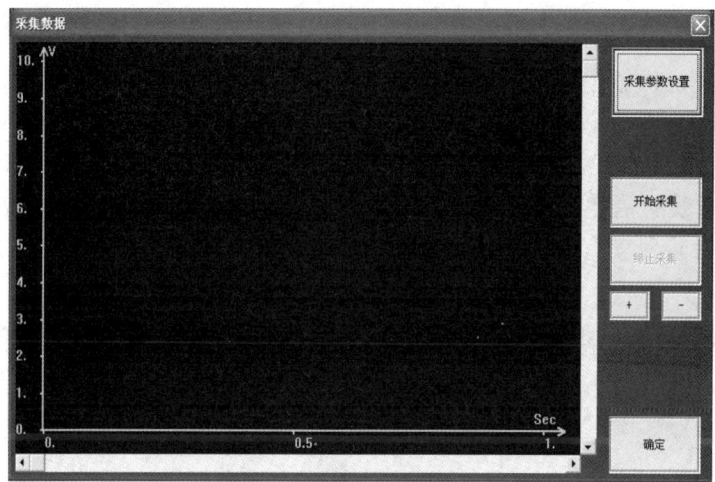

图 1.46 "采集数据"对话框

（7）单击"采集参数设置"按钮，设置采集参数，如图 1.47 所示。

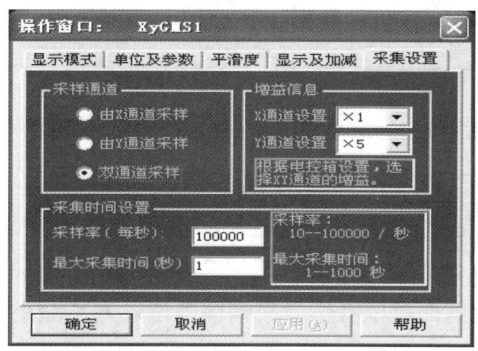

图 1.47 "操作窗口"对话框

（8）参数设置完成后，单击"开始采集"按钮，可以看到采集到的锯齿波和接收器接收到的光强谱线类似，如图 1.48 所示。

（9）单击"确定"按钮，返回工作界面，如图 1.49 所示。在图形较小的情况下，可以用拖放鼠标的方式进行放大。进一步细调扫描干涉仪的方位螺丝，使谱线尽量强，噪声尽量小。

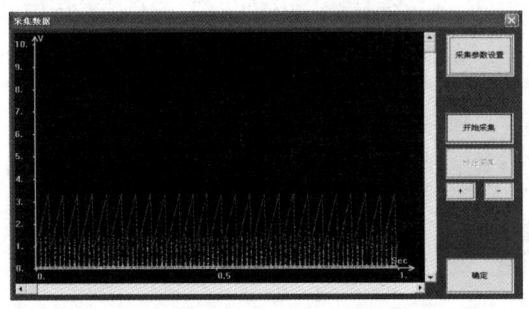
图 1.48 显示出的采集数据

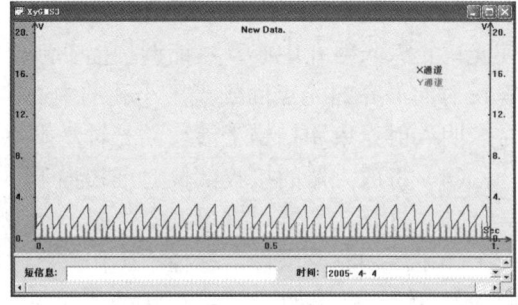
图 1.49 工作界面

（10）改变锯齿波输出电压的峰值，看示波器上干涉序数目的变化（电压的峰值越高，出现的干涉序数目越多），将峰值固定在某一值（一般为 100～140），调整锯齿波的前后沿，得到一个较长的直线部分，如图 1.50 中的 X 通道，上升部分代表锯齿波电压呈直线上升，调整锯齿波的幅度，使锯齿波直线段能看得清楚且容易分辨两个或三个干涉序，如图 1.51 中上升阶段就有两个干涉序。至于下降阶段，是前面的重复，且较密集，所以不加考虑。

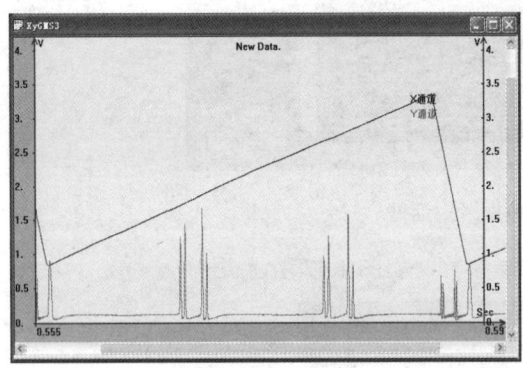
图 1.50 k 序图

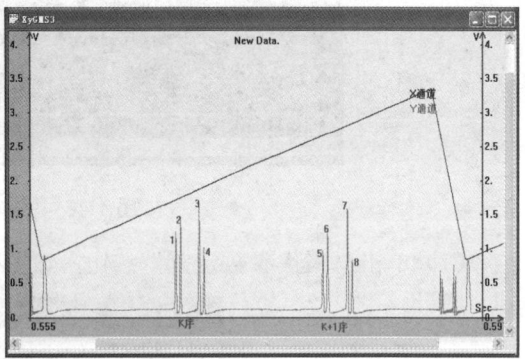
图 1.51 k 序谱线

（11）根据干涉序数目和频谱的周期性，确定哪些模属于同一 k 序，如图 1.50 所示。

（12）根据自由光谱范围的定义，确定它所对应的频率间隔（即哪两条谱线间隔为 $\Delta\lambda_{S.R.}$）。在图 1.51 中，谱线 1 与谱线 5，谱线 2 与谱线 6，谱线 3 与谱线 7，谱线 4 与谱线 8 之间所对应的频率间隔都可以看作自由光谱范围。为了减小测量误差，可以对时间轴增幅，并且计算平均值，以较准确地测出与 $\Delta\lambda_{S.R.}$ 相对应的时间的差值（因为在后面的计算中要用到的是比例值，所以没有必要求出具体的频率差值 $\Delta\lambda_{S.R.}$，用 X 通道的电压差值来代替即可，又由于其线性的特性，因此可以用横轴上的时间差值来代替，在此以后者为例)，对于图1.51，读出各个峰的横坐标值分别为

t_1=0.56812

t_2=0.56857

t_3=0.57030

t_4=0.57075

t_5=0.58187

t_6=0.58232

t_7=0.58420

t_8=0.58464

计算出$\Delta\lambda_{S\cdot R}$对应的时间间隔为0.01382。

（13）在同一干涉序 k 中观测，根据纵模定义对照频谱特征，确定纵模的个数，并测出纵模频率间隔$\Delta v_{\Delta q=1}$，与理论值比较，检查辨认是否准确。对于本实验，可以看出在干涉序 k 中的纵模有两个，分别是由峰1和峰2组成的纵模序，以及由峰3和峰4组成的纵模序。所以纵模频率间隔$\Delta v_{\Delta q=1}$就是峰1和峰3对应的频率间隔，也等于峰2和峰4对应的频率间隔。以峰1和峰3为例，有

$$\Delta v_{\Delta q=1} = \left(|t_1 - t_3|/0.01382\right) \cdot \Delta\lambda_{S\cdot R}$$
$$= \left(|0.56812 - 0.57030|/0.01382\right) \times 4\text{GHz}$$
$$\approx 0.63\text{GHz}$$

其理论值为$c/2L\approx 0.61$GHz。其中，c 为真空光速，L 是激光器谐振腔的长度，对于本实验配套的激光器来说，L=246mm。

（14）根据横模的频率频谱特征，在同一干涉序 k 内有几个不同的横模，并测出不同的横模频率间隔$\Delta v_{\Delta m+\Delta n}$，与理论值比较，检查辨认是否准确。对于本实验，可以看出每个纵模序中有两个横模，如峰1和峰2是第一个纵模序中的两个不同横模。求出它们之间的频率间隔为

$$\Delta v(1,2) = \left(|t_1 - t_2|/0.01382\right) \cdot \Delta\lambda_{S\cdot R}$$
$$= \left(|0.56812 - 0.56857|/0.01382\right) \times 4\text{GHz}$$
$$\approx 0.13\text{GHz}$$

当$\Delta m + \Delta n = 1$时，将各个数值代入式（1-32），可以得到

$$\Delta v_{\Delta m+\Delta n=1} = \Delta v_{\Delta q=1}\left\{\frac{1}{\pi}(\Delta m + \Delta n)\arccos\left[\left(1-\frac{L}{R_1}\right)\left(1-\frac{L}{R_2}\right)\right]^{1/2}\right\}$$
$$\approx 0.61\text{GHz} \times 0.1652$$
$$\approx 0.10\text{GHz}$$

与$\Delta v(1,2)$相比，可知峰1和峰2的横模序数相差1，即$\Delta m + \Delta n = 1$，而且相配套的激光器具有基横模，所以横模中一个是TEM_{00k}，另一个是TEM_{01k}（或是TEM_{10k}，二者无本质区别）。在这里要说明的是，由于激光器的关系和各种误差的原因，造成横模频率间隔

和纵模频率间隔的测量值与理论值有一定的出入，但只要在 20MHz 之内就可以被接受。

（15）确定横轴频率增加的方向，以便确定在同一 q 纵模序中哪个模是高阶横模，哪个模是低阶横模，以及它们之间的强度关系。在本实验中，随着时间增长，锯齿波电压变大，扫描干涉仪的谐振腔变长，在 k 序中，峰 2 对应的波长大于峰 1 对应的波长，所以峰 2 对应的频率小于峰 1 对应的频率，结合步骤（14）中的结论，可以知道峰 1 对应的模式是 TEM_{01k}，峰 2 对应的模式是 TEM_{00k}。需要说明的是，图 1.51 中峰的高度对应光强，去除误差的原因，还可以说明不一定是基横模的光强最强，频率高低是判断横模的决定条件。

（16）如果用的不是配套的激光器，那么用白屏在远处接收激光，这时看到的应是所有横模的叠加图，还需要结合图 1.38 中单一横模的光斑图形加以辨认，以便确定每个横模的模序 m、n 值。需要说明的是，如果模较多，不容易判断出是哪些横模叠加，因此往往不容易判断每个横模的模序。

（17）通过对两个不同模式状况的激光器进行观测，总结出模式分析的基本方法。

1.8　半导体泵浦固体激光器调 Q 与倍频综合实验

1.8.1　概述

半导体泵浦固体激光器（diode-pumped solid-state laser，DPSL）是以激光二极管（laser diode，LD）代替闪光灯泵浦固体激光介质的固体激光器，具有效率高、体积小、寿命长等一系列优点，在光通信、激光雷达、激光医学、激光加工等方面具有巨大应用前景，是未来固体激光器的发展方向。本实验的目的是熟悉半导体泵浦固体激光器的基本原理和调试技术，及其调 Q 和倍频的原理和技术。

1. 实验目的

（1）掌握半导体泵浦固体激光器的工作原理和调试方法。

（2）掌握半导体泵浦固体激光器被动调 Q 的工作原理，进行调 Q 脉冲的测量。

（3）了解半导体泵浦固体激光器倍频的基本原理。

2. 实验任务及要求

本实验利用半导体泵浦固体激光器综合实验仪及数字示波器等仪器设备，要求完成以下任务。

（1）熟悉半导体泵浦固体激光器的基本原理和调试技术。

（2）利用半导体泵浦固体激光器调 Q 的原理和技术完成调 Q 脉冲的测量。

1.8.2　实验原理

1. 半导体泵浦固体激光器的工作原理

自 20 世纪 80 年代起，激光二极管（LD）技术得到了蓬勃发展，使得 LD 的功率和效率有了极大的提高,也极大地促进了 DPSL 技术的发展。与闪光灯泵浦固体激光器相比,DPSL 的效率大大提高,体积大大减小。在实际应用中,由于泵浦源 LD 的光束发散角较大,为使其聚焦在增益介质上,必须对泵浦光束进行光束变换(耦合)。泵浦耦合方式主要有端面泵浦方式和侧面泵浦方式两种。其中,端面泵浦方式适用于中小功率固体激光器,具有体积小、结构简单、空间模式匹配好等优点;侧面泵浦方式主要应用于大功率激光器。本实验采用端面泵浦方式。端面泵浦耦合通常有直接耦合和间接耦合两种方式,如图 1.52 所示。

(1)直接耦合是将 LD 的发光面紧贴增益介质,使泵浦光束在尚未发散开之前便被增益介质吸收,泵浦源和增益介质之间无光学系统,这种耦合方式称为直接耦合方式。直接耦合方式结构紧凑,但是在实际应用中较难实现,并且容易对 LD 造成损伤。

(2)间接耦合指先将 LD 输出的光束进行准直、整形,再进行端面泵浦。常见的方法有:① 组合透镜耦合,用球面透镜组合或柱面透镜组合进行耦合;② 自聚焦透镜耦合,由自聚焦透镜取代组合透镜进行耦合,优点是结构简单,准直光斑的大小取决于自聚焦透镜的数值孔径;③ 光纤耦合,用带尾纤输出的 LD 进行泵浦耦合,优点是结构灵活。

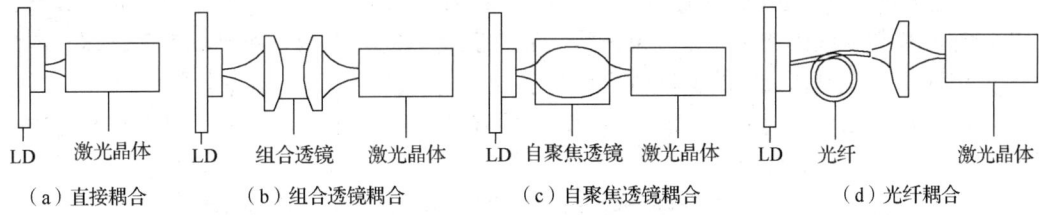

图 1.52 端面泵浦耦合方式

本实验先用光纤微透镜对 LD 进行快轴准直,压缩发散角,然后采用组合透镜对泵浦光束进行整形变换,各透镜表面均镀有对泵浦光的增透膜,耦合效率高。本实验所用 LD 光束快轴压缩和耦合泵浦简图如图 1.53 所示。

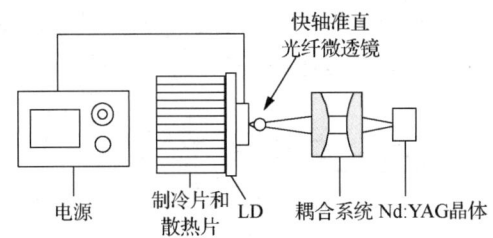

图 1.53 本实验所用 LD 光束快轴压缩和耦合泵浦简图

激光晶体是影响 DPSL 激光器性能的重要器件。为了获得高效率的激光输出,在一定运转方式下选择合适的激光晶体是非常重要的。目前已经有上百种晶体作为增益介质实现了连续波和脉冲激光运转,以钕离子(Nd^{3+})作为激活粒子的钕激光器是使用最广泛的激光器。其中,以 Nd^{3+} 离子部分取代 $Y_3Al_5O_{12}$ 晶体中 Y^{3+} 离子的掺钕钇铝石榴石(Nd:YAG),由于具有量子效率高、受激辐射截面大、光学质量好、热导率高、容易生长等的优点,成为目前应用广泛的 LD 泵浦的理想激光晶体之一。Nd:YAG 晶体中 Nd^{3+} 吸收光谱图如图 1.54 所示。

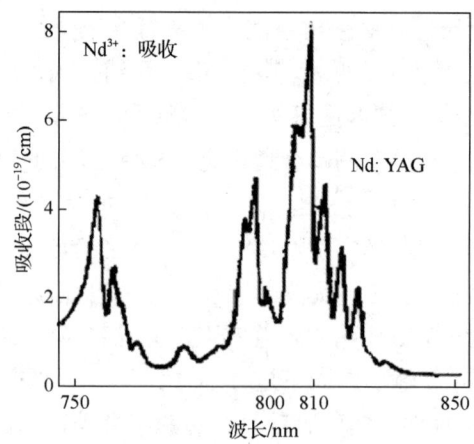

图 1.54　Nd:YAG 晶体中 Nd^{3+} 吸收光谱图

从 Nd:YAG 晶体的吸收光谱图可以看出，Nd:YAG 晶体在 807.5nm 处有一强吸收峰。如果选择波长与之匹配的 LD 作为泵浦源，就可获得高的输出功率和泵浦效率，这时称实现了光谱匹配。但是，LD 的输出激光波长受温度的影响，温度变化时，输出激光波长会产生漂移，输出功率也会发生变化。因此，为了获得稳定的波长，需采用具备精确控温的 LD 电源，并把 LD 的温度设置好，使 LD 工作时的波长与 Nd:YAG 晶体的吸收峰匹配。

另外，在实际的激光器设计中，除了吸收波长和出射波长，选择激光晶体时还需要考虑掺杂浓度、上能级寿命、热导率、发射截面、吸收截面、吸收带宽等多种因素。

2. 端面泵浦固体激光器的模式匹配技术

图 1.55 所示为典型的平凹腔型结构图。激光晶体的一面镀有泵浦光增透膜和输出激光全反膜，并作为输入镜使用；另一面则采用镀有对输出激光具有一定透过率的增透膜的凹面镜，作为输出镜。这种平凹腔结构易于形成稳定的输出模式，并且具有较高的光光转换效率。然而，在设计过程中，必须充分考虑到模式匹配的问题。

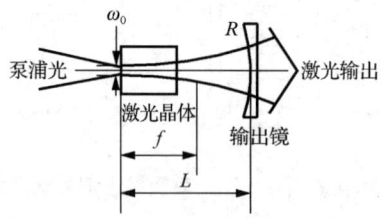

图 1.55　典型的平凹腔型结构图

平凹腔中的 g 参数表示为

$$g_1 = 1 - \frac{L}{R_1} = 1, \quad g_2 = 1 - \frac{L}{R_2} \tag{1-48}$$

根据腔的稳定性条件，$0 < g_1 g_2 < 1$ 时腔为稳定腔，故当 $L < R_2$ 时腔稳定。同时容易算出其束腰位置在晶体的输入平面上，该处的光斑尺寸为

$$\omega_0 = \sqrt{\frac{[L(R_2-L)]^{\frac{1}{2}}\lambda}{\pi}} \tag{1-49}$$

本实验中，R_1 为平面，R_2=200mm，L=80mm，由此可以计算出 ω_0 的大小。

因此，泵浦光在激光晶体输入面上的光斑半径应该小于或等于 ω_0，这样可使泵浦光与基模振荡模式匹配，容易获得基模输出。

半导体泵浦固体激光器的被动调 Q 技术目前常用的方法有电光调 Q、声光调 Q 和被动式可饱和吸收调 Q。本实验采用的 Cr^{4+}:YAG 晶体可用于被动式可饱和吸收调 Q，它结构简单，使用方便，无电磁干扰，可获得峰值功率大、脉宽小的巨脉冲。采用 Cr^{4+}:YAG 晶体被动调 Q 的工作原理是：当 Cr^{4+}:YAG 晶体被放置在激光谐振腔内时，它的透过率会随着腔内的光强而改变；在激光振荡的初始阶段，Cr^{4+}:YAG 晶体的透过率较低（初始透过率），随着泵浦作用增益介质的反转粒子数不断增加，当谐振腔增益等于谐振腔损耗时，反转粒子数达到最大值，此时可饱和吸收体的透过率仍为初始值；随着泵浦的进一步作用，腔内光子数不断增加，可饱和吸收体的透过率也逐渐变大，并最终达到饱和；此时，Cr^{4+}:YAG 晶体的透过率突然增大，光子数密度迅速增加，激光振荡形成；腔内光子数密度达到最大值时，激光为最大输出，此后，由于反转粒子数的减少，光子数密度也开始降低，则可饱和吸收体 Cr^{4+}:YAG 晶体的透过率也开始降低；当光子数密度降到初始值时，Cr^{4+}:YAG 晶体的透过率也恢复到初始值，调 Q 脉冲结束。

3. 半导体泵浦固体激光器的倍频技术

光波电磁场与非磁性透明电介质相互作用时，光波电磁场会出现极化现象。当强光激光产生后，由此产生的介质极化已不再与场强成线性关系，而是明显地表现出二次及更高次的非线性效应。倍频现象就是二次非线性效应的一种特例。本实验中的倍频就是通过倍频晶体实现将 Nd:YAG 晶体输出的 1064nm 红外激光倍频成 532nm 绿光。

常用的倍频晶体有 KTP、KDP、LBO、BBO 和 LN 等。其中，KTP 晶体在 1064nm 光附近有较高的有效非线性系数，导热性良好，非常适合用于 YAG 激光的倍频。KTP 晶体属于负双轴晶体，对它的相位匹配及有效非线性系数的计算，已有大量的理论研究，通过 KTP 的色散方程，人们计算出其最佳相位匹配角为 $\theta = 90°$，$\phi = 23.3°$，对应的有效非线性系数 d_{eff}=7.36×10^{-12}V/m。

倍频技术通常有腔内倍频和腔外倍频两种。腔内倍频是指将倍频晶体放置在激光谐振腔之内的信频技术，由于腔内具有较高的功率密度，因此较适合于连续运转的固体激光器。腔外倍频是指将倍频晶体放置在激光谐振腔之外的倍频技术，较适合于脉冲运转的固体激光器。

1.8.3 参考方案

1. 半导体泵浦固体激光器实验

半导体泵浦固体激光器实验装置图如图 1.56 所示。

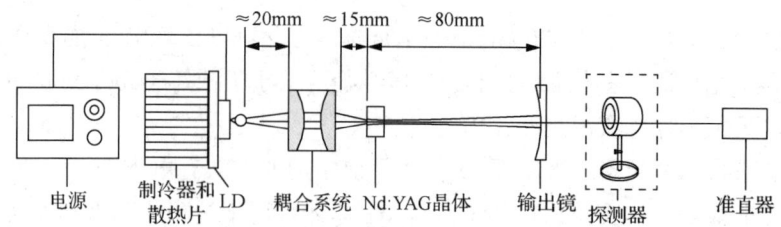

图 1.56　半导体泵浦固体激光器实验装置图

（1）安装 LD 并进行系统准直，将 LD 电源接通。通过上转换片观察 LD 出射光近场和远场的光斑。测量 LD 经快轴压缩后的阈值电流和输出特性曲线。

（2）将耦合系统、激光晶体、输出镜、Q 开关、准直器等器件安装在调整架和滑块上。

（3）将准直器安装在导轨上，利用直尺将其调整成光束水平出射，中心高度为 50mm，并且水平入射在激光晶体中心位置。

（4）通过调整架旋钮微调耦合系统的倾斜和俯仰，使晶体反射光位于准直器中心，并且准直光通过晶体后仍垂直进入 LD。

（5）通过调整架旋钮微调 Nd:YAG 晶体的倾斜和俯仰，重复上一步的调节步骤。

2. 半导体泵浦固体激光器调 Q 实验

半导体泵浦固体激光器调 Q 实验装置图如图 1.57 所示。

（1）在准直器前安装 T_1 输出镜，调整旋钮使输出镜的反射光点位于准直器中心。

（2）根据实验装置图设置其与晶体之间的距离。打开 LD 电源，缓慢调节工作电流到 1.3A。微调输出镜倾斜和俯仰使系统出光，然后微调激光晶体、耦合系统，使激光输出得到最大值。

（3）将 LD 电流调到最小，然后从小到大逐渐增大 LD 电流，从激光阈值电流开始，每隔 0.2A 测量一组固体激光器系统输出功率。结合 LD 的功率-电流关系，在实验报告上绘出激光输出功率-泵浦功率曲线。

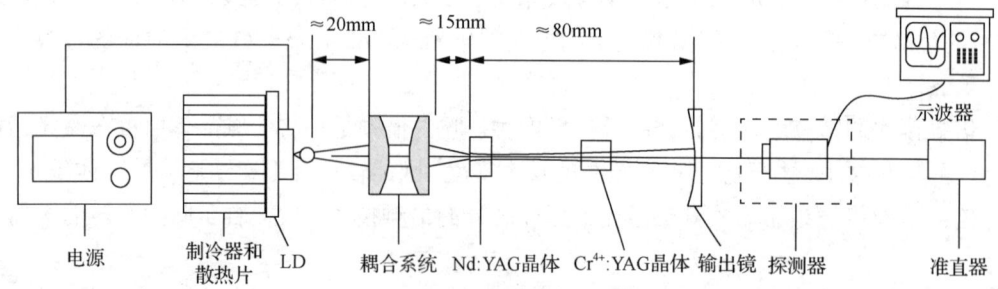

图 1.57　半导体泵浦固体激光器调 Q 实验装置图

（4）更换为 T_2 输出镜，重复步骤（2）、（3），测试不同 LD 电流下的激光输出功率。

（5）根据实验数据和曲线，计算两种耦合输出下的激光斜率效率和光光转换效率，并作简要分析。

3. 半导体泵浦固体激光器倍频实验

半导体泵浦固体激光器倍频实验装置图如图 1.58 所示。

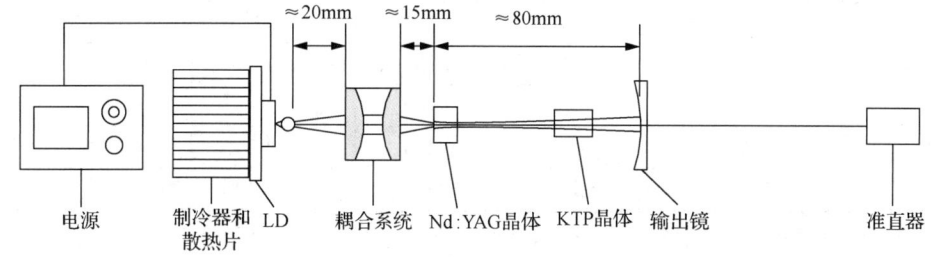

图 1.58　半导体泵浦固体激光器倍频实验装置图

（1）安装 Cr^{4+}:YAG 晶体，在准直器前准直后放入谐振腔内。LD 电流调到 1.7A，观察输出的平均功率，微调调整架，使激光输出平均功率最大。

（2）降低 LD 电流到零，然后从小到大缓慢增加，测量 1.7A、2.0A、2.3A 时输出脉冲的平均功率。

（3）安装探测器，取 3 个不同的 LD 工作电流（1.7A、2.0A、2.3A），分别测量输出脉冲的脉宽、重频。

（4）计算不同功率下的峰值功率，对不同功率下的输出脉冲进行对比，并进行简要分析。

（5）将输出镜换为短波通输出镜，微调调整架使其反射光点位于准直器中心。打开 LD 电源，取工作电流为 1.7A，微调输出镜、激光晶体、耦合系统的旋钮，使输出激光功率最大。

（6）安装 KTP 晶体（或 LBO 晶体），在准直器前准直后放入谐振腔内，倍频晶体尽量靠近激光晶体。调节调整架，使得输出绿光功率最大，然后旋转 KTP 晶体（或 LBO 晶体），观察旋转过程中绿光输出有何变化。

1.8.4　实验测试方案

典型实验测试结果如表 1-2 和图 1.59 所示。

表 1-2　典型实验测试结果

LD 电流 /A	快轴压缩后功率 /W	T_1 输出 /W	T_2 输出 /W	调 Q 输出 /mW	脉宽 /ns	重频 /kHz
0.5	0.077	—	—	—	—	—
0.7	0.230	0.068	0.046	—	—	—
0.9	0.390	0.151	0.112	—	—	—

续表

LD 电流 /A	快轴压缩后功率 /W	T_1 输出 /W	T_2 输出 /W	调 Q 输出 /mW	脉宽 /ns	重频 /kHz
1.1	0.537	0.223	0.183	—	—	—
1.3	0.694	0.293	0.241	25.6	—	—
1.5	0.847	0.356	0.297	55.2	~90	~3.77
1.7	0.995	0.401	0.347	82.3	~100	~6.96
1.9	1.148	0.432	0.383	112.8	~105	~10.13
2.1	1.301	0.466	0.409	133.8	~115	~12.74
2.3	1.453	0.496	0.444	144.2	~120	~14.04
2.5	1.601	0.544	0.483	151.3	~130	~14.69

注：其中输出镜透过率分别为 T_1=5%，T_2=10%。

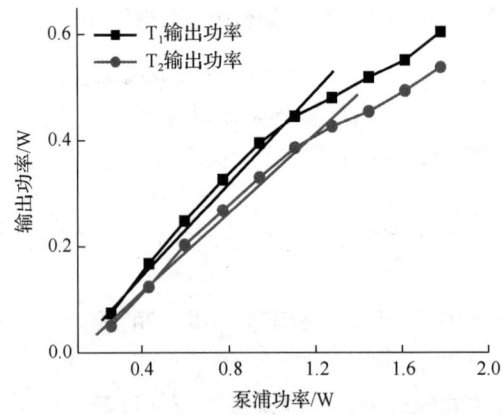

图 1.59　半导体泵浦固体激光器调 Q 后的输出结果

半导体泵浦固体激光器实验中的注意事项如下。

（1）LD 对环境有较高要求，因此本实验装置需放置于洁净实验室内。实验完成后，应及时盖上仪器罩，以免 LD 沾染灰尘。

（2）LD 对静电非常敏感，所以严禁随意拆装 LD 和用手直接触摸 LD 外壳。如果确实需要拆装，必须戴上静电环操作，并将拆下的 LD 两个电极立即短接。

（3）不要自行拆装 LD 电源。电源如果出现问题，应与厂家联系。同时，LD 电源的控制温度已经设定，对应 LD 的最佳泵浦波长，不要自行更改。

（4）LD、耦合系统、激光晶体的两两滑块之间距离大约为 32mm、80mm，调整好以后最好不要随意变动，以免影响实验使用。

（5）准直好光路后需用遮挡物（如功率计或硬纸片）挡住准直器，避免准直器被输出的红外激光打坏。

（6）实验过程避免双眼直视激光光路。人眼不要与光路处于同一高度，最好能戴上激光防护镜操作。

1.9 光纤传感综合实验

1.9.1 概述

光纤是 20 世纪 70 年代的重要发明之一,它与激光器、半导体探测器一起构成了新的光学技术,创造了光电子学的新天地。光纤的出现催生了光通信技术,而光纤传感技术是伴随着光通信技术的发展而逐步形成的。在光通信系统中,光纤被用作远距离传输光波信号的媒质,显然,在这类应用中,光纤传输的光信号受外界干扰越小越好。但是,在实际的光传输过程中,光纤易受外界环境因素影响,如温度、压力和电磁场等外界条件的变化将引起光纤光波参数(如光强、相位、频率、偏振和波长等)的变化。因此,人们发现如果能测出光波参数的变化,就可以知道导致光波参数变化的各种物理量的大小,于是产生了光纤传感技术。

1. 实验目的

(1) 了解光纤传感的原理,半导体光源和光电探测器的物理基础,LED 和 LD 的发光原理和相关特性。

(2) 熟悉操作光纤温度传感原理实验、光纤压力传感原理实验的操作方法。

(3) 掌握有源光电子器件特性参数的测量方法。

2. 实验任务及要求

本实验要求利用光纤传感综合实验仪及数字示波器等仪器设备完成以下任务。

(1) 搭建光纤温度传感装置,改变温度并记录不同温度下光纤的输出光信号变化,分析温度-光信号关系,绘制温度传感特性曲线。

(2) 搭建光纤压力传感装置,施加不同压力并记录相应的光纤输出光信号变化,分析压力-光信号关系,绘制压力传感特性曲线。

1.9.2 实验原理

光纤传感器始于 1977 年,与传统的各类传感器相比有许多的优点,如灵敏度高,抗电磁干扰性强,耐腐蚀,电绝缘性好,防爆,光路有挠曲性,便于与计算机连接,结构简单,体积小,质量轻,耗电少等。

光纤传感器按传感原理可分为功能型和非功能型。功能型光纤传感器是利用光纤本身的特性把光纤作为敏感元件,所以也称为传感型光纤传感器,或全光纤传感器。非功能型光纤传感器是利用其他敏感元件感受被测量物的变化,光纤仅作为传输介质,传输来自远处或难以接近场所的光信号,所以也称为传光型传感器,或混合型传感器。

光纤传感器按被调制的光波参数不同,又可分为强度调制光纤传感器、相位调制光纤传感器、频率调制光纤传感器、偏振调制光纤传感器和波长(颜色)调制光纤传感器。

光纤传感器按被测对象的不同,又可分为光纤温度传感器、光纤位移传感器、光纤浓度传感器、光纤电流传感器、光纤流速传感器、光纤液位传感器等。

光纤传感器可以探测的物理量很多,已实现的光纤传感器物理量测量达 70 余种。然而,无论是探测哪种物理量,其工作原理都是用被测物理量的变化调制传输光波的某一参数,使其随之变化,然后对已调制的光信号进行检测,从而得到被测物理量。因此,光调制技术是光纤传感器的核心技术。

1. 光纤传感实验系统的组成与结构

光纤传感实验系统是在光纤传感领域中的透射式光纤传感、反射式光纤传感及微弯传感等基本原理的基础上开发而成的。由光纤传感实验系统主机和实验操作平台两部分组成,如图 1.60 所示。实验操作平台包含 3 套组件和 3 个调整架:透射式光纤传感组件,调整架(b_1);反射式光纤传感组件,调整架(b_2);微弯传感组件,调整架(b_3),如图 1.61～图 1.63 所示。

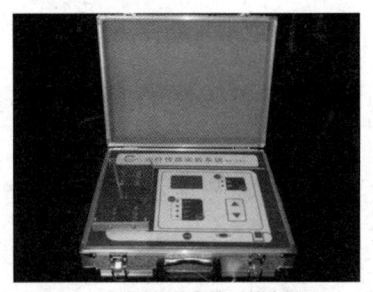
（a）光纤传感实验系统主机

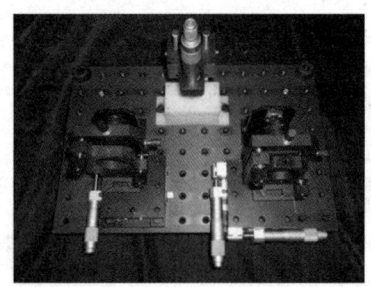
（b）实验操作平台

图 1.60　光纤传感实验系统

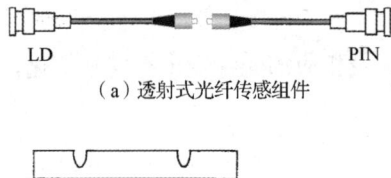

（a）透射式光纤传感组件

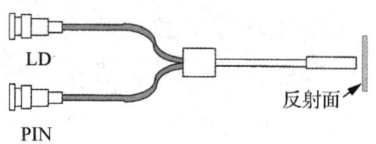

（a）反射式光纤传感组件

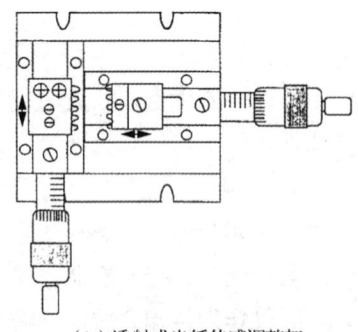

（b）透射式光纤传感调整架

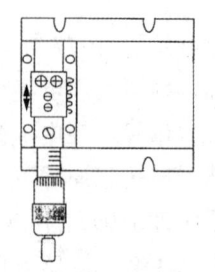

（b）反射式光纤传感调整架

图 1.61　透射式光纤传感组件及调整架　　图 1.62　反射式光纤传感组件及调整架

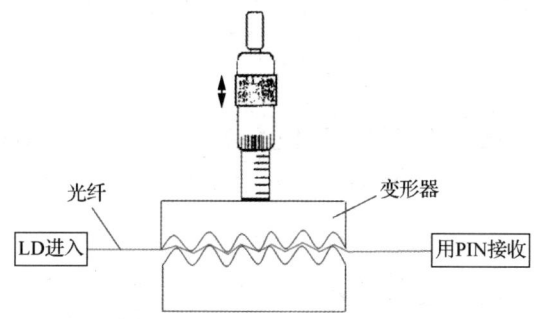

图 1.63 微弯传感组件及调整架

2. 光纤传感实验系统的理论基础

光纤传感实验系统采用了强度调制光纤传感的方式，在此分别讨论透射强度调制、反射强度调制和微弯强度调制的基本传感原理。

强度调制光纤传感器的基本原理是待测物理量引起光纤中的传输光光强变化，通过检测光强的变化实现对待测物理量的测量，如图 1.64 所示。

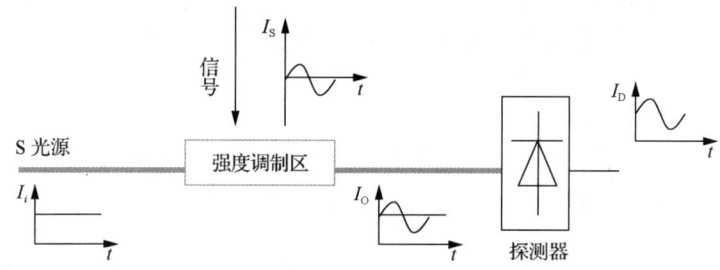

图 1.64 强度调制光纤传感器的基本原理

对于多模光纤来说，光纤端出射光场的场强分布函数为

$$\varphi(r,z) = \frac{I_0}{\pi\sigma^2 a_0^2[1+\xi(z/a_0)^{3/2}]^2}\exp\{-\frac{r^2}{\sigma^2 a_0^2[1+\xi(z/a_0)^{3/2}]^2}\} \quad (1\text{-}50)$$

式中，I_0 为由光源耦合到发射光纤中的光强；$\varphi(r,z)$ 为光纤端出射光场中位置 (r,z) 处的光通量密度；σ 为表征光纤折射率分布的相关参数，对于阶跃折射率光纤，$\sigma=1$；r 为偏离光纤轴线的距离；z 为离发射光纤端面的距离；a_0 为光纤芯半径；ξ 为与光源种类、光纤数值孔径及光源与光纤耦合情况有关的综合调制参数。

如果将同种光纤置于发射光纤出射光场中作为探测接收器，所接收到的光强可表示为

$$I(r,z) = \iint_S \varphi(r,z)\mathrm{d}s = \iint_S \frac{I_0}{\pi\omega^2(z)}\exp\{\frac{r^2}{\omega^2(z)}\}\mathrm{d}s \quad (1\text{-}51)$$

式中，$\omega(z)=\sigma a_0[1+\xi(z/a_0)^{3/2}]$；$S$ 为接收光面，即纤芯端面。

在光纤端出射光场的远场区，为简便计算，可用接收光纤端面中心点处的光强来作为整个纤芯端面上的平均光强，在这种近似条件下，得到接收光纤终端所探测到的光强公式为

$$I(r,z) = \frac{SI_0}{\pi\omega^2(z)}\exp\{-\frac{r^2}{\omega^2(z)}\} \tag{1-52}$$

(1) 透射强度调制。

透射强度调制光纤传感器的原理如图 1.65 所示，调制处的光纤端面为平面，通常发射光纤不动，而接收光纤可以作纵（横）向位移，这样，接收光纤的输出光强被其位移调制。

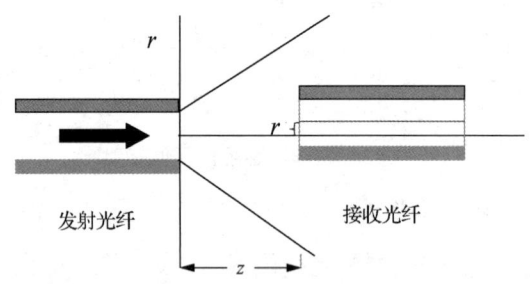

图 1.65　透射强度调制光纤传感器的原理

透射强度调制方式的分析比较简单。在发送光纤端，其光场分布为一立体光锥，各点的光通量由特性函数 $\varphi(r,z)$ 来描述。当 z 固定时，得到的是横向位移传感特性函数，如图 1.66（a）所示；当 r 固定时（如 $r=0$），则可得到纵向位移传感特性函数，如图 1.66（b）所示。

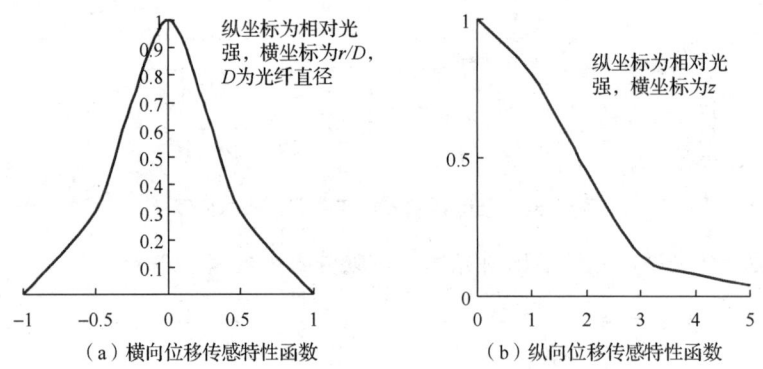

图 1.66　透射强度调制传感特性函数

(2) 反射强度调制。

反射强度调制光纤传感器的原理如图 1.67 所示。光纤探头 A 由两根光纤组成，一根用于发射光，一根用于接收反射回的光，R 是反射材料。系统可工作在两个区域，前沿工作区域和后沿工作区域。当在后沿工作区域中工作时，可以获得较宽的动态范围。

图 1.67　反射强度调制光纤传感器的原理

就外部调制非功能型光纤传感器而言,其光强响应特性曲线是这类传感器的设计依据。该特性函数可借助光纤端出射光场的场强分布函数给出。

$$\varphi(r,x) = \frac{I_0}{\pi\sigma^2 a_0^2[1+\xi(x/a_0)^{3/2}]^2} \exp\{-\frac{r^2}{\sigma^2 a_0^2[1+\xi(x/a_0)^{3/2}]^2}\} \quad (1\text{-}53)$$

式中,I_0 为由光源耦合到发射光纤中的光强;$\varphi(r,x)$ 为光纤端出射光场中位置 (r,x) 处的光通量密度;σ 为表征光纤折射率分布的相关参数,对于阶跃折射率光纤,$\sigma=1$;r 为偏离光纤轴线的距离;x 为光纤端面与反射面的距离;a_0 为光纤芯半径;ξ 为与光源种类、光纤数值孔径及光源与光纤耦合情况有关的综合调制参数。

如果将同种光纤置于发射光纤出射光场中作为探测接收器,所接收到的光强可表示为

$$I(r,x) = \iint_S \varphi(r,x)\mathrm{d}s = \iint_S \frac{I_0}{\pi\omega^2(x)} \exp\{\frac{r^2}{\omega^2(x)}\}\mathrm{d}s \quad (1\text{-}54)$$

式中,$\omega(x) = \sigma a_0[1+\xi(x/a_0)^{3/2}]$;$S$ 为接收光面,即纤芯端面。

在光纤端出射光场的远场区,为简便计算,可用接收光纤端面中心点处的光强来作为整个纤芯端面上的平均光强。在这种近似条件下,得到接收光纤终端所探测到的光强公式为

$$I_A(x) = \frac{RSI_0}{\pi\omega^2(2x)}\exp\{-\frac{r^2}{\omega^2(2x)}\} \quad (1\text{-}55)$$

其反射式调制特性曲线如图 1.68 所示。

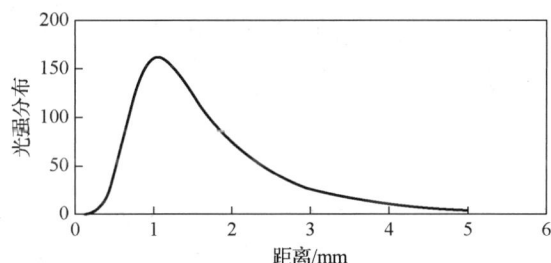

图 1.68 反射式调制特性曲线

(3)微弯强度调制。

微弯强度调制光纤传感器的原理如图 1.69 所示。

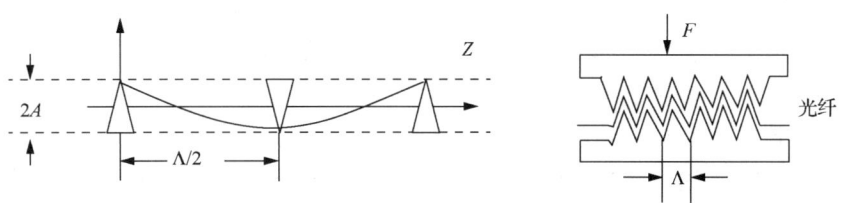

图 1.69 微弯强度调制光纤传感器的原理

当光纤发生弯曲时，由于其全反射条件被破坏，纤芯中传播的某些模式光束进入包层，造成光纤中的能量损耗。为了扩大这种效应，把光纤夹持在一个周期波长为 Λ 的梳状结构中。当梳状结构（变形器）受力时，光纤的弯曲情况将发生变化，于是纤芯中进入包层中的光能（即损耗）也将发生变化，近似地把光纤看成正弦微弯，其微弯变形函数为

$$f(z) = \begin{cases} A\sin\omega \cdot Z & (0 \leqslant Z \leqslant L) \\ 0 & (Z < 0, Z > L) \end{cases} \tag{1-56}$$

式中，L 是光纤微弯区的长度；A 为弯曲幅度；ω 为空间频率，设光纤微弯变形函数的微弯周期为 Λ，则有 $\Lambda = 2\pi/\omega$。光纤由于弯曲产生的光能损耗系数为

$$\alpha = \frac{A^2 L}{4}\left\{\frac{\sin[(\omega-\omega_c)L/2]}{(\omega-\omega_c)L/2} + \frac{\sin[(\omega+\omega_c)L/2]}{(\omega+\omega_c)L/2}\right\} \tag{1-57}$$

式中，ω_c 为谐振频率。

$$\omega_c = \frac{2\pi}{\Lambda_c} = \beta - \beta' = \Delta\beta \tag{1-58}$$

式中，Λ_c 为谐振波长；β 和 β' 为纤芯中两个模式的传播常数。当 $\omega=\omega_c$ 时，这两个模式的光功率耦合特别紧，因而损耗增大。如果选择相邻的两个模式，对于光纤折射率为平方律分布的多模光纤可得

$$\Delta\beta = \frac{\sqrt{2\Delta}}{r} \tag{1-59}$$

式中，r 为光纤半径；Δ 为纤芯与包层之间的相对折射率差。

由式（1-58）和式（1-59）可得

$$\Lambda_c = \frac{2\pi r}{\sqrt{2\Delta}} \tag{1-60}$$

对于通信光纤来说，$r=25\mu m$，$\Delta \leqslant 0.01$，$\Lambda_c \approx 1.1mm$。式（1-57）表明损耗 α 与弯曲幅度的平方成正比，与微弯区的长度成正比。通常，让光纤通过周期为 Λ 的梳状结构来产生微弯，按式（1-60）得到的 Λ_c 一般太小，实用上可取奇数倍，即 3、5、7 等，同样可得到较高的灵敏度。

3. 光纤温度传感实验原理

在信息社会中，人们的一切活动都是以信息的获取和信息的交换为中心的。传感技术是信息技术的三大技术之一。随着信息技术进入新时期，传感技术也进入了新阶段。没有传感技术就没有现代信息技术的观点已被全世界所公认，因此，传感技术受到各国的重视，我国也将传感技术纳入国家重点发展项目。

国家标准《传感器通用术语》（GB/T 7665—2005）中对传感器的定义为：能感受被测量并按照一定的规律转换成可用输出信号的器件或装置，通常由敏感元件和转换元件组成。

光纤传感器有两种：一种是通过传感头（调制器）感应并转换信息，光纤只作为传输线路；另一种是光纤本身既是传感元件，又是传输介质。光纤传感器的工作原理是，被测量改变了光纤的传输参数或载波光波参数，这些参数随光信号的变化而变化。光信号的变化反映了被测量的变化。

4. 光纤压力传感实验原理

M-Z 光纤干涉仪传感器采用双光束干涉原理，由双光束干涉的原理可知，干涉场的干涉光强为

$$I \propto (1+\cos\delta) \tag{1-61}$$

式中，δ 为干涉仪两臂的光程差对应的位相差，δ 等于 2π 整数倍时为干涉场的极大值。压力改变了干涉仪其中一臂的光程，于是改变了干涉仪两臂的光程差，即位相差。位相差的变化由按式（1-61）规律变化的光强反映出来。

5. LD\LED 光源的 P-I、V-I 特性曲线测试实验原理

光纤通信中的有源光电子器件主要涉及光的发送和接收。发光二极管（LED）和激光二极管（LD）是最重要的光发送器件，PIN 光电二极管和雪崩光电二极管（avalanche photodiode，APD）则是最重要的光接收器件。

（1）LED 和 LD 概述。

LED 是一种直接注入电流的电致发光器件，其半导体晶体内部受激电子从高能级回复到低能级时发射出光子，属自发辐射跃迁。LED 为非相干光源，具有较宽的谱宽（30～60nm）和较大的发射角（≈100°），常用于低速、短距离光纤通信系统。

LD 通过受激辐射发光，是一种阈值器件。LD 不仅能产生高功率（≥10mW）辐射，而且输出光发散角窄，与单模光纤的耦合效率高（30%～50%），辐射光谱线窄（$\Delta\lambda = 0.1$～1.0nm），适用于高比特工作，载流子复合寿命短，能进行高速（>20GHz）直接调制，非常适合于作为高速、长距离光纤通信系统的光源。

使粒子数反转从而产生光增益是激光器稳定工作的必要条件，对于处于泵浦条件下的原子系统，当满足粒子数反转条件时就会产生占优势的（超过受激吸收）受激辐射。在 LD 中，这个条件是通过向 P 型和 N 型限制层重掺杂使费米能级间隔在 PN 结正向偏置下超过带隙实现的。当有源层载流子浓度超过一定值（称为透明值），就实现了粒子数反转，由此在有源区产生了光增益，在半导体内传播的输入信号将得到放大。如果将增益介质放入光学谐振腔中提供反馈，就可以得到稳定的激光输出。

（2）LED 和 LD 的 P-I 特性曲线与发光效率。

图 1.70 所示为 LED 和 LD 的 P-I 特性曲线。LED 是自发辐射光，所以 P-I 特性曲线的线性范围较大。LD 有一阈值电流 I_{th}，当 $I > I_{th}$ 时才发出激光。在 $I > I_{th}$ 时，输出光功率 P_o 随 I 线性增加。

阈值电流是评价 LD 性能的一个主要参数，本实验采用两段直线拟合法对其进行测定。如图 1.71 所示，将阈值前与后的两段直线分别延长并相交，其交点所对应的电流即为阈值电流 I_{th}。

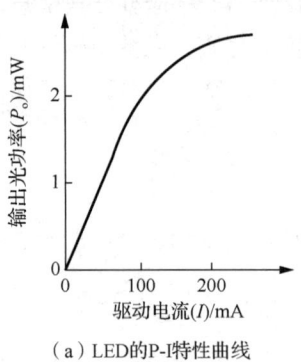 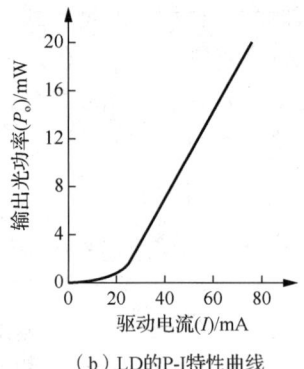

（a）LED的P-I特性曲线　　　　（b）LD的P-I特性曲线

图1.70　LED和LD的P-I特性曲线

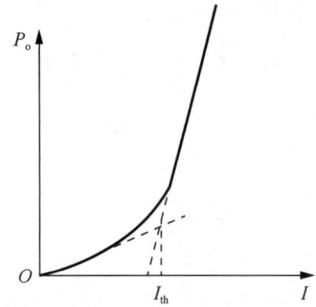

图1.71　两段直线拟合法测量LD阈值电流

发光效率是描述 LED 和 LD 电光能量转换的重要参数。发光效率可分为功率效率和量子效率。功率效率为发光功率和输入电功率之比，以 η_ω 表示。量子效率分为内量子效率和外量子效率。内量子效率为单位时间内辐射复合产生的光子数与注入到 PN 结的电子-空穴对数之比。外量子效率为单位时间内输出的光子数与注入到 PN 结的电子-空穴对数之比。

（3）LED 和 LD 的光谱特性。

LED 没有光学谐振腔选择波长，它的光谱是以自发辐射为主的光谱。图 1.72 所示为 LED 的典型光谱特性曲线。发光光谱特性曲线上发光强度最大处所对应的波长为发光峰值波长 λ_p，光谱曲线上两个半光强点所对应的波长差 $\Delta\lambda$ 为 LED 谱线宽度（简称谱宽），其典型值在 30~40nm。由图 1.72 可以看出，当器件工作温度升高时，光谱曲线随之向右移动，从 λ_p 的变化可以求出 LED 的波长温度系数。

LD 的发射光谱取决于激光器光腔的特定参数，大多数常规的增益或折射率导引器件具有多个峰的光谱。图 1.73 所示为 LD 的典型光谱特性曲线。LD 的波长可以定义为它的光谱的统计加权。在规定输出光功率时，光谱内若干发射模式中最大强度的光谱波长被定义为峰值波长 λ_p，对分布式反馈激光器（distributed feedback laser，DFB）、分布式布拉格反射激光器（distributed Bragg reflector laser，DBR）型 LD 来说，它的 λ_p 相当明显。一个 LD 能够维持的光谱线数目取决于光腔的结构和工作电流。

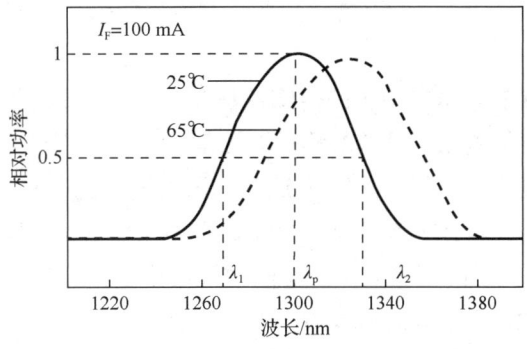
图 1.72　LED 的典型光谱特性曲线

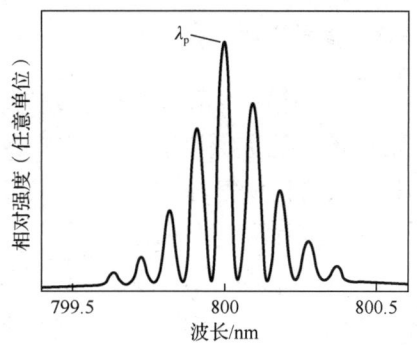
图 1.73　LD 的典型光谱特性曲线

（4）LED 和 LD 的调制特性。

当在规定的直流正向工作电流下，对 LED 进行数字脉冲或模拟信号电流调制，便可实现对输出光功率的调制。LED 有两种调制方式，即数字调制和模拟调制，如图 1.74 所示。调制频率或调制带宽是光通信用 LED 的重要参数之一，它关系 LED 在光通信中的传输速度。LED 因受到有源区内少数载流子寿命的限制，其调制的最高频率通常只有几十兆赫，从而限制了 LED 在高速通信系统中的应用，但是，通过合理设计和优化的驱动电路，LED 也有可能用于高速光纤通信系统。调制带宽是衡量 LED 调制能力的参数。在保证调制度不变的情况下，当 LED 输出的交流光功率下降到某一低频参考频率值的一半时（-3dB）的频率就是 LED 的调制带宽。

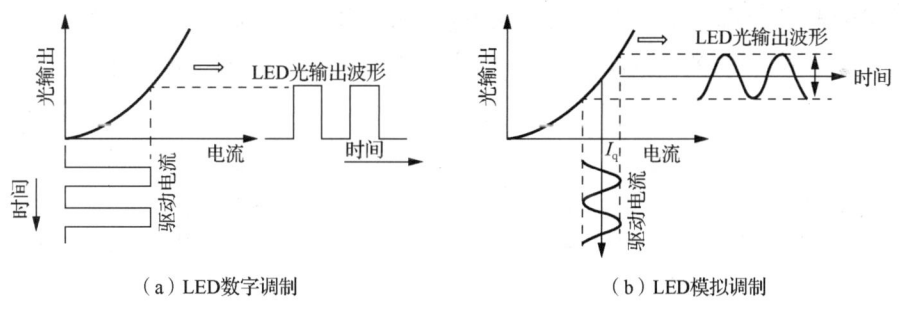

（a）LED 数字调制　　　　（b）LED 模拟调制

图 1.74　LED 调制特性

在 LD 的调制过程中存在以下两种物理机制影响其调制特性。

① 增益饱和效应。当注入电流增大，因而光子数 P 增大时，增益 G 出现饱和现象，饱和的物理机制源于空间烧孔、谱烧孔、载流子加热和双光子吸收等因素。谱烧孔也称带内增益饱和。这些因素导致 P 增大时 G 的减小。

② 线性调频效应。当注入电流为时变电流对激光器进行调制时，载流子数、光增益和有源区折射率均随之变化，载流子数的变化导致模折射率和传播常数的变化，因而产生了相位调制，它导致了与单纵模相关的光（频）谱加宽，又称线宽增强因子。

1.9.3 参考方案

（1）按图1.75所示搭建温度传感实验装置。本实验中的传感量是温度，温度改变了光波的位相，通过对位相的测量来实现对温度的测量。具体的测量方法是，运用干涉测量技术把光波的相位变化转换为强度（振幅）变化，实现对温度的测量。操作方案是，采用光纤干涉仪进行温度传感测量，利用干涉仪的一臂作为参考臂，另一臂作为测量臂（改变温度），配以检测显示系统就可以实现对温度传感的观测。本实验只对温度引起光波参数改变作定性的干涉图案的变化观测。注意，受温变形光纤长度为360mm。

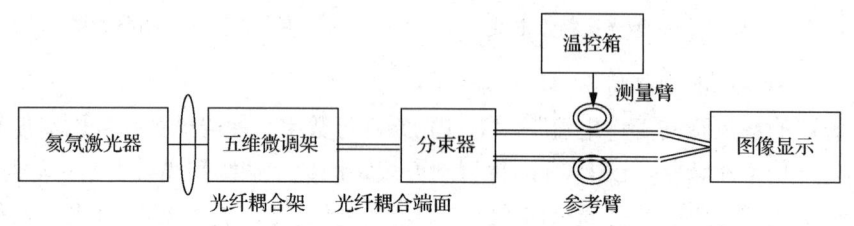

图1.75　温度传感实验装置示意图

（2）按图1.76所示搭建压力传感实验装置。本实验中的传感量是压力，压力改变了光波的位相，通过对位相的测量来实现对压力的测量。具体的测量方法是，运用干涉测量技术把光波的相位变化转换为强度（振幅）变化，实现对压力的测量。操作方案是，采用光纤干涉仪进行压力传感测量，利用干涉仪的一臂作为参考臂，另一臂作为测量臂（改变应力），配以检测显示系统就可以实现对压力传感的观测。本实验只对压力引起光波参数改变作定性的干涉图案的变化观测。注意，受压变形光纤长度为60mm。

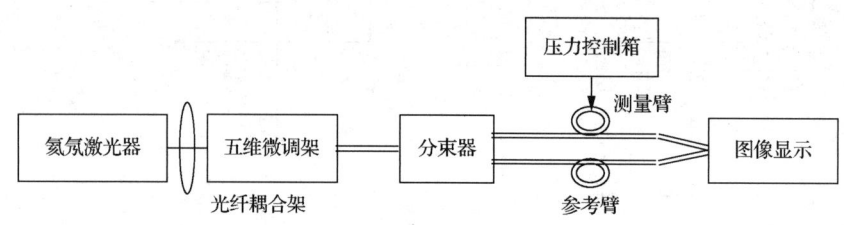

图1.76　压力传感实验装置示意图

（3）本实验所采用的是LD光源，其中心波长为1.55μm。为获得LD光源的驱动电流I与输出功率P，以及驱动电流I与工作电压V之间的特性曲线，可利用光纤传感实验系统，按如下步骤进行测量。

① 取一根多模跳线，两头分别与主机上的LD和PIN相连接。

② 接通电源，主机的液晶显示屏上将显示工作电压V、工作电流I和功率P三行数据。按步长选择键，选择想要的步长（0.25mA、0.5mA、1mA、2mA）。按向上键，增加驱动电流，记录下每个状态的驱动电流、工作电压和功率值。

③ 将所得到的数据中的驱动电流值作为横坐标，工作电压和功率值作为纵坐标，就可以得到 P-I 和 V-I 曲线。

以上操作属于手动操作，如果用串口线将主机和计算机连接起来可以实现计算机控制（计算机需提前安装配套软件）。在计算机界面下，也可以实现以上的测量，并且可自动绘出 P-I 和 V-I 曲线。此外，在软件中可以实现对 P-I 曲线的一次微分和二次微分，求出阈值电流。

1.9.4 实验测试方案

1. 透射强度调制光纤位移传感的测量

其实验装置如图 1.77 所示。调制处的光纤端面为平面，通常发射光纤不动，而接收光纤可以进行横向位移或纵向位移，这样接收光纤的输出光强被其位移调制。在此采用发射光纤不动，接收光纤移动的办法，实现光纤被横向位移或纵向位移调制。

2. 反射强度调制光纤位移传感的测量

其实验装置如图 1.78 所示。使用光纤传感实验系统可以构成反射强度调制光纤位移传感器，对微小位移量进行测量。反射强度调制光纤传感实验的光纤探头 A 由两根光纤组成，一根用于发射光，一根用于接收反射回来的光，R 是反射材料。由发射光纤发出的光照射到反射材料上，通过检测反射光的强度变化，就能测出反射体的位移。

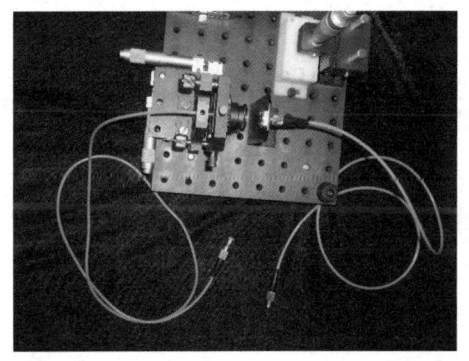

图 1.77 透射强度调制光纤位移传感测量的实验装置

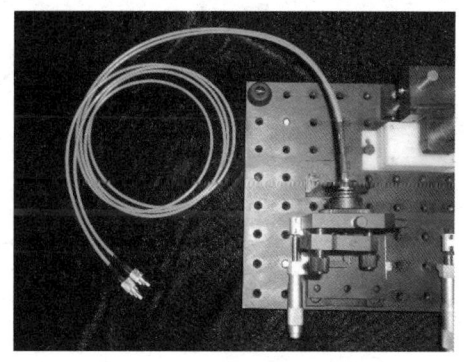

图 1.78 反射强度调制光纤位移传感测量的实验装置

3. 微弯强度调制光纤位移传感的测量

其实验装置如图 1.79 所示。利用微动调节旋钮（最小刻度为 0.01mm）可方便地使被测光纤产生微弯（以光纤微弯变形器与被测光纤接触而未发生微弯时为零点），并可精确测量微弯大小（微动调节旋钮的微小位移），进而由光纤传感实验系统主机测量并显示被测光纤的输出光功率值。

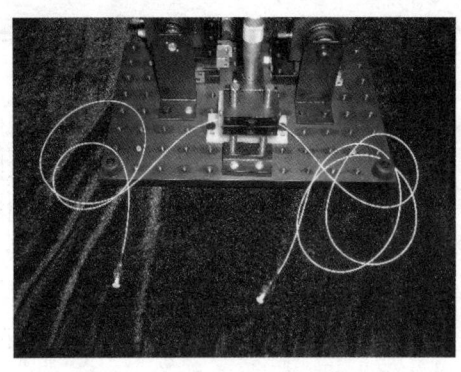 

图 1.79 微弯强度调制光纤位移传感测量的实验装置

1.9.5 实验结果及分析

实验曲线如图 1.80 所示,由图 1.80 可以得出如下结论。

(1) 光纤微弯时产生微弯损耗,位移与微弯损耗成正比且不成线性关系,这是与理论分析相一致的。

(2) 在某一区域之间可近似认为是线性区域,从而可用来作为光纤微弯法位移/压力传感器的工作区域。通过实验所获得的位移-光强实验曲线,可确定适合于光纤微弯法位移/压力传感器的工作区域。

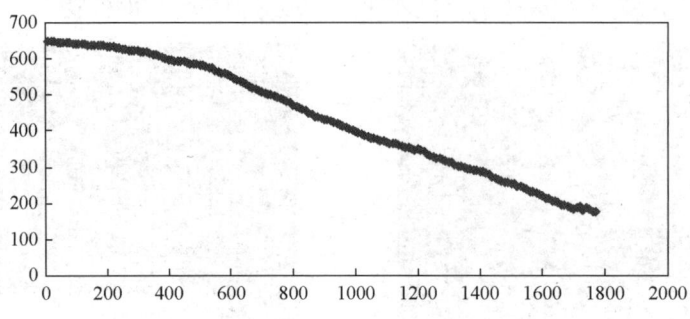

图 1.80 实验曲线

第 2 章
光电信息技术设计性实验

本章所选择的项目是光电信息方向本科高年级学生进行设计研究性学习的实验项目。本章通过典型的光电信息技术设计性实验，使学生能够掌握光电信息的关键技术，深入理解光电信息技术的实际应用，设计出富有应用价值的实验。本章所涉及的实验侧重系统的搭建过程和调试过程，充分显现关键技术，提高学生的动脑、动手能力。教师应根据本校的特点、实验的难易程度、学生的动手能力适当安排实验。

2.1 光学镜头的设计

2.1.1 概述

随着科学技术的发展，光学仪器已普遍应用于社会的各个领域，光学仪器的核心部分是光学系统。光学系统成像质量的好坏，决定着光学仪器整体质量的好坏。光学镜头是光学系统设计的一个重要部分。

光学设计的工作包括光学系统设计和光学结构设计。光学系统设计是根据光学仪器所提出的使用要求，来设计光学系统的性能参数、外形尺寸、各光组的结构等。为光学仪器设计一个光学系统大体上可以分为两个阶段。第一阶段是根据光学仪器总体的技术要求（性能指标、外形尺寸、质量及有关技术要求），拟定出光学系统的原理图，并初步计算出光学系统的外形尺寸，以及系统中各部分要求的光学特性等。一般称这一阶段的设计为"初步设计"或"外形尺寸计算"。第二阶段是根据初步设计的结果，确定每个透镜组的具体结构参数（半径、厚度、间隔、玻璃材料），以保证满足系统光学特性和成像质量的要求。这一阶段称为"像差设计"或"光学设计"。评价一个光学系统设计的好坏，一方面要看系统的性能和成像质量，另一方面还要看系统的复杂程度。一个好的系统设计应该是在满足使用要求（光学性能、成像质量）的情况下，结构设计最简单的系统。

1. 实验目的

（1）重点掌握光学系统的设计思路，初步掌握简单的、典型的系统设计的基本技能，熟练掌握光路计算技能，熟悉光学设计中所有的例行工作，如数据结果处理、像差曲线绘制、光学零件技术要求等。

（2）在掌握光学基本理论知识的基础上，通过实验，锻炼自己的动手能力，在摸索的过程中，进一步培养优化数据的能力和理论联系实际的能力。

(3) 巩固和消化光学理论知识，牢固掌握典型光学系统的特点，并在以后能够用到光学系统的设计中，为学习专业课打下良好的基础。

(4) 能够根据设计要求，如镜头的焦距、视场范围、相对孔径或数值孔径、成像质量，计算出光学镜头初始结构或选择相似结构。

(5) 能够使用光学设计软件对光学镜头初始结构进行像差校正、像质评价。

(6) 能够初步绘制光学镜头图。

2. 实验任务及要求

(1) 根据光学仪器的参数要求进行光学系统外形尺寸和初始结构的计算和选型，要有详细的计算过程和说明。

(2) 逐步修改光学系统结构参数，使像差得到最佳的校正和平衡。

(3) 对设计结果进行评价，提供详细的分析结果。

2.1.2 实验原理

1. 像差基本理论

(1) 球差。

自光轴上一点发出的同心光束经光学系统各个球面折射以后，不再是同心光束，其中与光轴成不同角度（或离光轴不同高度）的光线交光轴于不同的位置上，相对于理想像点有偏差，这种偏差称为球差，其计算公式为

$$\delta L' = L' - l' \tag{2-1}$$

式中，$\delta L'$ 为球差；L' 为实际焦点到像面的距离；l' 为近轴像点的像距。

(2) 正弦差及慧差。

① 正弦差。对于轴外物点，主光线不是系统的对称轴，对称轴是通过物点和球心的辅助轴。由于球差的影响，对称于主光线的同心光束，经光学系统后，不再相交于一点，在垂轴方向也不与主光线相交，即相对主光线失去对称性。正弦差即用来表示小视场时宽光束成像的不对称性。

物平面垂直于光轴，平面内有两个相邻点，一个是轴上点，一个是靠近光轴的近轴点，其理想成像条件为

$$ny \sin U = n'y' \sin U' \tag{2-2}$$

式中，n 为物方折射率；n' 为像方折射率；y 为物高；y' 为像高；U 为物方光线与光轴夹角；U' 为像方光线与光轴的夹角。

式 (2-2) 即所谓正弦条件。当光学系统满足正弦条件时，若轴上点理想成像，则近轴物点也理想成像，即光学系统既无球差也无正弦差，这就是所谓的不晕成像。

对于近轴物点，用宽光束成像时也不能成完善像，故只能要求其成像光束结构与轴上点成像的光束结构一致，也就是说，轴上点和近轴点有相同的成像缺陷。欲满足上述要求，光学系统必须满足如下条件。

$$\frac{n \sin U}{\beta n' \sin U'} - 1 = \frac{\delta L'}{L' - l'_z} \tag{2-3}$$

式 (2-3) 称为等晕条件。它是光学系统轴上点成像有剩余球差时，近轴点或垂轴小面积成同质像的充要条件。满足等晕条件的成像称为等晕成像。式 (2-3) 中，除 l'_z 是由第二

近轴光线计算的出瞳距（光学系统最后一面到出射光瞳的距离）以外，其他的量都是轴上点光线的量，β 为近轴区垂轴放大率。

② 慧差。当光学系统不满足等晕条件时，近轴点成像光束的对称性将被破坏，像方本应对称于主光线的各个子午光束的交点将不再位于主光线上。称这种不对称性像差为慧差。

（3）像散。

在整个失对称的光束中，子午面上的子午光束、弧矢面上的弧矢光束，因为很细，所以能各自会聚一点于主光线上。但子午细光束的会聚点 T'（称子午像点）和弧矢细光束的会聚点 S'（称弧矢像点）并不重合：对于前者（子午光束），子午像点 T' 比弧矢像点 S' 离系统最后一面近；后者（弧矢光束）则相反。与这种现象相应的像差称为像散。对于宽光束，由于球差和慧差的影响，根本会聚不到一点。

（4）畸变。

在实际的光学系统中，视场角较大或很大时，像的放大率随视场而异，不再是常数。一对共轭物平面上的放大率不为常数时，将使像相对于物失去相似性，这种使像变形的缺陷称为畸变。

（5）位置色差。

描述轴上点用两种色光成像时成像位置差异的色差称为位置色差，也称轴向色差。

2. 光学系统初始结构设计方法

光学系统初始结构的设计常用以下两种方法。

（1）根据初级像差理论求解初始结构（PW 法）。

这种求解初始结构的方法就是根据外形尺寸计算得到的基本特性，利用初级像差理论来求解满足成像质量要求的初始结构。

利用共轴球面系统的初级像差公式，出第一、第二近轴光线的计算数据可以算出光学系统的初级像差，并可以分析光学系统的像差性质，研究像差与光学系统结构的关系，对光学系统设计有重要的指导意义。但是，光学设计要求正好相反，它是根据对光学系统的像差要求求出光学系统的结构，即设计出符合预定像差要求的光学系统。解决这个问题的理论基础是薄透镜系统的初级像差理论。

光学系统的初级像差可以表示为像差特性参数 P、W。P 为光焦度；W 为弯曲参量。当光学系统的外形尺寸和像差要求确定后，可以求出像差特性参数，而像差特性参数是与光学系统的结构有关的，这样就可以求出光学系统的结构。首先对整个光学系统进行外形尺寸计算，求出各个光组上的光线入射高度 h、h_p，光焦度 Φ，拉赫不变量 J；然后根据对各个薄透镜组的像差要求，求出各个薄透镜组的像差特性参数 P、W；最后由像差特性参数 P、W 确定各个薄透镜组的结构参数。

实际上，任何光学系统或薄透镜组的结构参数都可以分为两部分。一部分是内部参数，是指光组各个折射面的曲率半径 r、折射面间的间隔 d、折射面间介质的折射率 n。另一部分称为外部参数，是指物距 l、焦距 f'、半视场角 ω、相对孔径 D/f' 等。

像差特性参数 P、W 不仅与内部参数有关，还与外部参数有关，即 P、W 值还随外部参数的变化而变化。为使 P、W 值只决定于内部参数，以便由其决定光学系统的结构，对光学系统的 P、W 值的计算给以特定条件，称为规化条件，即令 $u_1=0$、$h_1=1$、$f'=1$、$u'_k=1$。即把任何焦距的光学系统缩放到 $f'=1$ 后，按规化条件进行光路计算，所求得的像差特性参数以 $\overline{P}^\infty$、$\overline{W}^\infty$ 表示，称为光学系统的基本像差参数，它们只与系统的内部参数有关，而不受外部参数的影响。

① P、W 形式的初级像差系数。

分析初级像差与光学系统结构参数（r,d,n）的关系。列出方程，求解光学系统的初始结构，以便进行光路计算，修改结构参数，使像差满足要求。下面只给出了以 P、W 表示的按折射面分布的初级像差系数公式。

$$\sum_{i=1}^k S_\mathrm{I} = \sum_{i=1}^k h \cdot P$$

$$\sum_{i=1}^k S_\mathrm{II} = \sum_{i=1}^k h_p \cdot P + J \cdot \sum_{i=1}^k W$$

$$\sum_{i=1}^k S_\mathrm{III} = \sum_{i=1}^k \frac{h_p^2}{h} \cdot P + 2J \cdot \sum_{i=1}^k \frac{h_p}{h} \cdot W + J^2 \cdot \sum_{i=1}^k \frac{1}{h} \cdot \Delta \frac{u}{n}$$

$$\sum_{i=1}^k S_\mathrm{IV} = J^2 \cdot \sum_{i=1}^k \frac{n'-n}{n \cdot n' \cdot r}$$

$$\sum_{i=1}^k S_\mathrm{V} = \sum_{i=1}^k \frac{h_p^3}{h^2} \cdot P + 3J \cdot \sum_{i=1}^k \frac{h_p^2}{h^2} \cdot W + J^2 \cdot \sum_{i=1}^k \frac{h_p}{h} \cdot \left(\frac{3}{h} \cdot \Delta \frac{u}{n} + \frac{n'-n}{n \cdot n' \cdot r}\right) - J^3 \cdot \sum_{i=1}^k \frac{1}{h^2} \cdot \Delta \frac{1}{n^2} \quad (2-4)$$

式中，S_I 代表初级球差系数；S_II 代表初级慧差；S_III 代表初级像散；S_IV 代表初级场曲；S_V 代表初级畸变系数；u 代表光线与光轴夹角；n' 代表折射面后折射率。

② 薄透镜系统的初级像差的 P、W 表示式。

薄透镜系统由若干个薄透镜光组组成，薄透镜光组之间有一定的间隔，每个薄透镜光组由几个相接触的薄透镜组成，每个薄透镜光组中各个折射面上的 h 和 h_p 相等，如双胶合透镜（组）有 3 个折射面。可以将同一个薄透镜光组中各个折射面的 P 和 W 之和作为该薄透镜光组的 P 和 W。

对于由 N 个薄透镜光组组成的光学系统，其初级像差系数公式为

$$\sum_{i=1}^k S_\mathrm{I} = \sum_{j=1}^N h_j \cdot (h_j \cdot \Phi_j)^3 \cdot \overline{P}_j = \sum_{j=1}^N h_j^4 \cdot \Phi_j^3 \cdot \overline{P}_j$$

$$\sum_{i=1}^k S_\mathrm{II} = \sum_{j=1}^N h_{pj} \cdot h_j^3 \cdot \Phi_j^3 \cdot \overline{P}_j + J \cdot \sum_{j=1}^N h_j^2 \cdot \Phi_j^2 \cdot \overline{W}_j$$

$$\sum_{i=1}^k S_\mathrm{III} = \sum_{j=1}^N \frac{h_{pj}^2}{h_j} \cdot (h_j \cdot \Phi_j)^3 \cdot \overline{P}_j + 2J \cdot \sum_{j=1}^N \frac{h_{pj}}{h_j} \cdot (h_j \cdot \Phi_j)^2 \cdot \overline{W}_j + J^2 \cdot \sum_{j=1}^N \Phi_j$$

$$\sum_{i=1}^k S_\mathrm{IV} = J^2 \cdot \sum_{j=1}^N \mu \cdot \Phi_j$$

$$\sum_{i=1}^k S_\mathrm{V} = \sum_{j=1}^N h_{pj}^3 \cdot h_j^2 \cdot \Phi_j^3 \cdot \overline{P}_j + 3J \cdot \sum_{j=1}^N h_{pj}^2 \cdot \Phi_j^2 \cdot \overline{W}_j + J^2 \cdot \sum_{j=1}^N \frac{h_{pj}}{h_j} \cdot \Phi_j \cdot (3+\mu) \quad (2-5)$$

式中，μ 是与薄透镜光组相关的系数。

对于由 N 个薄透镜光组组成的光学系统，其色差表示为

$$\sum_{i=1}^{k} C_{\mathrm{I}} = -\sum_{j=1}^{N} h^2 \cdot \Phi \cdot \overline{C}_{\mathrm{I}}$$

$$\sum_{i=1}^{k} C_{\mathrm{II}} = -\sum_{j=1}^{N} h \cdot h_p \cdot \Phi \cdot \overline{C}_{\mathrm{I}} \tag{2-6}$$

其中，$\overline{C}_{\mathrm{I}}$ 也是基本像差参数。

③ 双胶合透镜的基本像差参数。

在薄透镜光组中，双胶合透镜是最具代表性且应用广泛的透镜组。它是能够满足一定的 P、W、C_{I} 要求的最简单的结构形式。如果能把双胶合透镜的结构参数与 $\overline{P}^\infty$、$\overline{W}^\infty$、$\overline{C}_{\mathrm{I}}$ 联系起来，就可以由所要求的 P、W、C_{I} 来解出双胶合透镜的结构参数，再经过像差校正和平衡，设计出满足要求的双胶合透镜。

a. 双胶合透镜的结构参数。

首先必须选定表示双胶合透镜的结构参数。如图 2.1 所示，双胶合透镜由两种玻璃材料构成，其 3 个折射球面的曲率半径分别为 r_1、r_2、r_3，两种玻璃的折射率和色散系数分别为 N_1、v_1、N_2、v_2。规化条件要求：$u_1 = 0$、$h_1 = 1$、$u_k' = u_3' = 1$、双胶合透镜的焦距 $f' = 1$、总光焦度 $\Phi = 1$。

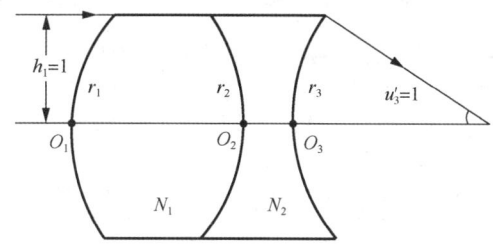

图 2.1 双胶合透镜

由光焦度的规化条件，得到 $\Phi = \varphi_1 + \varphi_2 = 1$，或 $\varphi_2 = 1 - \varphi_1$。其中，$\varphi_1$、$\varphi_2$ 分别是两个透镜的光焦度。可见，φ_1 和 φ_2 中只有一个独立变量，现取 φ_1 作为独立变量，作为表示双胶合透镜结构的一个参数。

在玻璃材料（N_1，v_1，N_2，v_2）确定、光焦度（Φ）确定的情况下，只要确定 3 个折射球面曲率半径之一，其余两个折射球面曲率半径也就确定了。因为

$$\varphi_1 = (N_1 - 1) \cdot \left(\frac{1}{r_1} - \frac{1}{r_2}\right), \quad \varphi_2 = (N_2 - 1) \cdot \left(\frac{1}{r_2} - \frac{1}{r_3}\right) \tag{2-7}$$

当 N_1、N_2、φ_1、φ_2 确定时，如果给定 r_2，则可以确定 r_1、r_3。所以，在双胶合透镜的玻璃材料和光焦度确定以后，就只剩下一个结构参数。在此选择如下与 r_2 有关的变量

$$Q = \rho_2 - \varphi_1 = \frac{1}{r_2} - \varphi_1 \tag{2-8}$$

作为双胶合透镜结构参数的一个独立变量，Q 是与双胶合透镜的弯曲形状有关的变量，称为形状系数。

因此，用以表示双胶合透镜的全部独立结构参数为 N_1、v_1、N_2、v_2、ϕ_1、Q。

b. 双胶合透镜的 P、W、C_{I} 参数。

由于最后的目的是求出双胶合透镜的各个半径值，为此首先将 r_1、r_2、r_3 表示为双胶

合透镜结构参数的函数。

$$C_2 = \frac{1}{r_2} = \varphi_1 + Q$$

$$C_1 = \frac{1}{r_1} = \frac{\varphi_1}{N_1-1} + C_2 = \frac{\varphi_1}{N_1-1} + \varphi_1 + Q = \frac{N_1\varphi_1}{N_1-1} + Q$$

$$C_3 = C_2 - \frac{\varphi_2}{N_2-1} = C_2 - \frac{1-\varphi_1}{N_2-1} = \varphi_1 + Q - \frac{1-\varphi_1}{N_2-1} = \frac{N_2\varphi_1}{N_2-1} + Q - \frac{1}{N_2-1} \quad (2-9)$$

规化的色差系数为

$$\overline{C}_1 = \sum \frac{\varphi}{\nu} = \frac{\varphi_1}{\nu_1} + \frac{\varphi_2}{\nu_2}$$

将 $\varphi_2 = 1 - \varphi_1$ 代入上式，有

$$\overline{C}_1 = \varphi_1\left(\frac{1}{\nu_1} - \frac{1}{\nu_2}\right) + \frac{1}{\nu_2} \quad (2-10)$$

在 $\overline{P}^\infty$ 和 $\overline{W}^\infty$ 的表达式中，除了与玻璃的折射率 N_1、N_2 有关，还与第一近轴光线与光轴的夹角（孔径角）u、u' 有关，为此，要先将 u、u' 表示为结构参数的函数。

对于第一折射球面，根据规化条件，有 $u_1 = 0$，$n_1 = 1$，$n_1' = N_1$，$h_1 = 1$；而由近轴光线计算 $n_1'u_1' - n_1u_1 = \frac{h_1}{r_1}(n_1' - n_1)$，则 $N_1u_1' - 0 = \frac{N_1-1}{r_1} \times 1$，得

$$u_1' = \frac{N_1-1}{N_1 r_1} = \frac{N_1-1}{N_1}C_1 = \frac{N_1-1}{N_1}\left(\frac{N_1\varphi_1}{N_1-1} + Q\right) = \varphi_1 + Q\left(1 - \frac{1}{N_1}\right)$$

对于第二折射球面，根据规化条件，有 $u_2 = u_1'$，$n_2 = n_1' = N_1$，$n_2' = n_3 = N_2$，$h_2 = 1$；而由近轴光线计算 $n_2'u_2' - n_2u_2 = \frac{h_2}{r_2}(n_2' - n_2) = \frac{N_2-N_1}{r_2} \times 1$，则

$$N_2u_2' - N_1\left[\varphi_1 + \left(1 - \frac{1}{N_1}\right)Q\right] = (N_2 - N_1)(\varphi_1 + Q)，得$$

$$u_2' = \varphi_1 + Q\left(1 - \frac{1}{N_2}\right) \quad (2-11)$$

对于第三折射球面，根据规化条件，有 $u_3' = 1$。

另有 $u_3 = u_2'$，这样，就可以将 $\overline{P}^\infty$ 和 $\overline{W}^\infty$ 表示为双胶合透镜结构参数的函数

$$\overline{P}^\infty = \sum_1^3 \left[\frac{u'-u}{\frac{1}{n'} - \frac{1}{n}}\right]\left(\frac{u'}{n'} - \frac{u}{n}\right)$$

$$= \left[\frac{u_1' - u_1}{\frac{1}{n_1'} - \frac{1}{n_1}}\right]\left(\frac{u_1'}{n_1'} - \frac{u_1}{n_1}\right) + \left[\frac{u_2' - u_2}{\frac{1}{n_2'} - \frac{1}{n_2}}\right]\left(\frac{u_2'}{n_2'} - \frac{u_2}{n_2}\right) + \left[\frac{u_3' - u_3}{\frac{1}{n_3'} - \frac{1}{n_3}}\right]\left(\frac{u_3'}{n_3'} - \frac{u_3}{n_3}\right)$$

$$= a \cdot Q^2 + b \cdot Q + c \quad (2-12)$$

$$\overline{W}^\infty = -\frac{a+1}{2}Q + \frac{1-\varphi_1-b}{3} = -\frac{a+1}{2}Q + \frac{\varphi_2-b}{3} \tag{2-13}$$

式中：

$$a = 1 + \frac{2\varphi_1}{N_1} + \frac{2\varphi_2}{N_2}$$

$$b = \frac{3}{N_1-1}\varphi_1^2 - 2\varphi_1\varphi_2 - \frac{2N_2+1}{N_2-1}\varphi_2^2$$

$$= \frac{3}{N_1-1}\varphi_1^2 - \frac{3}{N_2-1}\varphi_2^2 - 2\varphi_2$$

$$c = \frac{N_1}{(N_1-1)^2}\varphi_1^3 + \frac{N_2}{N_2-1}\varphi_1\varphi_2^2 + \frac{N_2^2}{(N_2-1)^2}\varphi_2^3$$

$$= \frac{N_1}{(N_1-1)^2}\varphi_1^3 + \frac{N_2}{(N_2-1)^2}\varphi_2^3 + \frac{N_2}{(N_2-1)}\varphi_2^2$$

令 $Q_0 = -\dfrac{b}{2a}$，$P_0 = c - \dfrac{b^2}{4a}$，$W_0 = \dfrac{a+1}{2}Q_0 + \dfrac{\varphi_2-b}{3} = \dfrac{\varphi_2}{3} + \dfrac{a-3}{6}Q_0$，则

$$\overline{P}^\infty = a(Q-Q_0)^2 + c - \frac{b^2}{4a} = a(Q-Q_0)^2 + P_0 \tag{2-14}$$

$$\overline{W}^\infty = -\frac{a+1}{2}(Q-Q_0) + W_0 \tag{2-15}$$

至此，已经用变量 Q 把 $\overline{P}^\infty$、$\overline{W}^\infty$ 与透镜的结构联系起来。即在透镜玻璃材料和光焦度分配确定后，已知 $\overline{P}^\infty$、$\overline{W}^\infty$，可以求得透镜的形状系数 Q。解得

$$Q = Q_0 \pm \sqrt{\frac{\overline{P}^\infty - P_0}{a}}$$

$$Q = Q_0 - \frac{2(\overline{W}^\infty - W_0)}{a+1} \tag{2-16}$$

其中，P_0、Q_0、W_0、a、b、c 等系数是双胶合透镜的结构参数 N_1、N_2、φ_1、φ_2 的函数。而 φ_1、φ_2 是由消色差要求 $\overline{C}_1$ 决定的，它们取决于所选玻璃的色散系数 ν_1、ν_2，可见，φ_1、φ_2 也由所选玻璃决定。因此，上述各个系数归根结底由透镜的玻璃组合决定。玻璃组合不同，各个系数也不同，当玻璃选定后，对应消色差要求的 $\overline{C}_1$ 的各个系数也就确定了。

上面两式所求得的 Q 值并不会完全相同，通常是取其平均值。由 Q 值就得到透镜的曲率半径等结构参数。

对于双胶合透镜，要消色差，通常采用冕牌玻璃和火石玻璃的组合。如果对现有的冕牌玻璃和火石玻璃进行组合，并对不同的 $\overline{C}_1$ 值来计算 a 值，会发现 a 值变化很小，为 2.3～2.45，一般近似取 2.35。同时，$(a+1)/2 = 1.67$，$4a/(a+1)^2 = 0.85$。因此，近似取

$$Q = Q_0 \pm \sqrt{\frac{\overline{P}^\infty - P_0}{2.35}}$$

$$Q = Q_0 - \frac{\overline{W}^\infty - W_0}{1.67}$$

为讨论像差特性参数 $\bar{P}^\infty$ 和 $\bar{W}^\infty$ 与玻璃材料的关系，从 $\bar{P}^\infty$ 和 $\bar{W}^\infty$ 的表达式中消去与透镜结构形状有关的因子 $(Q-Q_0)$，得到

$$\bar{P}^\infty = P_0 + \frac{4a}{(a+1)^2}(\bar{W}^\infty - W_0)^2 = P_0 + 0.85 \times (\bar{W}^\infty - W_0)^2$$

当冕牌玻璃在前时，$W_0 \approx 0.1$；当火石玻璃在前时，$W_0 \approx 0.2$。因此，当冕牌玻璃在前时，$\bar{P}^\infty = P_0 + 0.85 \times (\bar{W}^\infty - 0.1)^2$；当火石玻璃在前时，$\bar{P}^\infty = P_0 + 0.85 \times (\bar{W}^\infty - 0.2)^2$。

为简化起见，不管哪种玻璃在前，用统一的公式来表示，误差也不大，可取 $W_0 \approx 0.14$，则 $\bar{P}^\infty = P_0 + 0.85 \times (\bar{W}^\infty - 0.14)^2$。

由此可见，当选定透镜玻璃组合而确定 P_0 值后，这时其 $\bar{P}^\infty$ 和 $\bar{W}^\infty$ 就不再是独立变量，二者之间是抛物线关系。我们可以根据对球差（S_I）和慧差（S_{II}）的要求，分别求出双胶合透镜的 $\bar{P}^\infty$ 和 $\bar{W}^\infty$。这样算出的 $\bar{P}^\infty$ 和 $\bar{W}^\infty$ 能否满足上述抛物线关系，关键在于 P_0 值；也就是说，必须找出一个具有合适 P_0 值的玻璃组合。但不同的玻璃组合和不同的 C_I 值有不同的 P_0 值，按照 P_0 值求出对应的玻璃组合是很不方便的，在应用中通常采用相反的求解方法，即选定大量的玻璃组合，对不同的 C_I 值分别求出其 P_0 值，列成表格，编制出 P_0 表。在设计时，根据 P_0 值和 C_I 值的大小，按照冕牌玻璃在前和火石玻璃在前的不同情况，查出合适的玻璃组合。

一般情况下，要求的 C_I 值不是 P_0 表中给出的 C_I 值，这时，各个玻璃组合所对应要求的 C_I 值的 P_0 需要用插值法求出。另外，玻璃组合的 P_0 与要求的 P_0 难以完全相同，一般允许有 ±0.1 的误差。此外，满足 P_0 的玻璃组合可能有几组，挑选的原则是要求对应的光焦度 Φ_1 和 Q_0 尽量小，这样求出的透镜的半径较大，有利于减少高级像差。最后，还要注意玻璃的化学和物理性能、工艺性能和成本等。

（2）从已有的资料中选择初始结构（缩放法）。

缩放法的步骤为：①镜头选型；②缩放焦距；③更换玻璃；④保持色差不变更换玻璃；⑤更换玻璃校正色差；⑥估算高级像差；⑦检查边界条件。

这是一种比较实用又容易获得成功的方法。因此它被很多光学设计者广泛采用。但其要求设计者对光学理论有深刻了解，并有丰富的设计经验，只有这样才能从类型繁多的结构中挑选出简单而又合乎要求的初始结构。初始结构的选择是镜头设计的基础，选型是否合适关系到以后的设计是否成功。一个不好的初始结构，再好的自动设计程序和有经验的设计者也无法使设计获得成功。

（3）Zemax 软件简介。

Zemax Optical Design Program 是由美国 Zemax Development Corporation 公司开发的专用光学设计软件包。Zemax 是一套综合性的光学设计模拟软件，它将实际光学系统的设计概念、优化、分析、公差及报表整合在一起。Zemax 不只是透镜设计软件，更是全功能的光学设计分析软件，具有直观、功能强大、灵活、快速、容易使用等优点；与其他软件不同的是，Zemax 的计算机辅助设计转换模式是双向的，如 IGES、STEP、SAT 等格式都可以转入和转出。而且 Zemax 可以模拟序列性（sequential）和非序列性（non-sequential）的成像系统和非成像系统。

(4) Zemax 软件的特色。

① 结合所有光学上的需求，用一个简单的操作界面来执行。

② 可以使用序列性和非序列性模式运算。

③ 表栏式表面输入及完整的表面资料库，使编辑更加快速。

④ Solve 指令功能，辅助使用者设计光学系统。

⑤ 完整的镜头及材质资料库。

⑥ 通过多种图形分析光学系统，包括光点图（spot diagrams）、光扇图（ray fan）和光程差图（OPD fan）等。

⑦ 提供多种优化方式。

⑧ 以对话框方式方便使用者分析公差。

(5) Zemax 软件界面介绍。

① 透镜数据编辑器。

Zemax 的透镜数据编辑器（Lens Data Editor）如图 2.2 所示。

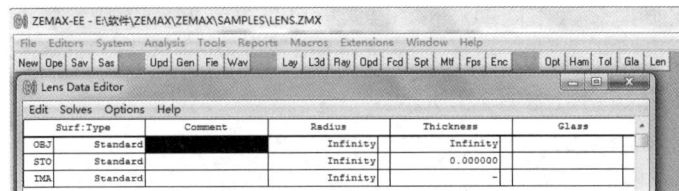

图 2.2　透镜数据编辑器

在透镜数据编辑器上，可以看到 3 个不同的面，依次为 OBJ、STO 及 IMA。OBJ 是发光物，即光源。STO 即孔径光阑（aperture stop），STO 不一定是光照过来所遇到的第一个透镜，在设计一组光学系统时，STO 可选在任一透镜上，通常第一个透镜就是 STO；若不是这样，则可在 STO 这一栏上按 Insert 键，可前后加入所需要的透镜片，于是 STO 就不在第一个透镜上了。IMA 是成像平面（imagine plane）。在 STO 后面再插入的透镜编号为 2，通常 OBJ 编号为 0，STO 编号为 1，IMA 编号为 3，如图 2.3 所示。如果有多个透镜，则 STO 后面的编号将依次增加。

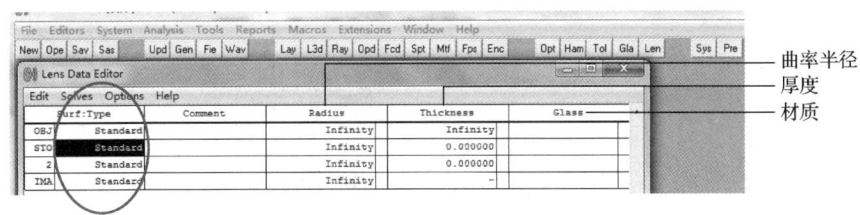

图 2.3　透镜设计

在 STO 列的 Glass 栏中可以选择所需的玻璃材质。曲率半径正负值遵守凡是圆心在镜面之右为正值，反之为负值的原则。

② 光圈设置。

Aperture（光圈）设置界面如图 2.4 所示。

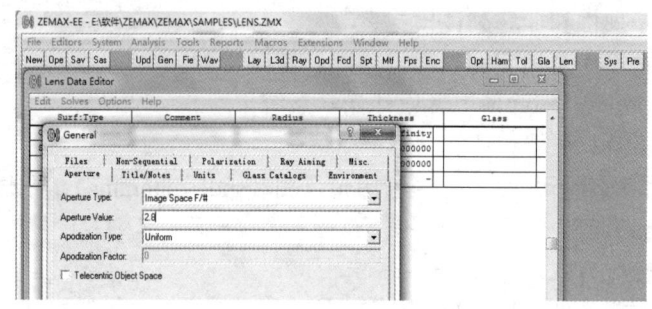

图 2.4　光圈设置界面

③ 波长设置。

在 System 菜单中选择 Wavelengths 命令，或者在主界面中选择 Wav 选项卡，然后输入所需的波长，可同时输入不同的波长。以入射可见光为例，设置 3 个波长：0.486、0.587 和 0.656，其中 0.587 为主波长。这些步骤可以用一个操作来完成，即单击 Wavelength Data 对话框下部的 Select 按钮，如图 2.5 所示。

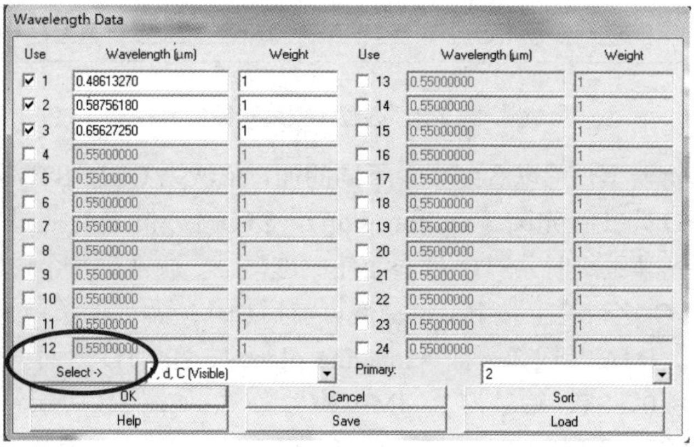

图 2.5　波长设置界面

2.1.3　设计参考

1. 设计要求

设计一个焦距为 500mm，相对孔径为 1∶10 的望远物镜，要求物镜本身校正球差、慧差、轴向色差，入瞳位置在物镜上。

2. 设计方法

任何光学系统的像差参数表达式均可分为两部分：一部分称为内部参数，是指光组各个折射面的曲率半径 r、折射面间的间隔 d 和折射面间介质折射率 n；另一部分称为外部参数，是指物距 l、焦距 f'、半视场角 w 和相对孔径 D/f' 等。P、W 不仅和内部参数有关，而且和外部参数有关，成为内部参数与外部参数的桥梁。

光学系统的初始结构计算通常采用两种方式：代数法和缩放法。代数法是根据初级相差理论来求解满足成像质量要求的初始结构的方法，又称 PW 法。缩放法是根据已有光学技术资源和专利文献，选择光学特性与所要求的相接近的结构作为初始结构的方法。双胶合透镜的结构参数的计算步骤如下。

（1）由 $\overline{P^\infty}$、$\overline{W^\infty}$ 按 $\overline{P^\infty} = P_0 + \dfrac{4a}{(a+1)^2}\left(\overline{W^\infty} + W_0\right)^2$ 求 P_0。

（2）由 P_0 和 $\overline{C_1}$ 查表得出需要的玻璃组合，按所选玻璃组合找出 φ_1、Q_0、P_0、W_0。

（3）由 $\overline{P^\infty} = a(Q - Q_0)^2 + P_0$ 和 $\overline{W^\infty} = -\dfrac{a+1}{2}(Q - Q_0) + W_0$ 求 Q。

$$Q = Q_0 \pm \sqrt{\dfrac{\overline{P^\infty} - P_0}{a}}$$

$$Q = Q_0 - \dfrac{2(\overline{W^\infty} - W_0)}{a+1}$$

将以上两式求得的 Q 值相比较，取其接近的一个值。

（4）根据 Q 求折射球面的曲率半径 ρ_1、ρ_2、ρ_3。计算公式为

$$\rho_1 = \dfrac{1}{r_1} = \dfrac{n_1 \varphi_1}{n_1 - 1} + Q$$

$$\rho_2 = \dfrac{1}{r_2} = \varphi_1 + Q$$

$$\rho_3 = \dfrac{1}{r_3} = \dfrac{n_2}{n_2 - 1}\varphi_1 + Q - \dfrac{1}{n_2 - 1}$$

（5）由上式求得的曲率半径是在总焦距为 1 的规化条件下的曲率半径。从薄透镜的特性可知，如果实际焦距为 f'，则半径和 f' 成正比，即得

$$r_1 = \dfrac{f'}{\rho_1},\ r_2 = \dfrac{f'}{\rho_2},\ r_3 = \dfrac{f'}{\rho_3}$$

在此主要采用代数法（PW 法）计算双胶合透镜的初始结构参数。

3. 设计过程

（1）选型。这个物镜的视场角很小，所以轴外像差不大。主要校正的像差为球差、正弦差和位置色差。相对孔径也不大，故选用双胶合型透镜，孔径光阑与物镜框重合。

（2）确定基本像差参数。根据设计要求，设像差的初级量为零，则按初级像差公式有

$$\delta L_0' = -\dfrac{1}{2n_k' u_k'}\sum S_{\mathrm{I}}$$

$$K_{s0}' = -\dfrac{1}{2n_k' u_k'}\sum S_{\mathrm{II}}$$

$$\Delta l'_{FC0} = -\frac{1}{n'_k u'_k} \sum C_I$$

亦即
$$\sum S_I = h^4 \Phi^3 \overline{P}^\infty = 0$$
$$\sum S_{II} = Jh^2 \Phi^2 \overline{W}^\infty = 0$$
$$\sum C_I = h^2 \left(\frac{\varphi_1}{v_1} + \frac{\varphi_2}{v_2} \right) = 0$$

由此可得像差基本参数为
$$\overline{P}^\infty = 0, \quad \overline{W}^\infty = 0, \quad \overline{C_I} = 0$$

（3）求 P_0。由式
$$\overline{P}^\infty = P_0 + 0.85 \times \left(\overline{W}^\infty + 0.1 \right)^2$$
$$\overline{P}^\infty = P_0 + 0.85 \times \left(\overline{W}^\infty + 0.2 \right)^2$$

可得
$$P_0 = \overline{P}^\infty - 0.85 \times \left(\overline{W}^\infty + 0.1 \right)$$
$$P_0 = \overline{P}^\infty - 0.85 \times \left(\overline{W}^\infty + 0.2 \right)$$

因为玻璃未选好，可暂选用冕牌玻璃进行计算。取 $W_0 = -0.1$，并将 $\overline{P}^\infty$ 和 $\overline{W}^\infty$ 的值代入上式，得 $P_0 = 0 - 0.85 \times (0 + 0.1)^2 = -0.0085$。

（4）根据 P_0 和 $\overline{C_I}$ 从数据手册查玻璃组合。由于 K9 玻璃性能好且熔炼成本低，因此应优先选用。可选它和 ZF_2 玻璃组合，当 $\overline{C_I} = 0$ 时，查表可得 $P_0 = 0.038$。K9（$n_1 = 1.5163$）和 ZF_2（$n_2 = 1.6725$）组合的双胶合薄透镜的各系数为：$P_0 = 0.038319$，$Q_0 = -4.284074$，$W_0 = -0.06099$，取 $\varphi_1 = 2.009404$，并取 $a=2.44$。

（5）求形状系数 Q。
$$Q = Q_0 \pm \sqrt{\frac{\overline{P}^\infty - P_0}{a}}$$
$$Q = Q_0 - \frac{2(\overline{W}^\infty - W_0)}{a+1}$$

由于 $\overline{P}^\infty < P_0$，不存在严格的消像差解，但因 P_0 值接近于 $\overline{P}^\infty$，可认为 $\sqrt{\frac{\overline{P}^\infty - P_0}{a}} \approx 0$，因此可得 $Q = Q_0 = -4.284074$，$\overline{W}^\infty = W_0 = -0.06099$。

（6）求透镜各面的曲率半径（规化条件下的）。
$$\rho_1 = Q + \frac{n_1 \varphi_1}{n_1 - 1} = -4.284074 + \frac{1.5163 \times 2.009404}{1.5163 - 1} \approx 1.61726$$
$$\rho_2 = Q + \varphi_1 = -4.284074 + 2.009404 = -2.27467$$

$$\rho_3 = Q + \frac{n_2\varphi_1}{n_2-1} + \frac{1}{n_2-1} \approx -0.77369$$

（7）求薄透镜各面的球面半径。

$$r_1 = \frac{f'}{\rho_1} = \frac{500}{1.61726} \approx 309.165$$

$$r_2 = \frac{f'}{\rho_2} = \frac{500}{-2.27467} \approx -219.812$$

$$r_3 = \frac{f'}{\rho_3} = \frac{500}{-0.77369} \approx -646.254$$

现将该透镜系统结构参数整理如表 2-1 所示。

$\tan\omega = -0.02$，物距 $L = -\infty$，入瞳半径 $h = 25$，入瞳距第一折射面距离 $l_z = 0$。

表 2-1 透镜系统结构参数

r	d	玻璃牌号
r_1=309.165	∞	—
r_2=-219.812	d_1=0	K9
r_3=-646.253	d_2=0	ZF_2

（8）厚透镜各面的球面半径。光学系统初始计算得到结果以后，必须把薄透镜换成厚透镜，其步骤如下。

① 光学零件外径的确定。根据设计要求 $f' = 500$mm 和 $\frac{D}{f'} = \frac{1}{10}$，可算出通光口径 $D = \frac{f'}{10} = \frac{500}{10} = 50$mm。透镜用压圈固定，其所需余量由光学设计手册查得为 2.5，由此可得透镜的外径为 52.5mm。

② 光学零件的中心厚度及边缘最小厚度的确定。保证透镜在加工中不易变形的条件下，其中心厚度与边缘最小厚度以及透镜外径之间必须满足一定的比例关系。对于凸透镜，高精度 $3d + 7t \geqslant D$，中精度 $6d + 14t \geqslant D$，其中还必须满足 $d > 0.05D$。对于凹透镜，高精度 $8d + 2t \geqslant D$ 且 $d \geqslant 0.05D$，中精度 $16d + 4t \geqslant D$ 且 $d \geqslant 0.03D$。其中，d 为中心厚度，t 为边缘厚度。透镜结构如图 2.6 所示。

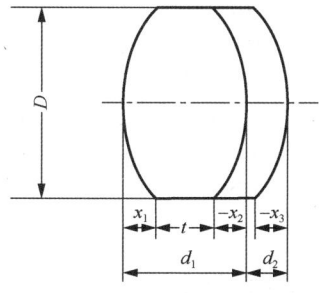

图 2.6 透镜结构示意图

根据上面的公式，可求出凸透镜和凹透镜的厚度。

凸透镜厚度的计算过程如下。

$$t = \frac{D - 3(|x_1| - |x_2|)}{10}$$

式中，x_1、x_2 为球面矢高，可由下式求得

$$x = r \pm \sqrt{r^2 - \left(\frac{D}{2}\right)^2}$$

式中，r 为折射球面半径，D 为透镜半径。将已知数据代入可求得 $|x_1| \approx 1.12$，$|x_2| \approx 1.57$。

然后，将 x_1、x_2 代入 $t = \dfrac{D - 3(|x_1| - |x_2|)}{10}$，求得凸透镜最小边缘厚度为

$$t = \frac{D - 3(|x_1| - |x_2|)}{10} = \frac{50 - 3 \times (1.12 - 1.57)}{10} = 5.135$$

凸透镜最小中心厚度为

$$d_1 = |x_1| + t + |x_2| = 1.12 + 5.135 + 1.57 = 7.825$$

凹透镜厚度的计算过程如下。

凹透镜最小边缘厚度为

$$t = \frac{D - 8(|x_1| - |x_2|)}{10} = \frac{50 - 8 \times (1.12 - 1.57)}{10}$$
$$= 5.36$$

$|x_3|$ 的求法同上，将已知数据代入 $x = r \pm \sqrt{r^2 - \left(\dfrac{D}{2}\right)^2}$，求得 $|x_3| \approx 0.53$。

凹透镜最小中心厚度为

$$d_2 = t - |x_2| + |x_3| = 5.36 - 1.57 + 0.53 = 4.32$$

③ 在保持 u 和 u' 不变的条件下，把薄透镜换成厚透镜。薄透镜换成厚透镜时，要保持第一近轴光线每面的 u 和 u' 不变，由 $P = \left(\dfrac{\Delta u}{\Delta \dfrac{1}{n}}\right)^2 \Delta \dfrac{u}{n}$ 和 $W = \dfrac{P}{ni} = -\dfrac{\Delta u}{\Delta \dfrac{1}{n}} \Delta \dfrac{u}{n}$ 可知，当 u 和 u' 不变时，P、W 在变换时可保持不变，放大率亦保持不变。当透镜由薄变厚时，第一近轴光线在主面上的入射高度不变，则光学系统的光焦度亦保持不变。

2.1.4 实验测试方案

一般来说，透镜组的全部结构参数都可以作为优化变量参与优化。在此主要对透镜的曲率半径进行优化。Zemax 软件自动校正的前提是，假定可以定义一个评价函数，它唯一地表征了一个光学系统的成像质量。该评价函数的值越小，光学系统的成像质量越好；评

价函数的值越大，光学系统的成像质量越差。评价函数定义得越合理，就越能真实地表征光学系统的成像质量。

1. 光学特性参数设置

光学特性参数设置如图2.7～图2.10所示。

图2.7　孔径设置

图2.8　视场设置

图2.9　波长设置

Oper #	Type		Wave					Target	Weight
1 (EFFL)	EFFL		2					500.000000	1.000000
2 (DMFS)	DMFS								
3 (BLNK)	BLNK	Default merit function: RMS wavefront centroid GQ 3 rings 6 arms							
4 (BLNK)	BLNK	No default air thickness boundary constraints.							
5 (BLNK)	BLNK	No default glass thickness boundary constraints.							
6 (BLNK)	BLNK	Operands for field 1.							
7 (OPDX)	OPDX		1	0.000000	0.000000	0.335711	0.000000	0.000000	0.096963
8 (OPDX)	OPDX		1	0.000000	0.000000	0.707107	0.000000	0.000000	0.155140
9 (OPDX)	OPDX		1	0.000000	0.000000	0.941965	0.000000	0.000000	0.096963
10 (OPDX)	OPDX		2	0.000000	0.000000	0.335711	0.000000	0.000000	0.096963
11 (OPDX)	OPDX		2	0.000000	0.000000	0.707107	0.000000	0.000000	0.155140
12 (OPDX)	OPDX		2	0.000000	0.000000	0.941965	0.000000	0.000000	0.096963
13 (OPDX)	OPDX		3	0.000000	0.000000	0.335711	0.000000	0.000000	0.096963
14 (OPDX)	OPDX		3	0.000000	0.000000	0.707107	0.000000	0.000000	0.155140
15 (OPDX)	OPDX		3	0.000000	0.000000	0.941965	0.000000	0.000000	0.096963
16 (BLNK)	BLNK	Operands for field 2.							
17 (OPDX)	OPDX		1	0.000000	0.700000	0.167855	0.290734	0.000000	0.032321
18 (OPDX)	OPDX		1	0.000000	0.700000	0.353553	0.612372	0.000000	0.051713
19 (OPDX)	OPDX		1	0.000000	0.700000	0.470983	0.815766	0.000000	0.032321

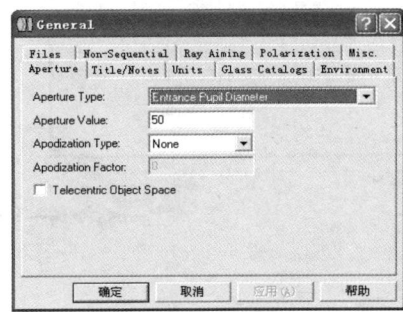

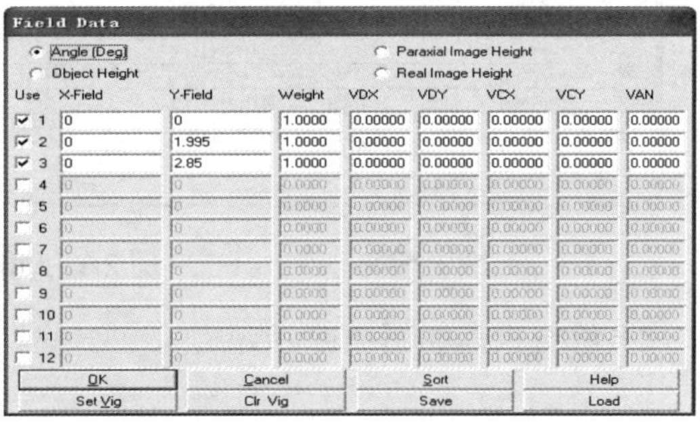

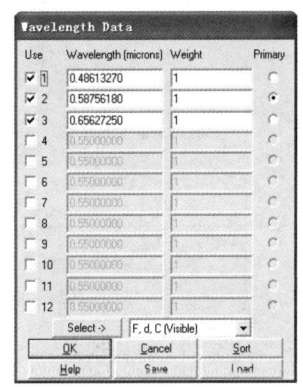

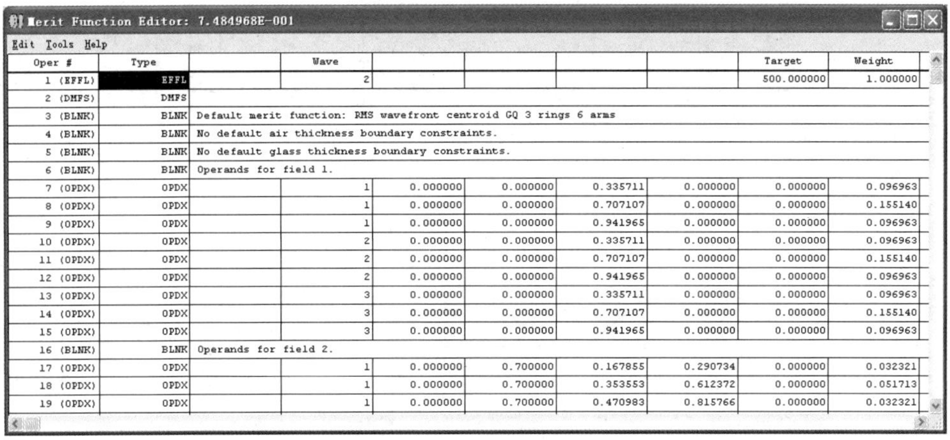

图2.10　评价函数设置

2. 初始结构像质评价报告

(1) 镜头数据如图 2.11 所示。

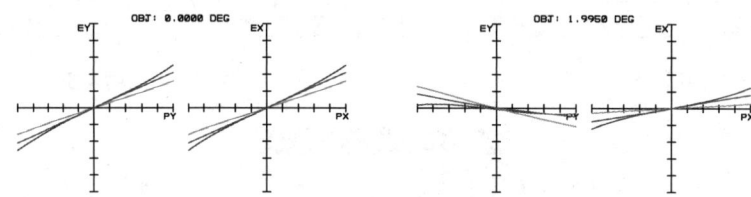

图 2.11　镜头数据

(2) 综合误差如图 2.12 所示。

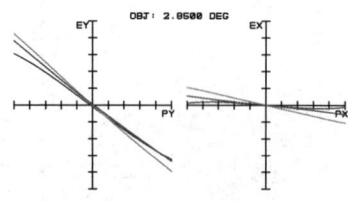

图 2.12　综合误差

(3) 光程差如图 2.13 所示。

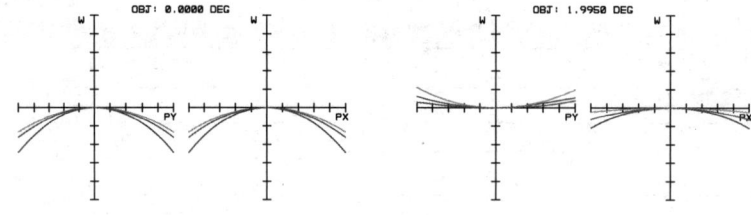

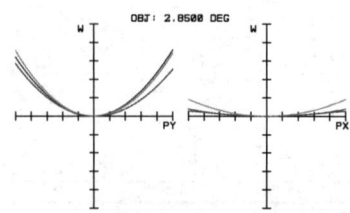

图 2.13　光程差

(4) 点列图如图 2.14 所示。

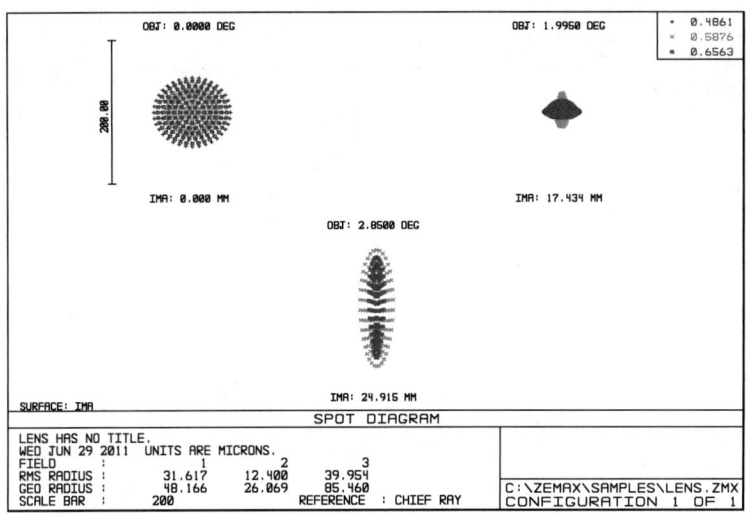

图 2.14　点列图

(5) 场曲与畸变如图 2.15 所示。

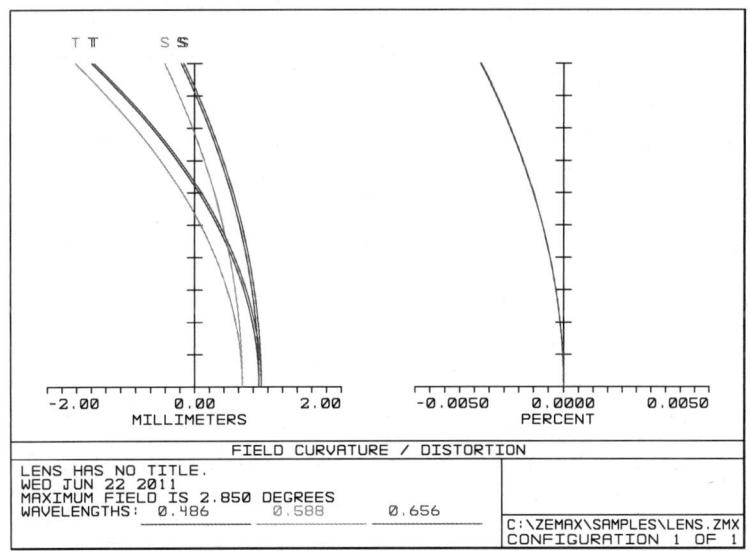

图 2.15　场曲与畸变

(6) 光学传递函数如图 2.16 所示。

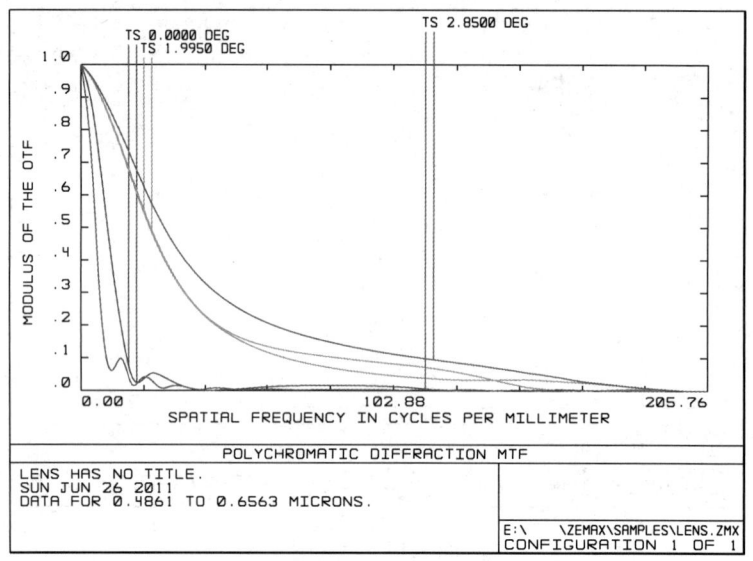

图 2.16　光学传递函数

(7) 像点能量分布如图 2.17 所示。

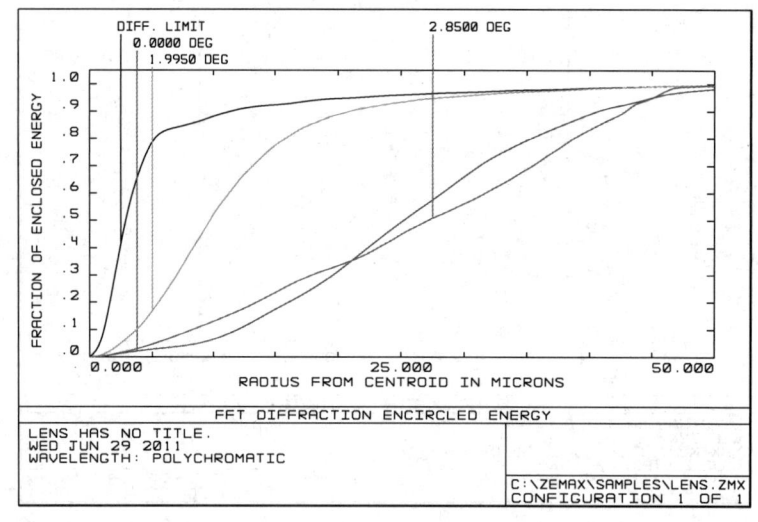

图 2.17　像点能量分布

由图 2.16 和图 2.17 可知，系统有较大的像差存在，主要为场曲与畸变，像质不好，需进一步优化。

3. 优化后的像质评价报告

优化后的像质评价报告如图 2.18～图 2.24 所示。

Lens Data Editor

Edit　Solves　Options　Help

	Surf:Type	Comment	Radius		Thickness		Glass		Semi-Diameter	Conic	Par 0(unused)
OBJ	Standard		Infinity		Infinity				Infinity	0.000000	
STO	Standard		Infinity		0.000000				25.000000	0.000000	
2	Standard		317.603411	V	7.133000		K9		25.049253	0.000000	
3	Standard		-217.832767	V	3.378000		ZF2		25.077068	0.000000	
4	Standard		-613.410651	V	494.541320	V			25.145988	0.000000	
IMA	Standard		Infinity						24.948793	0.000000	

图 2.18　优化后的镜头数据

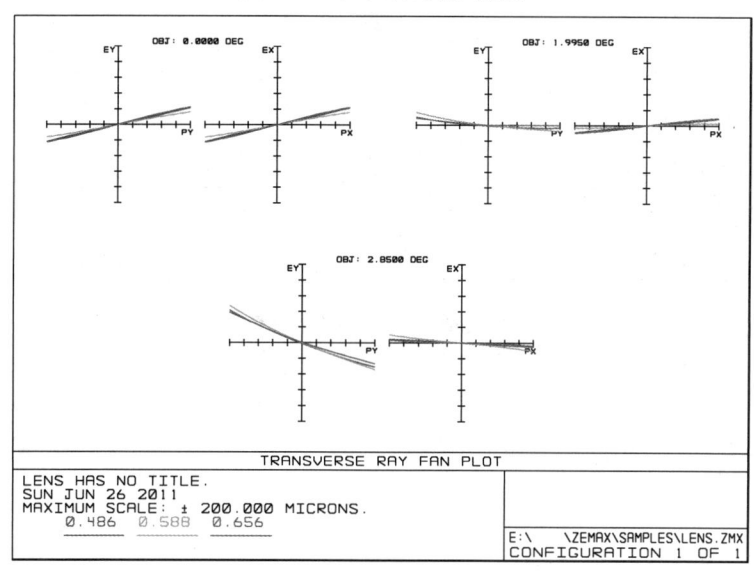

图 2.19　优化后的综合误差

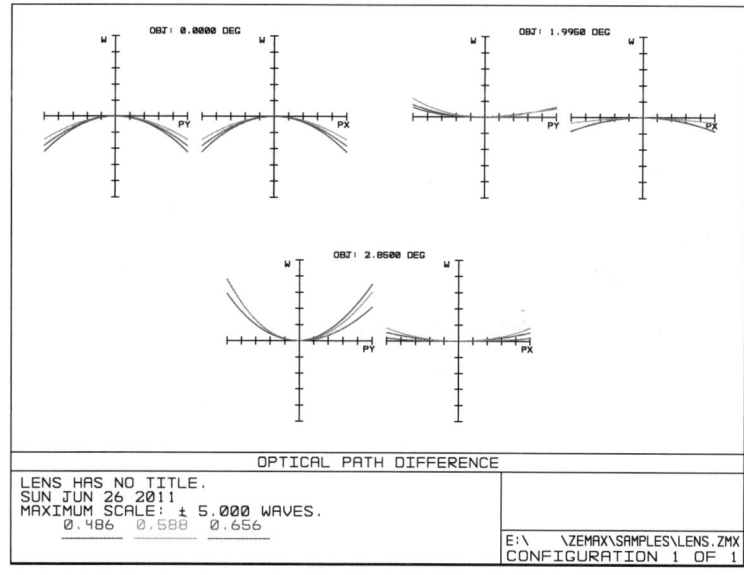

图 2.20　优化后的光程差

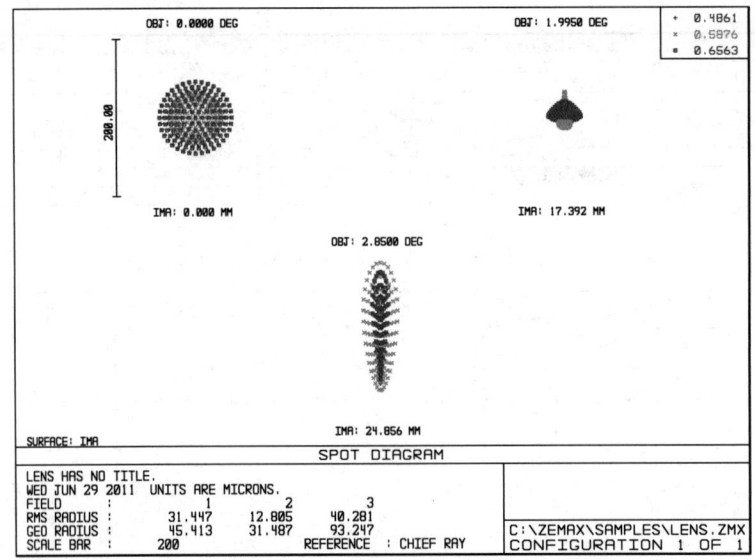

图 2.21 优化后的点列图

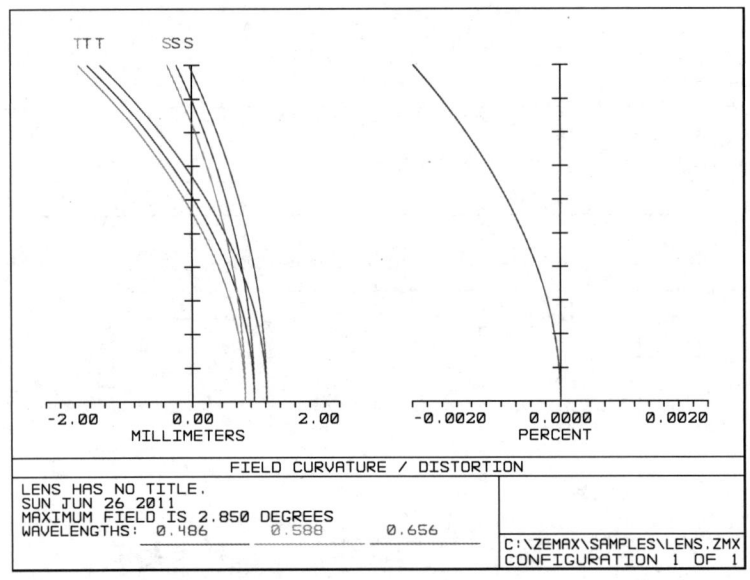

图 2.22 优化后的场曲与畸变

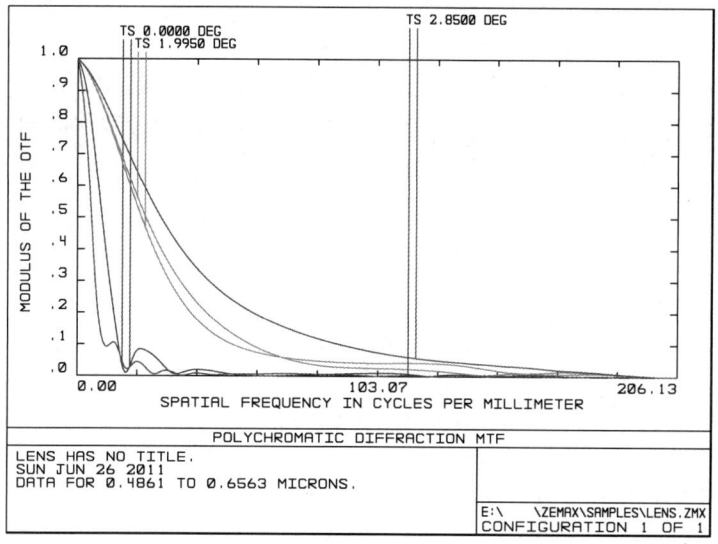

图 2.23　优化后的光学传递函数

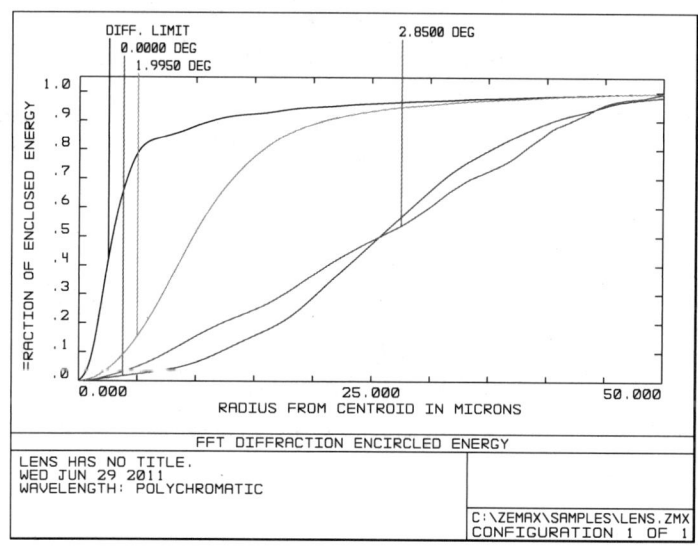

图 2.24　优化后的能量分布

从图 2.23 所示的光学传递函数来看,值变小说明像质得到改善。优化后的结构参数如表 2-2 所示。

表 2-2　优化后的结构参数

r	d	玻璃牌号
r_1=317.590054	∞	—
r_2=-217.839373	d_1=7.133	K9
r_3=-613.461285	d_2=3.378	ZF2

4. 像差分析

优化前的像差比较大,成像质量不理想,所以需要对系统进行优化。一般来说,系统中的每一个结构参数都可以作为优化变量参与优化,这里采用最普遍的曲率半径的优化。经优化后的透镜结构像差容限如下。

(1) 球差公差。

$$\delta L'_{0.707} \leqslant \frac{6\lambda}{n' \sin^2 u'_m}$$

$$\delta L'_m \leqslant \frac{\lambda}{n' \sin^2 u'_m}$$

其中 λ 取 550nm,经计算可知所求得的球差符合设计要求。

(2) 彗差公差。

小视场光学系统的彗差通常用相对彗差 SC′ 来表示。

$$SC' \leqslant 0.0025$$

(3) 色差公差。

$$\Delta L'_{FC} \leqslant \frac{\lambda}{n' \sin^2 u'_m}$$

2.2 数字全息实验

2.2.1 概述

数字全息记录和再现,即利用数字全息记录程序和光电器件记录全息图,并将全息图输入计算机,由计算机进行数字再现。该方法广泛应用于数字显微、干涉测量、三维图像识别、医疗诊断等领域。数字全息用光电器件替代全息干板,免去了干板的冲洗工作,降低了对全息工作平台的隔震要求,给使用者带来了很大的便利。

1. 实验目的

(1) 掌握数字全息实验原理和方法。
(2) 熟悉空间光调制器的工作原理和调制特性。
(3) 理解光信息安全的概念和特点。

2. 实验仪器

氦氖激光器、可调光阑、CMOS 数字相机、空间光调制器、分光光楔、空间滤波器、可调衰减片、反射镜、计算机等。

3. 实验任务及要求

本实验利用数字全息与光信息安全实验系统、计算机等完成以下设计任务。
(1) 利用相关仪器设备搭建数字全息光路系统,并进行光路分析。
(2) 编写数字全息记录与再现算法。

（3）制定提高数字全息再现像质量的方法。

2.2.2 实验原理

全息技术利用光的干涉原理，将物体发射的光波波前以干涉条纹的形式记录下来，达到冻结物光波相位信息的目的，利用光的衍射原理再现所记录物光波的波前，就能够得到物体的振幅（强度）和相位（包括位置、形状）信息，在光学检测和三维成像领域具有独特的优势。由于传统全息是用卤化银、重铬酸盐明胶和光致抗蚀剂等材料记录全息图，记录过程烦琐（化学湿处理）和费时，限制了其在现实中的广泛应用。

数字全息技术的基本原理是用光敏电子成像器件代替传统全息记录材料记录全息图，用计算机模拟再现取代光学衍射来实现所记录物体波前的数字再现，实现了全息记录、存储和再现全过程的数字化，给全息技术的发展和应用增加了新的内容和方法。目前常用的光敏电子成像器件主要有电荷耦合器件（charge coupled device，CCD）、CMOS（complementary metal oxide semiconductor，互补金属氧化物半导体）传感器和电荷注入器件（charge-injection device，CID）三类。

数字全息技术的波前记录和数字再现过程可分为三部分。一是数字全息图的获取。将参考光和物光的干涉图样直接投射到光电探测器上，经图像采集卡获得物体的数字全息图，将其传输并存储在计算机内。二是数字全息图的数字再现。本部分完全在计算机上进行，需要模拟光学衍射的传播过程，一般需要数字图像处理和离散傅里叶变换的相关理论，这是数字全息技术的核心部分。三是再现像的显示及分析。输出再现像并给出相关的实验结果及分析。

与传统光学全息技术相比，数字全息技术的最大优点是：①由于用 CCD 等图像传感器件记录数字全息图所需的时间，比用传统全息记录材料记录全息图所需的曝光时间短得多，因此它能够用来记录运动物体的各个瞬间状态，其没有烦琐的化学湿处理过程，记录和再现过程都比传统光学全息方便快捷；②由于数字全息可以直接得到记录物体再现图像的复振幅分布，而不是光强分布，被记录物体的表面亮度和轮廓分布都可通过复振幅得到，因而可方便地用于实现多种测量；③由于数字全息采用计算机数字再现，可以方便地对所记录的数字全息图进行图像处理，减少或消除在全息图记录过程中的像差、噪声、畸变，以及记录过程中 CCD 非线性等因素的影响，便于进行测量对象的定量测量和分析。

目前，数字全息技术已开始应用于材料形貌形变测量、振动分析、三维显微观测与物体识别、粒子场测量、生物医学细胞成像分析及 MEMS 器件的制造检测等领域。虽然国内外在数字全息技术方面已经开展了大量的研究工作，但对于这一领域的最新发展成果及其相关知识的传播和教学方面明显落后于科研，在全息学的实验教学上仍然以传统全息成像方法为主，很少涉及现代数字全息学知识，特别是缺少相关的数字全息实验教学仪器设备。对此，我们设计了可用于数字全息成像实验教学的广义数字全息实验教学系统，该系统不仅包含了数字全息图记录、图像处理、重构再现的算法及其软件系统，还涉及了空间光调制器在全息再现的应用和光信息安全方面的知识，不但可以演示数字全息记录与成像过程，而且可以自主学习和研究不同实验参数设置下的数字全息成像特性。

1. 数字全息记录和再现的基本原理

数字全息记录的原理和光学全息一样，只是在记录时用 CCD 来代替全息干板，将全息图存储到计算机内，用计算机程序取代光学衍射来实现所记录物场的数字再现，整个过程不需要在暗室中进行显影、定影等物理化学过程，真正实现了全息图记录、存储、再现和处理全过程的数字化。

（1）数字全息的光路分析。

由于数字全息是使用 CCD 代替全息干板来记录全息图，因此想要获得高质量的数字全息图，并完好地再现物光波，必须保证全息图表面上的光波的空间频率与记录介质的空间频率之间的关系满足奈奎斯特采样定理，即记录介质的空间频率必须是全息图表面上光波的空间频率的两倍以上。但是，由于 CCD 的分辨率（约 100 线/mm）比全息干板等传统记录介质的分辨率（达到 5000 线/mm）低得多，而且 CCD 的靶面面积很小，因此数字全息的记录条件不容易满足，记录结构的考虑也有别于传统光学全息。目前数字全息技术仅限于记录和再现较小物体的低频信息，且对记录条件有其自身的要求，因此要想成功地记录数字全息图，就必须合理地设计实验光路。

设物光和参考光在全息图表面上的最大夹角为 $\theta_{\max}$，则 CCD 平面上形成的最小条纹间距 $\Delta e_{\min}$ 为

$$\Delta e_{\min} = \frac{\lambda}{2\sin(\theta_{\max}/2)} \quad (2\text{-}17)$$

所以全息图表面上光波的最大空间频率为

$$f_{\max} = \frac{2\sin(\theta_{\max}/2)}{\lambda} \quad (2\text{-}18)$$

一个给定的 CCD 像素大小为 Δx，根据采样定理，一个条纹周期 Δe 至少等于两个像素周期，即 $\Delta e \geqslant 2\Delta x$，记录的信息才不会失真。由于在数字全息的记录光路中，所允许的物光和参考光的夹角 θ 很小，因此 $\sin\theta \approx \tan\theta \approx \theta$，有

$$\theta \leqslant \frac{\lambda}{2\Delta x} \quad (2\text{-}19)$$

所以

$$\theta_{\max} = \frac{\lambda}{2\Delta x} \quad (2\text{-}20)$$

在数字全息图的记录光路中，物光与参考光的夹角范围受到 CCD 分辨率的限制。由于现有的 CCD 分辨率比较低，因此只有尽可能地减小物光和参考光之间的夹角，才能保证携带物体信息的物光中的振幅和相位信息被全息图完整地记录下来。CCD 像素的尺寸范围一般在 5～10μm，故所能记录的最大物参角范围在 2°～4°。

只要满足抽样定理，参考光可以是任何形式的，可以使用准直光或发散光，可以水平入射到 CCD 或以一定的角度入射。

与传统全息记录材料相比，一方面，由于记录数字全息的 CCD 靶面尺寸小，仅适用于小物体的记录；另一方面，目前数字记录全息图的 CCD 像素尺寸大，分辨率低，使记录的物参角很小，因此只能记录物体空间频谱中的低频部分，从而使再现像的分辨率低，

像质较差。综上所述，在数字全息中要想获得较好的再现效果，需要综合考虑实验参数，合理地设计实验光路。

（2）数字全息记录和再现算法。

图 2.25 给出了数字全息图记录和再现结构及坐标系示意图。物体位于 xoy 面上，与全息平面 $x_H o_H y_H$ 相距 d，即全息图的记录距离，物体的复振幅分布为 $u(x,y)$。CCD 位于 $x_H o_H y_H$ 面上，$i_H(x_H, y_H)$ 是物光和参考光在全息平面上的干涉光强分布。$x'o'y'$ 面是数字再现的成像平面，与全息平面相距 d'，也称为再现距离。$u(x', y')$ 是再现像的复振幅分布，因为它是一个二维复数矩阵，所以可以同时得到再现像的强度和相位分布。

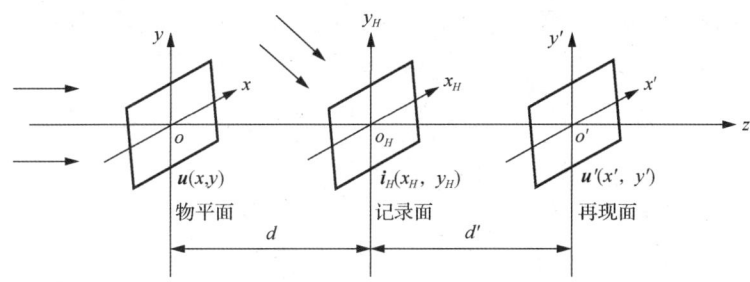

图 2.25　数字全息图记录和再现结构及坐标系示意图

对于图 2.25 所示的坐标系，根据菲涅耳衍射公式可以得到物光波在全息平面上的衍射光场分布 $O(x_H, y_H)$ 为

$$O(x_H, y_H) = \frac{e^{jkd}}{j\lambda d} \iint u(x,y) \exp\left\{\frac{jk}{2d}\left[(x-x_H)^2 + (y-y_H)^2\right]\right\} dxdy \tag{2-21}$$

式中，λ 为波长；$k = 2\pi/\lambda$ 为波数。

全息平面上，设参考光波的分布为 $R(x_H, y_H)$，则全息平面的光强分布 $i_H(x_H, y_H)$ 为

$$i_H(x_H, y_H) = \left[O(x_H, y_H) + R(x_H, y_H)\right]\left[O(x_H, y_H) + R(x_H, y_H)\right]^* \tag{2-22}$$

式（2-22）中的上角标"*"代表复共轭。用与参考光波相同的再现光波 $R(x_H, y_H)$ 照射全息图时，全息图后的衍射光场分布将正比于 $i_H(x_H, y_H) R(x_H, y_H)$。

在满足菲涅耳衍射的条件下，再现距离为 d' 时，成像平面上的光场分布 $u(x', y')$ 为

$$u(x', y') = \frac{e^{jkd'}}{j\lambda d'} \iint i_H(x_H, y_H) R(x_H, y_H) \exp\left\{\frac{jk}{2d'}\left[(x'-x_H)^2 + (y'-y_H)^2\right]\right\} dx_H dy_H \tag{2-23}$$

将式（2-23）中的二次相位因子 $(x'-x_H)^2 + (y'-y_H)^2$ 展开，则式（2-23）可写为

$$u(x', y') = \frac{e^{jkd'}}{j\lambda d'} \exp\left[\frac{j\pi}{\lambda d'}(x'^2 + y'^2)\right] \iint i_H(x_H, y_H) R(x_H, y_H) \exp\left[\frac{j\pi}{\lambda d'}(x_H^2 + y_H^2)\right]$$
$$\exp\left[-j2\pi \frac{1}{\lambda d'}(x_H x' + y_H y')\right] dx_H dy_H$$

$$\tag{2-24}$$

在数字全息中，为了获得清晰的再现像，d' 必须等于 d（或 $-d$），当 $d' = -d < 0$ 时，

原始像在焦，再现像的复振幅分布为

$$u(x', y') = -\frac{e^{jkd}}{j\lambda d} \exp\left[-\frac{j\pi}{\lambda d}(x'^2 + y'^2)\right] \times \boldsymbol{F}^{-1}\left\{\boldsymbol{i}_H(x_H, y_H)\boldsymbol{R}(x_H, y_H)\exp\left[-\frac{j\pi}{\lambda d}(x_H^2 + y_H^2)\right]\right\}$$

(2-25)

同理，当 $d' = d > 0$ 时，共轭像在焦，再现像的复振幅分布为

$$u(x', y') = \frac{e^{jkd}}{j\lambda d} \exp\left[\frac{j\pi}{\lambda d}(x'^2 + y'^2)\right] \times \boldsymbol{F}^{-1}\left\{\boldsymbol{i}_H(x_H, y_H)\boldsymbol{R}(x_H, y_H)\exp\left[\frac{j\pi}{\lambda d}(x_H^2 + y_H^2)\right]\right\}$$

(2-26)

这样，利用傅里叶变换就可以求出再现像，这也是这种算法被称为傅里叶变换算法的原因。在式（2-25）和式（2-26）中，傅里叶变换的频率为

$$f_x = \frac{x'}{\lambda d}, \quad f_y = \frac{y'}{\lambda d} \tag{2-27}$$

根据频域采样间隔和空域采样间隔之间的关系，可得

$$\Delta f_x = \frac{1}{M\Delta x_H}, \quad \Delta f_y = \frac{1}{N\Delta y_H} \tag{2-28}$$

式中，M 和 N 分别为两个方向的采样点个数。所以，全息平面的像素大小和再现像的像素大小之间的关系为

$$\Delta x' = \frac{\lambda d}{M\Delta x_H}, \quad \Delta y' = \frac{\lambda d}{N\Delta y_H} \tag{2-29}$$

式（2-29）表明，再现像的像素大小和再现距离 d 成正比，再现距离越大，$\Delta x'$ 和 $\Delta y'$ 就越大，分辨率就越低。在数字再现的整个计算过程中，数字图像的像素总数保持不变，因此，再现像的整体尺寸也与再现距离有关，随着再现距离的增大而增大。

如果利用数字图像处理方法先对全息图 $i_H(x_H, y_H)$ 进行预处理，然后进行再现，则可以消除再现像中零级亮斑及共轭像（或原始像）离焦所带来的影响。

2. 数字全息再现像质量提高的方法

如果采用离轴方式记录全息图，只要在全息图的记录过程中满足再现像的分离条件，在再现过程中就可以使再现像、共轭像和直透光分开。但是，数字全息在再现时，除实验需要的原始像外，直透光和共轭像也同时在屏幕上以杂乱的散射光形式出现，而且扩展范围很宽，二者的存在对再现像的清晰度造成很大影响，特别是直透光，由于占据了大部分能量而在屏幕的当中形成一个亮斑，致使再现像由于亮度相对较低，在屏幕上显示时因为太暗淡而使细节难以显示出来。如果能将直透光和共轭像去除，数字全息的再现像质量将会大幅度提高，应用范围也会相应扩大。

为了达到上述目的，目前主要有三类方法可供选择。第一类方法是基于实验方案，如利用相移技术消除直透光和共轭像。这种方法不但去除效果好，而且可以扩大再现的视场，但至少需要记录 4 幅全息图，而且实验装置比较复杂，同时对环境的稳定性要求也比较高。更重要的是，这种方法不适用于对生物细胞等非静止的物体的记录，因而应用范围受到限制，在这里不做详细的介绍。第二类方法是对数字全息图进行傅里叶变换和频谱滤波，将

其中的直透光和共轭像的频谱过滤掉。这种方法只需要记录一幅全息图,但是由于要进行一次傅里叶变换和反变换,不仅浪费时间,而且在运算过程中,有用信息也会丢失,会使再现结果产生较大的误差。第三类方法是应用数字图像处理技术,直接在空域对全息图进行处理。这种方法不仅处理效果好,而且容易实现。下面对后两类方法进行详细分析。

（1）频谱滤波法。

对于离轴数字全息图的频谱,如果载波的频率大于成像目标的最高频率的 3 倍,其零级亮斑、原始像和共轭像的频谱是彼此分开的,这也为应用频谱滤波法提供了可能性。

全息图的光强分布为

$$i_H(x,y) = [R(x,y) + O(x,y)] \cdot [R(x,y) + O(x,y)]^* \\ = |R(x,y)|^2 + |O(x,y)|^2 + R^*(x,y)O(x,y) + O^*(x,y)R(x,y)$$ （2-30）

对式（2-30）的全息图光强分布 i_H 作傅里叶变换可以得到

$$F(i_H) = A_0(f_x, f_y) + A_1(f_x, f_y - f_0) + A_2(f_x, f_y + f_0)$$ （2-31）

式中,f_0 为参考光的频率,$A_0(f_x,f_y) = F[|R(x,y)|^2 + |O(x,y)|^2]$,$A_1(f_x, f_y - f_0) = F[R^*(x,y)O(x,y)]$,$A_2(f_x, f_y + f_0) = F[O^*(x,y)R(x,y)]$。

如果物函数 $O(x,y)$ 是带限的,其最高空间频谱为 f_{max},带宽为 $2f_{max}$,离轴数字全息图的频谱如图 2.26 所示。其中,$2B$ 为物体的频率带宽,A_0 为频谱平面坐标原点上的 δ 函数和物函数自相关频谱的和,其中心位于原点,但是其带宽扩展到 $4f_{max}$；A_1 和 A_2 分别表示物光波的 ±1 级频谱,其中心分别位于 ±f_0 处,带宽为 $2f_{max}$。由图 2.26 可以看出,当满足条件 $f_0 \geq 3f_{max}$ 时,$A_0(f_x,f_y)$、$A_1(f_x,f_y - f_0)$、$A_2(f_x,f_y + f_0)$ 三项在频谱面上是彼此分离的。将 $A_1(f_x,f_y - f_0)$ 取出来,即物光波的频谱,再进行逆傅里叶变换,可以得到频谱滤波后的数字全息图,然后对其进行再现,就能获得无零级亮斑和共轭像的再现像。该方法充分利用了离轴数字全息图频谱分离这一特点,从而消除零级亮斑和共轭像所造成的干扰,具体的操作过程如图 2.27 所示。

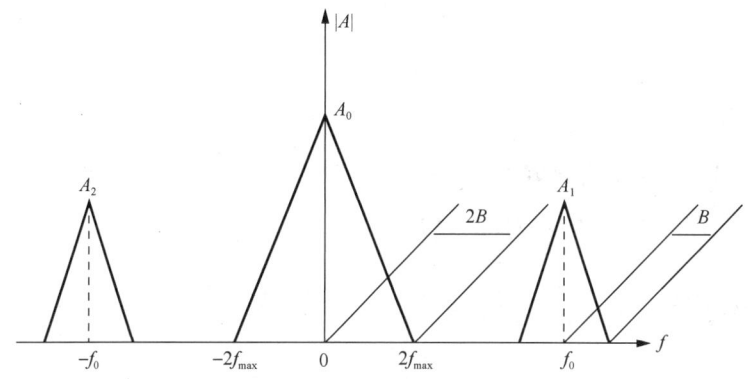

图 2.26 离轴数字全息图的频谱

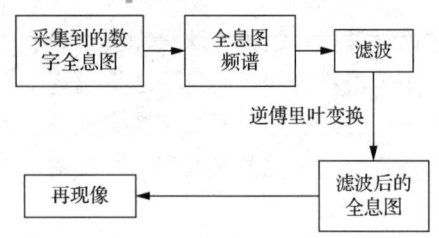

图 2.27 频谱滤波法的操作过程

在频谱滤波法中，滤波窗口的选择至关重要，选取的原则是：既要让物体的高频信息通过，又要最大限度地过滤噪声，尽量选取较窄的频谱宽度。实际上，物体的频谱一般主要集中于低频部分，而且在频谱的中心部分强度很大，集中了很大一部分能量；相对而言，其他频谱成分集中的能量要小得多。在滤波窗口中，往往噪声也被选中作为物场的一部分得以再现，其结果会增加噪声对再现像的影响。一般情况下，对数字全息图的频谱进行二维滤波处理，滤波窗口需要是封闭的二维图形，通常用矩形窗口就能得到较好的结果，当然，滤波窗口也可以是圆形或椭圆形的，这需要根据物体频谱分布的实际情况来确定。

利用频谱滤波法，只选择原始像的频谱部分用于数字再现，可以削弱或消除零级亮斑、共轭像及噪声的影响，有效改善再现像的质量。

虽然频谱滤波法有其突出的优点，即只需要拍摄一幅全息图，不增加实验装置的复杂性。但是频谱滤波法需要预先设计滤波器，而且对不同的全息图，滤波器的参数也不一样。一般这种滤波器的参数需要对全息图有先验认识或先对全息图进行频谱分析才能确定，其操作过程比较复杂，并且要对全息图进行多次变换操作，容易造成数值误差。

（2）数字相减法。

如果全息图频谱不满足频谱分离条件，那么上面的方法就无法得到不受干扰的再现像，在这种情况下可以采用数字相减法将直透光消除掉，而且使±1级衍射像保持不变，其基本过程如下：首先用 CCD 记录下全息图的光强分布 i_H，同时把离散化的数据输入计算机存储；然后保持光路不变，分别挡住参考光和物光，用同一个 CCD 记录下各自的强度分布 I_R 和 I_O，同时把这些数据输入计算机存储；最后利用计算机程序对上述所采集到的 3 组数据进行数字相减得到 i'_H，即

$$i'_H = i_H - I_O - I_R \tag{2-32}$$

其中，$I_O = |O(x,y)|^2$，$I_R = |R(x,y)|^2$，则

$$\begin{aligned}i'_H &= |R(x,y)|^2 + |O(x,y)|^2 + R^*(x,y)O(x,y) + O^*(x,y)R(x,y) - |O(x,y)|^2 - |R(x,y)|^2 \\ &= R^*(x,y)O(x,y) + O^*(x,y)R(x,y)\end{aligned}$$

$$\tag{2-33}$$

因此用数字相减法对全息图进行处理后再进行数字再现时，在显示屏上就可以得到±1级衍射像，而直透光被消除。

数字相减法对参考光没有什么限制，不论是在球面参考光还是在平面参考光的记录条件下都可以达到很好的效果。数字相减法最大的缺点就是需要分别采集和存储全息图、物光图和参考光图 3 幅强度图像，而且在采集此 3 幅图像的过程中，物光、参考光及记录光

路都不能发生变化,这在快速变化物场的测量中是相当困难的。

3. 空间光调制器在光学再现上的应用

数字全息一开始的定义是指用电荷耦合成像器件代替普通照相干板来记录全息图,用数字计算方法再现;后来,数字全息的范围扩大到计算机制全息图、光电子再现全息图等,形成了更广义的数字全息。数字全息技术按记录过程来分,可以分为计算机制全息和像素全息;按再现过程来分,可以分为计算机再现和光电子再现。几种方法互相交叉,目前数字全息的几种实现方式如图2.28所示。

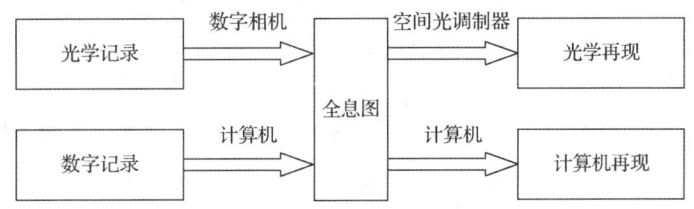

图 2.28 数字全息的实现方式

(1)空间光调制器简介。

前面已经详细阐述了数字全息在光学记录上与传统全息术在记录介质上的区别,在此重点介绍广义数字全息在光学再现方面的发展与革新。在全息技术发展的很长一段时间里,人们都是通过全息干板来记录全息干涉图样,需要经过曝光、显影、定影等化学处理,过程费时且复杂,最大的缺陷是干板的不可重用性,一块干板无法实现多幅图像的转换显示;即便是在计算机全息图技术出现后的很长一段时间内,也需要用绘图仪或激光扫描记录装置等设备将计算结果制作成全息图进行再现,无法实时显示的缺陷仍然存在。这时候,研究者注意到了空间光调制器。

空间光调制器是一类能将信息加载于一维或两维的光学数据场上,以便有效地利用光的固有速度、并行性和互连能力的器件。这类器件可在随时间变化的电驱动信号或其他信号的控制下,改变空间上光分布的振幅或强度、相位、偏振态及波长,或者把非相干光转化成相干光。由于它的这种性质,可作为实时光学信息处理、光计算等系统中的构造单元或关键的器件。空间光调制器是实时光学信息处理、自适应光学和光计算等现代光学领域的关键器件。空间光调制器按照光的读出方式不同,可以分为反射式和透射式;按照输入控制信号的方式不同,可以分为光寻址和电寻址。最常见的空间光调制器是液晶空间光调制器。液晶空间光调制器是一种新兴的全息图的载体,和传统的全息记录介质相比,它具有拥有计算机接口、操作方便、可实时显示等优点。但是,由于自身的结构特点和制作工艺的限制,液晶空间光调制器在全息再现系统中的应用具有局限性。

想定量分析液晶屏对光的调制特性,需要将调制过程用数学方法来模拟,液晶盒里的扭曲向列液晶可沿光的透过方向分层,每一层可看作单轴晶体,它的光学轴与液晶分子的取向平行。由于分子的扭曲结构,分子在各层间按螺旋方式逐渐旋转,各层单轴晶体的光学轴沿光的传输方向也呈螺旋式旋转。扭曲向列液晶分层模型如图2.29所示。

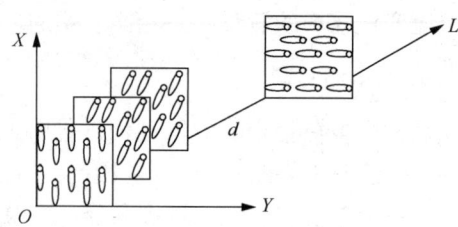

图 2.29　扭曲向列液晶分层模型

在空间光调制器液晶屏的使用中，光线依次通过起偏器 P_1、液晶分子、检偏器 P_2，如图 2.30 所示。光路中要求偏振片和液晶屏表面都在 X-Y 平面上，图 2.30 中已经分别标出了液晶屏前后表面分子的取向，两者相差 90°。偏振片角度的定义是，逆着光的方向看，ϕ_1 为液晶屏前表面分子的方向顺时针到 P_1 偏振方向的角度，ϕ_2 为液晶屏后表面分子的方向逆时针到 P_2 偏振方向的角度。偏振光沿 Z 轴传输，各层分子可以看作具有相同性质的单轴晶体，它的琼斯矩阵表达式与液晶分子的寻常折射率 n_o 和非常折射率 n_e，以及液晶盒的厚度 d 和扭曲角 α 有关。除此之外，琼斯矩阵还与两个偏振片的转角 ϕ_1、ϕ_2 有关。因此光波强度和相位的信息可简单表示为 $T = T(\beta, \phi_1, \phi_2)$，$\delta = \delta(\beta, \phi_1, \phi_2)$，其中 $\beta = \pi d [n_e(\theta) - n_o]/\lambda$ 又称双折射，它其实为隐含电场的量，因为 β 为非常折射率 n_e 的函数，非常折射率 n_e 随液晶分子的倾角 θ 改变，θ 又随外加电压而变化。

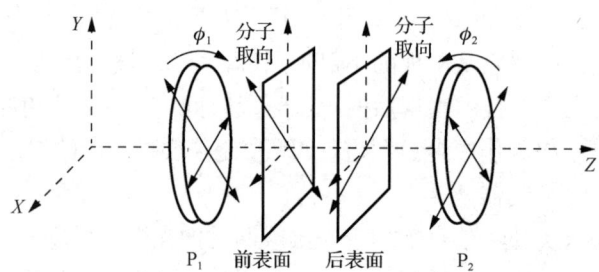

图 2.30　空间光调制器光路图

当前主流的液晶显示器结构相对复杂，主要由荧光管、导光板、偏光板、滤光板、玻璃基板、配向膜、液晶材料及薄膜式晶体管等组件构成。当作为空间光调制器使用时，通常仅保留液晶材料和偏振片。液晶被夹在两个偏振片之间，即可实现显示功能。其中，光线入射侧的偏振片被称为起偏器，而出射侧的则称为检偏器。在实验过程中，通常会将这两个固定的偏振片从液晶屏中分离出来，并替换为可旋转式的偏振片，以便于调整角度，从而更好地控制光线的透过与阻挡。

（2）振幅型空间光调制器作为再现干板的工作原理。

在全息记录的过程中，当来自物体表面的散射光与参考光照射在全息干板上时，参考光波与物光波进行叠加，叠加后形成的干涉条纹图记录在全息干板上。由于全息干板上记录的是曝光期间内再现波前的平均能量，也就是说，全息干板记录的仅仅是再现波的光强。全息干板的作用相当于一个线性变换器，它把曝光期间的入射光强线性地变换为显影后负片的振幅透过率。只要将上述全息干板用原参考光束照明，就可得到物体的像。在再现的过程中，全息图将照射的光衍射成波前，这个衍射波前就产生表征原始波前的所有光学现象。

振幅型空间光调制器是通过对入射偏振光进行调制后改变其偏振态，利用入射和出射偏振片的不同获得不同强度的出射偏振光，因此通过设置振幅型空间光调制器不同像素位置的灰度值，可以改变对应位置出射光的光强。因此可以用振幅型空间光调制器来代替再现干板，将记录时的复振幅透过率关系写入空间光调制器的液晶，则参考光被调制后，便可衍射生成被记录的物光信息。

利用空间光调制器来代替传统的全息干板，可以实现传统全息实验中无法实现的实时全息再现功能。但由于液晶空间光调制器的空间分辨率有限，全息记录的条件受到限制，在利用空间光调制器实现全息再现的系统中，记录时参考光角度不能大于由 LCD 分辨率决定的最大值，物体和全息面距离、物体尺寸都有相应较高的要求。同时考虑再现衍射像分离、提高系统分辨率等因素，上述参数的选取被限定在一定范围内，以保证获得较高质量的全息像。

4. 数字全息在信息安全中的应用

基于光学理论与方法的数据加密和信息隐藏技术是近年来在国际上开始起步发展的新一代信息安全理论与技术。并行数据处理是光学系统固有的能力，如在光学系统中一幅二维图像中的每一个像素都可以同时被传播和处理。当进行大量信息处理时，光学系统的并行处理能力很明显占有绝对的优势，并且，所处理的图像越复杂，信息量越大，这种优势就越明显。同时，光学加密装置比电子加密装置具有更多的自由度，信息可以被隐藏在多个自由度空间中。在完成数据加密或信息隐藏的过程中，可以通过计算光的干涉、衍射、滤波、成像、全息等过程，对涉及的波长、焦距、振幅、光强、相位、偏振态、空间频率及光学器件的参数等进行多维编码。与传统的基于数学的计算机密码学和信息安全技术相比，光学信息安全技术具有多维、大容量、高设计自由度、高鲁棒性、天然的并行性、难以破解等诸多优势。

密码技术是信息安全的核心。密码学是在编码和破译的斗争实践中逐步发展起来的，并随着先进科学技术的发展和应用，成为一门综合性的尖端学科。它与数学、语言学、声学、电子学、信息论、计算机科学等有着广泛而密切的联系。随着计算机网络不断渗透到各个领域，密码学的应用也随之扩大。密码学由密码编码学和密码分析学两个相互对立又相互促进的分支组成。密码编码学的主要任务是寻求产生安全性高的有效密码算法，以满足对消息进行加密或认证的要求。密码分析学的主要任务是破译密码或伪造认证信息，实现窃取机密信息的目的。这两个分支既相互对立又相互依存，正是由于这种对立统一关系，才推动了密码学的发展。通常将待加密的消息称为明文，加密后的消息称为密文。加密就是从明文得到密文的过程，合法地由密文恢复出明文的过程称为解密。表示加密和解密过程的数学函数称为密码算法，实现加解密变换过程需要输入的参数称为密钥。密钥可能的取值范围称为密钥空间。密码算法、明文、密文和密钥组成密码系统。

由于数字全息的灵活性，人们将其应用于数字图像加密领域。依据上文中提到的数字全息的记录和再现的原理，将明文作为物光信息，则全息记录图即为密文。根据光学衍射传播原理可以知道，加密和解密的算法即为菲涅耳衍射算法，整个全息系统中的波长、再现距离都可以作为密钥。这样便构成了一个完整的信息安全密码系统。在加密时，可以利用计算机通过菲涅耳变换计算生成含有明文信息的物光的衍射全息图。在解密时，将衍射全息图写入空间光调制器中，只有用特定的波长按照特定的光路，才能在唯一的衍射距离得到明文信息。

本实验中所展现的数字全息在信息安全中的应用，只是一个非常简单的例子，主要是帮助学生理解数字全息和信息安全的一些基本概念。在实际科研工作中，国内外相关学者已研究出很多非常不错的成果。从 1995 年 Philippe Refregier 和 Bahram Javidi 等提出双随机相位编码方法开始掀起了光学加密领域的研究热潮。研究人员随后提出了一些在双随机相位编码基础上进行改进的新方法，如基于分数傅里叶变换的加密方法、基于菲涅耳变换的加密方法、基于联合变换相关器的加密系统、利用离轴数字全息的加密系统和利用相移干涉技术的数字全息加密系统等。

当前，在计算机和网络迅猛发展的情况下，对信息的存储、传输和处理提出了更高的要求，因此对信息安全问题的研究是十分有意义的。光学信息处理有着得天独厚的优势，如处理速度快、信息容量大、能够实现快速卷积、密钥空间大、具有并行处理能力等。光学信息处理在加密与信息隐藏中的研究具有很大潜力。

2.2.3 设计参考

1. 数字记录与数字再现

本实验将计算全息与数字全息相结合，利用计算机模拟全息图的记录过程产生理想物体的离轴菲涅耳数字全息图，并由所生成的全息图再现物体的像，实现数字全息图记录和再现整个过程的计算机模拟，具体的流程如图 2.31 所示。

（1）单击"读图"，加载物体信息，物体图片尺寸不要超过 1024×1024 像素。

（2）设置记录时的虚拟光路的参数、衍射距离及参考光夹角。单击"生成全息图"，观察生成的数字全息图。

（3）设置数字再现时的再现距离，单击"仿真再现"。查看对比再现图和原图是否一致，有何区别。

（4）重复以上步骤，但是修改各个参数，观察各个参数对再现效果的影响。本实验对接下来的其他实验有一定指导作用。

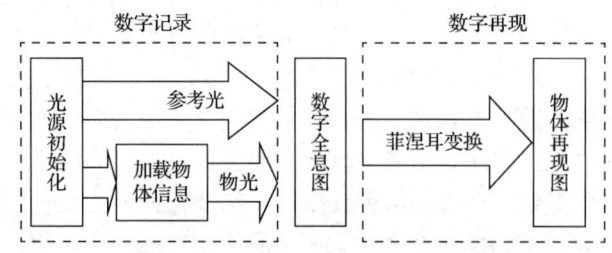

图 2.31 数字全息记录和再现流程

由 2.2.2 节可知，CCD 的像素尺寸范围一般在 5～10μm，故所能记录的最大物参角范围在 2°～4°。本实验所采用的 CMOS 相机的像素尺寸为 5.2μm，所以为了和真实的物理过程对应起来，在模拟的过程中将最大物参角设为 3.4°。

在模拟再现的过程中利用数字相减法，并和之前不做任何处理的模拟结果进行对比，可以看出，数字相减法能有效地消除再现像中的零级亮斑，改善再现像的质量。

从实验结果可知，利用傅里叶变换算法对数字全息图进行再现时，如果再现距离和记录距离不相等，则看不清再现像。当再现距离和记录距离相等时，再现像的大小与记录距离之间的关系为：再现距离越大，再现像的像素尺寸越大；再现距离越小，再现像的像素尺寸越小。

2. 光学记录与数字再现

本实验用 CMOS 相机代替传统全息干板作为记录介质，再现过程在计算机中进行。透射物体的数字全息记录实验光路图如图 2.32 所示。

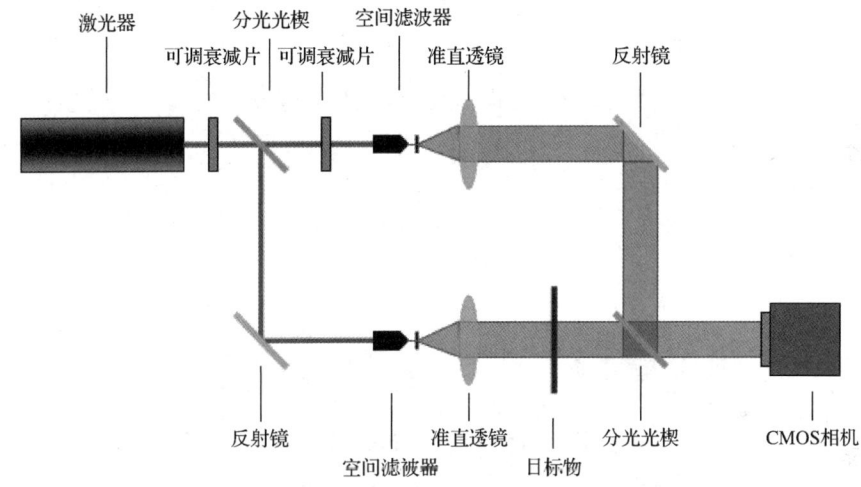

图 2.32 透射物体的数字全息记录实验光路图

（1）参照图 2.32 从激光器开始逐个摆放各个实验器件，确保光路水平，光学器件同轴。目标物和 CMOS 相机先不加入光路。

（2）光路调节。在光路搭建完后，调节两路光，使其合成一束同轴光，能够出现同心圆环干涉条纹。此时可认为光路调节基本完成。

（3）旋转激光器出口的可调衰减片，将整个系统中的光强调到最弱，将 CMOS 相机加入到系统中，实时记录干涉条纹图案。然后调整可调衰减片使 CMOS 相机采集到的干涉条纹光强合适，不能曝光过度。

（4）调节分光光楔处的调整架，让两束光有轻微的夹角，能够产生离轴全息，方便后期再现。图像上显示较为密集的竖条纹。

（5）将目标物加入到光路中，调节第二个可调衰减片，适当调节参考光光强，使得物光和参考光光强相差不大。

（6）采集全息图案，利用软件中的频域分析功能来观测频域中的±1 级衍射像是否和 0 级衍射像分开，如果未分开，需继续调整参考光和物光的夹角，直到±1 级衍射像和 0 级衍射像充分分开。

（7）在"频谱分析"界面中，单击频谱图+1级的峰值位置，获取坐标，将 x 轴坐标输入"峰值点"编辑框。输入合适的滤波窗口大小值。测量目标物和 CMOS 相机之间的距离，将其输入"再现距离"编辑框，单击"数字再现"，便可得到数字再现的全息图。

实验中需注意以下事项：①用可调衰减片调节物光与参考光的光强比，增强干涉条纹的对比度；②参考光和物光之间的角度要控制在最大夹角内，通过采集图像的干涉条纹间距来调整参考光与物光的夹角，以保证参考光和物光的干涉场在被 CMOS 相机记录时，满足奈奎斯特采样定理，否则在进行再现时，再现像会失真甚至导致实验失败；③通过软件再现的过程中，分别进行不做任何处理的再现和对采集的全息图做频率滤波之后的再现，可以发现采用频率滤波的方法能够同时消除零级亮斑和共轭像，使再现像的质量得到明显的改善。在做频率滤波的时候要根据采集到的全息图选择合适的滤波窗口，以便准确地选取出物光信息。

3. 数字记录与光学再现

在本实验中，通过软件生成全息图，然后读入到空间光调制器中，用空间光调制器（Spatial Light Modulator，SLM）代替传统光学全息中的再现介质。利用 SLM 进行数字全息再现的实验光路图如图 2.33 所示。

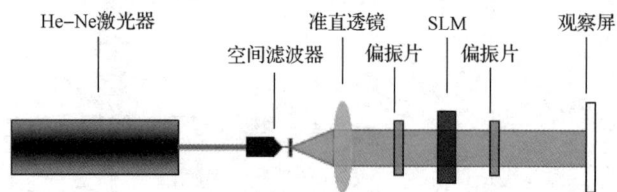

图 2.33　利用 SLM 进行数字全息再现的实验光路图

（1）单击实验软件中的"读图"，加载物体信息，物体图片尺寸不要超过 1024×1024 像素。

（2）设置记录时的虚拟光路的参数，如衍射距离及参考光与物光的夹角。单击"生成全息图"，观察数字全息图。

（3）按照光路图搭建好实验光路，将 SLM 与计算机连接。单击"输出 SLM"，将生成的数字全息图写入 SLM。

（4）将观察屏放置到对应的再现位置，调节偏振片的角度和 SLM 与光路的夹角，直到从观察屏观察到最佳的再现效果。

在实验过程中调节 SLM 前后偏振片的角度，使 SLM 处于强度调制状态（SLM 不会对再现像的相位进行大的改变），提高再现像的对比度。

4. 光学记录与光学再现

在本实验中，将接续"光学记录与数字再现"实验和"数字记录与光学再现"实验的内容，完成一个新颖的数字全息实验。在本实验中基本依照传统的光学全息实验的思路，最大的区别在于，用新型的光电器件代替传统的全息干板，在记录时，利用数字相机将全息图采集保存在计算机中，然后在再现时将全息图输入到 SLM 中，便可在真实光路观察到再现像。

2.2.4 实验测试方案

为了研究光信息安全中把波长和距离作为信息加密密码的特点，本实验建立了一个层析的理想三维物体的模型，制作了理想三维物体的离轴菲涅耳全息图，并对其进行了数字再现。

理想三维物体需要满足以下几个条件：①物体是自发光物体；②物光波的传播是在自由空间传播；③物体的前后面不互相影响。

层析的理想三维物体就是将理想三维物体看作由一系列相互平行的截面组成。图 2.34 所示为由 3 个截面组成的理想三维物体的数字全息记录光路示意图。

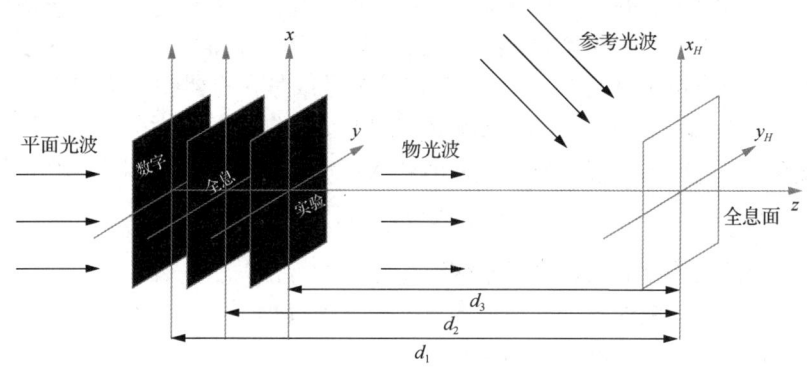

图 2.34 理想三维物体的数字全息记录光路示意图

设每个截面的振幅透过率函数为 $f_i(x,y)$，i 表示截面的序号，每个截面经过距离 d_i 后衍射到全息面上的复振幅分布为 $O_i(x_H, y_H)$。由于每个截面都会衍射到全息面，因此全息图是由所有截面的衍射光波共同作用而形成的。因此，在全息面上，物光波的复振幅分布 $O(x_H, y_H)$ 为各个截面衍射光波的叠加，即

$$O(x_H, y_H) = \sum_{i=1}^{N} O_i(x_H, y_H)$$

式中，N 为截面的总个数，因此全息图的光强分布 $i_H(x_H, y_H)$ 为

$$i_H(x_H, y_H) = \left[O(x_H, y_H) + R(x_H, y_H)\right] \cdot \left[O(x_H, y_H) + R(x_H, y_H)\right]^*$$

对全息图进行数字再现，改变再现距离 d'，即在不同的再现面上进行再现，就可以得到理想三维物体一系列再现面上的复振幅分布。

本实验选用的理想三维物体是一个透明长方体，如图 2.34 所示。在透明体里面有三个截面，每个截面上标有一组汉字，这 3 组汉字的空间位置不在同一轴线上，目的是使物体的前后面不互相影响。单击实验软件中的"读图"，分别读入对应图片，并设置对应的记录距离，然后单击"生成全息图"。

在软件中输入再现距离，单击"仿真再现"，可看到数字再现的效果。通过对理想三

维物体进行逐层再现，获得理想三维物体各截面的再现像。从再现结果可以看出，对于某一截面的再现像，只有当再现距离等于记录距离时，该截面上的物体才最清晰，否则将只能得到模糊衍射像，这很好地符合了记录距离作为光信息加密密钥的特点。

按照图 2.34 搭建实验光路，将生成的数字全息图输入 SLM，分别在不同位置观测再现像，观测其是否与仿真效果一致。

2.3 相机标定系统的设计

2.3.1 概述

在图像测量过程及机器视觉应用中，为确定空间物体表面某点的三维几何位置与其在图像中对应点之间的相互关系，必须建立相机成像的几何模型，这些几何模型参数就是相机参数。在大多数条件下这些参数必须通过实验与计算才能得到，这个求解参数的过程就称为相机标定（或摄像机标定）。无论是在图像测量或是在机器视觉应用中，相机标定都是非常关键的环节，其标定结果的精度及算法的稳定性直接影响相机工作产生结果的准确性。因此，做好相机标定是做好后续工作的前提，提高标定精度是科研工作的重点所在。

1. 实验目的

（1）了解相机相关参数的意义，掌握选用相机的方法。
（2）了解标定空间域内各个坐标系的意义与变换过程。
（3）了解各种标定方法的区别和特点。

2. 设计任务及要求

（1）设计一种标定方法标定相机。
（2）撰写设计报告。

2.3.2 实验原理

1. 图像坐标系、相机坐标系与世界坐标系

在机器视觉系统中涉及以下几种坐标系：图像坐标系、相机坐标系和世界坐标系。相机采集的图像以标准电视信号的形式经高速图像采集系统变换为数字图像，并输入计算机。每幅数字图像在计算机内为 $M×N$ 数组，M 行 N 列的图像中的每一个元素（称为像素，pixel）的数值即是图像点的亮度（或称灰度）。如图 2.35 所示，在图像上定义直角坐标系 uv，每一像素的坐标 (u,v) 分别是该像素在数组中的列数与行数，所以 (u,v) 是以像素为单位的图像坐标系坐标。由于 (u,v) 只表示像素位于数组中的列数与行数，并没有用物理单位表示出该像素在图像中的位置，因此需要再建立以物理单位（如 mm）表示的图像坐标系。该坐标系以图像内某一点 O_1 为原点，X 轴与 Y 轴分别与 u 轴和 v 轴平行，如图 2.35 所示。其中，(u,v) 表示以像素为单位的图像坐标系的坐标，(X, Y) 表示以 mm 为单位的图像坐标系坐标。在 XY 坐标系中，原点 O_1 定义在相机光轴与图像平面的交点，该点一般位于图像中心处，但由于某些原因，也会有些偏离，若 O_1 在 uv 坐标系中的坐标为 (u_0,v_0)，每一个

像素在 X 轴与 Y 轴方向的物理尺寸为 dX、dY,则图像中任意一个像素在两个坐标系下的坐标有如下关系。

$$\begin{cases} u = \dfrac{X}{dX} + u_0 \\ v = \dfrac{Y}{dY} + v_0 \end{cases} \quad (2\text{-}34)$$

为以后使用方便,用齐次坐标与矩阵形式将上式表示为

$$\begin{bmatrix} u \\ v \\ 1 \end{bmatrix} = \begin{bmatrix} \dfrac{1}{dX} & 0 & u_0 \\ 0 & \dfrac{1}{dY} & v_0 \\ 0 & 0 & 1 \end{bmatrix} \begin{bmatrix} X \\ Y \\ 1 \end{bmatrix} \quad (2\text{-}35)$$

逆关系可写成

$$\begin{bmatrix} X \\ Y \\ 1 \end{bmatrix} = \begin{bmatrix} dX & 0 & -u_0 dX \\ 0 & dY & -v_0 dY \\ 0 & 0 & 1 \end{bmatrix} \begin{bmatrix} u \\ v \\ 1 \end{bmatrix} \quad (2\text{-}36)$$

相机成像几何关系如图 2.36 所示。其中 O 点称为相机光心,x 轴和 y 轴与图像的 X 轴与 Y 轴平行,z 轴为相机光轴,它与图像平面垂直。光轴与图像平面的交点,即为图像坐标系的原点,由点 O 与 x、y、z 轴组成的直角坐标系称为相机坐标系。OO_1 为相机焦距。

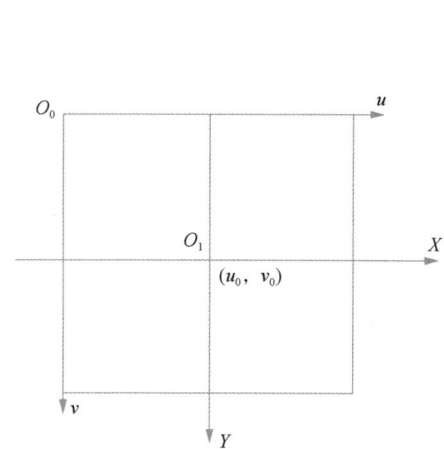

图 2.35 图像坐标系

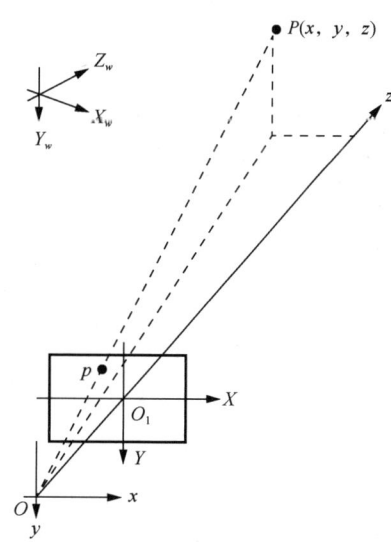

图 2.36 相机成像几何关系

由于相机可安放在任意位置,在环境中选择一个基准坐标系来描述相机的位置,并用它描述环境中任何物体的位置,该坐标系称为世界坐标系。它由 X_w、Y_w、Z_w 轴组成。相

机坐标系与世界坐标系之间的关系可以用旋转矩阵 $\boldsymbol{R}$ 与平移向量 $\boldsymbol{t}$ 来描述。因此，空间中某一点 P 在世界坐标系与相机坐标系下的齐次坐标如果分别是 $\boldsymbol{X}_w = (X_w, Y_w, Z_w, 1)^T$ 与 $\boldsymbol{x} = (x, y, z, 1)^T$，于是存在如下关系。

$$\begin{bmatrix} x \\ y \\ z \\ 1 \end{bmatrix} = \begin{bmatrix} \boldsymbol{R} & \boldsymbol{t} \\ \boldsymbol{0}^T & 1 \end{bmatrix} \begin{bmatrix} X_w \\ Y_w \\ Z_w \\ 1 \end{bmatrix} = \boldsymbol{M}_1 \begin{bmatrix} X_w \\ Y_w \\ Z_w \\ 1 \end{bmatrix} \tag{2-37}$$

式中，$\boldsymbol{R}$ 为 3×3 正交单位矩阵；$\boldsymbol{t}$ 为三维平移向量；$\boldsymbol{0} = (0, 0, 0)^T$；$\boldsymbol{M}_1$ 为 4×4 矩阵。

2. 针孔成像模型

针孔成像模型又称线性相机模型。空间任何一点 P 在图像中的成像位置可以用针孔成像模型近似表示，即任何点 P 在图像中的投影位置 p，为光心 O 与 P 点的连线 OP 与图像平面的交点。这种关系也称为中心射影或透视投影，其比例关系为

$$\begin{cases} X = \dfrac{fx}{z} \\ Y = \dfrac{fy}{z} \end{cases} \tag{2-38}$$

式中，(X, Y) 为 p 点的图像坐标；(x, y, z) 为空间点 P 在相机坐标系下的坐标。

用齐次坐标和矩阵表示上述透视投影关系为

$$s \begin{bmatrix} X \\ Y \\ 1 \end{bmatrix} = \begin{bmatrix} f & 0 & 0 & 0 \\ 0 & f & 0 & 0 \\ 0 & 0 & 1 & 0 \end{bmatrix} \begin{bmatrix} x \\ y \\ z \\ 1 \end{bmatrix} = \boldsymbol{P} \begin{bmatrix} x \\ y \\ z \\ 1 \end{bmatrix} \tag{2-39}$$

式中，s 为比例因子；$\boldsymbol{P}$ 为透视投影矩阵。

将式（2-37）与式（2-38）代入式（2-39），得到用以下坐标系表示的 P 点坐标与其投影点 p 的坐标 (u, v) 的关系。

$$s \begin{bmatrix} u \\ v \\ 1 \end{bmatrix} = \begin{bmatrix} \dfrac{1}{dX} & 0 & u_0 \\ 0 & \dfrac{1}{dY} & v_0 \\ 0 & 0 & 1 \end{bmatrix} \begin{bmatrix} f & 0 & 0 & 0 \\ 0 & f & 0 & 0 \\ 0 & 0 & 1 & 0 \end{bmatrix} \begin{bmatrix} \boldsymbol{R} & \boldsymbol{t} \\ \boldsymbol{0}^T & 1 \end{bmatrix} \begin{bmatrix} X_w \\ Y_w \\ Z_w \\ 1 \end{bmatrix}$$

$$= \begin{bmatrix} a_x & 0 & u_0 & 0 \\ 0 & a_y & v_0 & 0 \\ 0 & 0 & 1 & 0 \end{bmatrix} \begin{bmatrix} \boldsymbol{R} & \boldsymbol{t} \\ \boldsymbol{0}^T & 1 \end{bmatrix} \begin{bmatrix} X_w \\ Y_w \\ Z_w \\ 1 \end{bmatrix} = \boldsymbol{M}_1 \boldsymbol{M}_2 \boldsymbol{X}_w = \boldsymbol{M} \boldsymbol{X}_w \tag{2-40}$$

式中，$a_x = f/dX$ 为 u 轴上尺度因子，或称为 u 轴上归一化焦距；$a_y = f/dY$，为 v 轴上尺度因子，或称 v 轴上归一化焦距；$\boldsymbol{M}$ 为 3×4 矩阵，称为投影矩阵；$\boldsymbol{M}_1$ 由 a_x、a_y、u_0、v_0

决定，由于 a_x、a_y、u_0、v_0 只与相机内部参数有关，称这些参数为相机内部参数；M_2 由相机相对于世界坐标系的方位决定，称为相机外部参数。确定某一相机的内外参数，称为相机标定。

由式（2-40）可见，如果已知相机的内外参数，就可知投影矩阵 M，这时对任何空间点 P，如已知它的坐标 $X_w = (X_w, Y_w, Z_w, 1)^T$，就可求出它的图像点 p 的位置 (u, v)。这是因为已知 M 与 X_w 时，式（2-40）给出了 3 个方程。在这 3 个方程中消去 z 就可求出 (u, v)。反过来，如果已知某空间点 P 的位置 (u, v)，即使已知相机的内外参数，X_w 也是不能唯一确定的。事实上，在式（2-40）中，M 是 3×4 矩阵，当已知 M 与 (u, v) 时，由式（2-40）给出的 3 个方程消去 z，只可得到关于 X_w、Y_w、Z_w 的两个线性方程，由这两个线性方程组成的方程即为射线 OP 的方程。也就是说，投影点为 p 的所有点均在该射线上，其物理意义可由图 2.36 看出，当已知图像点 p 时，由针孔成像模型，任何位于射线 OP 上的空间点的图像点都是 p 点，因此，该空间点是不能唯一确定的。

3. 非线性模型

由于实际的镜头并不是理想的透视成像，而是带有不同程度的畸变，使得空间点所成的像并不在线性模型所描述的位置 (X, Y)，而是在受到镜头失真影响而偏移的实际像平面坐标 (X', Y')，有

$$\begin{cases} X' = X + \delta_X \\ Y' = Y + \delta_Y \end{cases} \tag{2-41}$$

式中，δ_X 和 δ_Y 是线性畸变值，它与图像点在图像中的位置有关。

理论上镜头会同时存在径向畸变和切向畸变。但一般来说切向畸变比较小，径向畸变的修正量由距图像中心的径向距离的偶次幂多项式模型来表示，即

$$\begin{cases} \delta_X = (X' - u_0)(k_1 r^2 + k_2 r^4 + \cdots) \\ \delta_Y = (Y' - v_0)(k_1 r^2 + k_2 r^4 + \cdots) \end{cases} \tag{2-42}$$

式中，(u_0, v_0) 是主点位置坐标的精确值，而

$$r^2 = (X' - u_0)^2 + (Y' - v_0)^2 \tag{2-43}$$

式（2-43）表明，X 方向和 Y 方向的畸变相对值 $(\delta_X/X, \delta_Y/Y)$ 与径向半径的平方成正比，即在图像边缘处的畸变较大。对于一般机器视觉，一阶径向畸变已足够描述非线性畸变，这时可写成

$$\begin{cases} \delta_X = (X' - u_0) k_1 r^2 \\ \delta_Y = (Y' - v_0) k_1 r^2 \end{cases} \tag{2-44}$$

线性模型参数 δ_X、δ_Y、u_0、v_0 与非线性畸变参数 k_1、k_2 一起构成了非线性模型的相机内部参数。

由上述分析可知，在机器视觉中主要有以下标定问题：通过标定点确定各个坐标系的相互转换关系；通过场景中的标定点投影确定相机在绝对坐标系中的位置和方向；确定相机内部几何参数，包括相机常数、主点的位置及透镜变形的修正量。

相机标定问题就是建立图像阵列中的像素位置和场景点位置之间的关系。因为每个像素都是通过透视投影得到的，它对应于与场景点的一条射线。相机标定问题就是确定这条射线在场景绝对坐标系中的方程。相机标定问题既包括外部定位问题，又包括内部定位问题。这是因为，建立图像平面坐标和绝对坐标之间的关系，必须首先确定相机的位置和方向以及相机常数；建立图像阵列位置（像素坐标）和图像平面位置之间的关系，必须确定主点的位置、纵横比和透镜变形的修正量。相机标定问题涉及两组参数：用于刚体变换（外部定位）的外部参数和相机自身（内部定位）的固有参数（透视变换、径向畸变、切向畸变），如表2-3所示。

表2-3 相机标定问题涉及的参数

参数	表达式	自由度
透视变换	$A = \begin{bmatrix} a_x & \gamma & u_0 & 0 \\ 0 & a_y & v_0 & 0 \\ 0 & 0 & 1 & 0 \end{bmatrix}$	5
径向畸变、切向畸变	k_1，k_2，p_1，p_2	4
外部参数	$R = \begin{bmatrix} r_1 & r_2 & r_3 \\ r_4 & r_5 & r_6 \\ r_7 & r_8 & r_9 \end{bmatrix}$，$T = \begin{bmatrix} t_x \\ t_y \\ t_z \end{bmatrix}$	6

2.3.3 设计参考

为了进行相机标定，必须已知世界坐标系中足够多的三维空间点的坐标，找到这些空间点在图像中的投影点的二维图像坐标，并建立对应关系。这就要求标定过程必须满足两个要求：第一，放置在已知位置上的容易提取特征的目标物体或标志，一般采用标定板的方法；第二，确定世界坐标系中已知点与它们在投影图像中的对应关系。

在实际应用中，通常使用针孔相机模型，由空间点 P_w 到图像平面上的投影点 P，需要经过4个步骤。

（1）点 P_w 转换为相机坐标系下的点 P_c 的关系为

$$\begin{bmatrix} x_c \\ y_c \\ z_c \end{bmatrix} = R \begin{bmatrix} x_w \\ y_w \\ z_w \end{bmatrix} + T$$

式中，R 是旋转矩阵；T 是平移向量。R 和 T 中的参数即相机的外参。

（2）相机坐标系下的点 P_c 转换为图像物理坐标系下的点，它们之间的投影关系为

$$Z_c \begin{bmatrix} x_u \\ y_u \\ 1 \end{bmatrix} = \begin{bmatrix} -f & 0 & 0 & 0 \\ 0 & -f & 0 & 0 \\ 0 & 0 & 1 & 0 \end{bmatrix} \begin{bmatrix} x_c \\ y_c \\ z_c \\ 1 \end{bmatrix}$$

（3）在不考虑镜头畸变的情况下，世界坐标系中的点与成像平面中的投影点之间的连

线经过相机光学中心。但在实际应用中，大多数的镜头畸变可以近似为一个径向扭曲，可表示为

$$\begin{bmatrix} x_u \\ y_u \end{bmatrix} = \frac{2}{1+\sqrt{1-4k(x_d^2+y_d^2)}} \begin{bmatrix} x_d \\ y_d \end{bmatrix}$$

式中，k 表示径向扭曲的大小。若 k 为负数则扭曲为桶形畸变，k 为正数则扭曲为枕形畸变。但这个镜头畸变可以用下面的方程进行畸变矫正。

$$\begin{bmatrix} x_d \\ y_d \end{bmatrix} = \frac{2}{1+k(x_u^2+y_u^2)} \begin{bmatrix} x_u \\ y_u \end{bmatrix}$$

（4）(x_d, y_d) 转换到图像像素坐标系为

$$\begin{bmatrix} u \\ v \\ 1 \end{bmatrix} = \begin{bmatrix} f_u & -f_u \cot\theta & u_0 \\ 0 & f_v/\sin\theta & v_0 \\ 0 & 0 & 1 \end{bmatrix} \begin{bmatrix} x_d \\ y_d \\ 1 \end{bmatrix}$$

标定板的形状通常为正方形，宽度应该接近图像宽度的 1/3。例如，图像大小为 20mm×18mm，标定板尺寸选择 6mm×6mm 较为合适。利用 HALCON 软件生成的 6mm×6mm 标定板如图 2.37 所示。该标定板的特点是：标定板周围的黑色矩形框使得标定对象的中心容易被提取；矩形框角落的方向标记使得标定板的方向唯一。

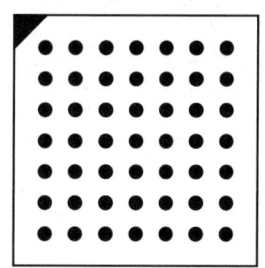

图 2.37 6mm×6mm 标定板

在黑背景下截取 2 组数据不同的 320×240 像素的标定板图像用于标定，利用 HALCON 软件编写标定程序，8 幅标定板标定结果参考数据如图 2.38 所示。

	CamParam
0	0.0161504
1	−629.613
2	7.40027e−006
3	7.4e−006
4	331.146
5	243.543
6	652
7	494

(a)

	CamParam
0	0.0161674
1	−632.989
2	7.40059e−006
3	7.4e−006
4	333.367
5	242.966
6	652
7	494

(b)

	CamParam
0	0.0161704
1	−639.908
2	7.40109e−006
3	7.4e−006
4	333.861
5	244.905
6	652
7	494

(c)

图 2.38 8 幅标定板标定结果参考数据

2.3.4 实验测试方案

(1) 参照图 2.39 搭建好标定实验装置,调试好光源亮度等参数,利用远心镜头拍摄,将拍摄效果最好的图片留下。

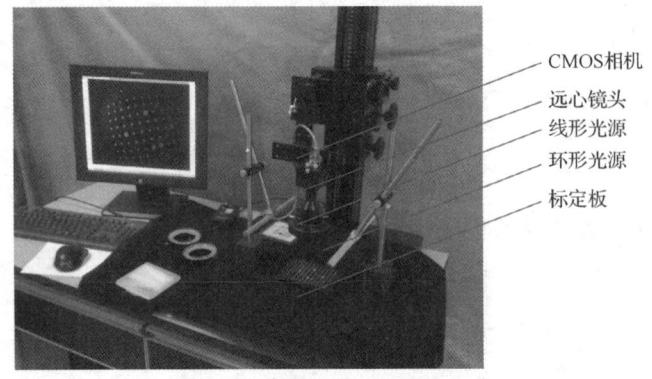

图 2.39 标定实验装置图

(2) 利用专用标定软件对拍摄的图片进行处理,通过对图像上多个圆斑间距标定,确定好标定参数。

(3) 利用标定好的数据对已知尺寸标尺进行测量,将测量结果填入表 2-4。

表 2-4 测量结果

标定次数	固定尺寸测量值	误差

2.4 无刷直流伺服电机 PWM 控制系统的开发与设计

2.4.1 概述

电机是把电能转换为机械能的装置。电机的种类繁多,如果按电源类型划分,可分为直流电机和交流电机两大类。常见的直流电机包括有刷电机、无刷电机、步进电机等。无刷直流伺服电机具有转动惯量小、启动电压低、空载电流小;非接触式换相系统,大大提高电机转速,最高转速高达 100000rpm;在执行伺服控制时,无须编码器也可实现速度、位置、扭矩等的控制;不存在电刷磨损情况,除转速高之外,还具有寿命长、噪声低、无电磁干扰等特点。本节通过对无刷直流伺服电机脉冲宽度调制(pulse width modulation,

PWM）控制的开发与设计，使学生掌握使用数字信号处理器（digital signal processor，DSP）技术结合光电传感和光电编码技术实现对电机的数字控制。

1. 实验目的

（1）利用 SMCK-I 伺服电机实验开发系统搭建无刷直流伺服电机的 PWM 控制平台，使学生掌握 PWM 的原理。

（2）培养学生分析问题、解决问题的能力，提高学生的综合素质。

2. 设计任务及要求

（1）熟悉无刷直流伺服电机的工作原理。
（2）熟悉 PWM 的原理。
（3）能够编写无刷直流伺服电机的 PWM 控制程序，实现对无刷直流伺服电机的转向、调速、位置、扭矩和加载后抗干扰性能的控制。
（4）撰写设计报告。

2.4.2 实验原理

无刷直流伺服电机的控制主要是通过安装在定子上的位置传感器给出的转子磁极位置信号来确定励磁的方向，从而保证转矩角在 90°附近变化，以保证电机工作的高效率。定子换相是通过转子位置信号来控制的，转矩的大小则通过 PWM 控制有效占空比来调控。

2.4.3 设计参考

一个典型无刷直流伺服电机的 PWM 控制系统结构包含 4 部分，分别是 DSP 控制器、IPM 功率驱动模块、电机和霍尔信号检测机构。图 2.40 给出了 PWM 控制系统的功能模块划分和模块间的相互关系。无刷直流伺服电机的机组结构如图 2.41 所示。

一个无刷直流伺服电机的位置控制系统软件模块包含 5 部分，分别是角位置检测、霍尔信号检测、角位置调节器、速度 PI 调节器，PWM 驱动。图 2.42 给出了无刷直流伺服电机的位置控制信号流程框图。

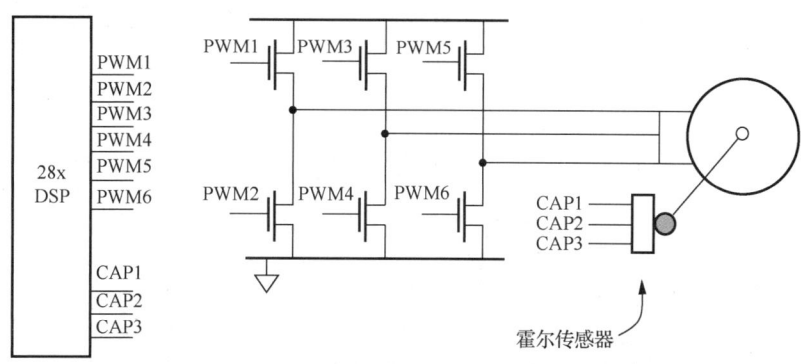

图 2.40　PWM 控制系统的功能模块划分和模块间的相互关系

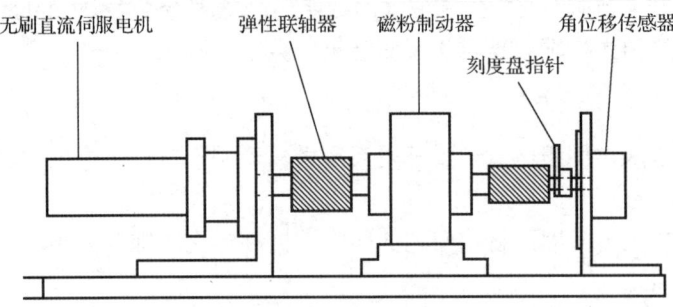

图 2.41 无刷直流伺服电机的机组结构

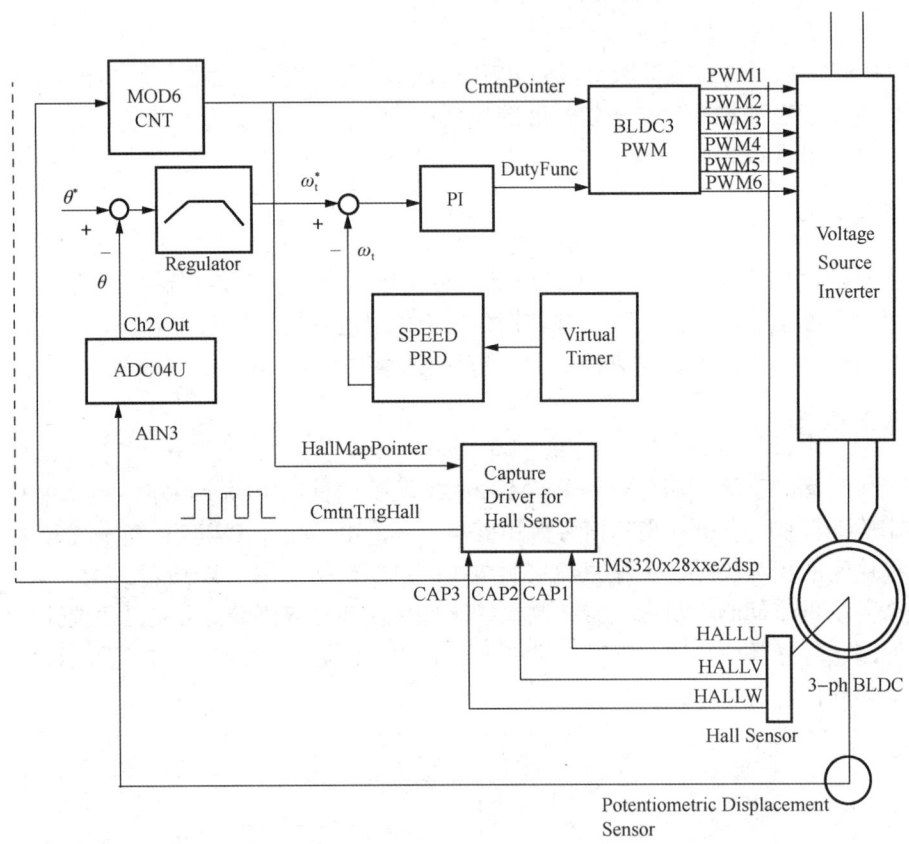

图 2.42 无刷直流伺服电机的位置控制信号流程框图

BLDC3 PWM-无刷直流伺服电机 3 脉冲宽度调制；Voltage Source Inverter-电压源逆变器；3-ph BLDC-三相无刷直流伺服电机；Hall Sensor-霍尔传感器；Potentiometric Displacement Sensor-电位器式位移传感器；Capture Driver for Hall Sensor-霍尔驱动采集传感器；Virtual Timer-虚拟定时器；SPEED PRD-速度周期；Ch2 Out-通道 2 输出； AIN3-模拟输入 3；Regulator-调节器；MOD6 CNT-模 6 计数器；DutyFunc-占空比函数；CmtnPointer-指针变量；HallMapPointer-霍尔映射指针

注：上标* 表示参考变量

2.4.4 实验测试方案

本实验分 3 步完成无刷直流伺服电机开环速度控制测试、闭环速度控制测试、闭环位置控制测试，每步编译用到的软件模块不同。表 2-5 给出了本实验中对应步骤所用到的软件模块。

表 2-5 本实验中对应步骤所用到的软件模块

软件模块	开环速度控制测试	闭环速度控制测试	闭环位置控制测试
EN_DRIVE	√	√	√
DATALOG	√	√	√
HALL3_DRV	√√	√	√
SPEED_PR	√√	√	√
MOD6_CNT	√	√	√
PID_REG3	√	√√	√√
POSLOOPCALC			√√
ADC04U	√√		√
BLDC3PWM_DRV	√√	√	√

注：1."√"表示本步骤用到的软件模块；"√√"表示本步骤要测试的软件模块。
2. 表中只给出了本实验所要设置启用的模块，不含开机初始化后启用的公共模块。

表 2-6 给出了每个软件模块的输入与输出名称及量值格式。

表 2-6 每个软件模块的输入与输出名称及量值格式

软件模块	输入		输出	
	名称	格式	名称	格式
EN_DRIVE	EnableFlag	Q0	GPIOA6 GPIOA11	GPIO registers
DATALOG	*iptr1 *iptr2 *iptr3 *iptr4	Pointer to Q15 variables	N/A	Memory
HALL3_DRV	CAP1 CAP2 CAP3	EV registers	CmtnTrigHall HallMapPointer	Q0
SPEED_PR	TimeStamp/ EventPeriod InputSelect	Q0	Speed SpeedRpm	IQ Q0
MOD6_CNT	TrigInput	Q0	Out	Q0

续表

软件模块	输入		输出	
	名称	格式	名称	格式
PID_REG3	Ref Fdb	IQ	Out	IQ
POSLOOPCALC	Ref Fdb	IQ	Out	IQ
ADC04U	ADCINw/x/y/z	ADC H/W pins	Ch1Out Ch2Out Ch3Out Ch4Out	Q15
BLDC3PWM_DRV	CmtnPointer DutyFunc	Q0 Q15	CMPR1 CMPR2 CMPR3 T1PER	EV registers

1. 开环速度控制测试

本步骤用 RMP2_CNTL、MOD6_CNT、HALL3_DRV、SPEED_PR 和 BLDC3PWM_DRV 及硬件电路连接来测试无刷直流伺服电机的开环速度控制，通过测试过程来验证以上几个模块及逆变电路工作是否正常，并分析模块在系统中的作用。图 2.43 和图 2.44 分别给出了本步骤的功能框图和软件流程图。

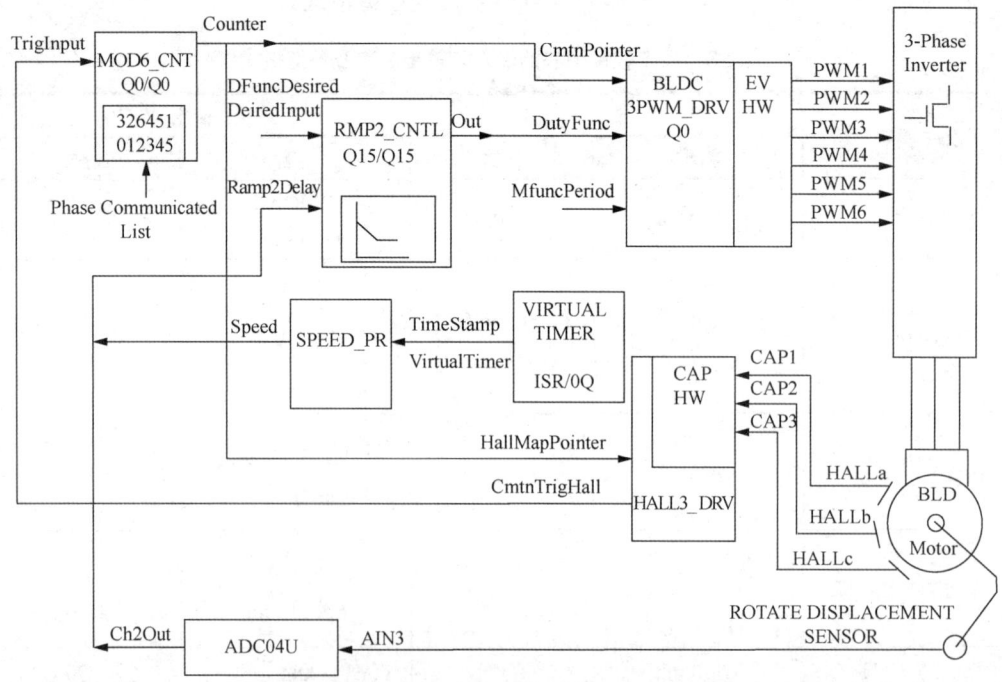

图 2.43　开环速度控制测试功能框图

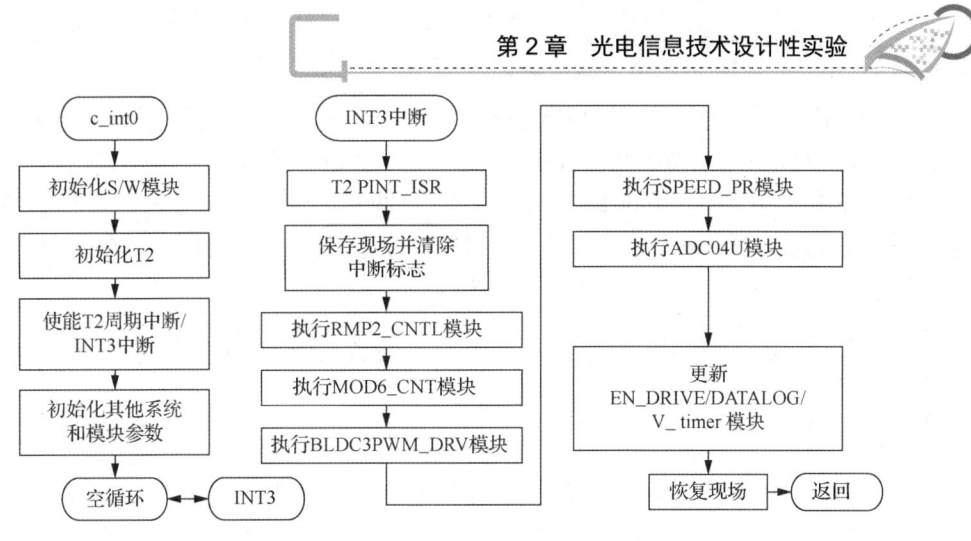

图 2.44 开环速度控制测试软件流程图

下面给出控制参数及其调节范围。

EnableFlag：启停控制（0，1）

DfuncDesired：PWM 占空比（0～0x7fff）

首先按操作规范完成仿真器和 TechV2812 CPU 板的连接，并安装好机组和电气连线，将 CPU 板拨码 SW1 的第 2 位拨到 ON，接通 SMCK-I 实验箱的电源，测试具体操作方法如下。

（1）启动 CCS 软件（2.2 版本），然后选择 File→Workspace→Load Workspace 命令，打开文件夹 "…\DMC\C28\V32X\sys\ BLDC3_1_281x\cIQmath\build" 下的工作环境文件 bldc3_1_281x_CCS2x.wks。

（2）将头文件 build.h 中的编译指令 BUILDLEVEL 设为 LEVEL2，然后选择 Project→Build 命令重新编译链接程序。

（3）选择 File→Load Program 命令，加载 bldc3_1.out 文件到目标板。此时注意观察加载的文件 bldc3_1.out 是否为刚才编译链接生成的文件，查看一下文件的生成时间就知道了，如果所有源文件都没有修改，此时 bldc3_1.out 文件的生成时间不会变化。如果想证实源文件编译是否执行，可以在主程序中随便修改一点注释内容，那么编译的时候就会生成新时间的输出文件。

（4）选择 Debug→Realtime Mode 命令切换到实时模式，此时弹出一个对话框，单击"是"按钮，再选择 Debug→Run 命令，或者单击左侧的运行图标按钮运行程序，此时程序在实时模式下运行。

（5）在 Watch window 窗口中单击 Build1 标签并在空白处右击，选择连续刷新模式（Continuous Refresh），此时应能观察到 BackTicker 变量在不断变化，说明主程序已经运行。在 SMCK-I 实验箱上显示的菜单中进行实验选择，选择无刷直流伺服电机开环速度控制实验后，进入状态页面，打开主电源。然后设置变量 EnableFlag 为 1，此时应能观察到变量 IsrTicker 也在不断变化，说明主中断服务程序已经正常运行，此时如果各电路部分正确，机组连接正确的话，在不带负载的情况下电机应稳定运行在 1145rpm 左右的状态。

（6）分别右击图形显示窗口 Channel1&2、Channel3&4，选择连续刷新模式，观察 mod1.Counter、hall1.HallGpioAccepted、speed1.SpeedRpm 及 hall1.CmtnTrigHall 的波形，如图 2.45 和图 2.46 所示。mod1.Counter 是检测到的转子换相计数器，读取转子换相表；hall1.HallGpioAccepted 表示的是转子换相对应的霍尔状态；speed1.SpeedRpm 表示的是真正的转速；hall1.CmtnTrigHall 表示的是换相标志。

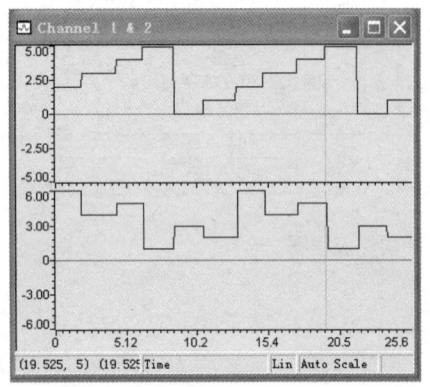
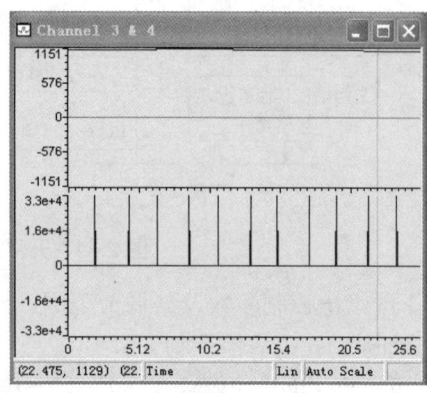

图 2.45　mod1.Counter 和 hall1.HallGpioAccepted 的波形　　图 2.46　speed1.SpeedRpm 和 hall1.CmtnTrigHall 的波形

（7）在 Watch window 窗口中单击 Build1 标签，在 DFuncDesired 变量右侧的编辑框中输入要改变的值，观察电机速度的变化。例如，输入 0x3a00 后按回车键，观察电机速度的变化；改变为 0x1a00 后按回车键，观察电机速度的变化；改变为 0xd000 后按回车键，观察电机转向及速度的变化。

（8）选择 Debug→Halt 命令，再选择 Debug→Realtime Mode 命令，最后选择 Debug→Reset CPU 命令，退出实时模式，并停止程序运行。

（9）关闭 CCS 软件，退出程序，关闭控制电源。

2．闭环速度控制测试

本步骤用 DATALOG、EN_DRIVE、MOD6_CNT、PID_REG3、HALL3_DRV、SPEED_PR、PID_REG3 和 BLDC3PWM_DRV 及硬件电路连接来测试无刷直流伺服电机的闭环速度控制，通过测试过程来验证以上几个模块及逆变电路工作是否正常，并分析模块在系统中的作用。图 2.47 和图 2.48 分别给出了本步骤的功能框图和软件流程图。

下面给出控制参数及其调节范围。

EnableFlag：启停控制（0，1）

SpeedRef：速度参考输入（−0.9～0.9）

首先按操作规范完成仿真器和 TechV2812 CPU 板的连接，并安装好机组和电气连线，将 CPU 板拨码 SW1 的第 2 位拨到 ON，接通 SMCK-I 实验箱的电源，测试具体操作方法如下。

（1）启动 CCS 软件（2.2 版本），然后选择 File→Workspace→Load Workspace 命令，

打开文件夹"…\DMC\C28\V32X\sys\BLDC3_1_281x\cIQmath\build"下的工作环境文件 bldc3_1_281x_CCS2x.wks。

（2）将头文件 build.h 中的编译指令 BUILDLEVEL 设为 LEVEL3，然后选择 Project→Build 命令重新编译链接程序。

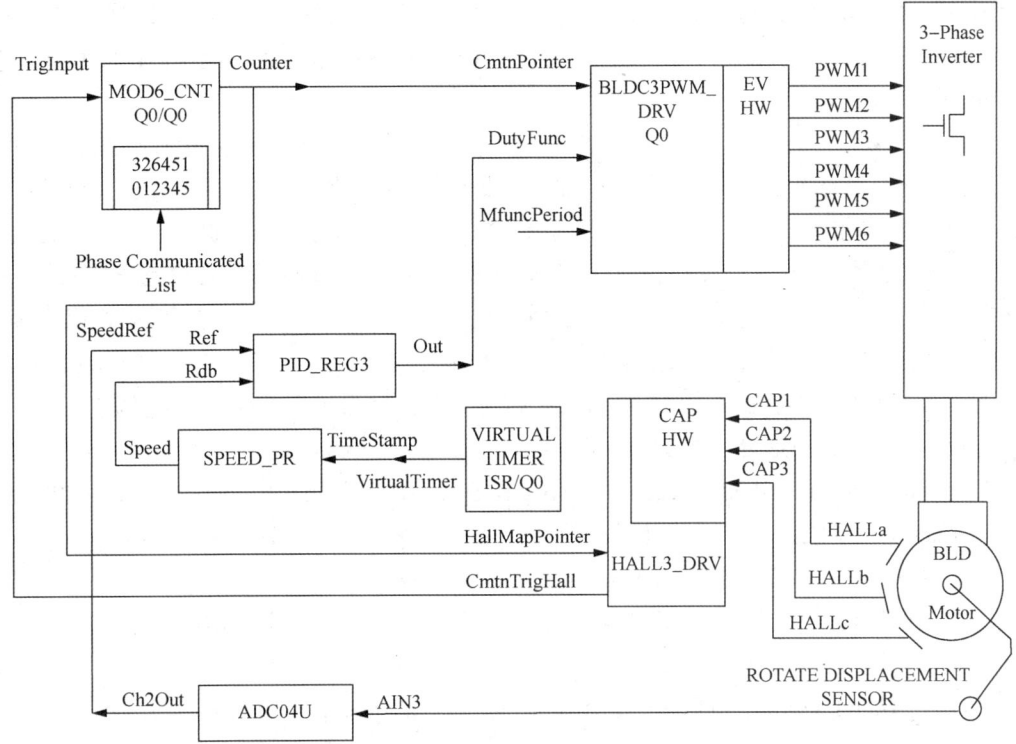

图 2.47　闭环速度控制测试功能框图

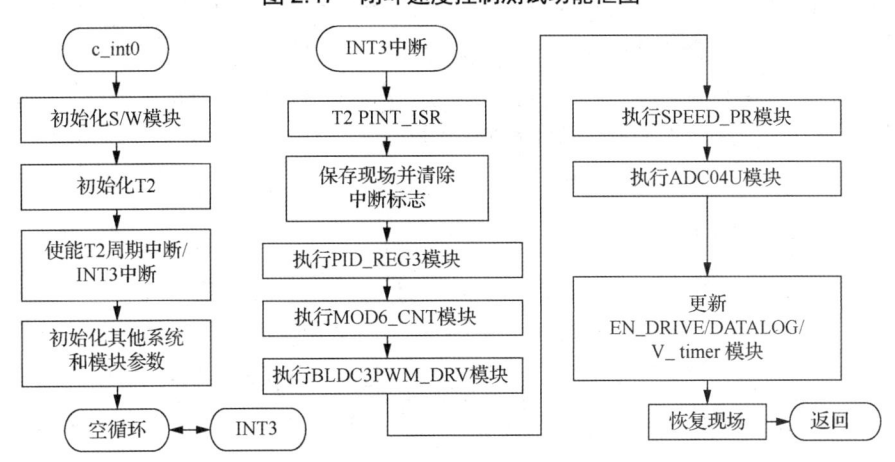

图 2.48　闭环速度控制测试软件流程图

（3）选择 File→Load Program 命令，加载 bldc3_1.out 文件到目标板。此时注意观察加载的文件 bldc3_1.out 是否为刚才编译链接生成的文件，看一下文件的生成时间就知道了，如果所有源文件都没有修改，此时 bldc3_1.out 文件的生成时间不会变化。如果想证实源文件编译是否执行，可以在主程序中随便修改一点注释内容，那么编译的时候就会生成新时间的输出文件。

（4）选择 Debug→Realtime Mode 命令切换到实时模式，此时弹出一个对话框，单击"是"按钮，再选择 Debug→Run 命令，或者单击左侧的运行图标按钮运行程序，此时程序在实时模式下运行。

（5）在 Watch window 窗口中单击 Build1 标签并在空白处右击，选择连续刷新模式（Continuous Refresh），此时应能观察到 BackTicker 变量在不断变化，说明主程序已经运行。在 SMCK-I 实验箱上显示的菜单中进行实验选择，选择无刷直流伺服电机闭环速度控制实验后，进入状态页面，打开主电源。然后设置变量 EnableFlag 为 1，此时应能观察到变量 IsrTicker 也在不断变化，说明主中断服务程序已经正常运行，此时如果各电路部分正确，机组连接正确的话，在不带负载的情况下电机应稳定运行在 820rpm 左右的状态，过一段时间后应稳定在 600rpm。该部分程序是先让电机在开环情况下启动，然后再切换到速度 PI 调节。

（6）分别右击图形显示窗口 Channel1&2、Channel3&4，选择连续刷新模式，观察 mod1.Counter、hall1.HallGpioAccepted、speed1.SpeedRpm 及 hall1.CmtnTrigHall 的波形。mod1.Counter 是检测到的转子换相计数器，读取转子换相表；hall1.HallGpioAccepted 表示的是转子换相对应的霍尔状态；speed1.SpeedRpm 表示的是真正的转速；hall1.CmtnTrigHall 表示的是换相标志。注意，speed1.SpeedRpm 和 SMCK-I 实验箱上显示的速度相比，应该差不多。

（7）在 Watch window 窗口中单击 Build2 标签，在 SpeedRef 变量右侧的编辑框中输入要改变的值，观察电机速度的变化。例如，输入 0.4 后按回车键，观察电机速度的变化；改变为 0.3 后按回车键，观察电机速度的变化；改变为-0.4 后按回车键，观察电机转向及速度的变化。SpeedRef 变量在 0.1～0.9 与-0.9～-0.1 范围变化。

（8）选择 Debug→Halt 命令，再选择 Debug→Realtime Mode 命令，最后选择 Debug→Reset CPU 命令，退出实时模式，并停止程序运行。

（9）关闭 CCS 软件，退出程序，关闭控制电源。

3. 闭环位置控制测试

本步骤用 MOD6_CNT、HALL3_DRV、SPEED_PR、PID_REG3、DATALOG、EN_DRIVE、ADC04U、POSLOOPCALC 和 BLDC3PWM_DRV 及硬件电路连接来测试无刷直流伺服电机的闭环位置控制，通过测试过程来验证以上几个模块及逆变电路工作是否正常，并分析模块在系统中的作用。图 2.49 和图 2.50 分别给出了本步骤的功能框图和软件流程图。

下面给出控制参数及其调节范围。

EnableFlag：启停控制（0，1）

PositionRef：位置参考输入（0.1～0.9）

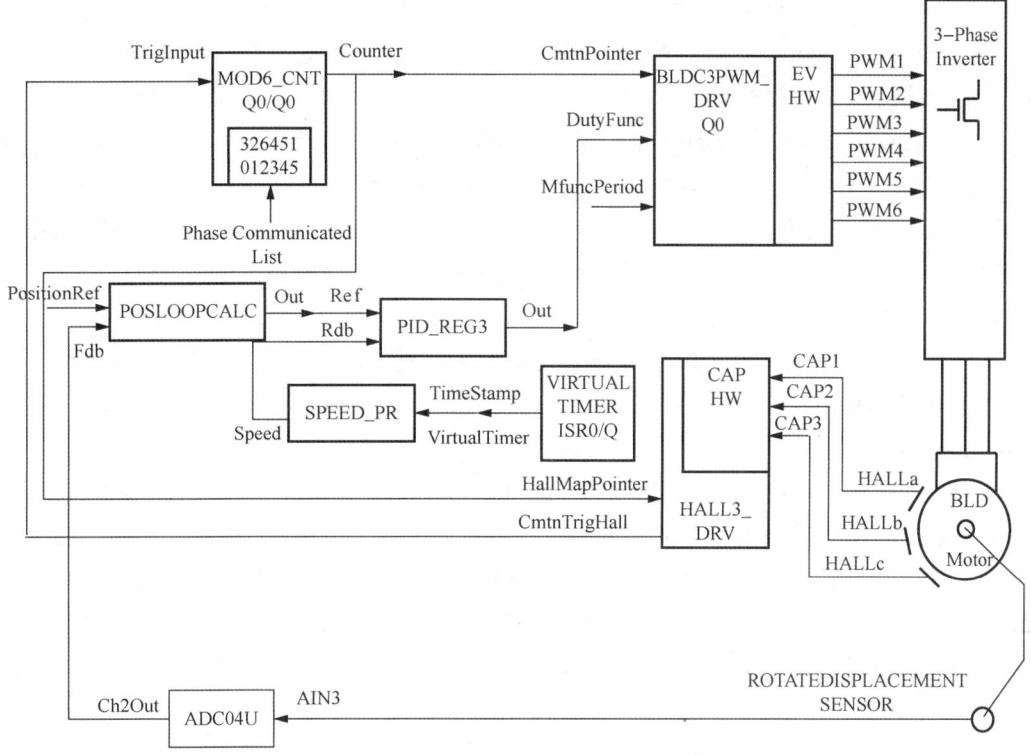

图 2.49　闭环位置控制测试功能框图

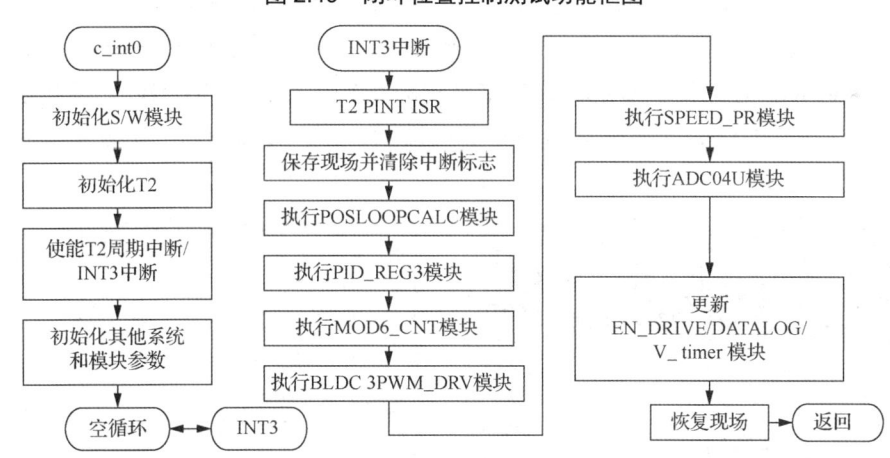

图 2.50　闭环位置控制测试软件流程图

首先按操作规范完成仿真器和 TechV2812 CPU 板的连接，并安装好机组和电气连线，将 CPU 板拨码 SW1 的第 2 位拨到 ON，接通 SMCK-I 实验箱的电源，测试具体操作方法如下。

（1）启动 CCS 软件（2.2 版本），然后选择 File→Workspace→Load Workspace 命令，打开文件夹"…\DMC\C28\V32X\sys\BLDC3_1_281x\cIQmath\build"下的工作环境文件

bldc3_1_281x_CCS2x.wks。

（2）将头文件 build.h 中的编译指令 BUILDLEVEL 设为 LEVEL4，然后选择 Project→Build 命令重新编译链接程序。

（3）选择 File→Load Program 命令，加载 bldc3_1.out 文件到目标板。此时注意观察加载的文件 bldc3_1.out 是否为刚才编译链接生成的文件，看一下文件的生成时间就知道了，如果所有源文件都没有修改，此时 bldc3_1.out 文件的生成时间不会变化。如果想证实源文件编译是否执行，可以在主程序中随便修改一点注释内容，那么编译的时候就会生成新时间的输出文件。

（4）选择 Debug→Realtime Mode 命令切换到实时模式，此时弹出一个对话框，单击"是"按钮，再选择 Debug→Run 命令，或者单击左侧的运行图标按钮运行程序，此时程序在实时模式下运行。

（5）在 Watch window 窗口中单击 Build3 标签并在空白处右击，选择连续刷新模式（Continuous Refresh），此时应能观察到 BackTicker 变量在不断变化，说明主程序已经运行。在 SMCK-I 实验箱上显示的菜单中进行实验选择，选择无刷直流伺服电机闭环位置控制实验后，进入状态页面，打开主电源。然后设置变量 EnableFlag 为 1，此时应能观察到变量 IsrTicker 也在不断变化，说明主中断服务程序已经正常运行，此时如果各电路部分正确，机组连接正确的话，电机应稳定运行，并停在 180°左右的位置。

（6）分别右击图形显示窗口 Channel1&2、Channel3&4，选择连续刷新模式，观察 rg1.Out、hall1.HallGpioAccepted、adc1.Ch2Out 及 speed1.SpeedRpm 的波形，如图 2.51 和图 2.52 所示。rg1.Out 是给定的斜坡函数，用于仿真时波形显示的触发；hall1.HallGpioAccepted 表示的是转子换相对应的霍尔状态；adc1.Ch2Out 表示的是根据 AdcRegs.ADCRESULT1 的值换算出的角度反馈量；speed1.SpeedRpm 表示的是真正的速度值。

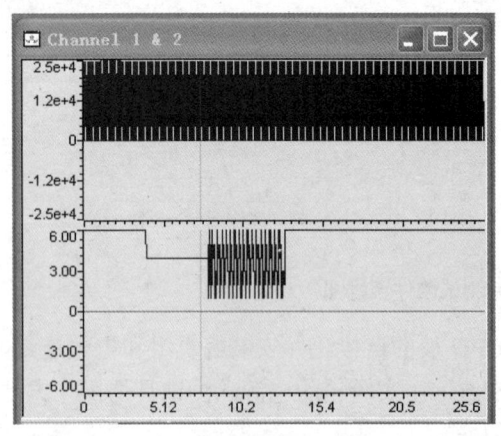

图 2.51 rg1.Out 和 hall1.HallGpioAccepted 的波形

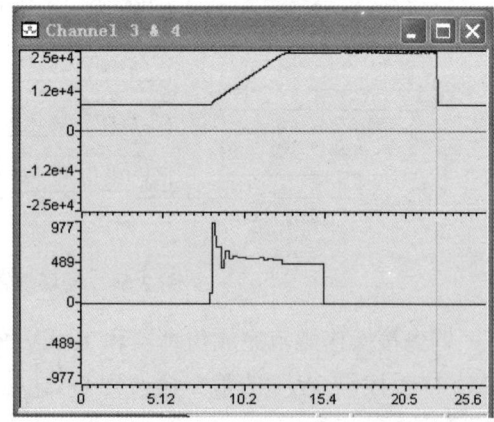

图 2.52 adc1.Ch2Out 和 speed1.SpeedRpm 的波形

（7）在 Watch window 窗口中单击 Build3 标签，在 PositionRef 变量右侧的编辑框中输入要改变的值，观察电机角位置的变化。例如，输入 0.25 后按回车键，观察电机角位置的变化，并观察变量 angle 的值应该为 90°±1°；改变为 0.75 后按回车键，观察电机角位置的变化，应该为 270°±1°。注意，在确认电机角位置能及时准确地跟随角位置给定值变化后，通过 SMCK-I 实验箱上显示的菜单设定不同的负载，观察电机的带负载能力。

（8）选择 Debug→Halt 命令，再选择 Debug→Realtime Mode 命令，最后选择 Debug→Reset CPU 命令，退出实时模式，并停止程序运行。

（9）关闭 CCS 软件，退出程序，关闭控制电源。

2.5 有刷直流伺服电机 PWM 控制系统的开发与设计

2.5.1 概述

有刷直流伺服电机是所有电机的基础，它具有体积小，动作反应快，负载能力大，调速范围宽；低速力矩大，波动小，运行平稳；噪声低，效率高；后端编码器反馈（选配）构成直流伺服等特点。本节通过对有刷直流伺服电机 PWM 控制的开发与设计，使学生掌握使用 DSP 技术结合光电传感和光电编码技术实现对电机的数字控制。本节所设计的实验侧重系统的搭建和调试过程，充分显现了关键技术的应用，能够提高学生的动脑和动手能力。其中较容易的内容可以作为课程设计，较难的内容可以作为毕业设计的题目，此外可结合实际需要为学生提供二次开发的科研平台。

1. 实验目的

（1）利用 SMCK-I 伺服电机实验开发系统搭建有刷直流伺服电机的 PWM 控制平台，使学生掌握 PWM 的原理。

（2）培养学生分析问题、解决问题的能力，提高学生的综合素质。

2. 设计任务及要求

（1）熟悉有刷直流伺服电机的工作原理。
（2）熟悉 PWM 的原理。
（3）能够编写有刷直流伺服电机的 PWM 控制程序，实现对有刷直流伺服电机的转向、调速、位置、扭矩和加载后抗干扰性能的控制。
（4）撰写设计报告。

2.5.2 实验原理

有刷直流伺服电机的控制方法简单，本实验采用永磁直流电机，励磁恒定，无须控制。电机转矩正比于电枢电流，而电枢电流又直接受控于电枢电压，通过 PWM 的方法调控电枢电压，就能线性地调控输出转矩。具体的 PWM 驱动波形产生方案与控制系统采用的主电路拓扑有直接关系。SMCK-I 的主电路拓扑是 H 桥式结构，所以可以采用单极性或双极性 PWM 控制方案。本实验采用的是单极性 PWM 控制方案。

1. 直流电机的工作原理

直流电机的结构如图 2.53 所示。其中，定子（固定部分）有磁铁（称为主磁极）和电刷；转子（转动部分）有环形铁心和绕在环形铁心上的绕组线圈。

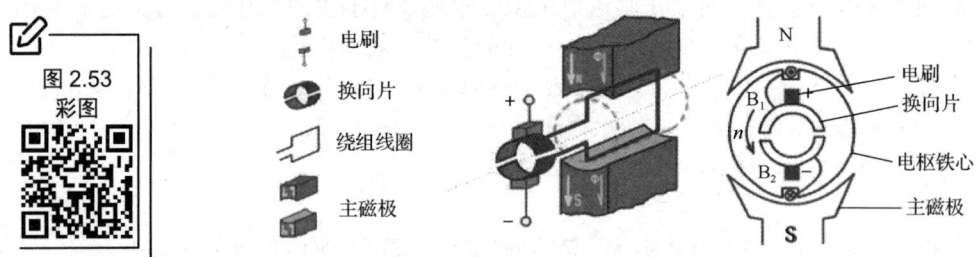

图 2.53　直流电机的结构

图 2.53 是一台最简单的两极直流电机模型，它的定子装设了一对直流励磁的静止的主磁极 N 和 S，转子装设了电枢铁心。定子与转子之间有一气隙。在电枢铁心上放置了由两根导体连成的电枢线圈，线圈的首端和末端分别连到两个圆弧形的铜片上，此铜片称为换向片。换向片之间互相绝缘，由换向片构成的整体称为换向器。换向器固定在转轴上，换向片与转轴之间亦互相绝缘。在换向片上放置着一对固定不动的电刷 B_1 和 B_2，当电枢旋转时，电枢线圈通过换向片和电刷与外电路接通。

当给电刷加一直流电压，绕组线圈中就有电流流过，由电磁力定律可知导体会受到电磁力作用。导体处于 N 极下与电刷 B_1 接触电流向里流，产生的电磁力矩为逆时针；导体处于 S 极下与电刷 B_2 接触电流向外流，产生的电磁力矩仍为逆时针。转子在该电磁力矩作用下开始旋转。

2. PWM 控制的基本原理

PWM 是利用微控制器输出的数字信号来控制模拟电路的开或关，广泛应用于测量、通信、功率控制与变换等许多领域。

采样控制理论中有一个重要结论：冲量相等而形状不同的窄脉冲加在具有惯性的环节上时，其效果基本相同。PWM 控制技术就是以该结论为理论基础，对半导体开关器件的通断（导通和关断）进行控制，使输出端得到一系列幅值相等而宽度不相等的脉冲，用这些脉冲来代替直流、正弦波或其他所需要的波形。按一定的规则对各脉冲的宽度进行调制，既可控制电路输出电压的大小，也可改变输出电压的波形和频率。

在 PWM 控制技术中，产生 PWM 控制脉冲的方法很多，常用的有计算法和调制法。

计算法是根据需要得到的电压或电流波形频率、幅值和周期脉冲数，准确计算 PWM 波各脉冲宽度和间隔，据此控制电路开关器件的通断，就可得到所需的 PWM 波形。但这种方式的计算工作量很大，且烦琐，在实际中很少采用。

调制法是采用等腰三角波作为载波（其任一点水平宽度与高度成线性关系且左右对称），将输出波形作为调制信号，等腰三角波与任一平缓变化的调制信号波相交，与各交点对应就得到宽度正比于信号波幅值的脉冲，这一系列的脉冲就是控制开关器件通断的 PWM 驱动信号。

等腰三角波与直流信号波调制，所得到的便是与直流调制信号等效的直流 PWM 波形。

例如，希望输出的信号为调制信号 u_r，接受调制的载波是三角波 u_c，当调制信号是直流时，所得到的便是与直流调制信号等效的直流 PWM 波形 u_g，如图 2.54 所示。从图 2.54 中可知，只要调节直流调制信号 u_r 的大小，就可以改变 PWM 波脉冲的宽度。

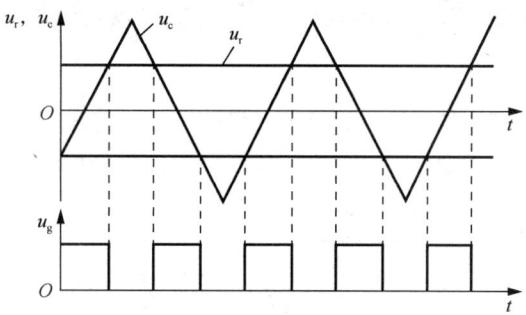

图 2.54 直流 PWM 波形

直流 PWM 控制方式就是用 u_g 对直流变换电路开关器件的通断进行控制，使输出端得到一系列幅值相等的脉冲，如果这些脉冲的频率不变而宽度变化，经过滤波器后就能得到大小可调的直流电压。当然，三角波 u_c 的频率越高，开关器件的通断频率也越高，就越容易得到纹波小的直流电压。

同样，当载波与正弦波调制时，得到的就是 SPWM（sine pulse width modulation，正弦脉宽调制）波；调制信号不是正弦波，而是其他所需波形时，也能得到与其等效的 PWM 波。

3. H 桥式变换电路

图 2.55 所示的 H 桥式变换电路，驱动信号 u_{g1} 与 u_{g4} 同相，u_{g2} 和 u_{g3} 同相，而且两组驱动信号互为反相，4 个驱动信号需要三组隔离的电源。

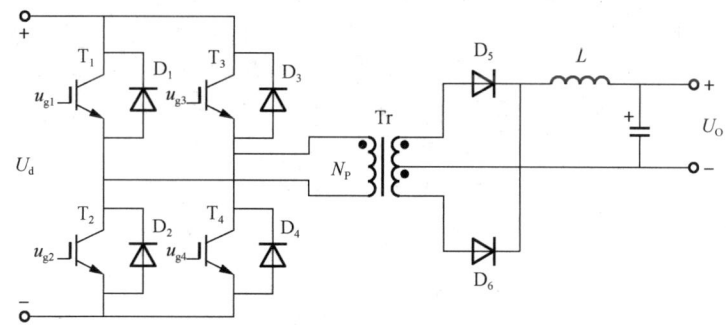

图 2.55 H 桥式变换电路

当 u_{g1} 和 u_{g4} 为高电平，u_{g2} 和 u_{g3} 为低电平，开关管 T_1 和 T_4 导通，T_2 和 T_3 关断时，变换器建立磁化电流，并向负载传递能量；当 u_{g1} 和 u_{g4} 为低电平，u_{g2} 和 u_{g3} 为高电平，开关管 T_2 和 T_3 导通，T_1 和 T_4 关断时，变换器建立反向磁化电流，也向负载传递能量，这时磁心工作在 B-H 回线的另一侧。在 T_1 和 T_4 导通期间（或 T_2 和 T_3 导通期间），施加在一次绕组上的电压约等于输入电压 U_d。与半桥电路相比，一次绕组上的电压增加了一倍，而每个开关管承受的电压仍为输入电压。显然，当一对开关管导通时，处于关断状态的另一对开关管上承受的电压为电源电压 U_d。开关管 T_1、T_2、T_3 和 T_4 的集电极与发射极之间连接有钳位二极管 D_1、D_2、D_3 和 D_4，由于这些钳位二极管的作用，当开关管从导通到关断时，变压器一次磁化电流的能量以及漏感储能引起的尖峰电压的最高值不会超过电源电压 U_d，同时还可将磁化电流的能量反馈给电源，从而提高整机的效率。

4. 单极性电压 PWM 控制方式

对于图 2.55 所示的 H 桥式变换电路，如果改变控制方法，使输出电压平均值具有单极性，则称为单极性电压 PWM 控制方式，其波形如图 2.56 所示。

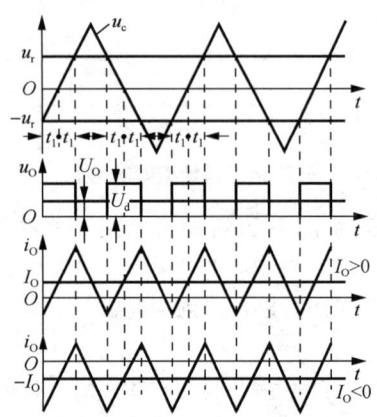

图 2.56　单极性电压 PWM 控制方式的波形

由分析可知，如果控制信号使 T_1 和 T_3 同时导通，或者 T_2 和 T_4 同时导通，则不管输出电流 i_o 的方向如何，输出电压 U_O 始终为零。利用这一特点，由三角波形电压 u_c 与控制电压 u_r 和 $-u_r$ 作比较，以确定桥臂 T_1、T_2 和 T_3、T_4 的驱动信号。

现在分析电路的工作过程。在 u_c 的正半周，保持 T_1 导通、T_2 关断。当 $u_r > u_c$ 时，T_4 导通、T_3 关断，$U_O = U_d$；当 $u_r < u_c$ 时，T_3 导通、T_4 关断，T_1 仍导通，即 T_1、T_3 同时导通，$U_O = 0$。在 u_c 的负半周，保持 T_4 导通、T_3 关断。当 $|-u_r| > |u_c|$ 时，T_1 导通、T_2 关断，$U_O = U_d$；当 $|-u_r| < |u_c|$ 时，T_1 关断、T_2 导通，T_4 仍导通，即 T_2、T_4 同时导通，$U_O = 0$。于是得到单极性电压 PWM 控制方式的电压电流波形，如图 2.56 所示。采用与双极性电压 PWM 控制方式同样的分析方法，可以得到平均输出电压 U_O 的表达式为

$$U_O = (2D_1 - 1)U_d = \frac{U_d}{U_{cm}} u_r = k u_r \tag{2-45}$$

式中，D_1 是开关 T_1 的占空比；U_{cm} 是三角波的峰值；$k = U_d / U_{cm}$ 是比例系数。

式（2-45）表明，在单极性电压 PWM 控制方式中，输出电压平均值 U_O 随控制电压 u_r 线性变化。不管输出电流 $I_O > 0$ 或 $I_O < 0$，U_O 始终为正值。

2.5.3　设计参考

一个典型的有刷直流伺服电机的 PWM 控制系统包含 DSP 控制器、IPM 功率驱动板、电机和速度检测机构（光电编码器）等。有刷直流伺服电机的 PWM 控制系统的功能模块划分和模块间的关系如图 2.57 所示。

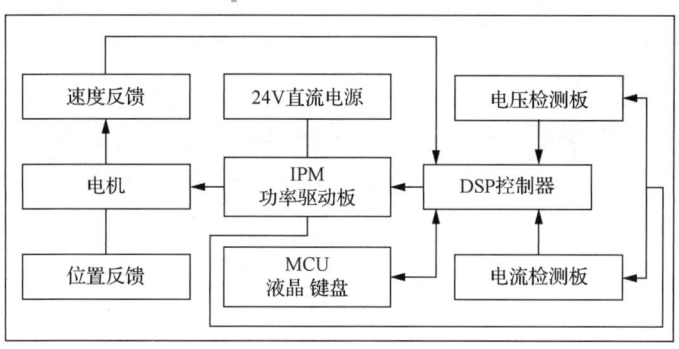

图 2.57　有刷直流伺服电机的 PWM 控制系统的功能模块划分和模块间的关系

SMCK 伺服电机控制系统由 SMCK-I 实验箱和有刷直流伺服电机机组构成，如图 2.58～2.60 所示。

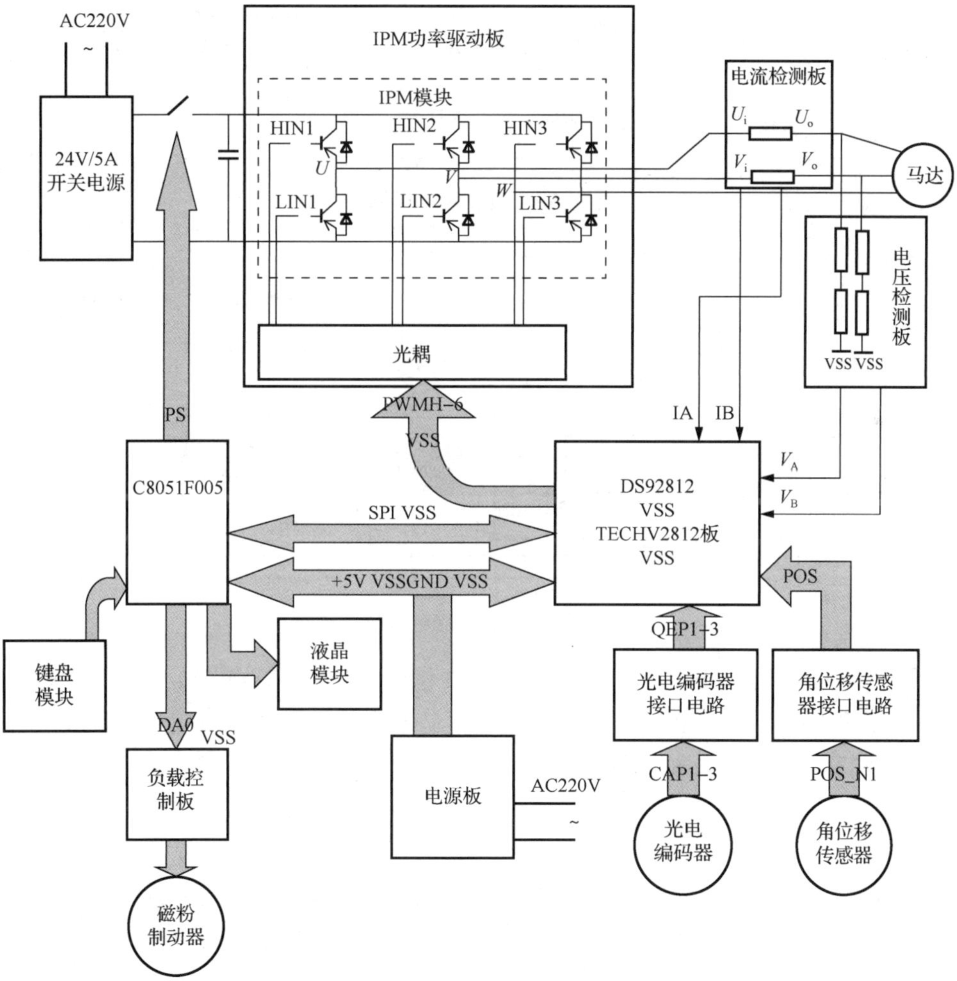

图 2.58　SMCK 伺服电机控制系统

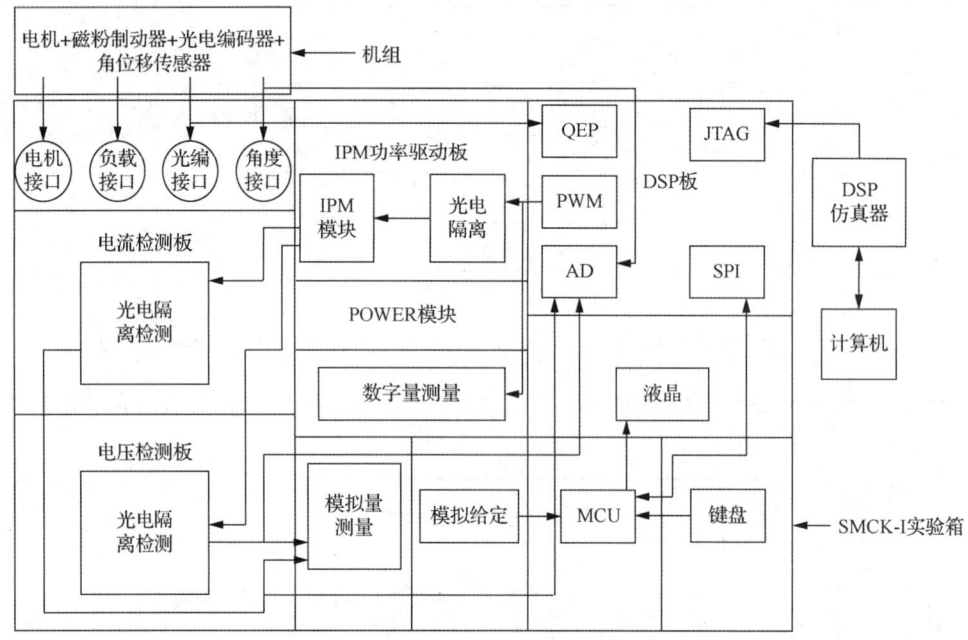

图 2.59 SMCK-I 实验箱

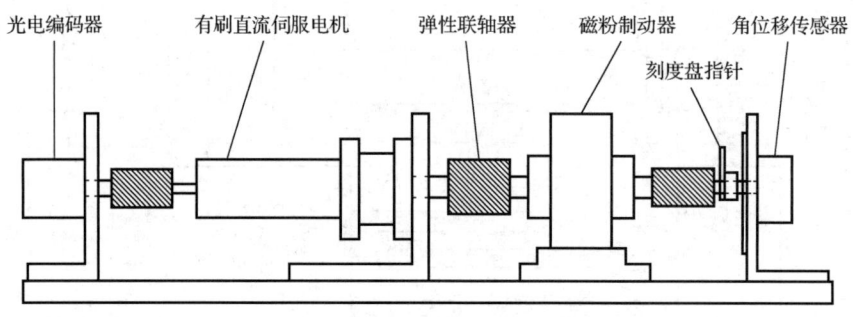

图 2.60 有刷直流伺服电机机组结构

一个有刷直流伺服电机的位置控制系统软件包含 5 个部分，分别是位置检测、速度检测、位置 PI 调节器、速度 PI 调节器、PWM 驱动 5 个软件模块。有刷直流伺服电机的位置控制信号流程框图如图 2.61 所示。

2.5.4 实验测试方案

本实验分 3 步完成有刷直流伺服电机开环速度控制测试、闭环速度控制测试、闭环位置控制测试，每步编译用到的软件模块不同。表 2-7 给出了本实验中对应步骤所用到的软件模块。

第 2 章 光电信息技术设计性实验

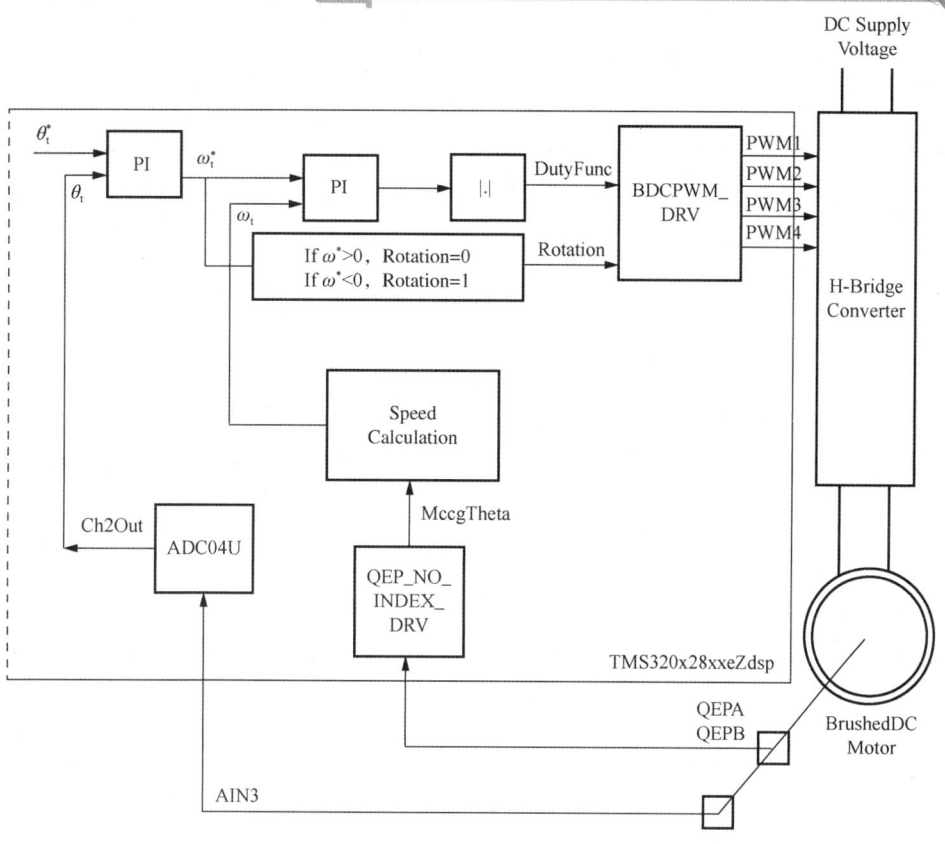

图 2.61 有刷直流伺服电机的位置控制信号流程框图

DC Supply Voltage-直流电源电压；PI-比例-积分（控制器）；DutyFunc-占空比函数；BDCPWM_DRV-有刷直流伺服电机脉冲宽度调制；H-Bridge Converter-H 桥式变换器；Rotation-旋转方向；Speed Calculation-速度计算；QEP_NO_INDEX_DRV-正交编码脉冲无索引驱动器；BrushedDC Motor-有刷直流电机；Ch2Out-通道 2 输出；ADC04U-模数转换器；AIN3-模拟输入 3

注：上标 * 表示参考变量

表 2-7 本实验中对应步骤所用到的软件模块

软件模块	开环速度控制测试	闭环速度控制测试	闭环位置控制测试
DATALOG	√	√	√
RMP_CNTL		√	
BDCPWM_DRV	√√	√	√
QEP_NO_INDEX_DRV	√√	√	√
ESTIMATEDSPEED	√√	√	√
PID_REG3		√√	√√
ADC04U			√

注：1. "√"表示本步骤用到的软件模块；"√√"表示本步骤要测试的软件模块。
2. 表中只给出了本实验所要设置启用的模块，不含开机初始化后启用的公共模块。

表 2-8 给出了每个软件模块的输入与输出名称及量值格式。

表 2-8 每个软件模块的输入与输出名称及量值格式

软件模块	输入		输出	
	名称	格式	名称	格式
DATALOG	*iptr1 *iptr2 *iptr3 *iptr4	Pointer to Q15 variables	N/A	Memory
RMP_CNTL	TargetValue	IQ	SetpointValue	IQ
BDCPWM_DRV	Rotation DutyFunc	Q0 Q15	CMPR1 CMPR2 T1PER	EV registers
QEP_NO_INDEX_DRV	CAP1,2	EV H/W pin	MechTheta OutputTheta DirectionQep	Q15 Q15 Q0
ESTIMATEDSPEED	EstimatedTheta	IQ	EstimatedSpeed	IQ
PID_REG3	Ref Fdb	IQ	Out	IQ
ADC04U	ADCINw/x/y/z	ADC H/W pins	Ch2Out	Q15

1. 开环速度控制测试

本步骤主要用来测试 PWM 驱动模块、正交脉冲捕获模块、速度检测模块、位置检测模块的功能及硬件电路的连接是否正确，逆变电路是否可靠工作。通过输入参考占空比的值来开环调控电机转速。用户输入的占空比参量值送给直流 PWM 模块产生相应的 PWM 控制信号。图 2.62 和图 2.63 分别给出了本步骤的功能框图和软件流程图。

下面给出控制参数及其调节范围。

EnableFlag：启停控制（0，1）

pwm1.DutyFunc：PWM 占空比控制（0～0x7ff0）

pwm1.Rotation：转向控制（0，1）

首先按操作规范完成仿真器和 TechV2812 CPU 板的连接，并安装好机组和电气连线，将 CPU 板拨码 SW1 的第 2 位拨到 ON，接通 SMCK-I 实验箱的电源，测试具体操作方法如下。

（1）启动 CCS 软件（2.2 版本），然后选择 File→Workspace→Load Workspace 命令，打开文件夹 "…\DMC\C28\V32X\sys\DCMOTOR_281x\cIQmath\build" 下的工作环境文件 dcmotor_281x.wks。

（2）将头文件 build.h 中的编译指令 BUILDLEVEL 设为 LEVEL1，然后选择 Project→Build 命令重新编译链接程序。

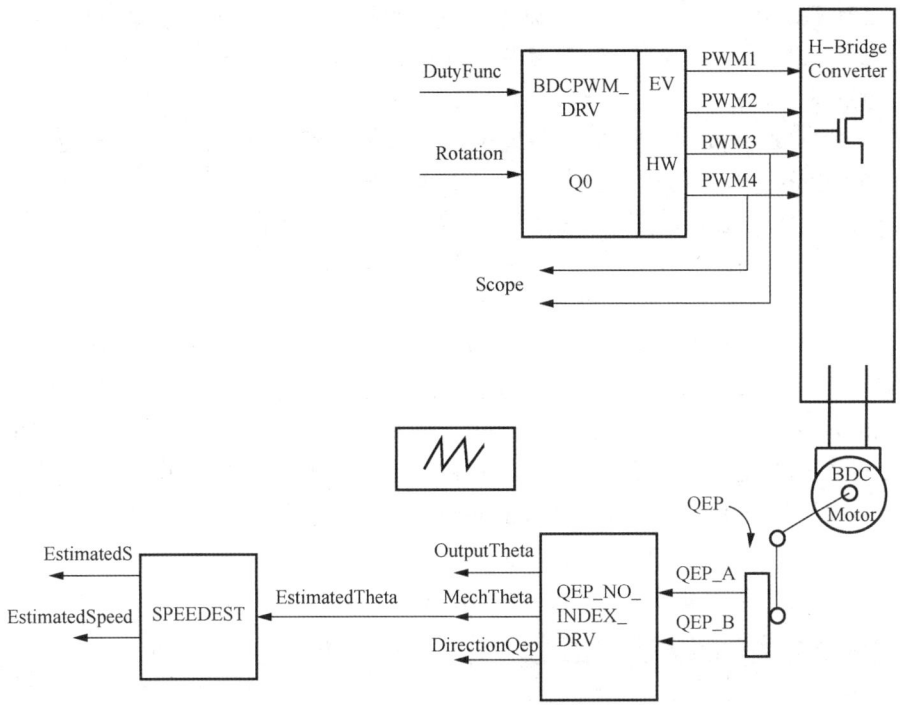

图 2.62　开环速度控制测试功能框图

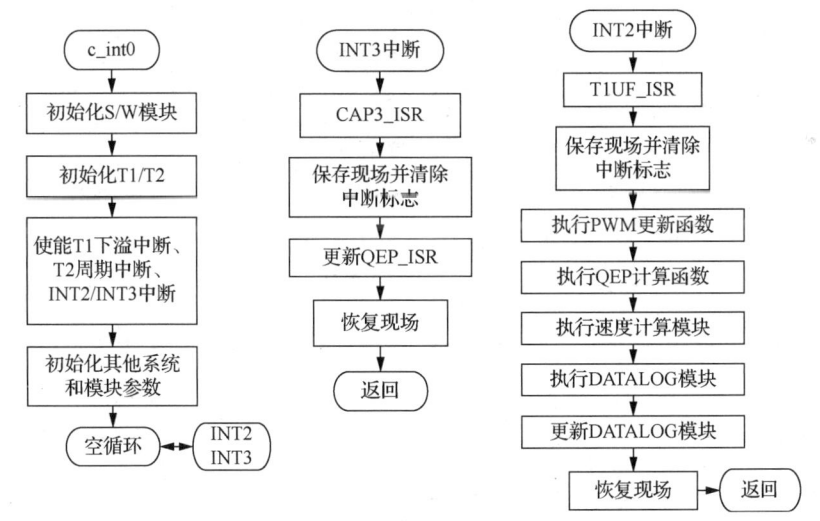

图 2.63　开环速度控制测试软件流程图

（3）选择 File→Load Program 命令，加载 dcmotor.out 文件到目标板。此时注意观察加载的文件 dcmotor.out 是否为刚才编译链接生成的文件，查看一下文件的生成时间就知道了，如果所有源文件都没有修改，此时 dcmotor.out 文件的生成时间不会变化。如果想证实源文件编译是否执行，可以在主程序中随便修改一点注释内容，那么编译的时候就会生成新时间的输出文件。

（4）选择 Debug→Realtime Mode 命令切换到实时模式，此时弹出一个对话框，单击"是"按钮，再选择 Debug→Run 命令，或者单击左侧的运行图标按钮运行程序，此时程序在实时模式下运行。

（5）在 Watch window 窗口中单击 Build1 标签并在空白处右击，选择连续刷新模式（Continuous Refresh），此时应能观察到 BackTicker 变量在不断变化，说明主程序已经运行。在 SMCK-I 实验箱上显示的菜单中进行实验选择，选择有刷直流伺服电机开环速度控制实验后，进入状态页面，打开主电源。然后设置变量 EnableFlag 为 1，此时应能观察到变量 IsrTicker 也在不断变化，说明主中断服务程序已经正常运行，此时如果各电路部分正确，机组连接正确的话，在不带负载的情况下电机应稳定运行在 1200rpm 左右的状态。

（6）分别右击图形显示窗口 Channel1&2、Channel3&4，选择连续刷新模式，观察 qep1.MechTheta、speed1.EstimatedSpeedRpm、AdcRegs.ADCRESULT1 及 adc1.Ch2Out 的波形，如图 2.64 和图 2.65 所示。qep1.MechTheta 是检测到的转子角度的斜坡函数，表示的是转子的旋转角度；speed1.EstimatedSpeedRpm 表示的是转子的转速；AdcRegs.ADCRESULT1 表示的是 AD 采样角度位移传感器的旋转角度；adc1.Ch2Out 表示的是根据 AdcRegs.ADCRESULT1 的值换算出的角度反馈量，最大为 7ff3h。

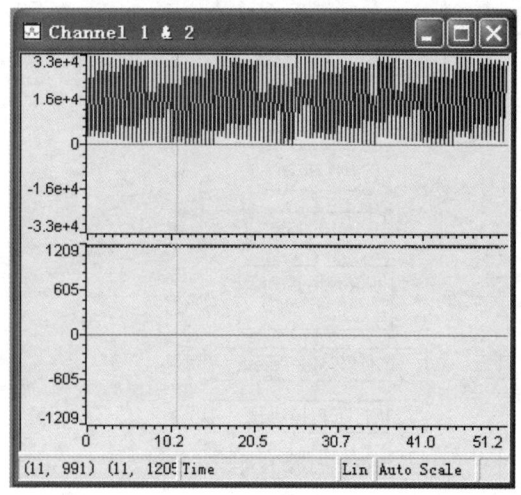

图 2.64　qep1.MechTheta 和 speed1.EstimatedSpeedRpm 的波形

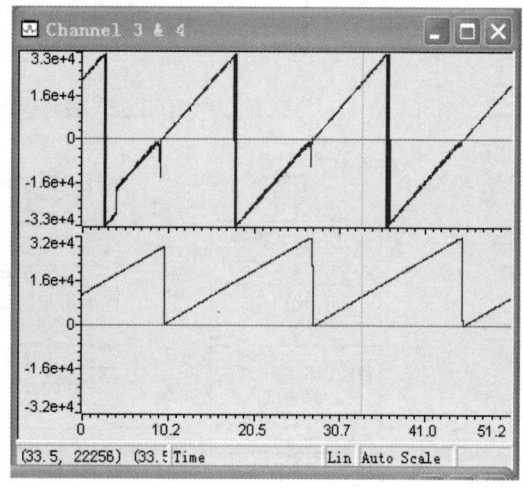

图 2.65　AdcRegs.ADCRESULT1 和 adc1.Ch2Out 的波形

（7）在 Watch window 窗口中单击 Build1 标签，在 pwm1.DutyFunc 变量右侧的编辑框中输入要改变的值，观察电机速度的变化。例如，输入 0x5000 后按回车键，观察电机速度的变化；改变为 0x2000 后按回车键，观察电机速度的变化。双击 pwm1.Rotation 后改变为 1，观察电机的转向是否变化，速度显示是否正确。

（8）选择 Debug→Halt 命令，再选择 Debug→Realtime Mode 命令，最后选择 Debug→Reset CPU 命令，退出实时模式，并停止程序运行。

（9）关闭 CCS 软件，退出程序，关闭控制电源。

2. 闭环速度控制测试

本步骤主要用来测试转速调节器模块的功能,并整定调节器参数。在上一步骤的基础上进行本步骤。图 2.66 和图 2.67 分别给出了本步骤的功能框图和软件流程图。

下面给出控制参数及其调节范围。

EnableFlag:启停控制(0,1)

SpeedRef:速度参考输入(-0.9~0.9)

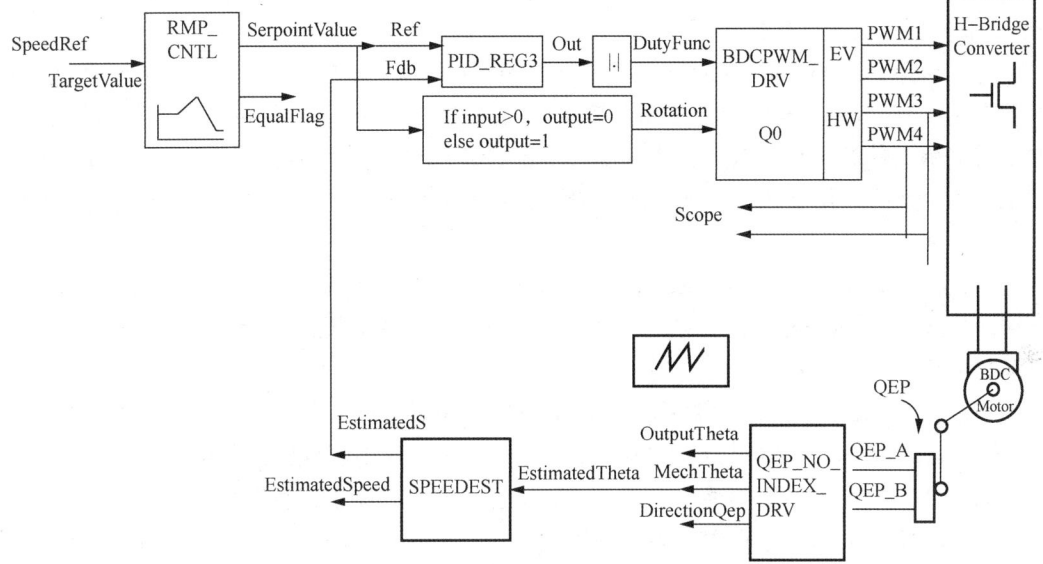

图 2.66 闭环速度控制测试功能框图

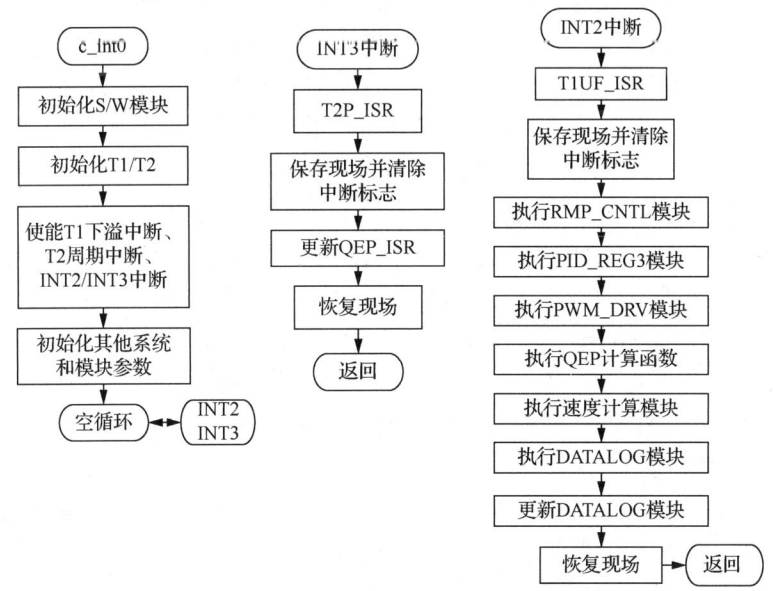

图 2.67 闭环速度控制测试软件流程图

首先按操作规范完成仿真器和 TechV2812 CPU 板的连接，并安装好机组和电气连线，将 CPU 板拨码 SW1 的第 2 位拨到 ON，接通 SMCK-I 实验箱的电源，测试具体操作方法如下。

（1）启动 CCS 软件（2.2 版本），然后选择 File→Workspace→Load Workspace 命令，打开文件夹"…\DMC\C28\V32X\sys\DCMOTOR_281x\cIQmath\build"下的工作环境文件 dcmotor_281x.wks。

（2）将头文件 build.h 中的编译指令 BUILDLEVEL 设为 LEVEL2，然后选择 Project→Build 命令重新编译链接程序。

（3）选择 File→Load Program 命令，加载 dcmotor.out 文件到目标板。此时注意观察加载的文件 dcmotor.out 是否为刚才编译链接生成的文件，看一下文件的生成时间就知道了，如果所有源文件都没有修改，此时 dcmotor.out 文件的生成时间不会变化。如果想证实源文件编译是否执行，可以在主程序中随便修改一点注释内容，那么编译的时候就会生成新时间的输出文件。

（4）选择 Debug→Realtime Mode 命令切换到实时模式，此时出现一个对话框，单击"是"按钮，再选择 Debug→Run 命令，或者单击左侧的运行图标按钮运行程序，此时程序在实时模式下运行。

（5）在 Watch window 窗口中单击 Build2 标签并在空白处右击，选择连续刷新模式（Continuous Refresh），此时应能观察到 BackTicker 变量在不断变化，说明主程序已经运行。在 SMCK-I 实验箱上显示的菜单中进行实验选择，选择有刷直流伺服电机闭环速度控制实验后，进入状态页面，打开主电源。然后设置变量 EnableFlag 为 1，此时应能观察到变量 IsrTicker 也在不断变化，说明主中断服务程序已经正常运行，此时如果各电路部分正确，机组连接正确的话，在不带负载的情况下电机应稳定运行在 750rpm 左右的状态。

（6）分别右击图形显示窗口 Channel1&2、Channel3&4，选择连续刷新模式，观察 qep1.MechTheta、speed1.EstimatedSpeedRpm、pwm1.DutyFunc、及 speed1.SpeedFdb 的波形，如图 2.68 和图 2.69 所示。qep1.MechTheta 是检测到的转子角度的斜坡函数，表示的是转子的旋转角度；speed1.EstimatedSpeedRpm 表示的是转子的转速；pwm1.DutyFunc 表示的是 PWM1 的占空比；speed1.SpeedFdb 表示的是速度反馈值。

（7）在 Watch window 窗口中单击 Build2 标签，在 SpeedRef 变量右侧的编辑框中输入要改变的值，观察电机速度的变化。例如，输入 0.6 后按回车键，观察电机速度的变化，应该为 900rpm；改变为-0.6 后按回车键，观察电机速度的变化，应该为-900rpm。注意观察 pwm1.Rotation 变量随着速度给定值为负值时的变化，在确认电机速度能及时准确地跟随速度给定值变化后，在某一速度下，通过 SMCK-I 实验箱上显示的菜单设定不同的负载，观察电机的带负载能力。

（8）选择 Debug→Halt 命令，再选择 Debug→Realtime Mode 命令，最后选择 Debug→Reset CPU 命令，退出实时模式，并停止程序运行。

（9）关闭 CCS 软件，退出程序，关闭控制电源。

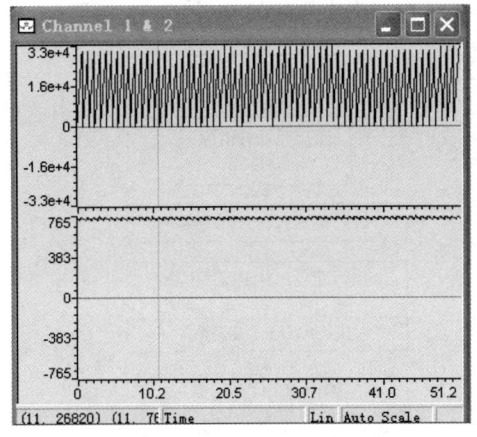

图 2.68 qep1.MechTheta 和 speed1.EstimatedSpeedRpm 的波形

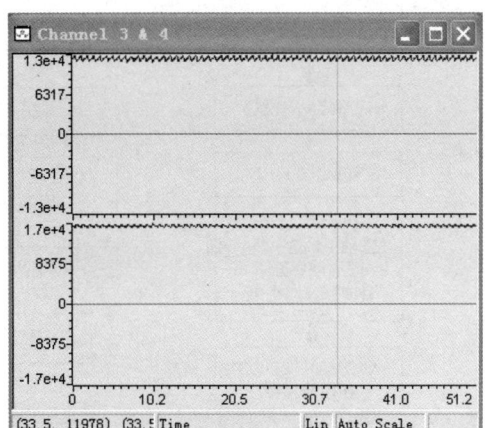

图 2.69 pwm1.DutyFunc 和 speed1.SpeedFdb 的波形

3．闭环位置控制测试

本步骤主要用来测试位置调节器模块的功能，并整定位置及速度调节器参数。图 2.70 和图 2.71 分别给出了本步骤的功能框图和软件流程图。

下面给出控制参数及其调节范围。

EnableFlag：启停控制（0，1）

PositionRef：位置参考输入（0.1～0.9）

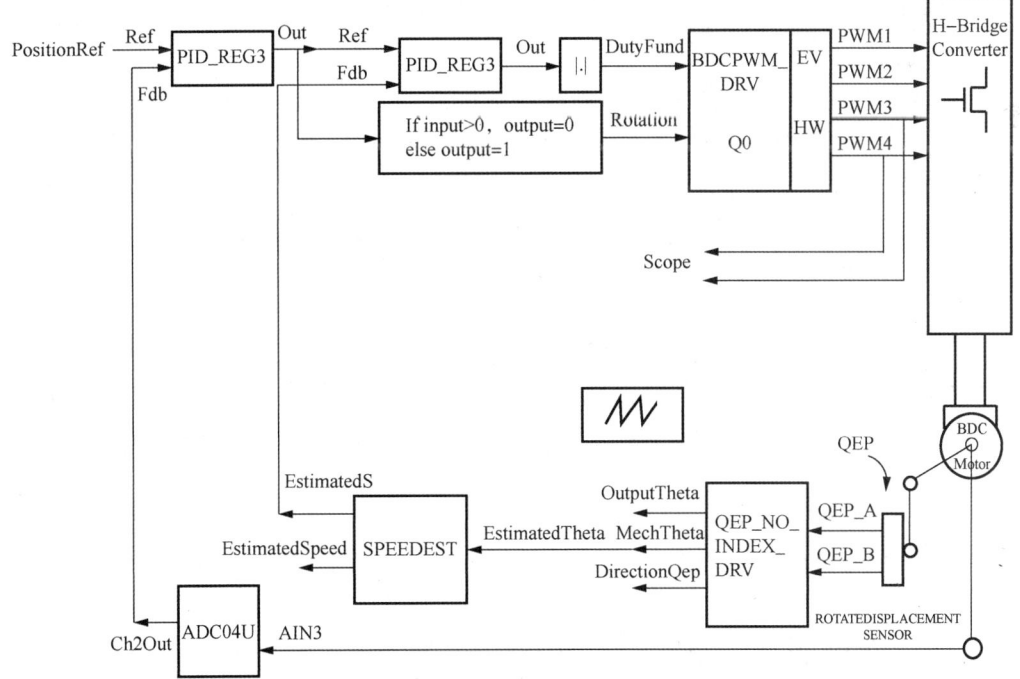

图 2.70 闭环位置控制测试功能框图

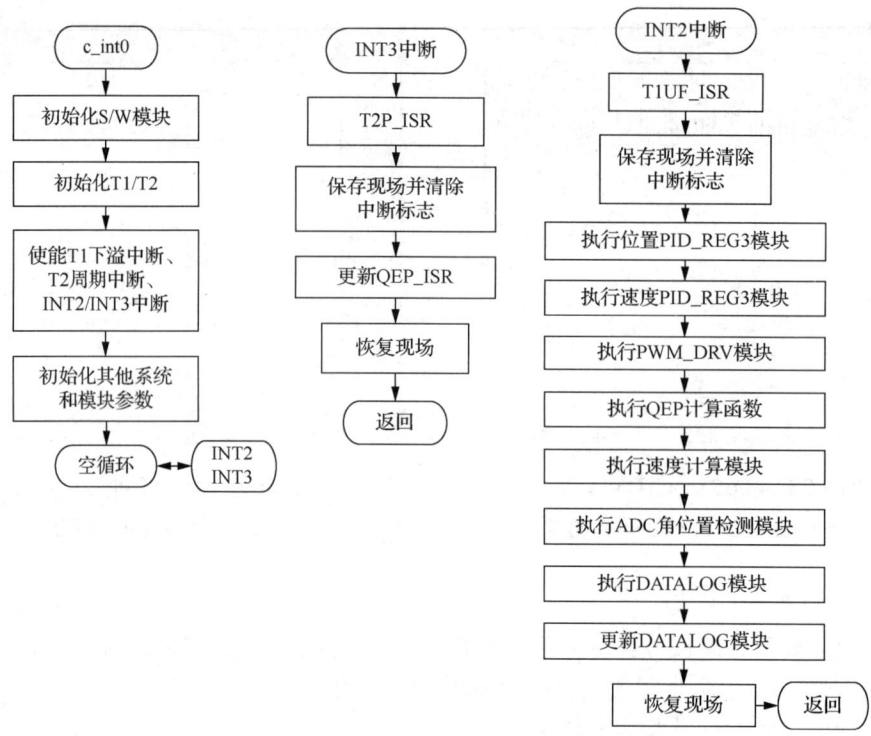

图 2.71 闭环位置控制测试软件流程图

首先按操作规范完成仿真器和 TechV2812 CPU 板的连接，并安装好机组和电气连线，将 CPU 板拨码 SW1 的第 2 位拨到 ON，接通 SMCK-I 实验箱的电源，测试具体操作方法如下。

（1）启动 CCS 软件（2.2 版本），然后选择 File→Workspace→Load Workspace 命令，打开文件夹 "…\DMC\C28\V32X\sys\DCMOTOR_281x\cIQmath\build" 下的工作环境文件 dcmotor_281x.wks。

（2）将头文件 build.h 中的编译指令 BUILDLEVEL 设为 LEVEL3，然后选择 Project→Build 命令重新编译链接程序。

（3）选择 File→Load Program 命令，加载 dcmotor.out 文件到目标板。此时注意观察加载的文件 dcmotor.out 是否为刚才编译链接生成的文件，看一下文件的生成时间就知道了，如果所有源文件都没有修改，此时 dcmotor.out 文件的生成时间不会变化。如果想证实源文件编译是否执行，可以在主程序中随便修改一点注释内容，那么编译的时候就会生成新时间的输出文件。

（4）选择 Debug→Realtime Mode 命令切换到实时模式，此时出现一个对话框，单击"是"按钮，再选择 Debug→Run 命令，或者单击左侧的运行图标按钮运行程序，此时程序在实时模式下运行。

（5）在 Watch window 窗口中单击 Build3 标签并在空白处右击，选择连续刷新模式（Continuous Refresh），此时应能观察到 BackTicker 变量在不断变化，说明主程序已经运行。在 SMCK-I 实验箱上显示的菜单中进行实验选择，选择有刷直流伺服电机闭环位置控制实验后,进入状态页面,打开主电源。然后设置变量 EnableFlag 为 1,此时应能观察到变量 IsrTicker 也在不断变化,说明主中断服务程序已经正常运行,此时如果各电路部分正确,机组连接正确的话,电机应运行,并停在 180°左右的位置。

(6)分别右击图形显示窗口 Channel1&2、Channel3&4,选择连续刷新模式,观察 rg1.Out、speed1.EstimatedSpeedRpm、AdcRegs.ADCRESULT1 及 adc1.Ch2Out 的波形,如图 2.72 和图 2.73 所示。rg1.Out 是给定的斜坡函数,用于仿真时波形显示的触发;speed1.EstimatedSpeedRpm 表示的是转子的转速;AdcRegs.ADCRESULT1 表示的 AD 采样角度位移传感器的旋转角度;adc1.Ch2Out 表示的是根据 AdcRegs.ADCRESULT1 的值换算出的角度反馈量。

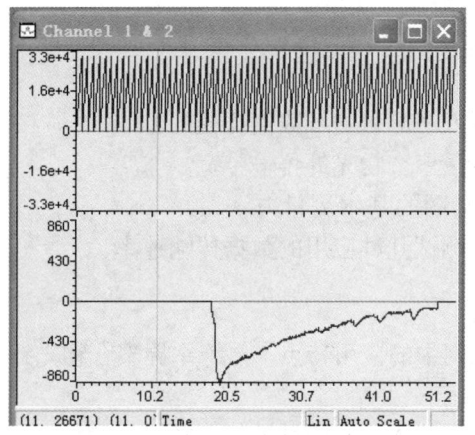

图 2.72　rg1.Out 和 speed1.EstimatedSpeedRpm 的波形

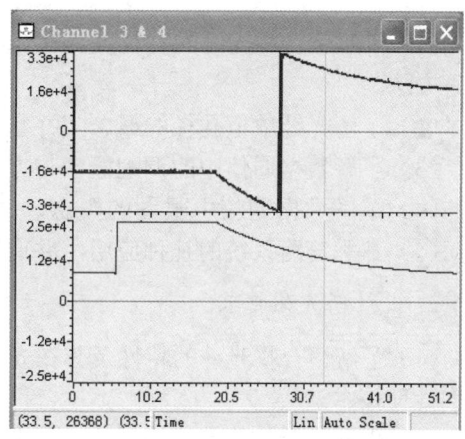

图 2.73　AdcRegs.ADCRESULT1 和 adc1.Ch2Out 的波形

(7)在 Watch window 窗口中单击 Build3 标签,在 PositionRef 变量右侧的编辑框中输入要改变的值,观察电机角位置的变化。例如,输入 0.25 后按回车键,观察电机角位置的变化,并观察变量 angle 的值应该为 90°±1°;改变为 0.75 后按回车键,观察电机角位置的变化,应该为 270°±1°。注意,在确认电机角位置能及时准确地跟随角位置给定值变化后,通过 SMCK-I 实验器上显示的菜单设定不同的负载,观察电机的带负载能力。

(8)选择 Debug→Halt 命令,再选择 Debug→Realtime Mode 命令,最后选择 Debug→Reset CPU 命令,退出实时模式,并停止程序运行。

(9)关闭 CCS 软件,退出程序,关闭控制电源。

2.6　聚合物光纤数据传输链路实验

2.6.1　概述

数据通信的高速发展需要传输介质具有高的数据通信能力。石英光纤具有带宽宽、衰减低等特点,是长距离通信干线的理想传输介质,但在光纤入户时却遇到巨大困难。因为其芯径细(8~6.25μm),在光纤耦合、互接中需要精密对准,连接器的成本高。在短程通信和入户工程中使用聚合物光纤（plastic optic fiber，POF）是最有希望的方案之一。聚合物光纤的优点是：毫米量级的尺寸及大的数值孔径使其连接和安装比较容易；价格低廉，可塑性强，质量轻，施工方便；无电磁兼容问题；可以使用廉价的 LED 和 LD。聚合物光纤的缺点是：损耗大，耐热性低，使用寿命约十年。因此人们设计通信主干线由用石英光纤制成的光缆承担，入户工程由聚合物光纤实现。聚合物光纤作为短距离内高速数据通信介质目前已经发展到 1.3μm 波长的 2.5Gbit/s 320m 数据传输。

本实验着重介绍利用普通商用聚合物光纤（芯径 980μm/1000μm，数值孔径 0.5）实现的 100Mbit/s 的数字信号传输。

1. 实验目的

（1）了解聚合物光纤的特征及其在光纤接入网中的应用特点，学会聚合物光纤端面的处理方法。
（2）了解光纤数值孔径的概念，并掌握用注入法测量光纤数值孔径的方法。
（3）了解数据通信中的调制概念与方式，测量聚合物光纤传输带宽。
（4）了解数据通信中眼图的概念，并掌握眼图的基本测量方法。
（5）熟悉链路系统的几种应用，并通过软件测试几种应用的数据传输速率。

2. 设计任务及要求

（1）了解聚合物光纤的特性及其在光纤接入网中的应用特点，熟练掌握聚合物光纤的端面处理技术。
（2）理解光纤数值孔径的概念，能够精准运用注入法对光纤数值孔径进行测量。
（3）理解数据通信中的调制概念与方式，能够对聚合物光纤的传输带宽进行测量。
（4）掌握眼图的基本测量方法。
（5）熟悉链路系统的各类应用场景，并能够通过软件对多种应用的数据传输速率进行测试。

2.6.2 实验原理

1. 聚合物光纤的参数测量

聚合物光纤参数主要包括几何参数、传输损耗、折射率分布和数值孔径等。本实验只对光纤传输损耗和数值孔径的测量进行介绍。光纤的传输损耗描述的是光在光纤内随着距离的衰减情况，采用的测量方案主要为截断法。其计算公式为

$$\alpha = -\frac{10}{L}\mathrm{Log}\left(\frac{P_1}{P_2}\right) \tag{2-46}$$

式中，P_1、P_2 分别代表截断前和截断后的光纤透射功率；L 为光纤的长度。

测量装置简图如图 2.74 所示。

在稳态注入条件下，首先测量整根光纤的输出光功率 P_2；然后保持注入条件不变，在离注入端约 2m 处截断光纤，测量此段光纤输出的光功率 P_1，因其衰减可忽略，故 P_1 可认为是被测光纤的注入光功率。因此，按式（2-46）就可计算出被测光纤的衰减和衰减系数。

本实验采用另外一种替代的方法——插入法。也就是在原先要截断的地方加上一个光纤连接器，分别连接两根长度不同的长短光纤，有效传输距离可认为是两根光纤的长度差值，即为 L 值，两根光纤对应的出射光功率分别为 P_2 和 P_1，同样利用式（2-46）计算待测光纤的传输损耗。

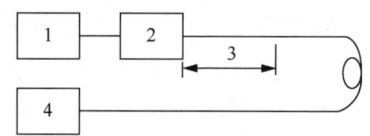

图2.74 截断法测量聚合物光纤损耗示意图

1-光源；2-光纤注入系统；3-待测光纤；4-光纤探测器

光纤的数值孔径（numerical aperture，NA）表征的是光纤接收入射光线的能力，是反映光纤与光源、光探测器及其他光纤相互耦合效率的重要参数。其基本定义式为

$$\mathrm{NA} = n_0 \sin\theta = n_0 \sqrt{n_1^2 - n_2^2} \qquad (2\text{-}47)$$

式中，n_0 为光纤周边介质的折射率，一般为空气（$n_0 \approx 1$）；n_1 和 n_2 分别为光纤纤芯和包层的折射率。

光纤在均匀光场的照射下，其远场功率角分布与光纤数值孔径 NA 有如下关系。

$$\sin\theta = \sqrt{1 - \left[P(\theta)/P(0)\right]^{g/2}} \cdot \mathrm{NA} \qquad (2\text{-}48)$$

式中，θ 是远场辐射角；$P(\theta)$、$P(0)$ 分别为 θ 和 0 处的远场辐射功率；g 为光纤折射率分布参数。当 $P(\theta)/P(0) \leqslant 5\%$ 时，$\sin\theta \approx \mathrm{NA}$，因此可将对应于 $P(\theta)$ 曲线上光功率下降到中心值的 5%处的角度 θ_0 的正弦值定义为光纤的数值孔径，称为有效数值孔径：$\mathrm{NA}_{\mathrm{eff}} = \sin\theta_0$。本实验通过测量光纤出射光斑尺寸来计算光纤出射角度，从而确定聚合物光纤的数值孔径。这种方法在测量光纤数值孔径时较为常用，具体测量示意图如图 2.75 所示。利用链路收发器中的发光二极管作为光源，经过较长的光纤后，光纤中的辐射模式被有效滤除，此时测量出射光斑尺寸 D 和光斑距离出射端距离 L，则光纤数值孔径为 $\mathrm{NA} = \sin[\arctan(D/2L)]$。

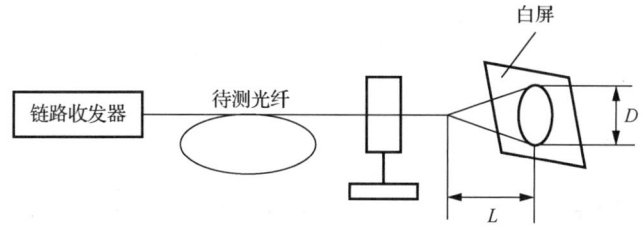

图2.75 聚合物光纤数值孔径测量示意图

2. 光纤通信中的基本概念

（1）光发射机。

一般而言，在数字信号系统中，光发射机的功能是把电发射端机输出的数字基带电信

号转换为光信号。光发射机中的主要器件是发光元件，考虑到体积等因素，一般为半导体器件。发光的元件主要有激光二极管和发光二极管。前者为激光相干光源，主要与单模或梯度折射率光纤配合使用在高速调制（一般大于 625Mbit/s）的通信系统中；后者为非相干光源，与普通仪器上的指示灯属于一类，只不过在特性（如调制频率、发光强度和谱线线宽等）上要好一些而已。发光二极管的寿命较长（超过 100 万小时），整个驱动电路较为简单，但调制速率有限，因而只适合在低调制速率（最高为几百兆）数据通信情况。发光元件的中心波长应满足传输介质通信窗口的需要。对于石英光纤而言，主要有 0.85μm、1.31μm 和 1.55μm 三个通信窗口。三个通信窗口均为红外，目前商用的通信窗口主要是 1.31μm。对于聚合物光纤，主要有 0.52μm、0.65μm 和 0.78μm 三个通信窗口。常用的主要是红色 0.65μm 的通信窗口。最近几年该领域也不断在开发聚合物光纤的其他通信窗口，已经形成的有 0.52μm 的绿光和 0.47μm 的蓝光。本实验中用到的光源为 0.65μm 的发光二极管。

另外，支持光发射机的除了光源，还有相关的调制和控制电路。完成信号调制、整体控制和线路编码等过程。光发射机的工作过程如图 2.76 所示。电发射端机输出的数字信号是适合电缆传输的双极性码，而光源不能发射负脉冲，所以要通过相关的编码电路将信号编成适合于光纤传输的单极性码。

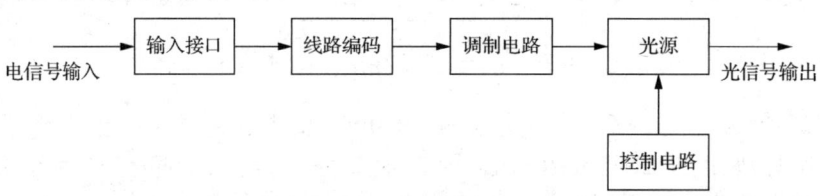

图 2.76　光发射机的工作过程

（2）光接收机。

光接收机的功能主要是把经过光纤传输后幅度被衰减、波形被展宽的微弱光信号转换为电信号，并放大处理，恢复为原发射的数字序列。光接收机主要包括光检测器、前置放大器、主放大器、均衡器和自动增益控制（automatic gain control，AGC）等。目前常用的光检测器有 PIN 光电二极管和雪崩光电二极管（avalanche photodiode，APD）。石英光纤通信主要用波长响应在红外的 PIN 管，聚合物光纤通信则用波长响应在可见光的 PIN 管。光接收机的工作过程如图 2.77 所示。

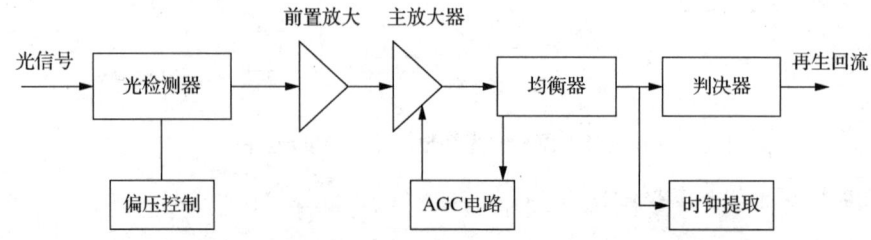

图 2.77　光接收机的工作过程

(3)传输速率。

传输速率可以从 3 个角度来表述,即码元速率(R_B)、信息速率(R_b)和消息速率(R_m)。码元速率又称信号速率,指每秒传送的码元数,单位为波特(baud),表示每秒信号值(如电压)改变的次数。信息速率指每秒传送的信息量,单位为 bit/s,信息的最小单元为比特。二进制信号每个码元含 1 个比特信息,所以码元速率和信息速率在数值上相等,但对于 M 进制信号,每个码元含 $\text{Log}_2 M$ 个比特信息,此时信息速率和码元速率的关系应是 $R_b = R_B \text{Log}_2 M$。消息速率指单位时间内所传送消息的数量,单位为"字符/秒",其与信息速率的关系与信息的编码方式有关,如 ASCII 码,8 个比特构成一个字符,此时 $R_m = R_b/8$。

(4)眼图。

眼图是指利用实验的方法估计传输系统性能时在示波器上观察到的像人的眼睛一样的图形。测量通信信号时,因为所观测的二进制码流具有随机性,器件和传输媒介的带宽限制及电路上的均衡处理,示波器屏幕的显示余辉时间远大于扫描的重复周期,在同步触发扫描状态下屏幕上显示的图形是多次扫描图案的叠加,从而显示出稳定的眼图效果。观测眼图可以对通信质量作出定性分析,从中可以看出码间串绕和噪声的大小。定义正电平的脉冲信号为逻辑 1,负电平的脉冲信号为逻辑 0,当示波器的显示余辉时间较长,数据调制速度较快时,正负脉冲信号就会同时在示波器上显示出来,形成张开的眼图,如图 2.78 所示。无噪声又无码间串扰时的眼图如图 2.78(a)所示,其中上面的一根横线由连 1 码引起的持续的正电平产生,下面的一根横线由连 0 码引起的持续的负电平产生,中间部分由 1、0 交错码产生。此时,眼图由一根线组成,张开最大。存在码间串绕时,眼图由好几条线交织在一起组成,这几条线越靠近,眼图越端正,表示码间串绕越小。当系统存在噪声时,原来清晰端正的细线变成了带状的线,而且很不端正,噪声越大,线条越宽,越模糊,如图 2.78(b)所示。

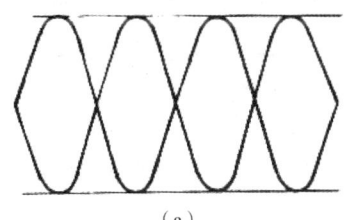
(a)

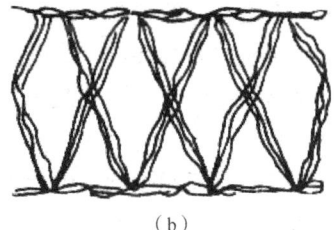
(b)

图 2.78 眼图

(5)带宽。

模拟系统的信息容量是用带宽 B 来表示的,它的性能一般用信噪比(signal-to-noise ratio,SNR)来衡量。系统最大传输速率与带宽的关系为 $R = B \cdot \text{Log}_2(1 + \dfrac{S}{N})$。在数字系统中,信息容量一般用信号速率来表示,它的性能一般用误码率 P_e 来表示。数字系统所占的带宽 B 与比特率 R 之间的关系为 $B = R/2$。

在模拟系统中每一话路所占的带宽比较窄，约 4kHz，但对系统的信噪比要求较高，噪声一旦引入就无法消除，所以只适合中短距离通信。数字系统抗干扰能力较强，在中继时可以去掉在传输过程中所引入的附加噪声，但数字系统所占的带宽比较宽，每一话路的信号速率约 56kbit/s，也就是每一话路所占的带宽为 28kHz。因此，数字系统是以牺牲带宽作为代价来实现其优越性的。由于光纤所能提供的带宽很宽，因此，光纤特别适合于数字通信，光纤通信常常和数字通信紧密地联系在一起。

（6）基带和频带。

数据编码电信号在频域内的固有频带称为基带。所谓基带传输，就是对基带信号不加调制而直接在线路上进行传输，它将占用线路的全部带宽。对于光纤通信而言，以直接光强调制为例，基带传输就是用原始信号直接调制光源的驱动电流。与基带传输相对的是频带传输。频带传输将带宽很宽的数字信号（基带信号）变换为带宽符合较窄带宽的通信网要求的模拟信号，而这种模拟信号通常是由某一频率或某几个频率组成，它占用了一个固有频带，所以称为频带传输。反映在光纤通信上，频带传输主要是考虑了频分多路复用，更有效地利用起光纤的带宽。本实验中的聚合物光纤通信链路为基带传输。

（7）调制。

从通信基本原理来讲，调制的目的是把基带信号频谱变换到一定频谱范围内，以适应信道（传输媒质）的要求。可以从不同的角度对调制进行分类。按照调制对象在时域内连续与否，可分为模拟调制和数字调制；按照载波在时域内连续与否，可分为连续载波调制和脉冲载波调制；按照调制器的功能不同，可分为幅度调制、频率调制、相位调制和偏正调制等；按照调制器的频谱变换特性，可分为线性调制和非线性调制。在光纤通信中，调制是一个很重要的概念，除了上面介绍的几种分类外，按照调制方式又可分为内调制（或直接调制）和外调制（或间接调制）。具体到光纤通信中，内调制一般指对光源的驱动电流进行传输信号的调制，主要是通过电路部分来完成的。外调制一般指在光源正常输出的光后再利用一些物质或器件的电光、声光及磁光等特性来进行信号的调制。低速调制大多是内调制，高速调制则大多为外调制。受调制的光源特性参数有光功率、振幅、频率和相位。目前技术上较成熟且广泛应用的是直接光强（功率）调制。

（8）单工和双工。

根据信号在信道上的传输方向，把数据通信方式分为单工通信、半双工通信和全双工通信，如图 2.79 所示。

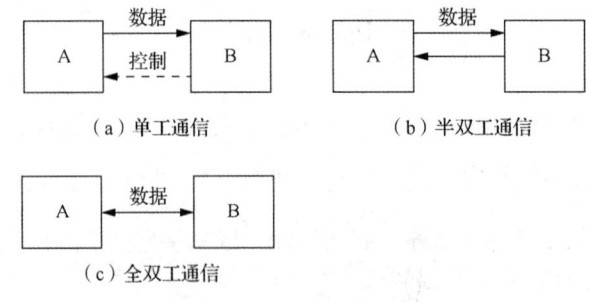

图 2.79　数据通信的三种方式

在单工通信中，数据信号仅从一个地方传送到另一个地方，同时必须附有一条控制信道来传送确认信号、请求重发信号等信息。在半双工通信中，数据信号可以从 A 传到 B，也可以从 B 传到 A，但不能在两个方向上同时进行传输。在全双工通信中，同一时刻能在两站间两个方向传输数据信息，它相当于将两个相反方向的单工通信信道组合在一起。

3. 链路信号和传输眼图的测量

可以采用由 Delphi 编写的软件测试该通信链路连接两台普通计算机的传输速率。因为受计算机内存、CPU 等硬件的限制，传输速率不能太高。要直观地测试传输速率，可以用聚合物光纤链路连接两台集线器，两台集线器两边连接多台计算机，多台计算机同时对传数据，链路总的传输速率预计可达 100Mbit/s。

另一种测试聚合物光纤链路系统的传输速率的方法是：利用 100Mbit/s 聚合物光纤通信转换器中的时钟振荡器的时钟信号可直接通过链路系统传输的特点，分别测量链路系统的输入/输出时钟信号，就可以测试链路系统的通信速率。时钟振荡器的信号频率为 125MHz，用示波器分别测量发射器发射信号和通过聚合物光纤传输到另一端接收器接收的信号频率。聚合物光纤链路系统的测试原理图如图 2.80 所示，通信速率测试结果如图 2.81 所示。该链路系统通信属于基带信号通信，在图 2.81 中，Ch1 代表发射信号，显示为 62.7MHz，这是系统频率，表示该链路系统传输的最高频率（奈奎斯特频率）是 62.7MHz×2=125.4MHz>125MHz；Ch2 代表接收信号，显示的系统频率为 62.94MHz，实际传输信号频率也大于 125MHz。这说明电子系统、聚合物光纤和光收发器的传输频率都达到 125MHz，即传输速率是 100Mbit/s。

系统眼图测量时示波器所测量的信号来自计算机内部。具有一定的随机性，大致可以满足二进制随机码流的要求。图 2.82 是用示波器测量的实验中的聚合物光纤链路系统通信眼图。由图 2.82 可见，眼张开得较大，线条比较清晰，图形稳定，交叉点在幅值的中间，图形对称，由此说明整个通信系统的通信质量较好。

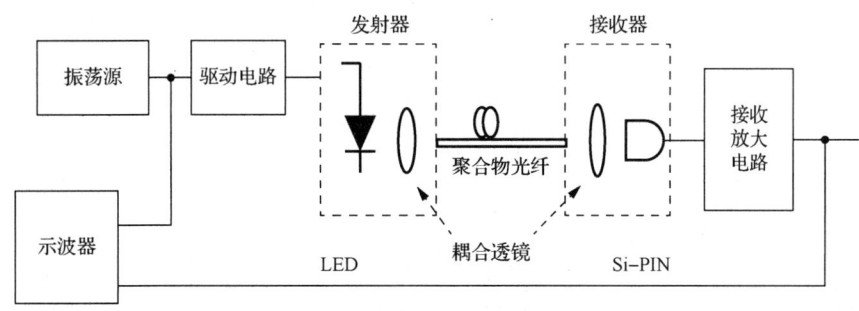

图 2.80 聚合物光纤链路系统的测试原理图

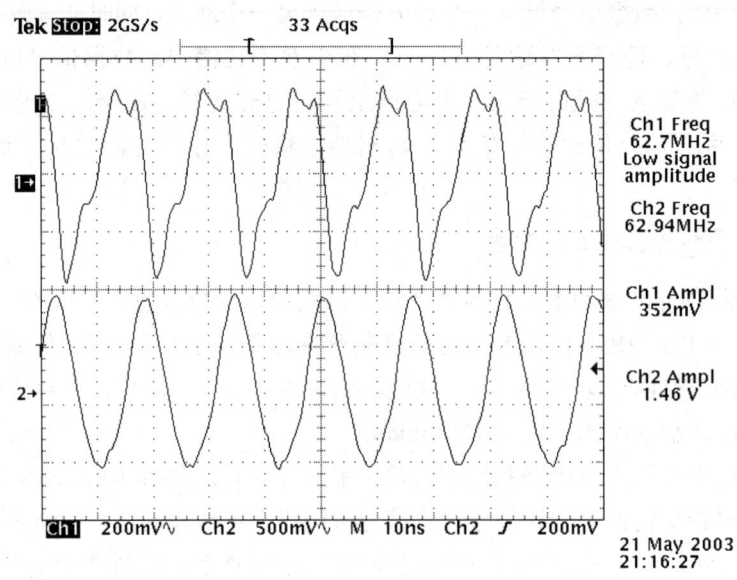

图 2.81　聚合物光纤链路系统通信速率测试结果

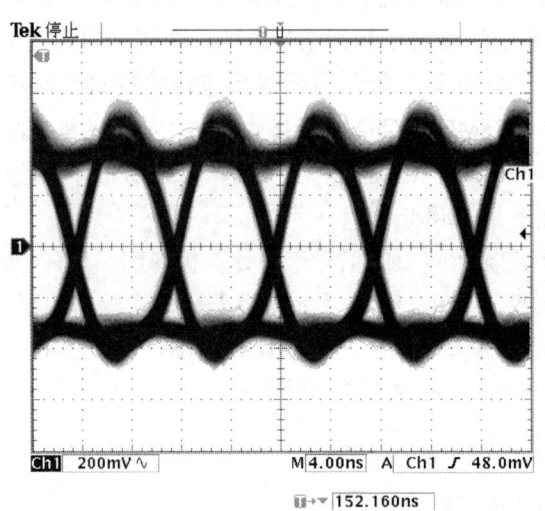

图 2.82　聚合物光纤链路系统的通信眼图

4. 光纤信号衰减的测量

（1）随光纤长度的衰减。

由于受到光纤传输损耗和带宽的影响，随着传输光纤长度的增加，发射端调制的信号会逐渐衰减。衰减的规律符合负 e 指数形式。而信号衰减的快慢又反映了传输光纤在传输损耗和色散方面的性能。图 2.83 为本实验中调制信号随光纤长度衰减的曲线。

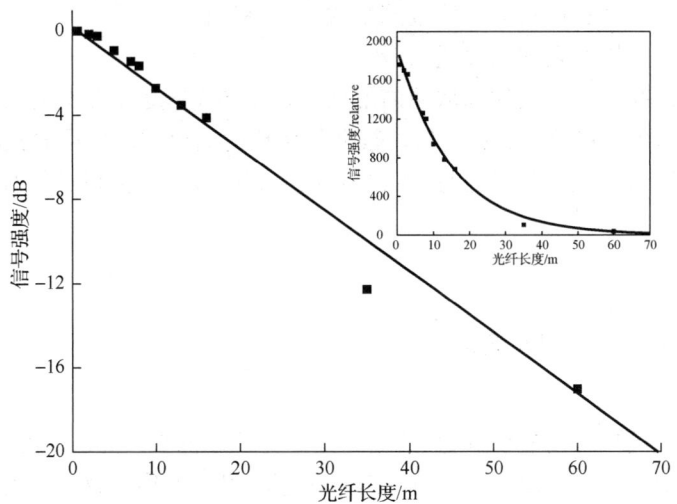

图 2.83 调制信号随光纤长度的衰减

（2）随光纤弯曲的衰减。

同样，在实际的光纤布线中，很难避免光纤各种曲率的弯曲，需要对光纤弯曲造成的接收信号衰减做一个定量的描述，如图 2.84 所示。

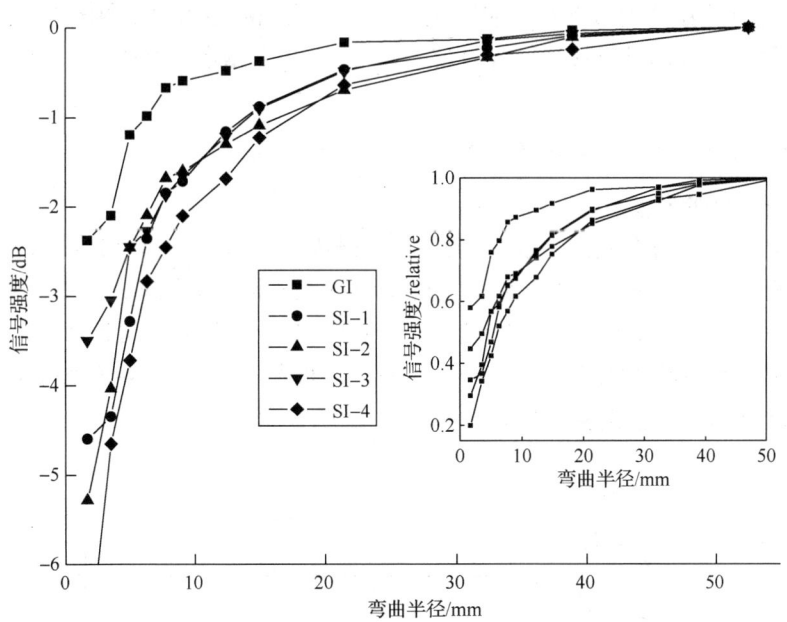

图 2.84 接收信号随光纤弯曲的衰减

5. 计算机多媒体及数据包传输链路系统的几种简单应用演示

（1）链路系统的几种简单网络应用。

点对点：两台计算机之间的直接通信。

点对网：由一台计算机与一个局域网组成的网络通信。

网对网：两个局域网之间相互通信。

局域网内部：在一个较大的局域网内部用于连接各个较远的信息点。

（2）多媒体和数据包的计算机传输。数据包传输的通信程序采用 Delphi 语言编写，采用两台计算机互发数据包，在规定的时间内对接收到的有效数据包进行统计，直观地给出整个链路系统的传输速率。

2.6.3 设计参考

1. 聚合物光纤端面处理及观察

（1）裸纤直接处理。

取一根未处理的聚合物光纤，用拨线钳将距离光纤端面 3~4mm 长的黑色保护层去掉，将裸露出的光纤放在一个平面上，用单面刀片垂直将多余的聚合物光纤切掉。取不同粗细程度的砂纸对光纤端面进行打磨，再在较光的平面上蘸水研磨抛光，最后将光纤端面用清水冲洗干净即可。

（2）同连接器一同处理。

取一根未处理的聚合物光纤，用拨线钳将距离光纤端面 3~4mm 长的黑色保护层去掉，将光纤插入连接器中，并用连接器上的金属环固定。用单面刀片将多余的光纤切掉（留 1mm 长度即可），将连接器插入研磨夹具中，用不同粗细程度的砂纸对其进行打磨（最后光纤端面应与连接器出口处平行），再在较光的平面上蘸水研磨抛光，最后用清水冲洗干净即可。

2. 聚合物光纤基本参数的测量

（1）光纤损耗的测量。

如图 2.85 所示，将激光器固定在导轨上，与导轨同轴平行，显微物镜作为耦合器与激光束同轴。取一段较长的聚合物光纤（10m 即可），固定该段光纤，并使显微物镜出射的激光耦合到该光纤中，让光纤的出射端插入光功率计中，测量其输出光功率，记录数值 P；在距该较长光纤耦合端较短的距离（0.5m 左右）切断光纤，再进行同样测量，记录光功率数值 P_0，按照公式 $\alpha = -10 \cdot \text{Log} \dfrac{P}{P_0}$ 计算光纤传输损耗。

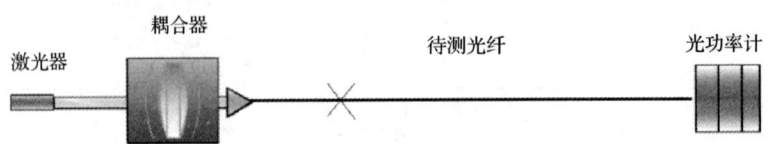

图 2.85 光纤损耗的测量示意图

（2）光纤数值孔径的测量。

采用光斑法进行光纤数值孔径的测量。如图 2.86 所示，将激光器和作为耦合器的显微物镜固定在导轨上，并且调节为同轴等高，使被显微物镜耦合的激光束进入聚合物光纤，另一端同样固定在导轨上,将白屏置于距离光纤出射端面 L 距离处,得到白屏上的圆形光斑,用毫米尺测量 L 和 D 的数值,根据公式 $NA = \sin[\arctan(D/2L)]$ 计算光纤的数值孔径。

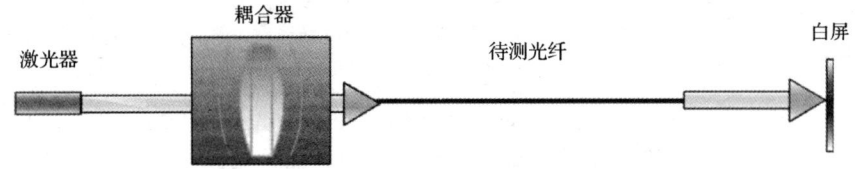

图 2.86 光纤数值孔径的测量示意图

(3) 链路传输信号和通信眼图的测量。

按照图 2.80 将整个聚合物光纤的链路系统连接起来。用高速示波器测量聚合物光纤通信模块 2 预留的眼图引线信号(示波器接地端与接地引线相连接)。接通电源,观察和测量链路传输的内部时钟信号(正弦波,62.5MHz)的幅值和频率等参数。将示波器的显示余辉调节到无穷大,触发延迟调到一定量(如 100ns),同时用计算机高速下载较大的文件,示波器便会记录下整个过程,显示出眼图图样。

2.6.4 实验测试方案

1. 链路传输信号衰减的测量

(1) 随光纤长度的衰减。

用单根 30m 长的聚合物光纤连接链路系统的两个通信模块,接通电源使之正常工作(不用接计算机)。用示波器测量通信模块 2 预留的模拟信号引线上的信号(示波器的接地端与接地引线相连接)。示波器调节到交流耦合挡,测量正弦信号的幅值。然后不断缩短光纤长度分别为 20m、15m、10m、8m、5m、3m、1m、0.5m,按照上述方法测量相对应的信号幅值。绘出信号强度随光纤长度衰减的曲线,并用公式 $P = P_0 \cdot e^{-\alpha L/10}$ 来进行拟合,给出对应的 α 值。

(2) 随光纤弯曲的衰减。

取单根 2m 长的聚合物光纤连接链路系统的两个通信模块,接通电源使之正常工作(不用接计算机)。用示波器测量通信模块 2 预留的模拟信号引线上的信号(示波器的接地端与接地引线相连接)。示波器调节到交流耦合挡,测量正弦信号的幅值。将光纤弯曲成不同半径的 90° 扇形(分别为 50mm、35mm、30mm、20mm、15mm、13mm、10mm、8mm、6mm、5mm),记录相应的信号幅值,并绘出曲线。找到弯曲半径为 25mm 处的信号衰减 dB 数,与石英光纤相应数值对比。

2. 链路系统的多媒体和数据包传输

用聚合物光纤链路系统连接两台计算机,用自带的软件进行发送和接收数据包的实验,给出数据传输的瞬间速率和平均速率。软件的使用说明见软件的帮助菜单。

2.7 光通信系统的信号分插复用模拟实验

2.7.1 概述

随着点到点的波分复用（wavelength division multiplexing，WDM）系统及相关技术的日趋完善，人们不再仅仅满足于简单地扩大传输容量，而是着眼于通信网络的全光化，即全光网络。在全光网络中，信号的传输、复用、放大、选路和交换等都在光域上进行，克服了电子瓶颈，提高了传输容量和速率。全光网络的发展由低到高大致分为三个阶段：第一个阶段是点到点的 WDM 链路系统；第二个阶段是具有多个波长能力的多点网络，使用光分插复用器（optical add/drop multiplexer，OADM）；第三个阶段是具有复杂光交叉互连功能的全光网络，使用光交叉连接（optical cross-connect，OXC）设备。第一个阶段发展已相当成熟，要实现真正意义的全光网，必须解决 OADM 和 OXC 等核心技术。但就目前的技术水平来看，具有灵活管理带宽能力的 OADM 是最先可能实用化的设备，因此，对 OADM 技术和设备的研究与开发已逐渐成为热点。

1. 实验目的

（1）掌握 OADM 的基本原理和实现方法。
（2）了解 OADM 在全光网络中的重要性。
（3）了解激光信号的外调制和内调制的基本原理和方法。
（4）了解薄膜介质复用器和光栅型解复用器的原理和特性。
（5）了解光通信系统光电转换的基本方法。
（6）了解自由空间光通信和光纤通信的工作原理。

2. 设计任务及要求

（1）掌握 OADM 的运作机制与组网架构，深刻理解其在全光网络拓扑中实现波长路由与业务调度的核心价值。
（2）对比分析激光信号的内调制技术与外调制技术，掌握两种调制方式的性能差异及适用场景。
（3）重点研究薄膜滤波器型波分复用器与布拉格光栅型解复用器的光谱特性、通道间隔及插入损耗等关键技术指标。
（4）精通光信号在光电探测器中的量子转换原理，能够通过实验对比自由空间光传输与光纤波导传输在信号衰减、抗干扰性及传输距离等方面的特性差异。

2.7.2 实验原理

1. OADM 的定义

OADM 是组建全光网络的关键技术之一，它的基本功能是从 WDM 传输线路上选择性地上路、下路某些光通道，而不影响其他光通道的透明传输。如果选择某个或某些固定的波长通道进行分插复用，在节点处上下路固定波长，则称为固定波长 OADM；如果分插复用的波长通道是可选择的，即能灵活控制 OADM 节点上下路的波长，则称为可配置

OADM；如果是前两种情况的综合，则称为半可配置 OADM。OADM 的结构可以归纳成以下几种：耦合单元＋滤波单元＋合波器；分波器＋空间交换单元＋合波器；基于声光可调谐滤波器的结构；基于波长光栅路由器的结构等。

2. OADM 的原理

光通信系统中 OADM 的原理如图 2.87 所示。

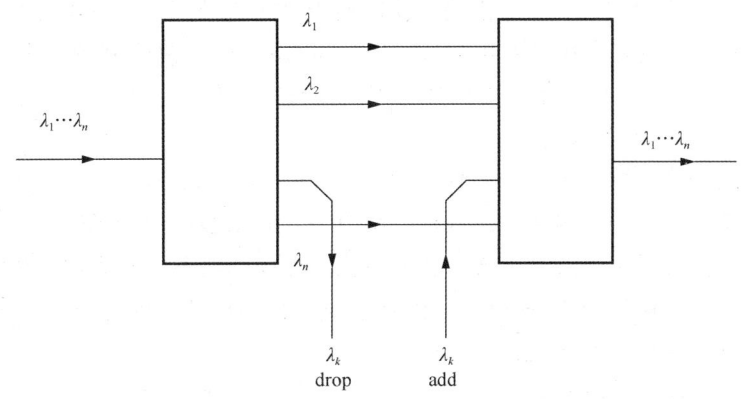

图 2.87　OADM 的原理

一般的 OADM 节点可以用四端口模型来表示，基本功能包括 3 种：将需要的波长信道取下来；将本地信号送入信道传输；使其他波长信道尽量不受影响地通过。OADM 具体的工作过程如下：传输过来的包含 N 个波长信道的 WDM 信号进入 OADM 的输入端（main input），根据业务需求，有选择性地从下路端口（drop）输出所需的波长信道，相应地从上路端口（add）输入本地的波长信道。其他波长信道直接通过 OADM，和上路波长复用在一起，从 OADM 的线路输出端（main output）输出。下面举例进一步详细说明 OADM 的工作过程。

（1）多用户信号传输。

选择在 3 个波长上传输三路信号，如图 2.88 所示。用户 1、2、3 的信号分别由波长 λ_1、λ_2、λ_3 携带，经合波器合在一根光纤上传输一段距离以后，用户 3 信号需要下路，这时经分路器将 λ_1、λ_2、λ_3 分开，然后将 λ_3 取出，使用户 3 信号下路到本地，同时本地用户 4 的信号上路到波长 λ_3，经合波器合路后与用户 1、2 的信号一起在一根光纤上传输。

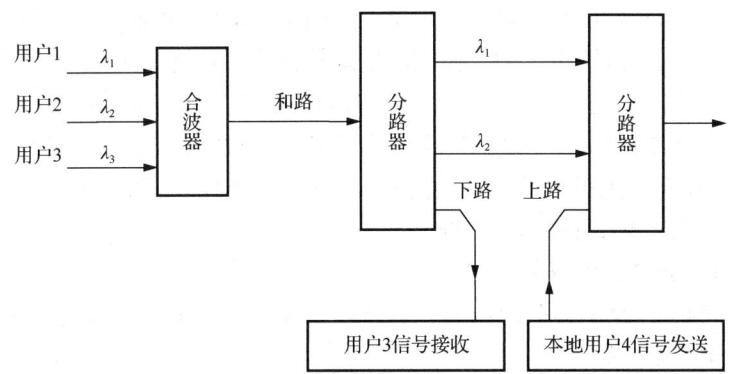

图 2.88　OADM 的实现方案一

（2）耦合单元＋滤波单元＋合波器。

这种类型的 OADM 结构简单，所用的器件方便可得，在这种结构中，耦合单元一般为普通的耦合器（coupler）或者光环形器（optical circulator），滤波单元为光纤光栅、法-珀腔等滤波器，合波器为普通的耦合器或复用器。两种较常用的滤波单元是法-珀腔和光纤光栅。

第一种是用法-珀腔实现的 OADM 方案，如图 2.89（a）所示。在这种方案中输入的 WDM 信号经法-珀腔滤波以后，让需要下路的波长到本地节点，其他波长被反射后继续向前传输。本地节点上路的信号使用和下路信号相同的波长，这种方案的突出优点是法-珀腔的输出波长连续可调，可以根据需要选择上下路波长；它的不足之处是由于法-珀腔对温度敏感，温度变化会影响其滤波性能。

另一种是用光纤光栅实现的 OADM 方案，如图 2.89（b）所示。光纤光栅的功能是能够反射某一个特定波长的光信号。在这种方案中输入的 WDM 信号经过开关选路，送入光纤光栅，每个光栅反射一个波长，被反射的波长经光环形器下路到本地，其他波长通过光栅与本地节点的上路信号波长由光环形器合波，继续向前传输。这种方案的缺点是在利用开关选路的时候存在延时和损耗。

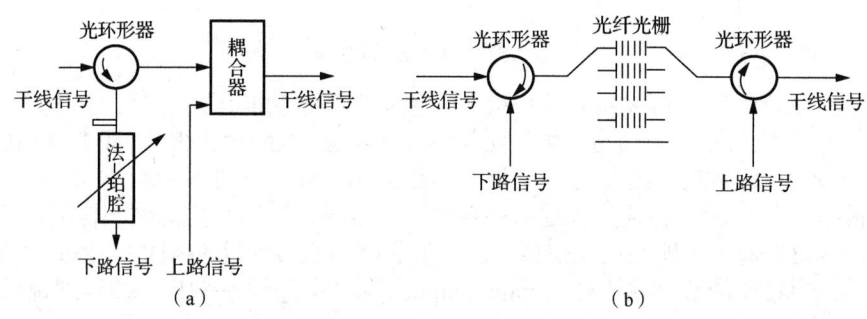

图 2.89　OADM 的实现方案二

（3）基于声光可调谐滤波器的 OADM。

声光可调谐滤波器（acousto-optic tunable filter，AOTF）是当前研究的热点之一，它本身具有良好的可调谐滤波性能，包括调谐范围、调谐速度及隔离度等。基于 AOTF 实现的 OADM 方案如图 2.90 所示，上路波长光信号和输入的 WDM 光信号的偏振方向垂直，它们进入 AOTF 后，WDM 信号经偏振分束器（polarization beam splitter，PBS）分成 TM 模和 TE 模，然后进入声波波段选频 f 控制的模式转换单元，选频 f 针对不同的下路波长进行调谐。例如，下路 λ_1，选频 f 调到一个相应的频率，当 WDM 信号经过模式转换单元时，波长为 λ_1 的光其 TE 模和 TM 模发生转换，经过下一个 PBS 后从下路端口输出到本地，其他的 WDM 波长没有发生模式转换，从输出端口输出到光纤，上路波长要与下路波长相同，经模式转换后也从输出端口输出到光纤。

（4）基于波长光栅路由器的 OADM。

WGR 是一种光栅型的波长路由器，具有双向性，即一个方向输入为解复用方式，另一个方向输入为复用方式。

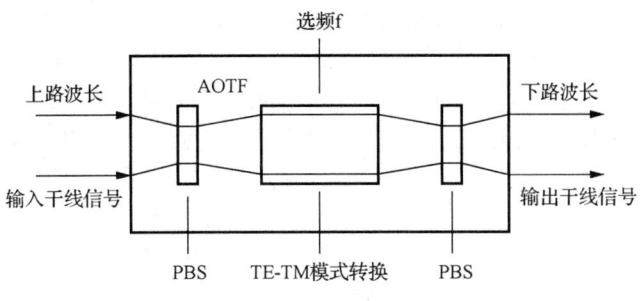

图 2.90　OADM 的实现方案三

如 2.91 所示，以 $N×N$ 的 WGR 为例，它的输出端口的解复用波长次序与输入端口有关，一般是这样的：假设 WDM 信号有对应于 WGR 的 N 个波长，输入端口和输出端口排序分别为 1～N，当 WDM 信号从输入端口 1 进入时，输出端口 1～N 解复用波长依次为 λ_1～λ_N，当从输入端口 2 进入时，输出端口 1～N 的解复用波长依次为 λ_1～λ_{N-1}，依此类推，因此在 WGR 的输入端口用光开关来选择 WDM 信号的不同输入端口，由此来决定下路的波长，实现 OADM 的可调谐性。

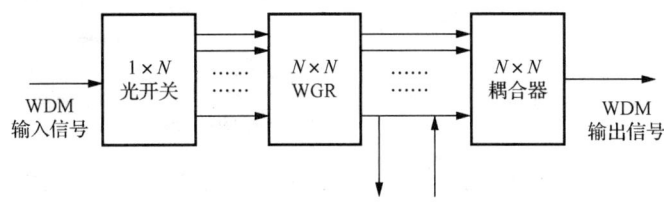

图 2.91　OADM 的实现方案四

3. 光通信系统简介

（1）光通信系统。

最基本的光通信系统由数据源、光发射机和调制器、光学信道和光接收机组成，如图 2.92 所示。数据源包括所有的信号源，它们是语音、图像、数据等信息经过信源编码所得到的信号。光发射机和调制器负责将信号转换成适合于在光纤上传输的光信号，先后用过的光波窗口有 0.85μm、1.31μm 和 1.55μm。光学信道包括最基本的光纤和中继放大器等。光接收机接收光信号并从中提取信息，然后转换成电信号，最后得到对应的语音、图像、数据等信息。

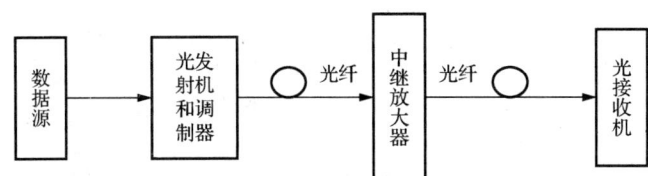

图 2.92　基本的光通信系统的结构

（2）自由空间光通信系统。

作为提供本地宽带接入的媒介，除了大家熟知的 DSL（digital subscriber line，数字用户线）、电缆调制解调器和无线接入，还有一种新的传输手段，即利用大气激光传输原理的自由空间光通信（free-space optical，FSO）系统，也称无线光网系统。FSO 用激光或光脉冲在太赫兹（THz）光谱范围内传送分组数据，传送媒介是空气，而不是光纤。

FSO 系统是一种小巧的设备，采用了先进的激光器、放大器和接收器，它可以安置在普通住宅房顶上、办公室的窗户上，或是其他任何合适地点。工作时以点到点方式通过自由空间便能安全有效地传送语音、数据和视频等信息。FSO 系统可用在一些受地理环境或成本因素影响而不能铺设光纤网的地区，如大城市或校园环境中。FSO 系统中的光链路两端具有对准（捕获）和保持（跟踪）功能。为了保证光链路的性能，两端必须对准；对准以后，在风力和其他因素的作用下，建筑物实际上是会有些移动和摇摆的，所以激光器节点必须具备自动跟踪的能力，以保持收、发两端始终对准。大多数点到点 FSO 系统的提供商使用往返观测装置进行捕获工作，要求安装者人工地对准目标接收器，并监测信号强度，还要求对端的安装者向第一个安装者反馈信息。

目前，许多企业和机构都不具备光纤线路，但它们需要很高的宽带接入速率。FSO 系统可以取代固定无线接入，其可提供的带宽高达 1Gbit/s 以上。FSO 技术既能提供类似光纤的速率，又不需在频谱这样的稀有资源方面有很大的初始投资（因为无须许可证）。现在 FSO 系统已经在多住户单元市场得到使用。

2.7.3 设计参考

（1）参照图 2.93 所示布置光路，将各激光器光束调到同一高度，并使光束与工作台平行。

（2）将收音机 a、c 产生的两路声音信号（音频信号 1、3）通过调制模块调制到两个 650nm 激光器，即将音频信号 1、3 加载到输出的红光上。

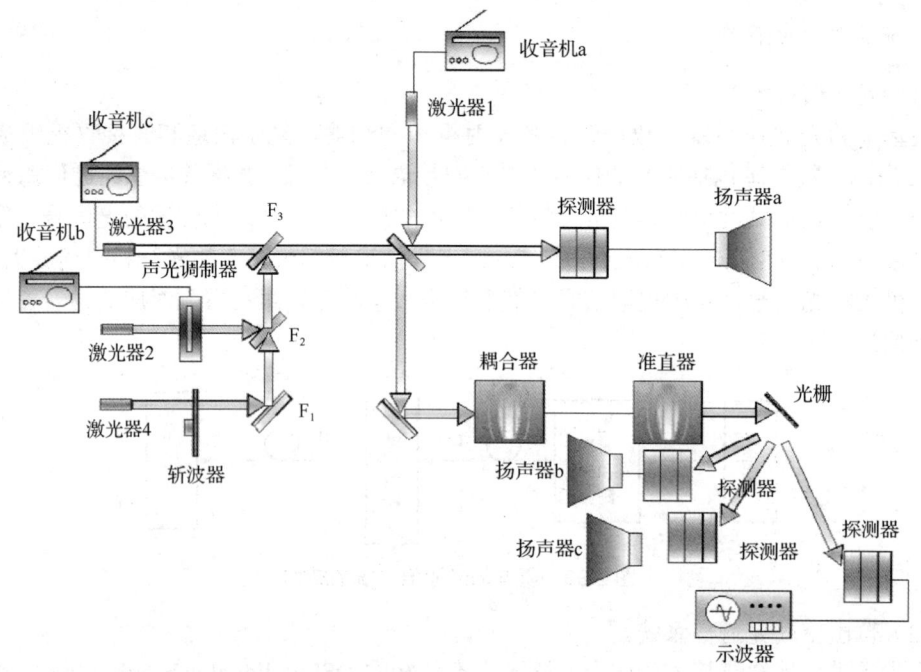

图 2.93　OADM 实验光路图

(3) 用棱镜架将声光调制器夹紧，将收音机 b 产生的声音信号（音频信号 2）接入声光调制器的信号输入端口，并让 532nm 激光器的光束通过光孔，调节声光调制器驱动电源的"控制"电位器，使衍射光强适中。透过声光调制器的衍射光承载了音频信号 2，然后将该衍射光通过狭缝取出。

(4) 由激光器 4 产生的 473nm 的蓝光直接通过斩波器变成调制光波。

(5) 调节反射镜和滤波片 F_1、F_2 使三路光合路，然后通过滤波片 F_3。

(6) 合路的光经过滤波片 F_3 时，532nm 和 473nm 的光被反射，加载音频信号 1 的 650nm 光透射，由接收模块 1 接收后转变为音频信号，从扬声器 a 放出，完成下路过程。因蓝光和绿光较强，滤波片 F_3 不能完全滤除，下路信号中会有蓝光和绿光引起的串扰，这时，可以插入一个 532nm、473nm 垂直入射截止的滤波片将蓝光和绿光去掉。

(7) 加载音频信号 3 的 650nm 的光经过滤波片 F_3 时被透射，与反射的 532nm 和 473nm 的光合路，通过光纤耦合器耦合到多模光纤内传输。

2.7.4 实验测试方案

本实验是把三路信号分别加载到 3 个不同的波长上。通过调制电路将音频信号 1 直接调制到波长为 650nm 的红光上；通过声光调制器将音频信号 2 调制到 532nm 的绿光上；通过声光调制器将音频信号 3 调制到 473nm 的蓝光上，通过斩波器进行调制，在接收时用示波器进行检测。信号调制完毕，绿光经过反射镜 M_1 后转向进入滤波片 F_1，F_1 滤波片成 45°放置时对绿光透射，对蓝光反射，因此绿光和蓝光经过 F_1 合路后继续向前传输。F_2 成 45°放置时对红光透射，对绿光、蓝光反射，因此经过 F_2 后三路波长达到了合路的目的。

合路后的三路波长经过滤波片 F_3，F_3 对红光透射，对绿光、蓝光反射，加载音频信号 1 的红光经过 F_3 之后完成下路。同时，另一路加载音频信号 3 的红光经过滤波片 F_3 上路，与绿光、蓝光合路后一起传输。合路后的光经过光纤耦合器耦合到 3m 长的多模光纤中，在光纤中传输一段距离后经准直器准直出射。最后，用一个光栅解复用器完成分路，并对各路信号进行接收。

2.8 波分复用光通信模拟实验

2.8.1 概述

通信业务的爆炸式增长，使得通信网络对传输容量的要求急剧提高。如何利用现有的光缆系统最大限度地扩大传输容量呢？传统的扩容方法是采用时分复用（time division multiplexing，TDM）方式，即把电信号在时间轴上按一定的时间间隔复用起来传输。但是随着现代电信网对传输容量要求的急剧提高，利用 TDM 方式已日益接近硅和砷化镓技术的容量极限，而且传输设备的价格也很高，光纤色散的影响也日益严重。因此，人们越来越多地把眼光从电时分复用方式转移到光波分复用上，即从光域上用波长复用的方式来改进传输效率，提高传输容量。波分复用（wavelength division multiplexing，WDM）技术是增加系统容量的有效方法之一，它能适应快速增长的数据通信业务的需求，可以大大提高光纤网络的容量和灵活性。

WDM 技术就是利用光纤低损耗区的巨大带宽，以不同的波长作为传输光信号的信道，将多个信道的光信号在发送端通过复用器（合波器）合并起来，成为一束光耦合进一根光纤进行传输；在接收端，再由解复用器（分波器）将这些不同波长信道的光信号分开，经过进一步处理后，恢复出原信号后送入不同的终端。

1. 实验目的

（1）学习 WDM 的基本工作原理，理解干涉膜型波分复用器和衍射光栅型解复用器的工作原理。

（2）学习激光内调制和利用声光调制器对激光进行外调制的基本原理和实现方法。

（3）学习光纤通信中的 WDM 技术，建立对 WDM 复用的感性认识。

2. 设计任务及要求

（1）了解波分复用通过单纤多波长并行传输提升通信容量，掌握调制技术，包含激光器直接电流调制的内调制方式，以及声光调制器通过声波扰动折射率的外调制方式。

（2）了解 WDM 通过波长维度资源复用显著提高频谱效率，并为全光网络提供波长路由基础，这是现代光通信扩容的核心技术架构。

2.8.2 实验原理

WDM 是以一定的频率（或波长）间隔将光纤的低损耗窗口划分为若干个信道，每个波长信道占用一段光纤的带宽，传输一个用户的信息。这样，通过增加工作波长的数量，可以达到增加传输容量的目的。

在发送端，利用光波作为载波，同步传送来自不同用户的光信号，用复用器将承载不同信号的不同波长的光载波合并起来送入一根光纤进行传输。在接收端，用解复用器将不同波长的光载波分开分别接收。由于不同波长的光载波相互独立（不考虑光纤的非线性效应），从而在一根光纤中可以实现多路光信号的复用传输。WDM 系统的组成原理如图 2.94 所示。

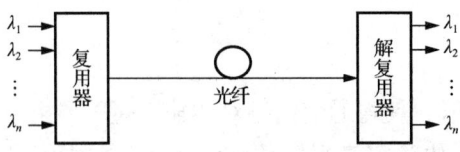

图 2.94 WDM 系统的组成原理

波分复用也称光频分复用。通常将波长间隔较大的称为波分复用，而将波长间隔在 1nm 以下（或频率间隔大于 100GHz）的称为频分复用或密集波分复用。

在 WDM 系统中，光波分复用器和波分解复用器起着关键作用，其性能对系统的传输质量有决定性的影响。将承载不同用户信息的波长信号复合在一起的器件称为复用器；反之,将同一传输光纤送来的这些多波长信号分解为各个波长分别输出的器件称为解复用器。复用器和解复用器的基本原理是相同的,根据光路可逆性质,只要将复用器的输出端和输入端反过来使用,就是解复用器。

根据分光原理的不同,已形成的基本波分复用器可分为干涉膜型、衍射光栅型、光纤光栅型、阵列波导型、熔融型等几种。本实验采用干涉膜型波分复用器和衍射光栅型解复用器。下面分别简要介绍它们的基本工作原理,同时简单阐述一下声光调制原理。

1. 干涉膜型波分复用器

干涉膜型波分复用器又称介质膜型波分复用器,这是目前实现 WDM 系统最常用的器件。它利用薄膜滤光片对不同波长的光具有不同的透射率特性(在 0~90%范围内变化),而把光分为透射光和反射光,从而达到合波和分波的作用。多层介质膜结构如图 2.95 所示,其中 H、L 分别是光学厚度为 1/4 波长的高、低折射率膜层。

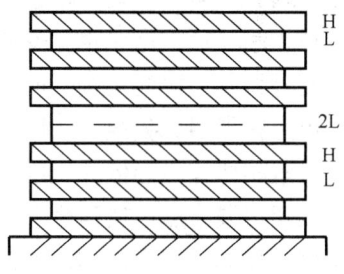

图 2.95 多层介质膜结构

由图 2.95 可见,中间层 2L 的厚度为 1/2 波长 λ_0 的光学厚度,对波长为 λ_0 的光不起作用,可以略去不计。可以看出,整个膜系对波长为 λ_0 的光有同基底一样的透射率,而对波长偏离 λ_0 的光因为中间层不满足半波长的条件,因而透射率迅速下降,每通过一层就要下降一次,最后被滤掉而不能通过,因而最后只有指定的波长为 λ_0 的光透过,达到了滤波的目的。改变膜厚,即可以滤出不同波长的光。

由于一对 HH 或 LL 膜层构成一个腔,称这种滤波器为一种多膜带通滤波器,其通带特性与腔的数目直接相关,随着腔数目的增加,谱线的半高宽没有很大的变化,但波长分布范围变窄。实际滤波器的膜层数目可以多达数十层。将多个多层介质膜滤波器级连可用作波分复用器,从而达到多波长分离的目的。

这种波分复用器的温度特性很好,通带较平坦,且与极化无关,因而获得了广泛的应用,但是它存在插损随复用通路数增多而增大的缺点。

2. 衍射光栅型解复用器

衍射光栅型解复用器的原理如图 2.96 所示。它主要利用不同波长的光入射到光栅后衍射方向各不相同的特性,从而将不同波长的光以不同的角度出射,并定向地耦合到各根光纤中去。衍射光栅型解复用器特别适用于复用波长数较多的情况,它易于做成集成光波导型器件。

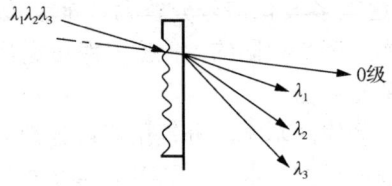

图 2.96　衍射光栅型解复用器的原理

3. 声光调制

在光通信中,根据调制方式的不同将光信号的调制分为内调制和外调制两种。内调制比较简单,它是通过把需要调制的信号加到激光器的驱动电源上,使激光器发出的光随驱动电源输出的驱动信号而变化,实质上为随外加信号变化。外调制需要通过一个外调制器来实现,它是将需要调制的信号加到调制器的驱动电路上,这样调制器的输出特性就随外加信号变化,激光器发出的光通过调制器后,激光也就变成了加载后需要传输的光信号。

本实验使用声光调制器来实现外调制。声光调制器的原理如下。

声光调制器是由声光介质、电声换能器、吸声(或反射)装置及驱动电源等组成。调制电信号通过电声换能器(利用某些晶体或半导体的反压电效应,在外加电场的作用下产生机械振动而形成超声波)转换成超声波,然后加到声光晶体上。超声波使声光介质的折射率沿声波的传输方向随时间交替变化。受超声波作用的声光介质相当于一个衍射光栅,光栅的条纹间隔等于声波波长。当一束平行光通过它时,由于声光效应产生衍射,其出射光束就具有随时间变化的光程差,结果构成了各级闪烁变化的衍射光。衍射光的强度、频率、方向等都随超声场的变化而变化。可以取某一级衍射光作为输出,用光阑将其他级衍射光阻拦,从光阑孔出射的就是一个周期性变化的调制光。声光衍射原理如图 2.97 所示。

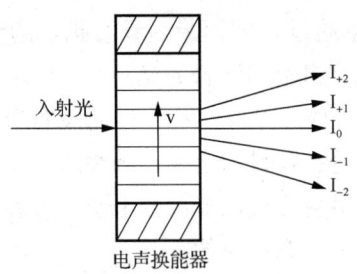

图 2.97　声光衍射原理

2.8.3　设计参考

(1) 参照图 2.98 所示布置光路。

(2) 调节各激光器的支持调节台,使各路光束与工作台平行;调节各个光学器件的高度,确保各路光束等高。

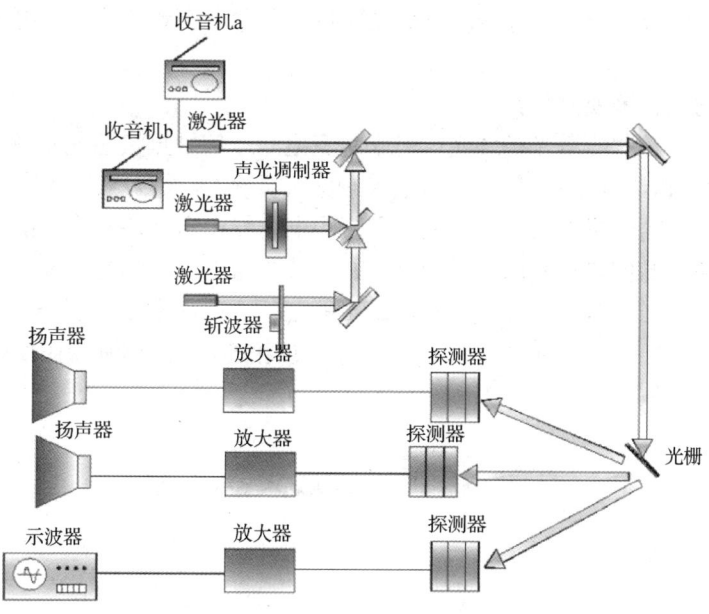

图 2.98　WDM 实验光路图

（3）将信号源发出的音频信号接到 650nm（红光）的激光器的驱动电路上，通过内调制方式调制它发出的激光；将另外一个信号源的音频信号接到声光调制器的驱动电路上，并让 532nm（绿光）的激光器发出的光通过声光调制器；让 473nm（蓝光）的激光器发出的光通过斩波器。

（4）利用反射镜改变光路，反射从斩波器出射的蓝光。

（5）利用干涉膜型波分复用器先将蓝光和绿光合成一路，然后利用干涉膜型波分复用器将红光与这两路已合路的光信号再合路，再用反射镜改变光路，并耦合进多模光纤传输。

（6）在光纤的另一端利用衍射光栅型解复用器将三路光信号分开。

2.8.4　实验测试方案

在实际的光纤通信中所用的光是不可见波段的红外光，为了更直观地演示 WDM 系统的工作原理，本实验采用可见光来代替红外光进行模拟实验。

本实验采用三路信号，以不同波长的光作为载波，利用多模光纤作为介质来传输光信号。实验光路如图 2.98 所示。

在发射端：信号源（收音机 a）发出的音频信号（音乐）通过内调制方式调制到波长为 650nm（红光）的激光器上，该激光器发出的光便携带了音频信号；另外一个信号源（收音机 b）发出的音频信号（语音）通过声光调制器调制到波长为 532nm（绿光）的激光器上；473nm（蓝光）的激光器发出的光通过斩波器得到方波信号；利用反射镜改变光路，反射从斩波器出射的蓝光，再利用干涉膜型波分复用器将三路光信号复合成一路，然后利用反射镜改变光路，并耦合进多模光纤传输。

在接收端：利用衍射光栅型解复用器将各路光信号分开，利用探测器将探测到的各路光信号转换为电信号，经过放大器放大后利用扬声器输出音频信号，利用示波器显示方波信号。

本实验中的注意事项如下。

（1）发射模块发射的激光是强光，对眼睛有危险，切忌直接照射眼睛。

（2）声光调制器的外加信号由驱动电源的输入端输入，衍射效率的大小可通过其控制电位器进行调节，输出端输出驱动功率，用高频电缆与声光器件相连。使用时应注意调整声光器件在光路中的位置和光的入射角度，并调节驱动电源上的衍射效率控制电位器，使一级衍射光达到最强状态。另外，驱动电源不能空载，在加上 24V 的直流工作电压之前，应先将驱动电源输出端与声光器件或其他 50Ω 负载相连。声光调制器在使用过程中应小心轻放，避免损坏晶体。

2.9 掺铒光纤放大器实验

2.9.1 概述

掺铒光纤放大器（erbium-doped fiber amplifier，EDFA）的出现是光纤通信发展史上的一个重要里程碑。1986 年，英国南安普顿大学制作出了最初的掺铒光纤放大器。在此之前，由于不能直接放大光信号，所有的光纤通信系统都只能采用光-电-光中继方式。掺铒光纤放大器可直接放大光信号，这就可使光-电-光中继变为全光中继。这是一次极为重要的飞跃，把光通信推向了一个新的阶段，其意义可与用晶体管代替电子管相提并论。当作为掺铒光纤放大器泵浦源的 0.98μm 和 1.48μm 的大功率半导体激光器研制成功后，掺铒光纤放大器趋于成熟，进入了实用化阶段。掺铒光纤放大器的意义不仅在于可进行全光中继，还在多方面推动了光纤通信的发展，引起了光纤通信的变革。其中最突出的是在波分复用光纤通信系统中的应用。波分复用是在一根光纤上传输多个光信道，从而充分利用光纤带宽，有效扩展通信容量的光纤通信方式。由于掺铒光纤放大器具有约 40nm 的极宽带宽，可覆盖整个波分复用信号的频带，因而用一只掺铒光纤放大器就可取代与信道数相应的光-电-光中继器，实现全光中继。这极大地降低了设备成本，提高了传输质量。现在 EDFA+WDM 已成为高速光纤通信网发展的主流，代表新一代的光纤通信技术。

1. 实验目的

（1）了解 EDFA 的基本结构和功能。

（2）测试 EDFA 的各种参数，并通过测量的参数计算增益、输出饱和功率、噪声系数。

（3）了解 EDFA 各参数的定义和计算方法，对 EDFA 的各种使用情况有一个充分的认识。

2. 设计任务及要求

（1）掌握 WDM 的基本原理及干涉膜型、光栅型解复用器的工作原理。

（2）熟悉激光内、外调制原理与方法，建立对光纤通信中 WDM 复用的感性认识。

2.9.2 实验原理

在光纤放大器实用化以前，为了克服光纤传输中的损耗，每传输一段距离，都要进行再生，即把传输后的弱光信号转换为电信号，经过放大、整形后，再去调制激光器，生成一定强度的光信号，即所谓的光-电-光混合中继。其工作原理是：先将接收到的微弱光信号经 PIN 光电二极管或雪崩光电二极管转换为电信号，并对此电信号进行放大、均衡、判决、再生等，以得到一个性能良好的电信号，最后通过半导体激光器完成电光转换，重新发送到下段光纤中去。随着传输码率的提高，再生的难度也随之提高，于是中继部分成了信号传输容量扩大的瓶颈。光纤放大器的出现解决了这一难题，其不但可对光信号进行直接放大，同时还具有实时、高增益、宽带、在线、低噪声、低损耗的全光放大功能，是新一代光纤通信系统中必不可少的关键器件。这项技术不仅解决了损耗对全光网络传输速率与距离的限制，更重要的是它开创了 C+L 波段的波分复用，从而使超高速、超大容量、超长距离的波分复用、密集波分复用、全光传输、光孤子传输等成为可能。

目前实用化的光纤放大器主要有掺铒光纤放大器、半导体光放大器和光纤拉曼放大器等。其中掺铒光纤放大器以其优越的性能已广泛应用于要求长距离、大容量、高速率的光纤通信系统、接入网、光纤有线电视网、军用系统（雷达多路数据复接、数据传输、制导等）等领域。在系统中 EDFA 有 3 种基本的应用方式：功率放大器（power booster-amplifier）、中继放大器（line-amplifier）和前置放大器（pre-amplifier）。它们对放大器性能有不同的要求，功率放大器要求输出功率大，前置放大器对噪声性能要求高，中继放大器则要求两者兼顾。

1. EDFA 的基本结构

EDFA 主要由掺铒光纤、泵浦光、波分复用器、隔离器（isolator）等组成。EDFA 的内部按泵浦方式分为 3 种基本结构，即同向泵浦、反向泵浦和双向泵浦。

同向泵浦，是信号光与泵浦光以同一方向从掺铒光纤的输入端注入的结构，如图 2.99 所示。

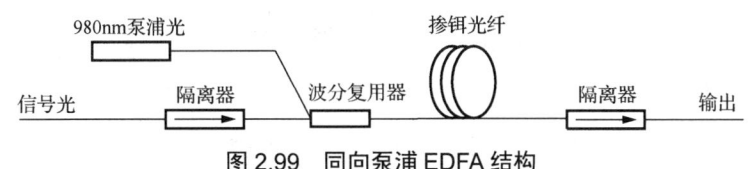

图 2.99 同向泵浦 EDFA 结构

反向泵浦，是信号光与泵浦光从两个不同方向注入掺铒光纤的结构，如图 2.100 所示。

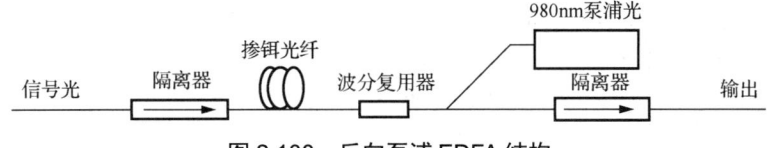

图 2.100 反向泵浦 EDFA 结构

双向泵浦，是同向泵浦和反向泵浦同时泵浦的结构，如图 2.101 所示。

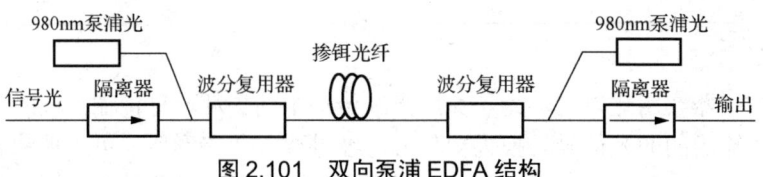

图 2.101 双向泵浦 EDFA 结构

2. EDFA 的工作原理

Er^{3+} 能级图及放大过程：掺铒光纤放大器能放大光信号的基本原理在于 Er^{3+} 吸收泵浦光的能量，由基态 $^4I_{15/2}$ 跃迁到处于高能级的泵浦态，对于不同的泵浦波长电子跃迁到不同的能级，当用 980nm 波长的光泵浦时，Er^{+3} 从基态跃迁到泵浦态 $^4I_{11/2}$，如图 2.102 所示。由于泵浦态上的载流子的寿命只有 1μs，电子迅速以非辐射方式由泵浦态弛豫至亚稳态，在亚稳态上载流子有较长的寿命，在源源不断的泵浦下，亚稳态上的粒子不断累积，从而实现粒子数反转分布。当有 1550nm 的信号光通过已被激活的掺铒光纤时，在信号光的感应下，亚稳态上的粒子以收集受激辐射的方式跃迁到基态，同时释放出一个与感应光子全同的光子，从而实现信号光在掺铒光纤的传播过程中不断放大。在放大过程中，亚稳态上的粒子也会以自发辐射的方式跃迁到基态，自发辐射产生的光子也会被放大，这种放大自发辐射（amplified spontaneous emission，ASE）会消耗泵浦光并引入噪声。

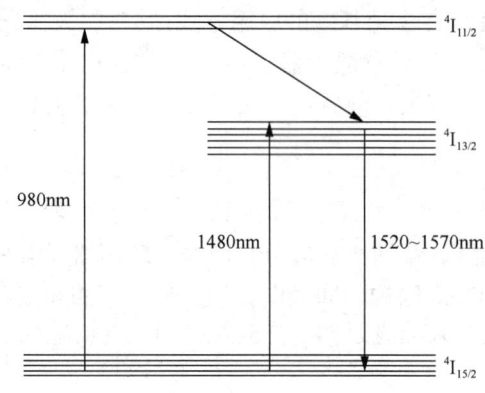

图 2.102 Er^{+3} 的能级图

3. EDFA 的基本性能

在 EDFA 中，当接入泵浦光功率后，输入的信号光将得到放大，同时产生部分 ASE 光，两种光都消耗上能级的铒粒子。当泵浦光功率足够大，而信号光与 ASE 光很弱时，上下能级的粒子数反转程度很高，并可认为沿掺铒光纤长度方向上的上能级粒子数保持不变，放大器的增益将达到很高的值，而且随输入信号光功率的增加，增益仍维持恒定不变，这种增益称为小信号增益。

在给定输入泵浦光功率时，随着信号光和 ASE 光的增大，上能级粒子数的增加将因不足以补偿消耗而逐渐减少，增益也将不能维持初始值不变而逐渐下降，此时放大器进入饱和工作状态，增益产生饱和。饱和增益值不是一个确定值，随输入功率、饱和深度及泵浦光功率而变。

增益是输出端口的信号光功率与输入端口的信号光功率的比值,单位为 dB。增益包括输入光纤跳线和输入端口之间的连接损耗。本实验中需要假定跳线与用作 EDFA 输入/输出端口的光纤同类,同时需要注意从信号光功率中排除 ASE 噪声功率。

EDFA 工作在线性范围区时,在给定的信号波长和泵浦光功率电平下,小信号(线性)增益基本上与输入信号光功率无关,并且输出与输入信号光功率之比不包括泵光和 ASE 光。

$$G = 10\log_{10}\left[(P_{\text{out}} - P_{\text{ASE}})/P_{\text{in}}\right] \qquad (2\text{-}49)$$

式中,G 是增益;P_{in} 和 P_{out} 是被放大的连续信号光的输入功率和输出功率;P_{ASE} 是 ASE 噪声功率。图 2.103 中,虚线 b 的左侧是 EDFA 的线性工作区,即小信号工作区,右侧是 EDFA 的饱和工作区。在实际测量中,由于 P_{out} 中会含有一定的 P_{ASE},因此在 P_{in} 很小的情况下,计算的增益偏大,当输入功率增大,使得 P_{out} 远远大于 P_{ASE} 时,计算结果就相当精确了。

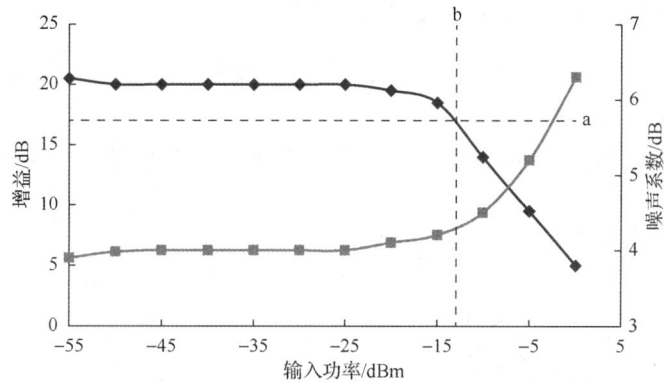

图 2.103 典型 EDFA 的增益、噪声系数与输入功率的关系

饱和输出功率是增益相对小信号增益减小 3dB 时的输出功率,在本实验中通过作图法得到。

噪声系数(noise figure,NF)是放大器输入信噪比和输出信噪比之比,单位为 dB,国际上通用的测量公式如下。

$$\begin{aligned}\text{NF} &= 10\log_{10}\left(\frac{P_{\text{ASE}}}{h\nu G_1 B_0} + \frac{1}{G_1}\right) \\ &= 10\log_{10}\left(\frac{P_{\text{ASE}} P_{\text{in}}}{h\nu B_0 (P_{\text{out}} - P_{\text{ASE}})} + \frac{P_{\text{in}}}{(P_{\text{out}} - P_{\text{ASE}})}\right)\end{aligned} \qquad (2\text{-}50)$$

式中,h 为普朗克常数;ν 为光频率;B_0 为有效带宽,本实验中标定为 4nm(688.24GHz)。NF 的理论极限为 3dB,实际中在线性区内噪声系数一般为 4~8dB。

偏振相关增益变化 ΔG_p。测算出不同偏振状态下的小信号增益,找出所有小信号增益中的最大值 $G_{\max}$ 和最小值 $G_{\min}$,偏振相关增益变化 ΔG_p 可由下式计算。

$$\Delta G_p = G_{\max} - G_{\min} \qquad (2\text{-}51)$$

4. 光谱分析仪光带宽的校准

（1）用窄带光源校准的步骤如下。

① 将可调谐窄光源的输出端与光谱分析仪（optical spectrum analyzer，OSA）直接相连。

② 置 OSA 中心波长至校准信号 λ_s。

③ 置 OSA 波长间隔为零。

④ 置 OSA 分辨率带宽（resolution bandwidth，RBW）至所需值（即与测量 EDFA 时使用同一值，应该小于所有可能使用的滤波器带宽）。

⑤ 置窄带光源波长至 λ_i，使得 λ_s-RBW-$\delta \leq \lambda_i \leq \lambda_s$+RBW+$\delta$，选择的 δ（δ 代表足够大的量值）应足够大，使得两端波长落在 OSA 滤波器通带之外。

⑥ 记录 OSA 信号功率电平 $P(\lambda_i)$ 和 $P(\lambda_s)$。

⑦ 重复步骤⑤和⑥，在 λ_s-RBW-$\delta \leq \lambda_i \leq \lambda_s$+RBW+$\delta$ 内调谐窄带光源波长。

⑧ 按照下式确定 OSA 的波长光谱带宽。

$$\Delta \lambda_{BW}(\lambda_s) = \int [P(\lambda_i) / P(\lambda_s)] d\lambda_i$$

（2）用宽带光源校准的步骤如下。

① 将窄带光源的输出端和 OSA 直接相连，如果光源波长可调，置波长为规定的光源波长 λ_s。

② 置 OSA 分辨率至最大值，但不应超过 10nm。

③ 用 OSA 测量窄带信号的半高全宽（full width half maximum）谱宽 $\Delta \lambda_{RSW\,max}$。

④ 将宽带光源的输出端直接连到 OSA 上。

⑤ 保持 OSA 分辨率在最大值。

⑥ 用 OSA 测量在给定波长 λ_i 上的输出功率电平 $P(\lambda_i)$。

⑦ 置 OSA 分辨率至带宽所需值。

⑧ 用 OSA 测量在给定波长 λ_s 上的输出功率电平 $P(\lambda_s)$。

⑨ 按照下式计算 OSA 的波长光谱带宽。

$$\Delta \lambda_{BW}(\lambda_s) = [P(\lambda_i) / P(\lambda_s)] \Delta \lambda_{RBW\,max}$$

对于用以上两种方法确定的波长光谱带宽，可以用下式转换为频域光带宽 B_0。

$$B_0(\lambda_s) = c[(\lambda_s - \Delta \lambda_{BW}(\lambda_s)/2)^{-1} - (\lambda_s + \Delta \lambda_{BW}(\lambda_s)/2)^{-1}]$$

式中，c 代表真空中的光速。

2.9.3 实验装置

分布式反馈激光器、隔离器、EDFA、光可变衰减器、光固定衰减器、跳线、光功率计。

2.9.4 设计参考方案

（1）测量 EDFA 的增益曲线。参照图 2.104 连接实验装置，接通 EDFA 电源，稍等片刻（大约 5 分钟）至稳定工作状态。

(2)测量信号功率,如图 2.104 中虚线所示,跳过 EDFA,将两个隔离器连接起来,调整衰减器到合适值,功率计上显示的读数可以认为是 EDFA 的输入功率。

(3)如图 2.104 所示,在 b 点断开(EDFA 无输入),EDFA 输出端按图 2.104 依次连接,功率计上的读数可以认为是通过滤波器带宽内的 ASE 功率。

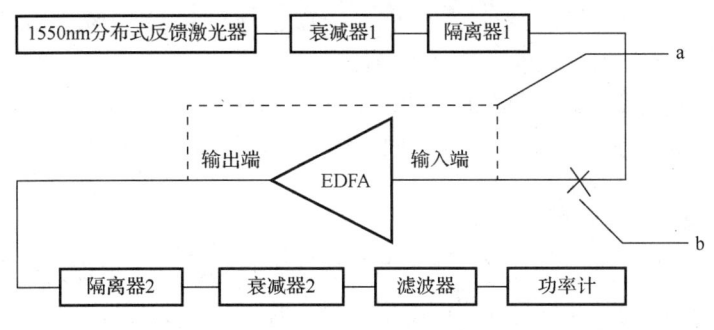

图 2.104 实验装置示意图

(4)将隔离器 1 的输出端连接到 EDFA 的输入端,此时功率计上的读数可以认为是放大后的信号和 ASE 的混合功率。

注意:衰减器 2 不一定使用,但是当放大器放大后的信号超出 8mW,功率计上的读数将会因为接近饱和而不准确,所以此时需要加入衰减器 2,但衰减器 2 需要标定一下(把功率调低,测量有衰减和没有衰减的准确读数,两个读数相除可以得到衰减器 2 的衰减倍数),测量时应该记录实际值(即读数×衰减倍数),否则 NF 将不准确。

(5)调整衰减器(通常 5~10 倍一个点),重复步骤(2)~(4),用功率计测量并记录信号光的输入功率 P_{in},同时对应每一个输入功率,都要测得一个经过 EDFA 放大后的输出功率 P_{out},同时测量每组衰减状态下 EDFA 的输入悬空,输出端接光功率计,测得 EDFA 的放大自发辐射噪声功率 P_{ASE}。将实验数据填入表 2-9,并通过式(2-49)和式(2-50)计算出各个输入功率下的增益 G 和噪声系数 NF,绘制出增益曲线。

表 2-9 实验数据表

编号	输入功率 P_{in}/dBm	输出功率 P_{out}/dBm	噪声功率 P_{ASE}/dBm	增益 G/dB	噪声系数 NF/dB
1					
2					
3					
4					
5					
6					
7					
8					

（6）输出饱和功率，能够判断线性工作区和饱和工作区。在本实验中，输出饱和功率通过作图法得到，在上一步中绘制出的增益曲线示意图如图 2.103 所示，曲线 a 是增益基本恒定的区域内减去 3dB，曲线 a 与增益曲线的焦点得到竖虚线 b，左侧是 EDFA 的线性工作区，右侧是 EDFA 的饱和工作区，输出饱和功率就是这个时刻的输出功率。

（7）绘制噪声系数曲线。根据式（2-50）计算 EDFA 的噪声系数，并绘制出以输入功率为横轴，以噪声系数为纵轴的噪声系数曲线。

（8）重复以上步骤，调整不同的泵浦电流（如 100mA、133mA），分别测试不同电流（相当于不同的泵浦光强度）条件下的正向泵浦、反向泵浦的情况，会发现增益和噪声系数有很大的变化，特别是噪声系数。

本实验的注意事项如下。

（1）每次开关机之前检查激光器的调节旋钮是否置零，以避免烧毁激光器。

（2）超过 15mW 的时候有可能烧毁光纤端面。据统计，当光纤端面清洁的时候，120W 的光能量也不会损坏光纤端面，但如果光纤端面脏污，15mW 的光能量就可能造成一半以上的光纤端面被烧毁。所以建议 EDFA 的电流不超过 150mA，并且注意实验中的所有光纤端面清洁。

（3）法兰盘和衰减器上有缺口，连接时要将连接头上的凸起对着缺口，不能强行大力旋钮。

（4）按照国际惯例，APC 为绿色标志，FC 为黑色标志。EDFA 为 APC 接口，功率计为 FC 接口。APC 和 FC 不能直接连接，否则会造成光源或 EDFA 不稳定，并且有很大的损耗。

（5）工作波长在红外波段，虽然肉眼看不见，但切忌把端面冲着眼睛。

（6）法兰式固定衰减器和法兰盘外形相同，但底座上有"10dB"字样，注意区别，否则可能造成测量结果错误。

（7）实验中分布式反馈激光器的工作波长为 1549.66nm（194.65THz），滤波器有效带宽（标定后）为 7.77nm（933GHz），普朗克常数 h 为 6.626×10^{-34}J·s。

第 3 章
光电信息技术创新性实验

本章所选择的实验是光电信息方向本科高年级学生进行创新性学习的实验项目，根据题目的特点与技术要求找到深入课题、理解课题和展开设计工作的一般方法。通过这些实验，使学生学会如何从用户的需求出发找到技术关键和解决方法，如何建立设计思路，确定设计步骤，最终完成设计内容。

本章列举了一些具有创新点的设计课题，意在开拓学生的创新思路，提高创新能力。

3.1 OCR 识别研究实验

3.1.1 概述

光学字符识别（optical character recognition，OCR），也可简单地理解为文字识别，是实现文字自动输入的一种方法。OCR 通过扫描和拍摄等光学输入方式获取文字信息，利用各种模式识别算法分析文字形态特征，判断出文字的标准编码，并按通用格式存储在文本文件中。所以，OCR 是一种非常快捷、省力的文字输入方法，很受人们的欢迎。

1. 实验目的

（1）了解 OCR 的技术原理。
（2）掌握 OCR 识别方法和技巧。

2. 实验任务及要求

利用实验室设备（CMOS 相机、远心成像镜头、线形照明光源、机器视觉创新综合实验测试板、机器视觉实验平台及相关软件、相关机械调整部件等）进行 OCR 实验，学习 OCR 的技术原理，并至少掌握一种 OCR 识别方法，撰写研究报告。

3.1.2 实验原理

OCR 的概念最早是在 1929 年由德国科学家 Tausheck 提出来的，后来美国科学家 Handel 也提出了利用技术对文字进行识别的想法。最早对印刷体汉字识别进行研究的是 IBM 公司的 Casey 和 Nagy，1966 年他们发表了第一篇关于汉字识别的文章，采用模板匹配法识别了 1000 个印刷体汉字。

OCR 作为模式识别的一个重要分支，已经被研究了很多年。字符识别算法有很多种，从模式识别的角度划分,可以分为基于统计的识别算法和基于机构的识别算法。从信息角度来看,有的是在字符图像级进行识别,有的是在字符轮廓级进行识别,还有的是在字符骨架基础上进行识别。各种识别算法各有其优缺点,当前常用的字符识别算法如下。

(1) 对字符拓扑结构进行分析。对字符的旋转、缩放和变形具有很好的容忍度,但实现不易,很多方法尚在探索之中。

(2) 根据字符图像的统计特征进行匹配。该方法通过计算字符图像的全部或部分的期望与方差实现字符识别,对字符的旋转、缩放和变形有一定的容忍度,但识别率较低。

(3) 模板匹配。实现简单,当字符较规则时,对字符图像的缺损、污迹、干扰适应力强,且识别率高,对数字字符的识别率可达 94.96%,但对字符的旋转、缩放和变形容忍度低。

(4) 基于字符图像的变换进行匹配。通过将字符与标准模板分别进行傅里叶或霍夫变换后进行对比,虽然对字符的旋转、缩放和变形具有较好的容忍度,但对字符的微小细节分辨率不够。

(5) 外围轮廓匹配。该方法采用外围轮廓描述数组,记录字符边框上各点到框内字符像点的最短距离。识别时将待识别字符的这一数组与预先得到的模板的外围轮廓描述数组比较,两者差别由欧氏距离衡量。

(6) 基于豪斯多夫距离的模板匹配。该方法将字符图像的边缘点作为特征点,记录这些点所在位置的同时,还记录了每一点的 8 个邻域点的情况,因此每个边缘点有 9 个特征值。采用豪斯多夫距离对待识别字符进行模板匹配。

由于光照不均匀、相机拍摄的角度和距离不同,经过投影法处理之后,切分的单个字符图像大小不一样。为了有利于后续的特征提取,通常要进行归一化处理。所谓归一化,就是将大小不一样的字符变换成统一大小。根据变换目的的不同,可分为位置归一化、大小归一化及笔画粗细归一化 3 种。根据变换函数性质不同,又可分为线性归一化和非线性归一化 2 种。在本实验中采用的是位置归一化及模板匹配法来进行字符识别,所以主要介绍这 2 种方法。

字符点阵的位置归一化方法主要有两种,一种是重心归一化,另一种是外框归一化。重心归一化是计算出字符点阵的重心,将重心移到字符点阵的规定位置上,一般是中心位置,即重心归一化后字符的重心位于点阵中心。外框归一化是将字符点阵的外框移到点阵的规定位置上。因为重心计算是全局性的,所以抗干扰能力强;而边框搜索是局部性的,易受干扰影响。大多数字符是比较均匀的,字符重心和字形的中心差不多,重心归一化不会造成字形失真。但也存在个别字符(如 6、9 等)上下分布不均匀,重心归一化会使字形移动,使上端或下端超出点阵范围而造成失真。因此,通常将二者结合起来使用,取长补短。

图像匹配是指根据已知模式到另一幅图像中寻找相应的模式,其目的可以分为两类,一类是确定大图像是否存在小图像,另一类是确定小图像在大图像中的位置。图像匹配中最常用的方法是模板(子图像或窗)匹配,也称基于面积或邻域的匹配。它直接采用物体的灰度图像作为已知模板,在一幅图像中查找是否存在已知模板的图像。

模板匹配是基于二维窗口的图像处理,以 8 位图像(其 1 个像素由 1 个字节描述)为例，模板 T（$m \times n$ 个像素）叠放在被搜索图 S（$W \times H$ 个像素）上平移，模板覆盖被搜索图的那块区域称为子图 S_{ij}。i,j 为子图左上角在被搜索图 S 上的坐标。搜索范围为

$$1 \leqslant i \leqslant W - m$$
$$1 \leqslant j \leqslant H - n$$
（3-1）

通过比较 T 和 S_{ij} 的相似性，完成模板匹配过程，如图 3.1 所示。

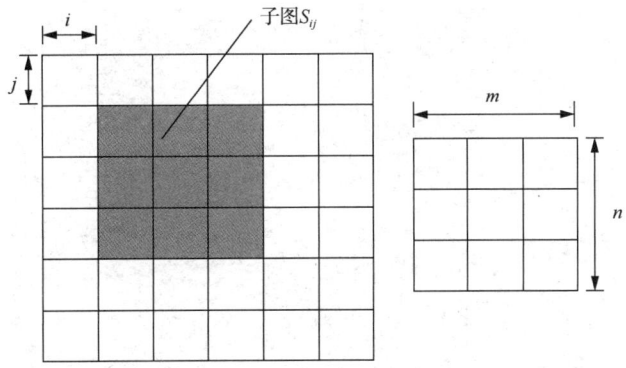

图 3.1 模板匹配示意图

可用式（3-2）衡量 T 和 S_{ij} 的相似性

$$D(i,j) = \sum_{m=1}^{M}\sum_{n=1}^{N}\left[S_{ij}(m,n) - T(m,n)\right]^2$$
$$= \sum_{m=1}^{M}\sum_{n=1}^{N}\left[S_{ij}(m,n)\right]^2 - 2\sum_{m=1}^{M}\sum_{n=1}^{N}\left[S_{ij}(m,n)T(m,n)\right] + \sum_{m=1}^{M}\sum_{n=1}^{N}\left[T(m,n)\right]^2$$
（3-2）

式中，第一项为子图的能量，第三项为模板的能量，都与模板匹配无关；第二项是模板和子图的互相关，随 (i,j) 而改变。当模板和子图匹配时，该项有极大值，将其归一化，得到模板匹配的相关系数为

$$R(i,j) = \frac{\sum_{m=1}^{M}\sum_{n=1}^{N}S_{ij}(m,n) \times T(m,n)}{\sqrt{\sum_{m=1}^{M}\sum_{n=1}^{N}\left[S_{ij}(m,n)\right]^2} \cdot \sqrt{\sum_{m=1}^{M}\sum_{n=1}^{N}\left[T(m,n)\right]^2}}$$
（3-3）

当模板和子图完全一样时，相关系数 $R(i,j) = 1$。在被搜索图 S 中完成全部搜索后，找出 R 的最大值 $R_{\max}(i_m, j_m)$，其对应的子图 S_{ij} 即为匹配目标。显然，用这种公式做模板匹配计算量大、速度较慢。

另一种算法是衡量 T 和 S_{ij} 的误差，其公式为

$$E(i,j) = \sum_{m=1}^{M}\sum_{n=1}^{N}\left|S_{ij}(m,n) - T(m,n)\right|$$
（3-4）

$E(i,j)$ 为最小值处即为匹配目标。为提高计算速度，取一个误差阈值 E_0，当 $E(i,j) > E_0$ 时就停止该点的计算，继续下一点计算。被搜索图越大，匹配速度越慢；模板越小，匹配速度越快。误差法速度较快，阈值的大小对匹配速度影响大，和模板的尺寸有关。

3.1.3 参考方案

（1）参照图 3.2 装配平台各器件，其中光源只打开条形光源，镜头选择物像双方远心镜头 GCO-230205。打开实验软件，选择"采集模块"→"采集图像"，在软件中观察 CMOS 相机采集图像的效果，调整 CMOS 相机参数以获得最佳图像效果。

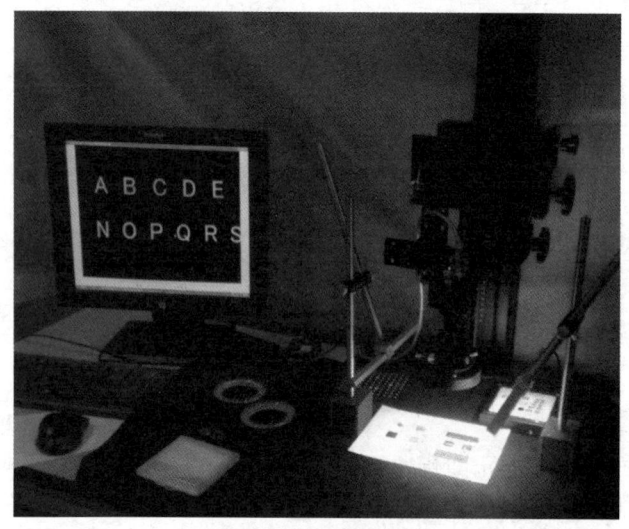

图 3.2 OCR 实验装配图

（2）将机器视觉创新综合实验测试板水平地放在机器视觉平台上。选取实验测试板上的字母区域，保证在软件界面中观察到的字母排列保持水平。选择"保存图像"，将图像保存到"\OCR 识别实验\字母识别\"目录中。移动实验测试板，保存多种不同排列的字母。

（3）重复步骤（2），此时选取实验测试板上的数字区域。将图像保存到"\OCR 识别实验\数字识别\"目录中。

（4）在实验软件中选择"OCR 识别"→"读图"，读入之前保存的字母图像，选择"截取识别区域"，在图像上画出需要识别的字母区域，保证画出区域边缘为黑边，以便软件正确识别字母。最后识别结果在软件界面上显示。如果需要重新识别，则再次选择"截取识别区域"，重复本步骤。

（5）步骤（4）的方法，对数字图像进行识别。

3.1.4 实验测试方案

根据实验结果和 OCR 的技术原理，研究 OCR 的识别方法和技巧。

3.2 机器视觉软件处理方法研究实验

3.2.1 概述

图像处理可分为模拟图像处理和数字图像处理。模拟图像处理主要有光学处理和电子处理两种方法。在机器视觉里,只针对采集后的图像利用计算机对整个像素画面进行处理,所以使用的方法称为数字处理方法。数字图像处理技术可以帮助人类更客观、准确地认识世界,由于人的视觉系统在识别上有一定的局限性,对于模糊甚至不可见的信息,我们可以把它拍摄下来,利用图像增强技术,使得图像变得清晰,易于鉴别。数字图像处理技术对于可见光以外的光谱范围也有着重要的应用,它间接把人类的信息获取范围拓展开来。图像处理学是一门综合性交叉学科,涉及光学、电子学、数学、摄影技术、计算机技术等众多学科,它与计算机图形学、模式识别、计算机视觉、人工智能、神经网络、生物医学、遥感、通信及工业自动化等是密不可分的。

1. 实验目的

(1) 了解图像处理的主要方法和作用,丰富软件应用知识。

(2) 学会简单的软件处理手段,并会设置相应参数。

(3) 学会根据图像特征及自己的要求来选取图像处理方法。

2. 实验任务及要求

(1) 利用软件对给定图像进行滤波处理,根据要求自行设计滤波模块,观测处理效果,体会模块设计方法。

(2) 利用函数模板对图像灰度进行增强,分析几种灰度变换模板对图像的影响。

(3) 选择合适的阈值分割方式,设置好相关参数后对图像进行分割处理。

3.2.2 实验原理

1. 噪声分类

在数字图像处理中,由于受到成像方法的限制,图像中的边缘、细节、特征等重要信息常被噪声干扰,从而给图像后续处理带来很大的影响。由于噪声对图像的影响是无法避免的,因此对含噪声图像进行适当处理是图像预处理中的重要问题。减轻或消除噪声的处理方法主要是图像滤波方法。由于图像在采集、传输、显示等过程中会受到不同类型噪声的影响,而某种图像滤波方法一般针对某种类型噪声而提出,因此在熟悉图像滤波方法的同时,应该对图像噪声类型有一定了解。

(1) 高斯噪声。高斯噪声是概率密度服从高斯分布的一类噪声。这种噪声的特点是密度大,噪声强度的波动范围较宽。也就是说,高斯噪声污染的图像,不仅在图像的每一像素上存在影响,并且在同一像素灰度级上造成的污染程度也存在较大差异。

(2) 脉冲噪声。脉冲噪声主要表现在成像中的短暂停留,如错误的开关操作,其概率密度函数为

$$\begin{cases} p_a, x = a \\ p_b, x = b \\ 0, 其他 \end{cases}$$

如果 $b>a$，灰度值 b 在图像中为一亮点，a 为一暗点。若 $p_a=0$ 或 $p_b=0$，则为单极脉冲，即正脉冲或负脉冲噪声。若两者都不为零，尤其当两者近似相等时，脉冲噪声将类似随机分布在图像上的椒盐颗粒。脉冲噪声是非连续的，由持续时间短和幅度大的噪声尖峰组成，在噪声密度不大的条件下易于滤除。

（3）泊松噪声。泊松噪声分布函数为

$$p(x) = \frac{\lambda^x e^{-\lambda}}{x!}$$

式中，$\lambda > 0$。

光电子噪声是由光的统计本质和图像传感器中的光电转换过程引起的。在弱光照影响下更严重。此时常用泊松分布的随机变量作为光电噪声模型。这种分布的标准差等于均值的平方根。在光照较强时，泊松分布趋向于高斯分布，而标准差仍等于均值平方根。这意味着噪声幅度是与信号有关的。

（4）均匀分布噪声。均匀分布噪声的概率密度函数为

$$p(x) = \begin{cases} 1/(b-a), & a \leqslant x \leqslant b \\ 0, & \text{其他} \end{cases}$$

概率密度函数的期望值和方差分别是 $u = \dfrac{a+b}{2}, \sigma^2 = \dfrac{(b-a)^2}{12}$。均匀分布噪声在实践中最为少见，它常常用来作为随机数发生器。

大量实验研究发现，由摄像机拍摄得到的图像受离散的脉冲、椒盐和零均值的高斯噪声影响严重。噪声给图像处理带来了很多困难，对图像分割、特征提取、图像识别等有直接影响。因此实时采集图像需进行滤波处理。图像处理的要求有两个：一是尽可能不损坏图像轮廓及边缘等重要信息；二是使图像清晰，改善视觉效果。

2. 滤波类型

（1）空间域滤波。空间域滤波即直接在图像空间中进行滤波操作，有时借助变换域实现。空间域滤波是在图像空间借助模板进行邻域操作完成的，即在待处理图像中逐点移动模板。在每一点 (x, y) 处，滤波器在该点的响应通过事先定义的关系进行计算。空间域滤波分为线性空间域滤波和非线性空间域滤波。线性空间域滤波是借助模板与图像进行卷积并在邻域操作。非线性空间域滤波则直接在邻域操作。

线性空间域滤波是一种对高斯噪声有效的滤波方法。它借助模板与图像进行卷积实现。线性滤波模板的系数和为 1，在图像平坦区域模板输出与原值相同，具有低通滤波的特性，在图像的每一点 (x, y) 处，计算模板与所覆盖区域的线性输出响应，并将响应结果赋予模板所覆盖区域的中心像素值。

假设模板 W 的大小为 $m \times n$，图像的大小为 $M \times N$，线性空间域滤波的主要操作过程可以描述如下。

将模板在图像中漫游，遍历图像中的每个像素，并将模板与图像中的某个像素位置重合，如图 3.3 所示。

16	25	19	28	10
13	21	20	17	03
05	22	16	25	13

25	19	28
21	20	17
22	16	25

（a）图像像素分布　　　　　（b）模板覆盖区域

图 3.3　模板与图像匹配关系图

将模板系数与模板所覆盖区域的对应像素相乘并将所有乘积相加，一般情况下，模板的长和宽都是奇数，其有意义的最小尺寸为 3×3。注意，位置系数和为 1。最后将结果赋予模板中心像素。

但是线性空间域滤波在消除噪声的同时也会使图像的细节变模糊。图像中的噪声点像素通常比非噪声点像素更亮或更暗。这时如果在噪声点像素周围寻找一个合理的数值对它进行代替，在一定程度上可以获得较理想的滤波结果。线性模板与非线性模板的比较如图 3.4 所示。

1/9	1/9	1/9
1/9	1/9	1/9
1/9	1/9	1/9

1/16	2/16	1/16
2/16	4/16	2/16
1/16	2/16	1/16

（a）线性模板　　　　　　（b）非线性模板

图 3.4　线性模板与非线性模板的比较

常见的空间域滤波有均值滤波、最大值滤波、最小值滤波、中值滤波等。

（2）频域滤波。拍摄到的图像里，信息空间大、信息含量简单的在频域里属于低频信号，而信息空间小、信息含量复杂的在频域里属于高频信息。有时为了将我们所关注图像的信息挑选出来会采用频域滤波方法。

采用频域滤波过滤噪声的基本步骤如下。

首先将空间域和频域间的运算对应关系确定，即

$$f(x,y)*h(x,y) \Leftrightarrow F(u,v)H(u,v)$$

$$f(x,y)h(x,y) \Leftrightarrow F(u,v)*H(u,v)$$

$f(x,y)$ 和 $h(x,y)$ 是空间域的图像函数和滤波函数，$F(u,v)$ 和 $H(u,v)$ 是频域的频谱函数和滤波函数。由以上两式可以看出，空间域的卷积运算就是频域的乘积运算。根据得出的变换原则，频域变换步骤如下：将原始图像和滤波器函数分别进行变换得到对应的频域函数；在频域中进行二者对应的点积运算，即 $H(x,y)$ 的第一个元素与 $F(x,y)$ 的第一个元素相乘，两者各自的第二个、第三个直至最后一个元素分别相乘；将频域中滤波后的运算结果进行傅里叶逆变换，即可得到滤波后的图像。

常见的频域滤波有高通滤波、低通滤波、带通滤波、带阻滤波等。由于频域中低频成分对应图像中灰度值变化较缓慢的区域，高频成分则表征图像中物体边缘与随机噪声等信息。因此，在一幅给定的图像中，通过频域一定范围内的高频分量进行衰减就能够达到去

除噪声、平滑图像的目的。

3. 图像增强

图像增强是指按实际需要采取相应技术强调图像中的某些特征而抑制其他信息，以改善视觉效果，或使图像更适合于后续处理等特定应用。作为基本图像处理技术，图像增强包含的内容较广泛，对比度增强、边缘增强、轮廓增强、纹理增强、图像锐化、噪声去除和几何畸变校正等在广义上都可称为图像增强。

图像增强的方法主要有三类：空间域增强法、变换域增强法和基于参数优化的增强法。其中，空间域增强法是直接在图像所在空间进行处理，包括基于像素的处理和基于模板的处理；变换域增强法是将图像变换到频域或小波域，对图像的变换系数进行某种修正，然后通过逆变换获得增强图像，如频域增强和小波域增强等。

灰度变换的基本原理可以描述为：设 r 和 s 分别代表原始图像 $f(x,y)$ 和增强图像 $g(x,y)$ 的灰度，$T()$ 为映射函数，通过映射函数 $T()$ 将 $f(x,y)$ 中的灰度 r 映射成 $g(x,y)$ 中的灰度 s，使得图像灰度的动态范围得以扩展或压缩，从而改善图像对比度。

空间域增强法是在图像空间直接对图像灰度进行处理，并使处理后的图像清晰度增加，因此也称灰度变换法。灰度变换法主要有直接灰度变换法和直方图变换法两大类。

（1）直接灰度变换法。

图 3.5 所示是四种典型的灰度变换映射函数图形。此外，还有很多非线性映射函数，如指数函数、对数函数、指数与对数不同区间组合函数等，应用于特别需要的场合。

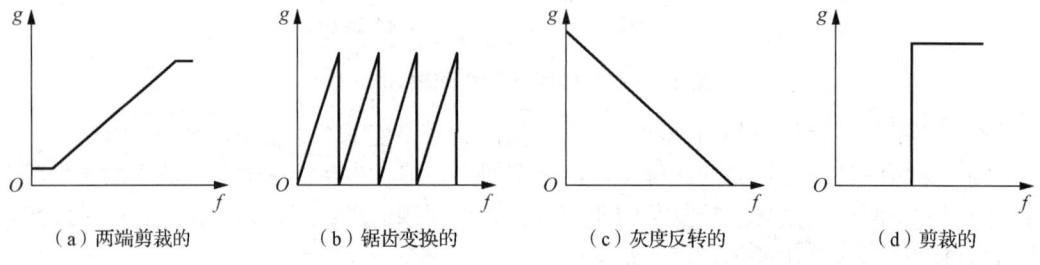

（a）两端剪裁的　　（b）锯齿变换的　　（c）灰度反转的　　（d）剪裁的

图 3.5　四种典型的灰度变换映射函数图形

（2）直方图变换法。

直方图是数字图像处理中的一个重要概念。所谓直方图，是关于图像中灰度的函数，即数字图像中的所有像素，按照灰度值大小，统计每个灰度值概率。对于数字图像中灰度值所出现的概率，其表达式为

$$p(r_k) = \frac{n_k}{n} \quad (k = 0,1\cdots,L-1)$$

式中，r_k 为图像 $f(x,y)$ 的第 k 级灰度值；n_k 为 $f(x,y)$ 中具有灰度值 r_k 的像素的个数；n 为像素总数；L 为灰度等级数 256。

由此可见，直方图提供了一幅图像所有灰度值的描述。通常直方图用二维图形表示，横坐标表示图像灰度级，纵坐标表示每个灰度级的像素占全部像素的百分比。这样，通过灰度直方图就可以对图像的某些整体进行描述。

直方图变换法的基本思想是把原始图像的直方图变换为均匀分布的形式，增加像素灰

度值的动态范围,从而达到增强图像整体对比度的效果。

以累积分布函数变换法为基础的直方图变换公式为

$$s = T(r) = \int_0^r pr(w)\mathrm{d}w$$

上述变换函数 $T(r)$ 在 $0 \leqslant r \leqslant 1$ 单调递增,当 $0 \leqslant r \leqslant 1$ 时,$0 \leqslant T(r) \leqslant 1$。单调递增是为了保证逆变换存在,单调条件保持输出图像从黑到白顺序增加。$0 \leqslant T(r) \leqslant 1$ 是为了保证输出灰度级与输入有同样范围。由 s 到 r 的逆变换可以表示为

$$r = T^{-1}(s), \ 0 \leqslant s \leqslant 1$$

图像灰度级可以看作[0,1]区间的随机变量。由概率论可知,如果 $P_r(r)$ 和 $T(r)$ 已知,则 $T(r)$ 变换的随机变量 s 的概率密度函数为

$$P_s(s) = P_r(r) \left| \frac{\mathrm{d}r}{\mathrm{d}s} \right|$$

即随机变量 s 的概率密度函数由输入图像的灰度级和所选择的变换函数决定。选择累积分布函数为变换函数,即

$$s = T(r) = \int_0^r P_r(w)\mathrm{d}w$$

原始图像灰度级变量通过变换函数 $T(r)$,得到变换后的灰度级变量 s,其概率密度函数为 $P_s(s)$,由积分原理,关于上限的定积分的导数就是该上限的积分值,即

$$\frac{\mathrm{d}s}{\mathrm{d}r} = \frac{\mathrm{d}T(r)}{\mathrm{d}r} = \frac{\mathrm{d}}{\mathrm{d}r}\left[\int_0^r (w)\mathrm{d}w\right] = P_r(r)$$

将上式代入概率密度函数,取概率值为正,得到

$$P_s(s) = P_r(r)\left|\frac{\mathrm{d}r}{\mathrm{d}s}\right| = P_r(r)\left|\frac{1}{P_r(r)}\right| = 1, \ 0 \leqslant s \leqslant 1$$

因为 $P_s(s)$ 是概率密度函数,所以 s 值上的积分值等于1,区间[0,1]以外其值为0。上式给出的 $P_s(s)$ 形式为均匀概率密度函数。均匀分布表明,图像的直方图是均匀的,图像对比度得到了增强。

4. 图像分割

图像分割就是根据像素的灰度、颜色、纹理等特性按照一定的原则将一幅图像分割成若干个特定的、具有独特性质的部分或子集,并提取出感兴趣的目标的技术过程。实际的视觉测量系统都是针对某种特定的应用领域,所以还没有一种通用的图像分割方法。在不同领域有时也用其他名称,如目标轮廓技术、阈值化技术、图像区分或求差技术、目标检测技术、目标识别技术、目标跟踪技术等。简言之,图像分割就是将图像中不同的区域进行分类,进而提取目标。只有找到目标才能对目标进行后续处理。

从分割角度来看,图像分割有两个重要的分割准则:相邻像素之间的相似性和非连续性。根据分割时所依据的分割准则,现有的图像分割方法可以分为如图3.6所示的几种。

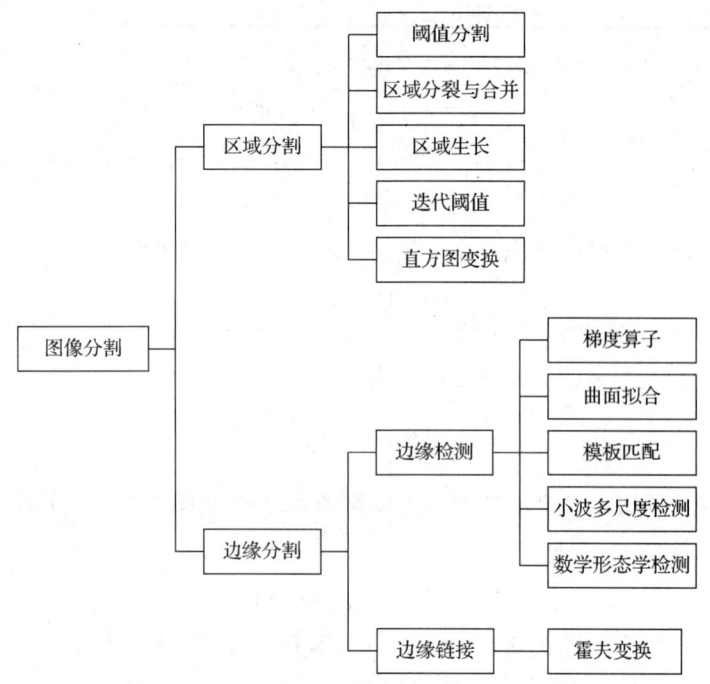

图 3.6　图像分割方法

由图 3.6 可以看出，图像分割主要分为两大类：基于相似性的区域分割和基于不连续性的边缘分割。其中，区域分割就是将具有同一特性的像素聚集在一起，形成一个目标；边缘分割就是先检测局部不连续性，然后把它们连接在一起形成边界，根据边界将图像分割成不同区域。随着计算机处理能力的提高，分割方法不断涌现，如彩色分量分割、纹理图像分割等。

3.2.3　参考方案

（1）灰度变换。对于输入图像 $f(x,y)$，灰度变换 T 将产生一个输出图像 $g(x,y)$，且 $g(x,y)$ 的每一个像素值都是由 $f(x,y)$ 的对应输入像素点的值决定的，$g(x,y)=T\cdot f(x,y)$。

原始图像 $f(x,y)$ 经过灰度变换后，所得新图像灰度值总是有限个（如 0～255）。常见的灰度变换函数有图像取反、线性变换、阈值变换、窗口变换、灰度拉伸等。

（2）灰度均衡。灰度均衡是把整个图像的灰度分布重新分配的过程。常用的方法是直方图变换法，这是一种将原直方图变换为具有均匀密度分布的直方图，然后按该直方图调整原始图像的一种图像处理技术。

直方图变换法通常用来增加许多图像的全局对比度，尤其是当图像的有用数据的对比度相当接近的时候。通过这种方法，亮度可以更好地在直方图上分布。这样就可以用于增强局部的对比度而不影响整体的对比度，直方图变换法通过有效地扩展常用的亮度来实现这种功能。这种方法对于背景和前景都太亮或太暗的图像非常有用。

（3）图像平滑。图像平滑的一个作用是消除或减少噪声，另一个作用是模糊图像，使图像柔和自然。

① 平均模板和高斯模板。平均模板是基于领域平均法制作的，又叫 N×N box 模板。就是把原始图像中的每个像素点用一个模板遍历，将模板覆盖的每个像素灰度和相对应的系数相乘积，再把模板中各像素乘积的结果相加，把值赋给模板中间对应的像素（实际上这是一个卷积的过程）。平均模板的优点是算法简单，但在滤波的同时还会对图像产生较大的模糊，所以平均模板的模糊作用最好。高斯模板可以有效地减小图像处理中带来的图像边缘模糊问题。

② 中值滤波模板。其原理是在模板范围内将模板覆盖像素中灰度居中间值的灰度赋给模板中心的像素。中值滤波可以克服线性滤波器带来的图像细节模糊，而且对滤除脉冲干扰及图像扫描非常有效，能够在去除噪声的同时保持图像边缘。但对于一些细节多，特别是点、线、尖顶较多的图像不宜使用。

（4）图像锐化。图像平滑是通过削弱高频成分和突出低频成分来达到滤除噪声、模糊图像的目的。而锐化与平滑相反，它主要是加强高频成分和减弱低频成分。图像的低频成分主要对应于图像中的区域和背景，而高频成分主要对应于图像中的边缘和细节。因此，图像锐化加强了细节和边缘，对图像有去模糊的作用。因为噪声主要分布在高频部分，如果图像中存在噪声，锐化处理对噪声将会有一定的放大作用。

在空域锐化中，图像锐化在数学上就是一种微分运算，通常采用一阶和二阶微分进行锐化，常用的微分算法有梯度运算和拉普拉斯运算。

① 梯度运算。梯度运算即对图像函数 $f(x,y)$ 上的点 (x,y) 求一阶偏导，得出的分别是灰度在 x 方向和 y 方向的变化率。我们把它们组合起来的向量定义为梯度。该算法又称 Roberts 梯度算子，因为微分对噪声比较敏感，为了减轻噪声对结果的影响，可先对图像进行平滑处理后再微分。

② 拉普拉斯运算。拉普拉斯算子是各向同性的二阶导数，也是常用的边缘增强处理算子。因为是二阶导数，所以拉普拉斯算子对噪声更为敏感，解决的办法是对图像平滑之后再进行边缘检测。

（5）伪彩色编码。伪彩色编码是对原来的灰度图像中的不同区域赋予不同的颜色，从而把灰度图像变成彩色图像，提高图像的可视分辨率。因为原始图像并没有颜色，所以人工赋予的颜色常称为伪彩色，这个赋色过程实际是一种重新着色的过程。一般来说，伪彩色处理就是对图像中的黑白灰度级进行分层着色，而且分的层次越多，色彩种类就越多，人眼能识别的信息也越多，从而达到图像增强效果。

3.2.4 实验测试方案

（1）基于编程工具自主构建滤波算法模块，对目标图像执行预处理操作，通过处理效果评估模块设计方法的有效性。

（2）采用灰度变换函数模板对图像进行对比度增强实验，比较不同变换模型对图像细节特征的增强差异。

（3）通过阈值分割方法库选取适宜算法，经参数优化后完成图像分割处理。

（4）对比处理前与处理后的图像，分析处理方法是否可以优化，提出自己的设想。

3.3 条码检测方法研究实验

3.3.1 概述

条码的应用从超市、便利店的商品管理开始,逐步向运输、制造等行业扩展,已成为各行业重要的信息输入手段。随着信息化的急速发展,出现了一些新的需求,如存储更多的信息。二维条码(简称二维码)正是为了适应这样的需求而开发的。二维码的出现是条码技术发展中的里程碑,从质的方面提高了条码技术的应用水平,从量的方面拓宽了应用领域。在经济全球化、信息网络化的当今社会,作为信息交换、传递的介质,二维码携带的信息密度和信息容量较大,除了可以对字母、数字进行编码,还可以对汉字、图片、指纹、声音等信息进行编码。现在二维码技术已广泛应用于公安、军事等部门对各类证件的管理,海关、税务等部门对各类报表和票据的管理,商业、交通运输等部门对商品及货物运输的管理,邮政部门对邮政包裹的管理,工业生产领域对生产线的自动化管理等。

1. 实验目的

(1) 学习一维码的基础知识和相关应用。
(2) 学习二维码的基础知识和相关应用。
(3) 掌握一维码的设计和识别技术。
(4) 掌握二维码的设计和识别技术。

2. 实验任务及要求

(1) 利用测量软件对生成的一维码和二维码进行解码操作,将解码后的图与原图进行对比。
(2) 总结二维码的符号结构,研究二维码的设计和识别技术。
(3) 自己编程实现一维码和二维码的解码操作,实现对一维码和二维码的识别。

3.3.2 实验原理

1. 二维码的特点

二维码是在水平和垂直方向均能表示信息的编码,具有代表性的二维码有四一七条码、QR Code、Data Matrix、Code one、Code 49、Code 16K 等。

二维码的主要特点如下。

(1) 高密度。

目前应用比较成熟的一维码如 EAN/UPC 条码,其密度较低,故仅能标识数据,不能对产品进行描述。人们要想知道产品的有关信息,必须通过识读一维码后进入数据库查询。这就要求必须事先建立以一维码所表示的标识数据为索引字段的数据库。而二维码通过利用水平和垂直两个方向的空间来提高条码的信息密度,其密度是一维码的几十到几百倍。这样就可以把产品信息全部存储在一个二维码中。要查看产品信息,只要用识读设备扫描二维码即可,因此不需要事先建立数据库,真正实现了用条码对物品直接进行描述。

（2）具有纠错功能。

二维码可以表示数千个字节的信息。如果没有纠错功能，当二维码的某部分损坏时，则会变得无法识读而失效。二维码引入纠错机制，可使二维码在部分缺损、脏污时，也能正确识读。

（3）可表示文字及图像信息。

大多数一维码所能表示的字符不过是数字、英文字母及一些特殊字符。条码字符集最大的 Code 128 条码，所能表示的字符个数也不过是 128 个 ASC II 字符，因此用一维码表示语言文字（如汉字、日文等）是不可能的。大多数二维码都具有字节表示模式，可将文字或图像信息转换成字节流，然后将字节流用二维码表示，从而实现用二维码来表示文字及图像信息。

（4）引入加密机制。

加密机制的引入是二维码的又一优点。例如，用二维码表示照片时，可以先用一定的加密算法将照片信息加密，然后再用二维码表示。在识别二维码时，使用一定的解码算法，就可以恢复出照片。这可用于各种证件、卡片等的防伪。

（5）译码可靠性高。

二维码的译码可靠性也高于传统的一维码。例如，一维码的误码率约为百万分之二，而二维码的误码率则不超过千万分之一，译码可靠性大大提高。

2. QR Code 概述

（1）QR Code 的主要特点。

QR Code 是由日本的 Denso 公司于 1994 年 9 月研制出的一种矩阵二维码，除具有普通二维码的优点，还具有如下特点。

① 超高速识读。

从 QR Code 的英文全称 Quick Response Code 可以看出，高速识读是 QR Code 区别于四一七条码、Data Martix 等二维码的主要特点。使用二维码识读设备每秒可识读 30 个含有 100 个字符的 QR Code；对于含有相同信息的四一七条码，每秒仅能识读 3 个；对于 Data Martix，每秒仅能识读 2～3 个。QR Code 的高速识读特点，使它能够广泛应用于工业自动化生产线管理等领域。

② 全方位识读。

QR Code 具有全方位识读的特点，优于四一七条码。四一七条码因将一维码符号在行排高度上的截短，难以实现全方位识读。

③ 能够有效地表示汉字。

用特定的数据压缩模式，13 bit 即可表示一个汉字，而四一七条码、Data Martix 等二维码没有特定的汉字表示模式，用字节模式需用 16 bit 表示一个汉字，QR Code 相对而言表示汉字的效率提高了 20%。

（2）QR Code 的基本特性。

QR Code 的基本特性见表 3-1。

表 3-1　QR Code 的基本特性

特性	说明
符号规格	21×21 模块（版本 1）～177×177 模块（版本 40） （每一版本规格比前一版本规格每边增加 4 个模块）
数据类型与容量 （指最大规格符号版本 40-L 级）	数字数据：7089 个字符 字母数据：4296 个字符 8 位字节数据：2953 个字符 汉字数据：1817 个字符
数据表示方法	深色模块表示二进制 1，浅色模块表示二进制 0
纠错能力	L 级：约可纠错 7%的数据码字 M 级：约可纠错 15%的数据码字 Q 级：约可纠错 25%的数据码字 H 级：约可纠错 30%的数据码字
结构链接（可选）	可用 1～16 个 QR Code 符号表示一组信息
掩模（固有）	使符号中深色与浅色模块的比例接近 1:1，将因相邻模块的排列造成译码困难的可能性降为最小
扩充解释（可选）	使符号可以表示缺省字符集以外的数据（如阿拉伯字母、古斯拉夫字母、希腊字母等），以及其他解释（如用一定的压缩方式表示的数据）或者根据行业特点的需要进行编码
独立定位功能	有

（3）QR Code 符号。

QR Code 符号由正方形模块组成正方形阵列，由编码区域和功能图形组成。功能图形不能用于数据编码。符号的四周由空白区包围。QR Code 符号结构如图 3.7 所示。

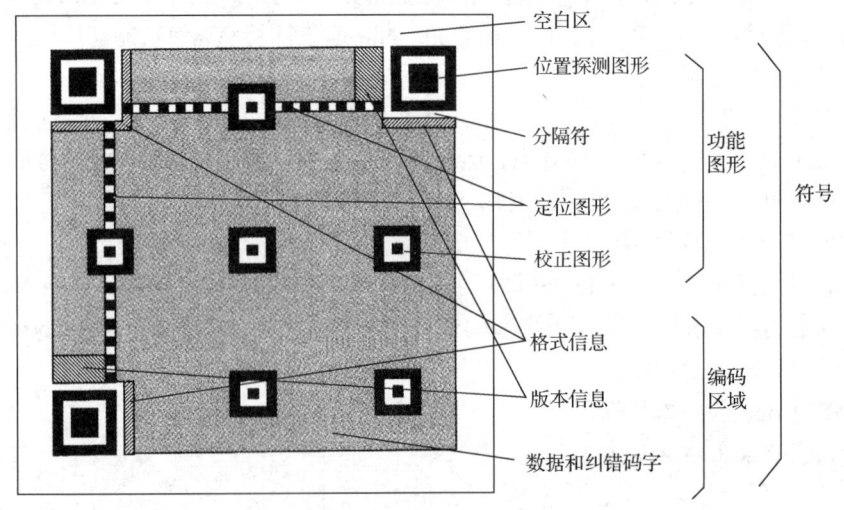

图 3.7　QR Code 符号结构

QR Code 符号共有 40 种版本。版本 1 的规格为 21×21 模块,版本 2 的规格为 25×25 模块,以此类推,每一版本规格比前一版本规格每边增加 4 个模块,直到版本 40,其规格为 177×177 模块。图 3.8 和图 3.9 分别为版本 1、版本 2 和版本 40 的符号结构。

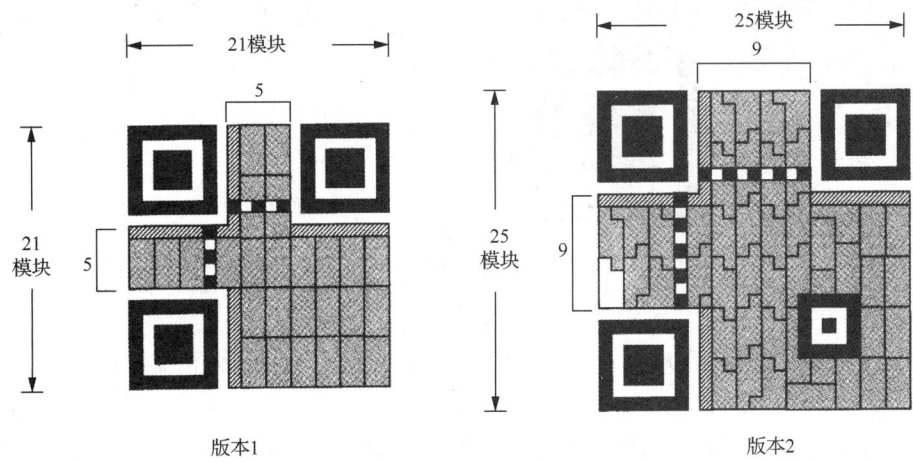

图 3.8 版本 1 和版本 2 的符号结构

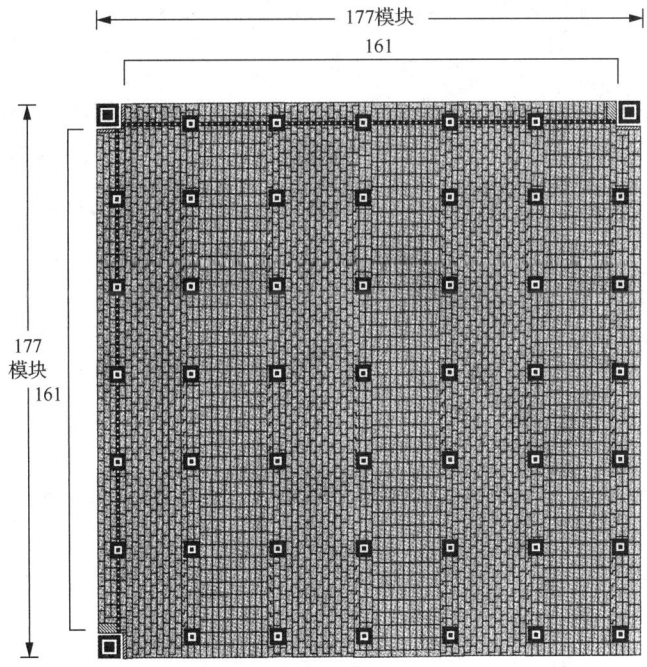

图 3.9 版本 40 的符号结构

① 位置探测图形。

3 个相同的位置探测图形分别位于 QR Code 符号的左上角、右上角和左下角。每个位置探测图形由 3 个重叠的同心正方形组成,它们分别为 7×7 的深色模块、5×5 的浅色模块和 3×3 的深色模块，如图 3.10 所示。位置探测图形可迅速地识别 QR Code 符号的位置和方向。

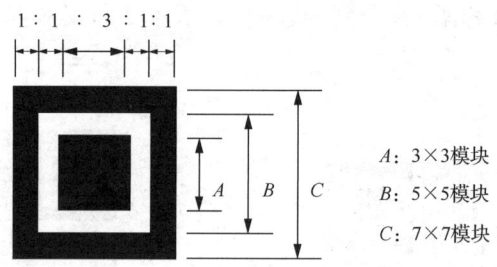

图 3.10　位置探测图形的结构

② 分隔符。

分隔符位于位置探测图形和编码区域之间（图 3.7），全由浅色模块组成。

③ 定位图形。

水平和垂直定位图形分别为一个模块宽的一行和一列，由深色、浅色模块交替组成，首尾都是深色模块。水平定位图形位于上部的两个位置探测图形之间，QR Code 符号的第六行。垂直定位图形位于左侧的两个位置探测图形之间，QR Code 符号的第六列。定位图形用于确定 QR Code 符号的版本，提供模块坐标的基准位置。

④ 校正图形。

每个校正图形都是 3 个重叠的同心正方形，由 5×5 的深色模块、3×3 的浅色模块以及位于中心的一个深色模块组成。校正图形的数量视 QR Code 符号的版本而定，版本 2 及以上的 QR Code 符号均有校正图形。

⑤ 编码区域。

编码区域包括数据码字、纠错码字、版本信息和格式信息。

⑥ 空白区。

空白区环绕在 QR Code 符号四周的四个模块宽的区域，其反射率应与浅色模块相同。

3.3.3　参考方案

打开 HALCON 软件，其界面如图 3.11 所示。在界面的左侧是图像显示窗口，用摄像机实时采集到的图像或从指定的文件夹中读取的图像就显示在这个窗口中；在界面的右侧有 4 个按钮，分别是"实时图像""Detect Code Type""Read Bar Code"和"重置"按钮。

单击"实时图像"按钮后，显示如图 3.12 所示。再次单击"实时图像"按钮，图像就会停在最后采集到的这张图像上，当用户又一次单击这个按钮，图像窗口又会重新显示采集到的图像。

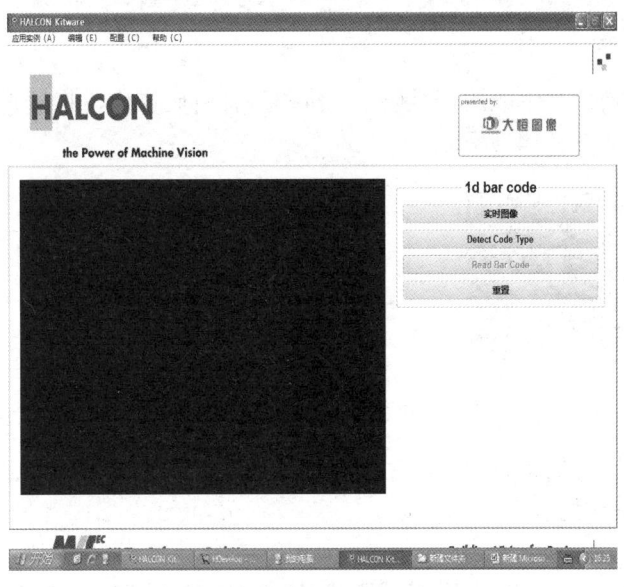

图 3.11　HALCON 软件界面

图 3.12　实时图像

单击"Detect Code Type"按钮后，按钮上的文字会变成灰色，此时系统会对图像中的条码进行类型检查，并将检测到的条码类型显示在图像左上角。可以看到在图 3.13 中已经检测出了条码的类型为 EAN-13。

图 3.13　条码类型

单击"Read Bar Code"按钮后，系统将进入实时的条码读取状态，按钮上的文字会变为"Read Bar code[running]"，读取的条码信息会实时显示在图像显示窗口中；再次单击该按钮，按钮上的文字会变为"Read Bar Code[hold]"；如果用户又一次单击这个按钮，系统又会重新进入条码读取状态。

3.3.4 实验测试方案

（1）利用测量软件对生成的一维码、二维码进行解码操作，将解码后的图与原图进行对比。测试用条码如图 3.14 所示。

图 3.14 测试用条码

（2）利用自己编写的条码识别程序，分别识别上述测试用条码，记录结果，并与测量软件测得的结果进行对比。

3.4 LED 发光器件光色电参数测试实验

3.4.1 概述

1955 年，美国无线电公司的 Rubin Braunstein 首次发现了砷化镓（GaAs）及其他半导体合金的红外放射作用。1962 年，通用电气公司的尼克·何伦亚克开发出第一种可实际应用的可见光发光二极管。发光二极管（light emitting diode，LED）是一种半导体元件，初时多用作指示灯、显示板等，随着白光发光二极管的出现，也被用作照明。LED 是 21 世纪的新型光源，具有效率高、寿命长、不易破损等传统光源无法相比的优点。加正向电压时，LED 能发出单色、不连续的光，这是电致发光效应的一种。改变所采用的半导体材料的化学组成成分，可使 LED 发出近紫外光、可见光或红外光。

LED 被称为第四代照明光源和绿色光源，具有发光效率高、节能、环保、寿命长、安全性高、可靠性强、体积小等特点，可以广泛应用于各种指示、显示、装饰、背光源、普通照明和城市夜景等领域。近年来，世界上各个国家围绕 LED 的研究和应用展开了激烈的技术竞赛。美国在 2000 年投资 5 亿美元实施国家半导体照明计划，欧盟也在 2000 年 7 月宣布启动类似的计划。我国在 1986 年出台了国家高技术研究发展计划（简称 863 计划），在 863 计划的支持下，2003 年 6 月首次提出发展半导体照明计划。

本章通过对 LED 发光器件的光通量、光效、光功率、相对光谱功率分布、色品坐标、色温、主波长、峰值波长、光谱半波宽、显色指数、色纯度、色容差、正向电压、正向电流、反向电压、反向电流等参数的测量，使学生掌握 LED 发光器件的工作原理及对其进行光色电的检测方法。所设计的实验侧重检测系统的搭建和调试过程，充分显现了关键技术的应用，能达到提高学生动脑和动手能力的目标。其中较容易的部分可以作为课程设计，较难的部分可以作为毕业设计的题目，此外可结合生产和生活中的实际需要为学生提供二次开发的科研平台。

1. 实验目的

（1）利用 STC4000 快速光谱仪和 LED622A LED 可视光强测试仪搭建 LED 发光器件光色电参数测试系统。

（2）掌握 LED 发光器件的发光原理和运用。

（3）熟悉 STC4000 快速光谱仪和 LED622A LED 可视光强测试仪的工作原理，实现对 LED 发光器件光色电的实时检测。

2. 实验仪器

STC4000 快速光谱仪、LED622A LED 可视光强测试仪、可视 LED 光强测试取样装置、积分球、LED 发光器件、计算机。

3.4.2 实验原理

1. LED 发光原理

LED 的结构如图 3.15 所示，其实质性结构是半导体 PN 结，核心部分是由 P 型半导体和 N 型半导体组成的晶片，在 P 型半导体和 N 型半导体之间有一个过渡层，称为 PN 结。其发光原理可以用 PN 结的能带结构来做解释，如图 3.16 所示。制作半导体发光二极管的半导体材料是重掺杂的，热平衡状态下的 N 区有很多迁移率很高的电子，P 区有较多迁移率较低的空穴。在常态下及 PN 结阻挡层的限制，二者不能发生自然复合，而当给 PN 结加以正向电压时，由于外加电场方向与势垒区的自建电场方向相反，因此势垒高度降低，势垒区宽度变窄，破坏了 PN 结动态平衡，产生少数载流子的电注入。空穴从 P 区注入 N 区，同样电子从 N 区注入 P 区，注入的少数载流子将同该区的多数载流子复合，不断地将多余的能量以光的形式辐射出去。

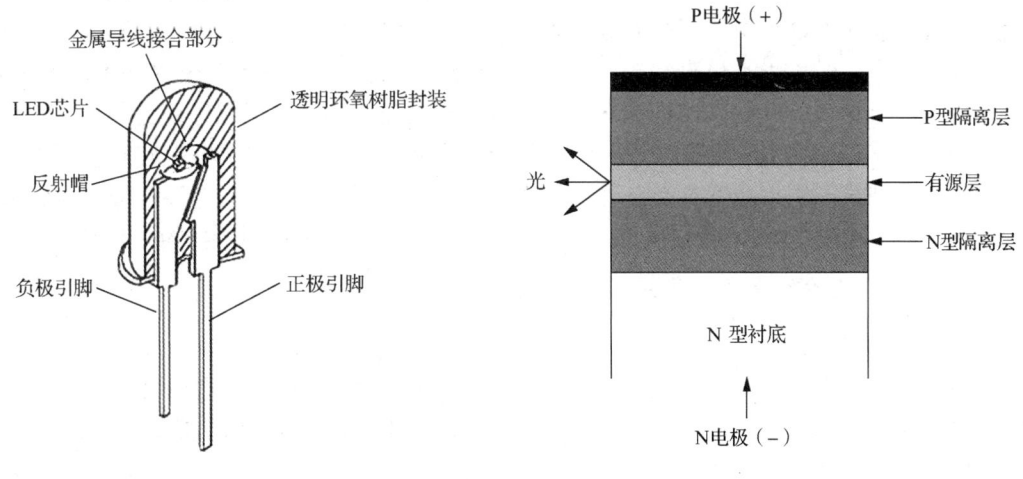

图 3.15 LED 的结构　　　　　　　　图 3.16 LED 发光原理

2. 可见光谱

光是一定波长范围内的一种电磁辐射。电磁辐射的波长范围很广，最短的如宇宙射线，

其波长只有 $10^{-15} \sim 10^{-14}$m，最长的如交流电，其波长可达数千 km。在电磁辐射范围内，只有波长为 380~780nm 的电磁辐射能够被人的视觉感知，这段波长所在的光谱称为可见光谱，如图 3.17 所示。

图 3.17 中所标数均以基本单位表示，即频率为赫兹（Hz），波长为米（m）。由于使用上述单位时，波长的数值太大，有必要使用更小的单位来度量可见光谱的波长，由此采用了标准毫微米（又称纳米，符号为 nm），此处 1nm=10^{-9}m。人眼能起视觉反应的最长和最短波长分别为 780nm 和 380nm，它们分别处在光谱的红色端与紫色端。

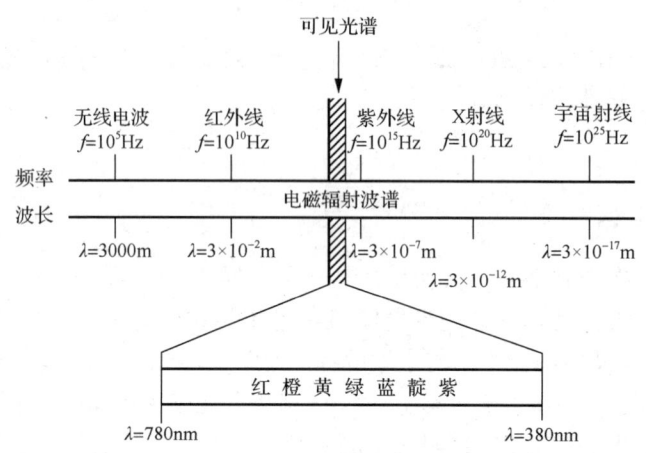

图 3.17　电磁辐射波谱

在电磁辐射范围内，还有紫外线、X 射线、γ 射线，以及红外线、无线电波等。可见光、紫外线和红外线是原子与分子的发光辐射，称为光学辐射。X 射线、γ 射线等是激发原子内部的电子所产生的辐射，称为核子辐射。电振动产生的电磁辐射称为无线电波。对于人来说，能为眼睛感受并产生视觉的光学辐射称为可见辐射；不能为眼睛感受，也不产生视觉的光学辐射称为不可见辐射。因而，光学辐射可进一步分为可见辐射和不可见辐射。来自外界的可见辐射刺激人的视觉器官，在脑中产生光、颜色、形状等视觉印象，从而获得对外界的认识。不可见辐射刺激眼睛时不能产生视觉，而作用在皮肤上有时会产生其他感觉，如紫外线产生疼痛感觉，红外线产生灼热感觉。严格地说，只有那种能够被眼睛感觉到的并产生视觉的辐射才是可见辐射或可见光，简称光。本实验所指的光就是这种光。

3. LED 发光器件光度学参数的测量

（1）光通量（Φ_V）。

在辐射度学上，LED 辐射通量 Φ_E 用来衡量 LED 在单位时间内发射的总的电磁功率，单位是 W（瓦特）。它通常表示 LED 在空间 4π 范围内，每秒所发出的功率。LED 光源发射的辐射通量中能引起人眼视觉的那部分，称为光通量 Φ_V，单位是流明（lm）。与辐射通量的概念类似，光通量是 LED 光源向整个空间在单位时间内发射的能引起人眼视觉的辐射通量。但要考虑人眼对不同波长的可见光的光感觉是不同的，国际照明委员会（International Commission on Illumination，CIE）为人眼对不同波长单色光的灵敏度作了总结，在明视觉条件（亮度为 3cd/m^2 以上）下，归结出人眼标准光度观测者光谱光效率函数

$V(\lambda)$，它在 555nm 上有最大值，此时 1W 辐射通量等于 683lm，如图 3.18 所示，其中 $V'(\lambda)$ 为暗视觉条件（亮度为 0.001cd/m² 以下）下的光谱光效率函数。

明视觉条件下，辐射通量向光通量转化的表达式可以表示为

$$\Phi_V = 683 \int_{380}^{780} \Phi_E(\lambda) V(\lambda) d\lambda \tag{3-5}$$

暗视觉条件下，辐射通量向光通量转化的表达式可以表示为

$$\Phi_V = 1700 \int_{380}^{780} \Phi_E(\lambda) V'(\lambda) d\lambda \tag{3-6}$$

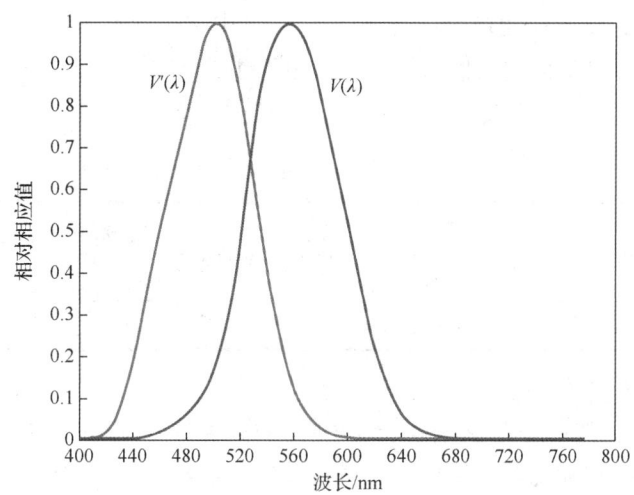

图 3.18　明视觉和暗视觉条件下的光谱光效率函数曲线

通常的测量以明视觉条件作为测量条件，并且在测量 LED 的光通量时，为了得到准确的测量结果，必须把 LED 发射的光辐射功率收集起来，并用合适的探测器（应具有 CIE 标准光度观测者光谱光效率函数的光谱响应）将它线性地转换成光电流，再通过定标确定光通量的大小。

（2）发光强度（I_V）。

发光强度的概念要求光源是一个点光源，或者要求光源的尺寸和光探测器的面积与光探测器的距离相比足够小，表示为 $I_V = d\Phi_C/d\Omega$，式中 $d\Omega$ 是点光源在某一方向上所张的立体角元，如图 3.19 所示。

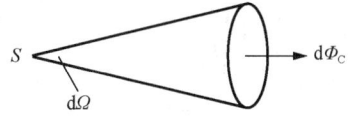

图 3.19　点光源的发光强度

但是在 LED 测量的许多实际应用场合中，往往是测量距离不够长，光源的尺寸相对太大或者是 LED 与光探测器表面构成的立体角太大，在这种近场条件下，并不能很好地保证距离平方反比定律。实际发光强度的测量值随上述几个因素的不同而不同，从而严格地说并不能测量得到真正的 LED 的发光强度。

为了解决这个问题，使测量结果可通用比较，CIE 推荐使用"平均发光强度"这个概念，即照射在离 LED 一定距离处的光探测器上的光通量 Φ_V 与由光探测器构成的立体角的比值。其中立体角可用光探测器的面积 S 除以测量距离 d 的平方计算得到，因而有如下表达式。

$$I = \frac{\Phi_V}{\Omega} = \frac{\Phi_V}{S/d^2} \tag{3-7}$$

从物理上看，这里的平均发光强度的概念，不再与发光强度的概念关联得那么紧密，而更多地与光通量的测量和测量机构的设计有关。CIE 关于近场条件下的 LED 测量，有两个推荐的标准条件：CIE 标准条件 A 和 CIE 标准条件 B，如表 3-2 所示。这两个条件都要求所用的光探测器有一个面积为 $1cm^2$（相应直径为 11.3mm）的圆入射孔径。

表 3-2　CIE 推荐的近场标准条件

CIE 推荐	LED 顶端到光探测器的距离 d	立体角	平面角（全角）
标准条件 A	316mm	0.001sr	2°
标准条件 B	100mm	0.01sr	6.5°

（3）相对光谱能量分布 $P(\lambda)$。

LED 的相对光谱能量分布 $P(\lambda)$ 表示在 LED 的光辐射波长范围内，各个波长的辐射能量分布情况，通常在实际场合中用相对光谱能量分布来表示。图 3.20 所示为各个不同颜色 LED 的相对光谱能量分布曲线。一般而言，LED 发出的光辐射，往往由许多不同波长的光组成，而且不同波长的光在其中所占的比例也不同。LED 辐射能量随着波长变化而不同，绘成一条分布曲线——相对光谱能量分布曲线。当此曲线确定之后，器件的有关主波长、纯度等相关色度学参数亦随之而定。LED 的光谱分布与制备所用化合物半导体种类、性质及 PN 结结构（外延层厚度、掺杂杂质）等有关，而与器件的几何形状、封装方式无关。图 3.20 所示为不同颜色 LED 的相对光谱能量分布曲线。

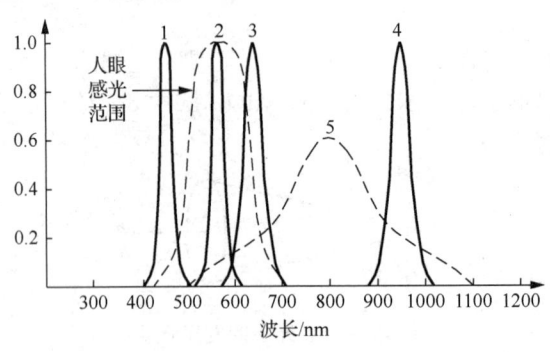

图 3.20　不同颜色 LED 的相对光谱能量分布曲线

1-蓝色 InGaN/GaN LED，峰值波长 λ_p 为 460~465nm；2-绿色 LED，峰值波长 λ_p=550nm；3-红色 LED，峰值波长 λ_p 为 680~700nm；4-红外 LED，峰值波长 λ_p=910nm；5-硅光电二极管

（4）LED 的峰值波长 λ_p 和光谱半波宽 $\Delta\lambda$。

LED 相对光谱能量分布曲线的重要参数为峰值波长 λ_p 和光谱半波宽 $\Delta\lambda$。无论是用什么材料制成的 LED，都有一个相对光辐射最强处，与之相对应有一个波长，此波长为峰值波长，它由半导体材料的带隙宽度或发光中心的能级位置决定。光谱半波宽 $\Delta\lambda$ 定义为相对光谱能量分布曲线上，两个半极大值强度处对应的波长差，如图 3.21 所示，它标志着光谱纯度，同时也可以用来衡量半导体材料中对发光有贡献的能量状态离散度，LED 的发光光谱的半波度一般为 30～100nm。光谱半波宽的宽度窄意味着单色性好，发光颜色鲜明，清晰可见。

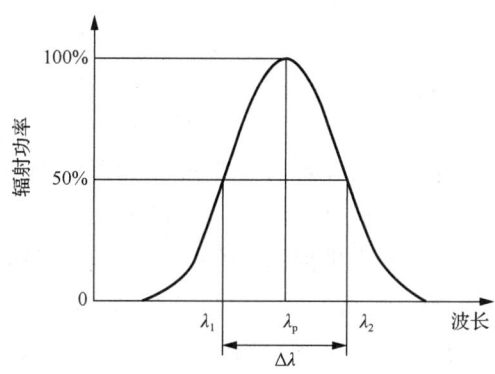

图 3.21 光谱半波宽 $\Delta\lambda$

4. LED 发光器件色度学参数的测量

在光度学中对于"光"的定义，是相对于可见光而言的，它所具有的波长范围在 380～780nm。但是，在此范围中，不同波长的辐射进入人眼的颜色感受不同。例如，波长为 700nm 的 LED 辐射引起的感觉是红色，波长为 580nm 的 LED 辐射引起的感觉是黄色，波长为 510nm 的 LED 辐射引起的感觉是绿色，波长为 450nm 的 LED 辐射引起的感觉是蓝色等。表 3-3 列出了不同色觉光线的波长范围。所以，LED 光的颜色与进入人眼的光辐射的相对光谱能量分布有关，当进入人眼的光谱辐射波长发生改变或者它们的相对光谱能量分布发生改变时，人眼对光的颜色感受也随着发生变化。

表 3-3 不同色觉光线的波长范围

光色	波长 λ/nm	代表波长/nm
红（red）	780～630	700
橙（orange）	630～600	620
黄（yellow）	600～570	580
绿（green）	570～500	550
青（cyan）	500～470	500

续表

光色	波长λ/nm	代表波长/nm
蓝（blue）	470~420	470
紫（violet）	420~380	420

（1）CIE标准色度学系统。

CIE标准色度学系统是以色光三原色RGB为准，以光源、物体反射和配色函数计算出X、Y、Z刺激值，任何颜色都可以由RGB混色而成，再经过仪器测出光谱辐射能量值和反射率，即可计算出X、Y、Z三刺激值。但是，给定一种颜色，采用怎样的三原色比例才可以复现出该颜色，以及这种比例是否唯一，是需要解决的问题，只有解决了这些问题，才能给出一个完整的用RGB来定义颜色的方案。

（2）颜色匹配实验。

把两个颜色调整到视觉相同的方法称为颜色匹配，颜色匹配实验是利用色光加色来实现的。在一块白色屏幕上，上方投射红（R）、绿（G）、蓝（B）三原色光，下方为待配色光C，三原色光照射到白色屏幕的上半部，待配色光照射到白色屏幕的下半部，白色屏幕的上、下两部分用一个黑挡屏隔开，由白色屏幕反射出来的光通过小孔抵达右方观察者的眼中。人眼看到的视场范围在2°左右，被分成两部分。在此实验装置上可以进行一系列的颜色匹配实验。待配色光可以通过调节上方三原色的强度来混合形成，当视场中的两部分色光相同时，此时认为待配色光的光色与三原色光的混合光色达到颜色匹配。不同的待配色光达到匹配时三原色光亮度不同，可用颜色方程表示为

$$C = \overline{R}(R) + \overline{G}(G) + \overline{B}(B) \tag{3-8}$$

式中，C表示待配色光；(R)、(G)、(B)代表产生混合色的红、绿、蓝三原色光的单位量；$\overline{R}$、$\overline{G}$、$\overline{B}$分别为匹配待配色光所需要的红、绿、蓝三原色光的数量，称为三刺激值；"="表示视觉上相等，即颜色匹配。

（3）CIE-RGB光谱三刺激值。

CIE规定红、绿、蓝三原色的波长分别为700nm、546.1nm、435.8nm，CIE-RGB光谱三刺激值是由317位正常视觉者，用CIE规定的红、绿、蓝三原色光，对等能光谱色从380nm到780nm所进行的专门性颜色混合匹配实验得到的。1931年，CIE给出了用等能标准三原色来匹配任意颜色的光谱三刺激值曲线，如图3.22所示，这样的一个系统被称为CIE-RGB系统。

在图3.22中，曲线中的一部分三刺激值是负数，这表明不可能靠混合红、绿、蓝三种光来匹配对应的光，而只能在给定的光上叠加曲线中负值对应的原色，来匹配另两种原色的混合。对应于式（3-8），其中的权值会有负值，由于实际上不存在负的光谱强度，而且这种计算极不方便，不易理解，人们希望找出另外一组原色，用于代替CIE-RGB系统，因此，1931年的CIE-XYZ系统利用三种假想的标准原色X（红）、Y（绿）、Z（蓝），以便使得到的颜色匹配函数的三刺激值都是正值。

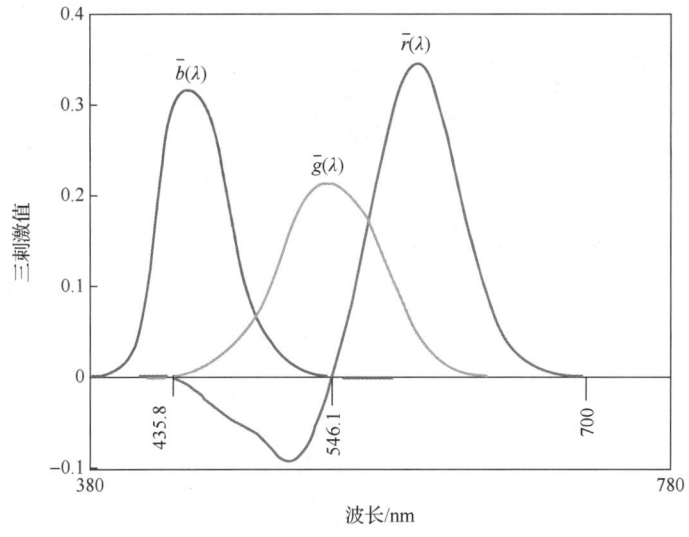

图 3.22 CIE-RGB 光谱三刺激值曲线

（4）CIE-XYZ 系统。

根据 CIE 推荐的红（R）、绿（G）、蓝（B）三原色的波长为 700nm、546.1nm、435.8nm，它们在 CIE-RGB 系统和 CIE-XYZ 系统中的色度坐标如表 3-4 所示。

表 3-4 色度坐标

RGB	RGB 系统色度坐标			XYZ 系统色度坐标		
	r	g	b	x	y	z
R	1	0	0	0.7347	0.2653	0.0000
G	0	1	0	0.2737	0.7174	0.0089
B	0	0	1	0.1665	0.0089	0.8246

对于光谱波长为 λ 的颜色，其 $r(\lambda)$、$g(\lambda)$、$b(\lambda)$ 色度坐标对 $x(\lambda)$、$y(\lambda)$、$z(\lambda)$ 色度坐标的转换关系为

$$x(\lambda) = \frac{0.49000r(\lambda) + 0.31000g(\lambda) + 0.20000b(\lambda)}{0.66697r(\lambda) + 1.13240g(\lambda) + 1.20063b(\lambda)}$$

$$y(\lambda) = \frac{0.17697r(\lambda) + 0.81240g(\lambda) + 0.01063b(\lambda)}{0.66697r(\lambda) + 1.13240g(\lambda) + 1.20063b(\lambda)} \tag{3-9}$$

$$z(\lambda) = \frac{0.00000r(\lambda) + 0.01000g(\lambda) + 0.99000b(\lambda)}{0.66697r(\lambda) + 1.13240g(\lambda) + 1.20063b(\lambda)}$$

用式（3-9）计算出 CIE-RGB 系统中各波长的光谱在 CIE-XYZ 系统中的相应的色度坐标，并将各波长的光谱线的坐标点连接起来就成为 CIE-XYZ 系统色度图，如图 3.23 所示。

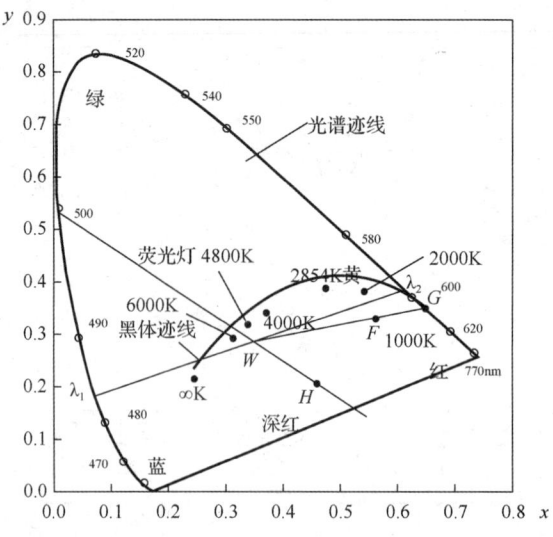

图 3.23 CIE-XYZ 系统色度图

在求得各个光谱波长的 $x(\lambda)$、$y(\lambda)$、$z(\lambda)$ 的基础上，应用式（3-10）可以计算出 CIE-XYZ 系统中的光谱三刺激值 $\overline{x}(\lambda)$、$\overline{y}(\lambda)$、$\overline{z}(\lambda)$ 为

$$\frac{\overline{x}(\lambda)}{x(\lambda)} = \frac{\overline{y}(\lambda)}{y(\lambda)} = \frac{\overline{z}(\lambda)}{z(\lambda)} \quad (3\text{-}10)$$

$$\overline{x}(\lambda) + \overline{y}(\lambda) + \overline{z}(\lambda) = 1$$

由 CIE-RGB 系统转换得到的 $\overline{x}(\lambda)$、$\overline{y}(\lambda)$、$\overline{z}(\lambda)$ 三条曲线称为 CIE-XYZ 标准色度观察者光谱三刺激值曲线，如图 3.24 所示，这组曲线分别代表匹配各波长等能光谱刺激所需要的红（X）、绿（Y）、蓝（Z）三原色光的量。CIE 规定 CIE-XYZ 系统的 $\overline{y}(\lambda)$ 与人眼的光谱光效率函数 $V(\lambda)$ 一致，即

$$\overline{x}(\lambda) = \frac{x(\lambda)}{y(\lambda)} V(\lambda)$$
$$\overline{y}(\lambda) = V(\lambda) \quad (3\text{-}11)$$
$$\overline{z}(\lambda) = \frac{z(\lambda)}{y(\lambda)} V(\lambda)$$

（5）CIE 色度坐标及主波长计算方法。

要确定 LED 发光器件的发光颜色，可以用颜色的色度坐标及主波长来描述。人对颜色产生感觉是由于光源的光辐射作用于人眼的结果。因此，颜色不仅取决于光刺激，还取决于人眼的视觉特性。根据前面的论述，$\overline{y}(\lambda) = V(\lambda)$，如果已知 LED 发光器件的相对光谱能量分布函数 $P(\lambda)$，根据 CIE 的规定，那么由它引起的 CIE 三刺激值 X、Y、Z 可以用式（3-12）计算，K 为调整因数。

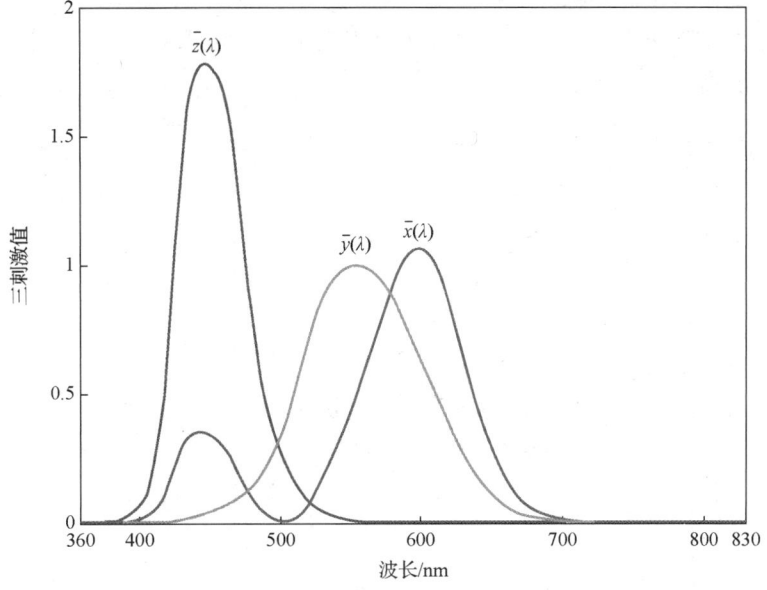

图 3.24 CIE-XYZ 标准色度观察者光谱三刺激值曲线

$$X = K\int_{380}^{780} P(\lambda)\bar{x}(\lambda)\mathrm{d}\lambda$$
$$Y = K\int_{380}^{780} P(\lambda)\bar{y}(\lambda)\mathrm{d}\lambda \qquad (3\text{-}12)$$
$$Z = K\int_{380}^{780} P(\lambda)\bar{z}(\lambda)\mathrm{d}\lambda$$

在实际计算色度坐标 X、Y、Z 时，常用求和来代替式（3-12）的积分式。

$$X = K\sum_{\lambda=380}^{780} P(\lambda)\bar{x}(\lambda)\Delta\lambda$$
$$Y = K\sum_{\lambda=380}^{780} P(\lambda)\bar{y}(\lambda)\Delta\lambda \qquad (3\text{-}13)$$
$$Z = K\sum_{\lambda=380}^{780} P(\lambda)\bar{z}(\lambda)\Delta\lambda$$

式（3-12）和式（3-13）中的 X、Y、Z 即为 CIE-XYZ 系统中的三刺激值。由式（3-12）和式（3-13）计算得到 X、Y、Z 三刺激值后可求得 LED 发光器件的色度坐标为

$$x = \frac{X}{X+Y+Z} \qquad (3\text{-}14)$$
$$y = \frac{Y}{X+Y+Z}$$

得到 LED 发光器件的色度坐标，则该发光体颜色的主波长就不难获得。为了说明"主波长"的概念，需要一个参照照明体。如图 3.25 所示，在色度图中心的 W_E 点代表等能白光，它由三原色的各三分之一单位混合而成，其色度坐标为 $X_\mathrm{E}=0.3333$，$Y_\mathrm{E}=0.3333$，

$Z_E=0.3333$，可以把它当作参照照明体。S_1 代表某一实际颜色，连接 W_E 和 S_1 并延长，与光谱轨迹线相交于 λ_d 点，则 λ_d 为 S_1 的主波长。根据加混色定律，S_1 可以用 W_E 和光谱波长为 λ_d 的光谱色相混合而获得。

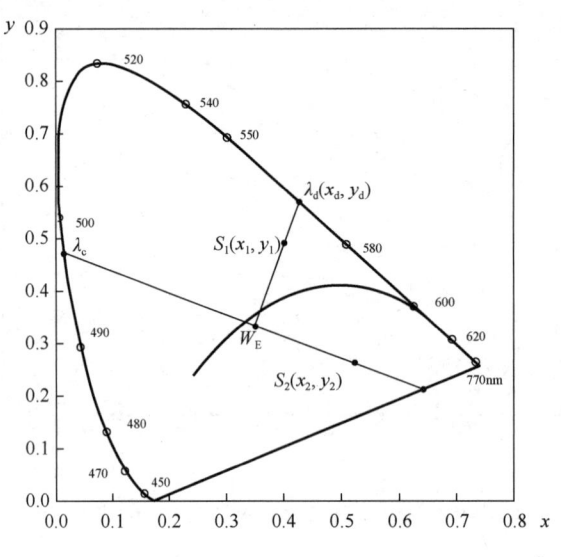

图 3.25 CIE-XYZ 系统色度图

在图 3.25 中，$\lambda_d=565$nm，称 565nm 为颜色 S_1 以 W_E 为参照照明体的主波长。由于选择不同的参照照明体有不同的色度坐标，对不同的颜色有不同的主波长，因此在说明主波长时应附注所对应的参照照明体。

色度学中另一个重要的参数是纯度，为了了解这个参数，首先必须了解色度图。如图 3-23 所示，得到 LED 光源在色度图上的色度坐标后，选定坐标值 $X_E=0.3333$，$Y_E=0.3333$，$Z_E=0.3333$ 的点为等能白光点 W，如果某光源位于色度图的 F 点，其纯度定义为，自 W 向 F 作一条直线，与单色光轴相交于 G 点，距离 WF 占总长 WG 的百分数即为 F 点的纯度，即

$$P = \frac{WF}{WG} \times 100\% \quad (3\text{-}15)$$

图 3-23 中 F 点的纯度为 75%，G 点的纯度为 100%。

（6）色温的概念。

当某辐射体与绝对黑体在可见光区域具有相同形状的光谱功率分布时的温度，称为该辐射体的色温。所谓黑体，是指能够完全吸收由任何方向入射的任何波长的辐射的热辐射体。在不同温度下，绝对黑体的色度坐标如表 3-5 所示。将表 3-5 中的色度坐标画于色度图上，即可得到黑体轨迹线。当某一光源的色度坐标 (x, y) 位于色度图上的黑体轨迹线时，就以黑体的绝对温度定义为该光源的色温。但是，有许多光源的色度坐标并不在黑体轨迹线上，这就引出相关色温的概念，即在色度图上，和某一光源的色度坐标点相距最近的那个黑体的绝对温度就为该光源的相关色温。

表 3-5　绝对黑体的色度坐标

T/K	x	y
500	0.721	0.279
1000	0.652	0.345
1500	0.586	0.393
1800	0.549	0.408
2000	0.526	0.413
2300	0.495	0.415
5000	0.345	0.351
6000	0.322	0.331
7000	0.306	0.316
10000	0.280	0.288
24000	0.250	0.253
∞	0.240	0.234

5. LED 发光器件的电参数的测量

LED 的伏安特性表征 LED 芯片 PN 结制备性能的主要参数，LED 通常具有如图 3.26 所示的较好的伏安特性。LED 的伏安特性具有非线性、整流性质单向导电性，即外加正偏压表现为低接触电阻，反之为高接触电阻。

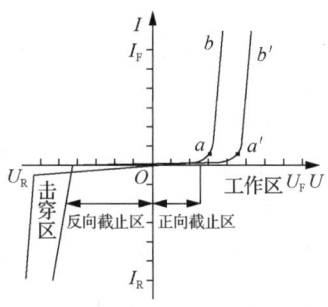

图 3.26　LED 的伏安特性

（1）正向截止区。（图 3.26 中的 Oa 或 Oa' 段）a 点对于 U_0 为开启电压，当 $U<U_a$（U_a 为图 3.26 中 a 点的电压），外加电场尚未克服因载流子扩散而形成势垒电场，此时电阻很大；开启电压对于不同 LED 其值不同，GaAs 为 1V，红色 GaAsP 为 1.2V，GaP 为 1.8V，GaN 为 2.5V。

（2）工作区。电流 I_F 与外加电压成指数关系，I_S 为反向饱和电流。当 $U>0$ 时，$U>U_F$ 的工作区 I_F 随 U_F 指数级上升。

（3）反向截止区。$U<0$ 时，PN 结加反向偏压，当 $U=-U_R$ 时，GaN 的反向漏电流 I_R（$U=-5V$）为 10μA。

(4）击穿区。当 $U<-U_R$ 时，U_R 称为反向电压；U_R 对应的 I_R 为反向漏电流。当反向电压一直增加使 $U<-U_R$ 时，则 I_R 突然增加而出现击穿现象。所用化合物材料种类不同，各种 LED 的反向击穿电压也不同。

3.4.3 设计参考

LED 光色电综合测量由 STC4000 快速光谱仪测量系统和 LED622A 可视光强测量系统组成。快速光谱仪测量系统主要测量 LED 发光器件的色度参数、部分光强参数和部分电参数。其原理是将被测光源的光经过采光适配器（或光纤）入射到仪器内，经光学分光装置分光后，被 CCD 阵列转化为电信号输出，电信号经滤波放大等处理后，经高速模数转换器转换为 16 位的数字信号输入微处理器，微处理器将读取到的数字信号通过 USB 接口上传到计算机，通过光谱分析软件进行数据处理，如图 3.27 所示。可视光强测量系统主要用来测量 LED 发光器件的正向电性能、反向电性能和光强等参数。

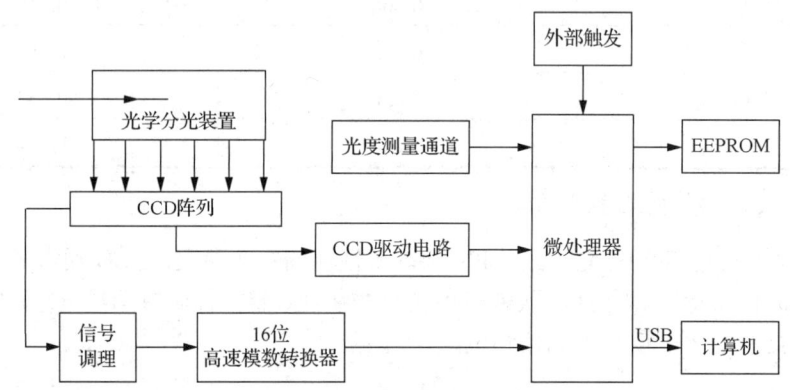

图 3.27 快速光谱仪测量原理

1. 快速光谱仪测量部分

将采光适配器（或光纤）接至 STC4000 快速光谱仪（图 3.28）的入光口上，需连接牢固不能松动。STC4000 快速光谱仪还提供固定孔，可将仪器固定于三脚架上进行定点测量。若需要测量光通量，则必须配置积分球，按图 3.29 所示方式连接，积分球与快速光谱仪之间可用光纤或采光适配器连接。使用快速光谱仪进行测量的实验步骤如下。

（1）启动快速光谱仪所带的测量软件。

（2）光谱定标。为保证测量的准确性，用户可以在每次测量时对仪器进行光谱定标。按照要求连接好仪器后，点亮标准灯。待标准灯稳定一段时间后，就可以开始定标。输入标准灯标定的色温和光通量（如需要测试光通量，必须将标准灯放入积分球中），选择合适的积分时间，在保证光信号不溢出的情况下，使信号尽量处于较大的值（界面上的 I_p 值大于 50%）。等标准灯稳定后，就可以停止采样，单击"保存定标数据"按钮完成定标。定标的准确性会直接影响测量结果的准确性。

第3章 光电信息技术创新性实验

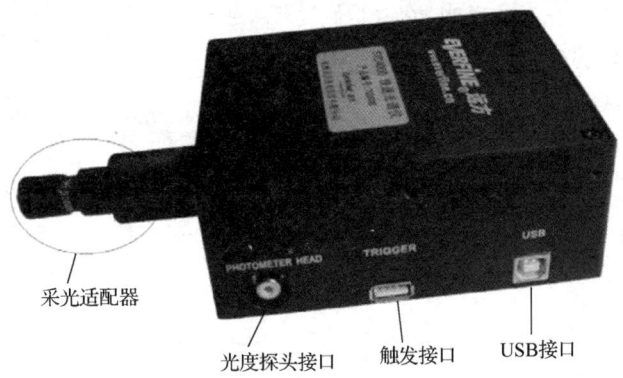

图 3.28 STC4000 快速光谱仪实物图

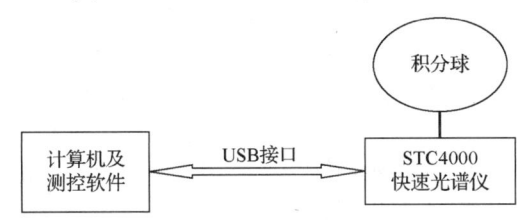

图 3.29 系统连接图

（3）波长校正。一般光谱仪在出厂前已经完成校正，用户不需要重新校正，如果用户发现波长不准确，可以重新校正，但不正确的校正会使测试结果严重出错。波长校正的步骤如下。

① 选择"操作"→"波长校正校验"命令，弹出"波长校正校验"对话框，如图 3.30 所示。

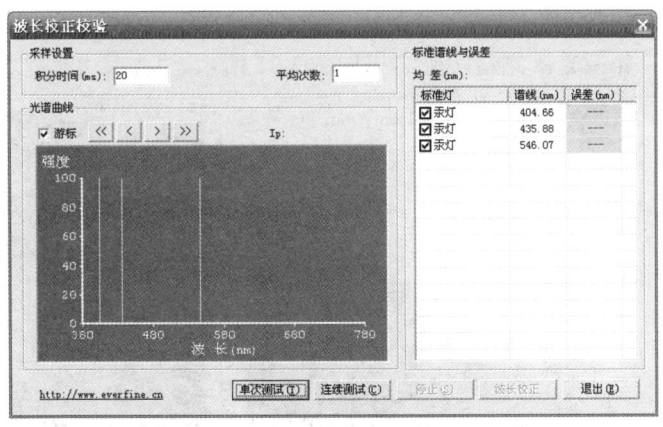

图 3.30 "波长校正校验"对话框

② 设置积分时间和平均次数，可以手动设置，也可以自动积分，自动积分较慢。

③ 单击"单次测试"或"连续测试"按钮，等待界面上出现明显的谱线（如 404.66nm、435.88nm、546.07nm），调节积分时间，使信号较大且不溢出，观察右侧框中的误差值，

如果误差值均不超过 0.3nm，说明波长准确，不需要校正，如果误差较大，则单击"波长校正"按钮，重新测试观察。

（4）系统设置。

① 选择"操作"→"系统设置"命令，打开相应界面。

② 设置自动积分调节上限，范围为 1000～60000ms，设置的时间越长，自动积分的调节时间可能越长，如果信号较强可以将此时间改小，如果信号较弱无法自动积分时，可以将此时间改大或调节光信号。

③ 选择光度测试类型。

④ 波长测量范围设置。在光谱仪的可测量范围内可以任意设置测量波段。如果只需要测量可见光，可以设置测量范围为 380～780nm。

（5）光谱测试。

① 单次测量。

选择"操作"→"单次测量"命令，或者单击工具栏中的"开始"按钮，仪器开始一次测量。如果积分时间发生变化，软件自动测量一次暗电流，如果在不改变积分时间的情况下测量一次暗电流，可以选择"操作"→"采样系统暗电流"命令。

② 连续测量。

选择"操作"→"连续测量"命令，或者单击工具栏中的双箭头按钮，仪器开始连续测量。如果积分时间发生变化，软件自动测量一次暗电流，如果在不改变积分时间的情况下测量一次暗电流，可以选择"操作"→"采样系统暗电流"命令。

图 3.31 彩图

③ 停止测量，单击工具栏中的"结束"按钮。

（6）稳态测试。

选择"操作"→"快速光谱仪稳态测试"命令，进入稳态测试界面，其中有保存、打开、打印、导出等功能，可以快速分析单个光信号的变化情况。

光源光谱测量实验结果如图 3.31 所示。

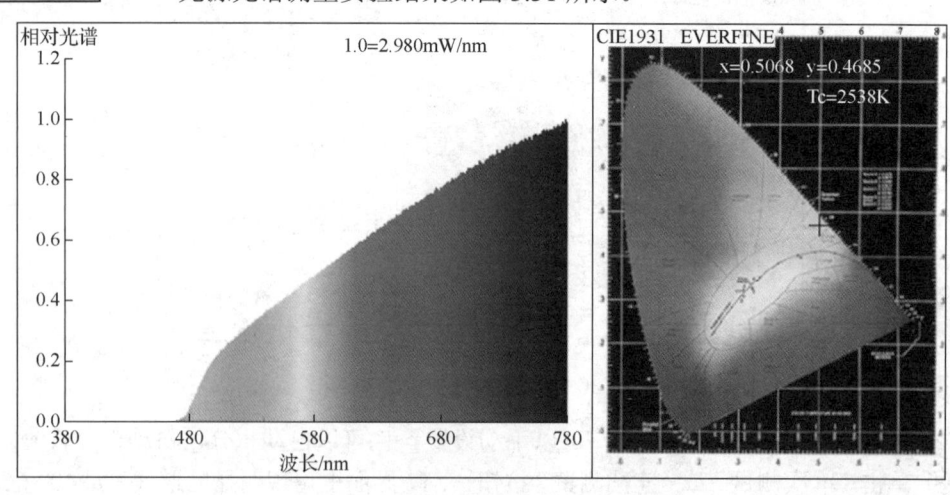

图 3.31　光源光谱测量实验结果

2. 可视光强测量部分

可视光强测量系统由可视 LED 光强测量取样装置和主机两部分组成。光强的测量采用距离平方反比定律，即先用 LED 法向光照度进行测量，再用平方反比定律计算得到光强。可视光强测量系统连接图如图 3.32 所示。可视光强测量的实验步骤如下。

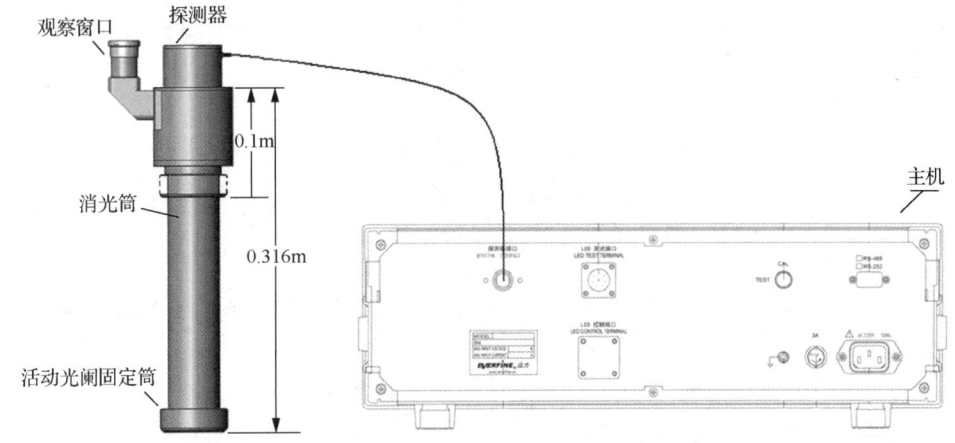

图 3.32　可视光强测量系统连接图

（1）校零。

仪表使用比较长一段时间后，可能会产生零位漂移（简称零漂），零漂影响测量精度，应进行校零。判断有无零漂的方法是：用盖子将探测器盖上，不让光入射到探测器上，此时仪表显示的即为仪表零点，当零漂超过一级光度计规定的允许误差时，就必须进行零位调整。调整方法如下。

用盖子将探测器盖上，将后面板上的开关锁置于 CAL 位置，在仪表处于锁存状态时，按三次"＞"键再按一次"校零"键，即可进入预校零状态，窗口显示"YES ZERO"。此时若不想校零，可按"锁存"键后按"设定"键，退出校零状态；若想校零，再次按"设定"键，仪表进入校零状态。仪表依次切换各挡量程，并读入各量程的零位值。校零结束，返回正常测试状态，并及时将开关锁置于 TEST 位置。

（2）定标。

LED622A 的光照度定标要求在光度导轨上完成。仪器在出厂前已定标，如果实验室有条件也可以自己定标。具体步骤如下。

① 将探测器的接头插入 LED622A 后面板的探测器接口，开机。

② 在测试状态下按三次"＞"键再按一次"定标"键，仪表进入预光照度定标状态，窗口显示"YES CAL"。此时若不想定标，可按"锁存"键后按"设定"键，退出定标状态；若想定标，再次按"设定"键，仪表进入光照度定标状态，窗口显示上一次输入的标准光照度值。若显示的值与标准灯的光照度标称值不同，可使用"∧""＞""∨""•"键重新设定，使仪表显示值和标准值一致。按"设定"键，仪表将显示定标系数，此时可使用"∧""＞""∨""•"键修改定标系数，再次按"设定"键，仪表将定标标准值和定标系数存入仪表内，仪表回到测量状态。仪表显示的测量值即为重新定标后的测量值。

如果光照度定标系数被修改，可以重新输入定标系数。定标系数在检定证书中。

注意：仪器定标时要把后面板的开关锁置于 CAL 位置，定标操作才会有效；定标完成后，要将开关锁置于 TEST 位置。

（3）设定。

仪器首次测量前一般要先对测试环境进行设置，主要有 LED 的工作电流（IF）、反向电压（Vr）、最大输出电压（VP）、自动判向选择（dir）、近场或是远场测试（LENG）、光强分级设置（GRAD）及光度信道选择设置（RANGE）。

将后面板的开关锁置于 CAL 位置，设定步骤如图 3.33 所示。

① 按"锁存"键，退出设定状态直至锁存状态。

② 按"设定"键，确认改变设定并保存当前设定。

③ 按"∧""∨"键，循环选择菜单中的某一功能选项。

④ 按"∧""∨"">""•"键，设定该选项参数值。

⑤ 按"∧""∨"键，循环选择"YES""NO"，确定是否开启自动判向功能。

设定注意事项如下。

① 需要使用分级功能时，首先要设定总的光强级数（GRAD）。

② 分级的判断依据设定的限值，分别为 LM-1～LM-9，设定各级限值时，应从小到大依次设定，以免出现分级错误。

③ 在任何设定步骤中，按一下"锁存"键，仪表就退回上一级菜单直至锁存状态。设定结束后，将开关锁置于 TEST 位置，以免设定值在使用过程中被误改；若开关锁在 TEST 位置时按"设定"键，仪表窗口会提示"LOCK"。仪表的"设定"键功能只有在锁存状态下才有效。

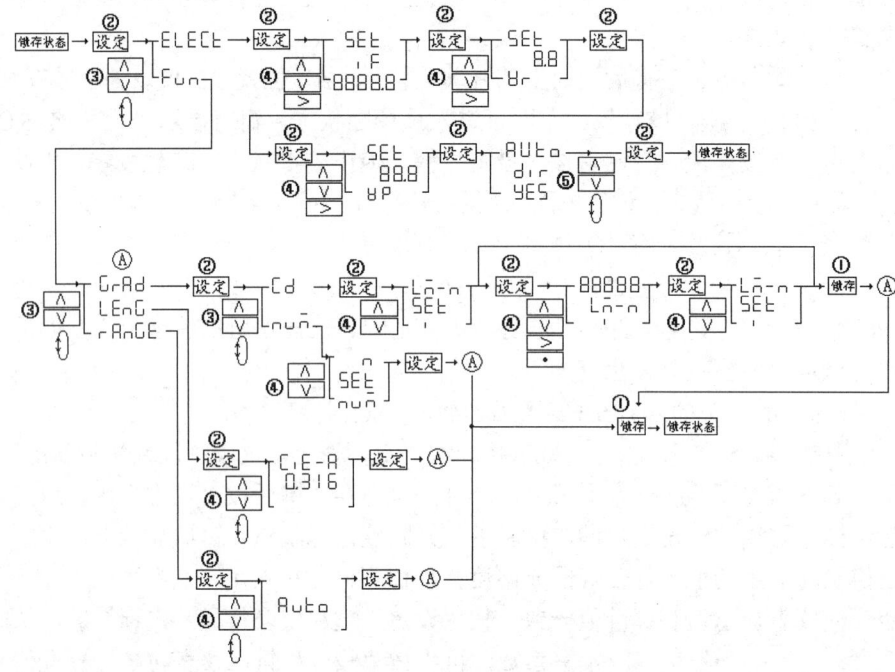

图 3.33　设定步骤示意图

(4) 测量。

① 根据测试条件（近场或是远场），取下（或是安装上）可视 LED 光强测量取样装置的消光筒（图 3.32）。

② 按图 3.32 所示连接好可视 LED 光强测量取样装置和主机。将可视 LED 光强测量仪的观察窗口对准被测对象，被测对象需紧贴活动光阑固定筒。

③ 选择好 LED 最大正向工作电压，开机，仪表自检，显示相关信息，即进入锁存状态，此时仪表没有输出。通过按"设定"键，由用户根据需要设定需要的参数，按"锁存"键，仪表将进入相应的测量状态。

④ 仪表的第一窗口的读数即为该 LED 的光强值（在测试条件下按"∧"键可以查看当前光强级数），第二窗口可显示 LED 的正向电压和反向电压，第三窗口可显示 LED 的正向电流和反向电流，各参数根据当前测试状态自动切换显示。

⑤ 更换 LED 灯时，可以不用关断电源直接拔插换灯（前提是设置合适的最大输出电压，以防止电压过大烧灯）。

⑥ 如发现测量数据不正确，请参照定标和校零部分。

⑦ 如果需要改变设定条件，请参照设定部分。

3.5 彩色显示屏光色测试实验

3.5.1 概述

本节通过对彩色显示屏的光通量、光效、光功率、相对光谱功率分布、色品坐标、色温、主波长、峰值波长、光谱半波宽、显色指数、色纯度、红色比、色容差、正向电压、正向电流、反向电压、反向电流等参数的测量，使学生掌握彩色显示屏的工作原理及对其进行光色电检测的方法。所设计的实验侧重检测系统的搭建和调试过程，充分体现了关键技术的应用，能达到提高学生动脑和动手能力的目的。本节中较容易的内容可以作为课程设计，较难的内容可以作为毕业设计的题目，此外可结合生产和生活中的实际需要为学生提供二次开发的科研平台。

1. 实验目的

利用 CBM-8 型彩色亮度计搭建 LED 发光器件光色电参数测试系统，掌握彩色亮度计的工作原理，实现对彩色显示屏光度和色度的实时检测。

2. 实验仪器

CBM-8 型彩色亮度计、三脚架、被测彩色屏或 LED 发光器件、计算机等。

3.5.2 实验原理

彩色亮度计是照明工程、影视、交通信号、建筑等领域常用的测试仪器。彩色亮度计由高稳定的光谱响应曲线 $\bar{x}(\lambda)$、$\bar{y}(\lambda)$、$\bar{z}(\lambda)$ 严格匹配的三色光电探测部件、嵌入式单片机系统、低功耗带背光液晶显示器、大容量的锂电池构成，因此，它不仅可满足在实验室内使用,而且也十分方便用于野外现场测量。

彩色亮度计内置 4 个视场角,分别为 2°、1°、0.2°、0.1°,因此亮度测量范围广。CBM-8 型彩色亮度计配有大口径高像质的优质望远物镜,可对远距离物体或光源的亮度和颜色进行瞄点测量;加辅助镜后可对近距离的微小物体或光源的亮度和颜色进行瞄点测量。彩色亮度计的基本结构如图 3.34 所示。

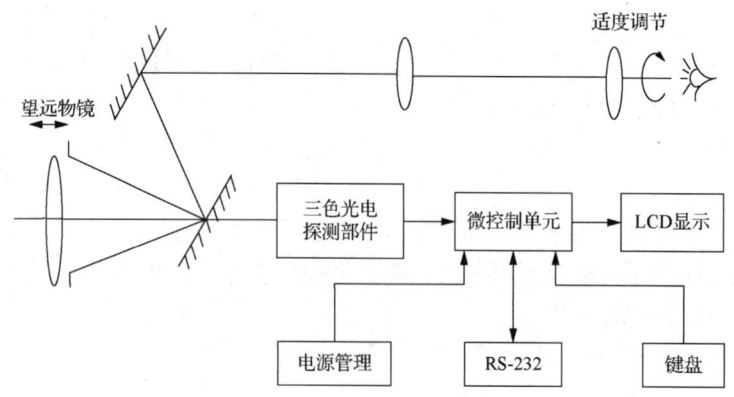

图 3.34 彩色亮度计的基本结构

3.5.3 设计参考

1. 色度测量

实现亮度、色度坐标(x, y)、色温、色差和三刺激值的分析测量。
（1）系统连接。
将 CBM-8 型彩色亮度计和计算机用串口线连接。
（2）软件操作。
① 测试操作。
a. 选择"操作"→"通讯设置"命令。
b. 根据系统连接选择相应的串口。
c. 地址码和波特率的设置选择与 CBM-8 下位机的设置一致。
d. 选择"操作"→"测试数据"命令。
e. 每测试一次都会弹出对话框,可根据需要选择是否将测试结果加入列表。
f. 选择"操作"→"显示坐标值"命令。
g. 单击工具栏上的 按钮。
② 文件操作。
a. 装载已有的存盘数据。
b. 存储当前测试数据到指定文件,文件扩展名默认为.BM7。
c. 打印报告。
d. 导出数据。
最后将色度测量结果填入表 3-6。

表 3-6 色度测量数据

序号	x	y	u	v	色温/K	亮度	色差	三刺激值			主波长/nm	色纯度/%
								X	Y	Z		
1												
2												
3												
4												
5												
6												
7												
8												
9												
10												

2. 光度测量

实现一台或多台仪器的光通量、照度、亮度的测量。

（1）系统连接。

将一台或多台仪器与计算机用串口线连接。

（2）软件操作。

① 测试操作。

a．选择"操作"→"通讯设置"命令。

b．选择"操作"→"测试数据"命令。

② 文件操作。

a．装载已有的存盘数据。

b．存储当前测试数据到指定文件，文件扩展名默认为.PHP。

c．导出数据。

光度测量的实验结果示例如图 3.35 所示。

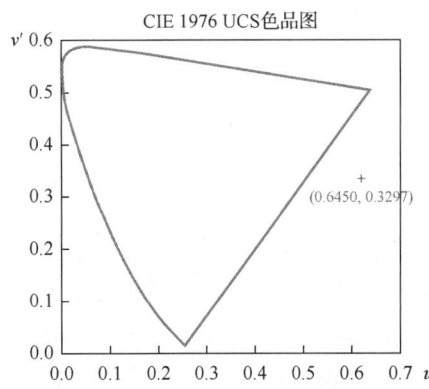
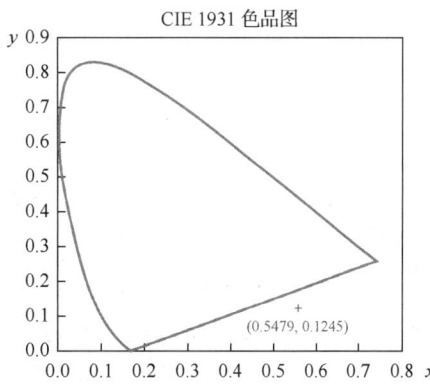

图 3.35 光度测量的实验结果示例

3.6 利用反射光谱测定印刷品质量实验

3.6.1 概述

光谱仪是光谱检测最常用的设备。将光纤与 CCD 技术应用于微型光谱仪，可以大大提高其稳定性和分辨率。微型光纤光谱仪的便携性和高性价比，使得光谱检测从实验室走向检测现场，拓展了光谱仪的应用范围。

光谱仪一般由入射狭缝、准直镜、色散元件（光栅或棱镜）、聚焦光学系统和探测器构成。由单色仪和探测器搭建的光谱仪中通常还包括出射狭缝，能使整个光谱中波长范围很窄的一部分光照射到探测器上。单色仪中的入射狭缝和出射狭缝位置固定、宽度可调，对整个光谱的扫描是通过旋转光栅来完成的。

自 20 世纪 90 年代以来，微电子领域中的多像元光学探测器（如 CCD、LED 阵列）制造技术迅猛发展，使得 CCD 器件广泛应用于各个领域。本实验选用的光纤光谱仪使用了 CCD 和 LED 阵列探测器，可以对整个光谱进行快速扫描，不需要转动光栅。

低损耗石英光纤可以用于传输光谱信号，即把被测样品产生的光信号传导到光谱仪的光学平台中。由于光纤的连接、耦合非常容易，因此可以很方便地搭建起由光源、采样附件和光纤光谱仪等模块组成的测量系统。

光纤光谱仪的优势在于测量系统的模块化和灵活性。本实验使用的光纤光谱仪的测量速度非常快，可以用于在线分析。由于光纤光谱仪使用了光纤传导光信号，屏蔽了工作环境中的杂散光，因此提高了光学系统的稳定性，可以用于较恶劣环境的现场测试。

本实验所用光纤光谱仪采用对称式 Czerny-Turner 光学平台设计，焦距为 50mm，其结构如图 3.36 所示。光由一个标准的 SMA905 光纤接口进入光学平台，在被一个球面镜准直后由一块平面光栅分开（色散），然后经由第二个球面镜聚焦至阵列探测器上。

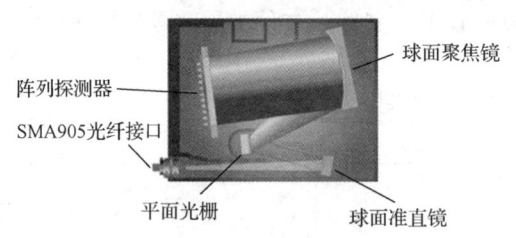

图 3.36 光纤光谱仪的结构

光谱仪的光学分辨率定义为光谱仪所能分辨的最小波长差。为了分辨两个相邻的谱线，这两根谱线在探测器上的像至少要间隔 2 个像素的距离。

因为光栅决定了不同波长的光在探测器上可色散的程度，所以它是决定光谱仪分辨率的一个非常重要的参数。另一个重要参数是进入光谱仪的光束宽度，它基本上取决于光谱仪上安装的固定的入射狭缝宽度或光纤芯径（当没有安装狭缝时），如图 3.37 所示。图 3.37 中的分辨率是 FWHM 值，即最大峰值光强 50%处所对应的谱线宽度。

在指定波长处，狭缝在阵列探测器上所成的像通常会覆盖几个像元。如果要分开两根谱线，就必须把它们色散到这个像尺寸再加上一个像元。当使用大芯径的光纤时，可以通过选择比光纤芯径窄的狭缝来提高光谱仪的分辨率，因为这样能大大降低入射光束的宽度。

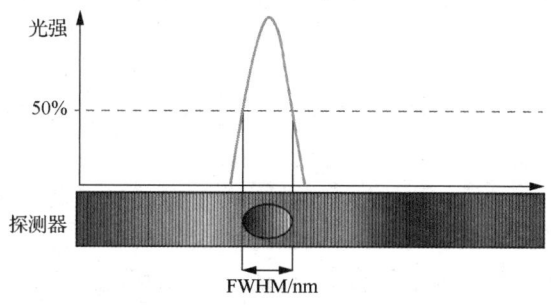

图3.37 彩图

图3.37 光谱仪分辨率示意图

表3-7是光谱仪的典型分辨率。光栅的线对数越高，色散效应随波长变化就会越显著，波长越长，色散效应越大，因此在最长波长处会得到最高分辨率。

表3-7 光谱仪的典型分辨率

光栅/ （线/mm）	狭缝宽度/μm					
	10	25	50	100	200	500
300	0.8	1.4	2.4	4.3	8.0	20.0
600	0.4	0.7	1.2	2.1	4.1	10.0
1200	0.1~0.2*	0.2~0.3*	0.4~0.6*	0.7~1.0*	1.4~2.0*	3.3~4.8*
1800	0.07~0.12*	0.12~0.21*	0.2~0.36*	0.4~0.7	0.7~1.4*	1.7~3.3*
2400	0.05~0.09*	0.08~0.15*	0.14~0.25*	0.3~0.5*	0.5~0.9*	1.2~2.2*
3600	0.04~0.06*	0.07~0.10*	0.11~0.16*	0.2~0.3*	0.4~0.6*	0.9~1.4*

注：光谱仪的分辨率是 FWHM 值，单位为 nm。

带*标记的分辨率取决于光栅的起始波长，起始波长越长，色散越大，分辨率越高。

1. 实验目的

利用 RLE-SA02-PRO 光纤光谱综合测试系统搭建印刷品质量测试平台，掌握光纤光谱仪的工作原理和使用方法，熟悉印刷品色彩描述的原理，并掌握光纤光谱颜色测试的控制程序，实现应用反射式探头和积分球的方法对印刷品质量的在线检测。

2. 实验仪器

光纤光谱仪、Y形反射式光纤探头、积分球、卤钨灯、照明光纤、AvaSoft-Full 软件、探测光纤支架、标准白板、标准色卡、探测光纤、计算机等。

3.6.2 实验原理

1. 色彩描述方法

目前,色彩描述方法分为定性描述的显色系统表示法和定量描述的混色系统表示法两种。

(1) 显色系统表示法。

显色系统是根据色彩的心理属性(即色相、明度和饱和度)进行系统的分类排列的。显色系统以某种顺序对色彩要素进行分类,首先定义色相,这是颜色的基本特征,用以判断物体颜色是红、绿、蓝等不同颜色。物体的色相取决于光源的光谱组成和物体表面选择性吸收后所反射(透射)的各波长辐射的比例对人眼所产生的感觉。其次定义明度,对于某一色调按相对明亮感觉分类,就是人眼所感受到的色彩明暗程度。最后定义饱和度,它表示离开相同明度中性灰色的程度。常用的显色系统有孟赛尔表色系统、瑞典的自然色彩系统、德国 DIN 表色系统等。目前在世界各国的印刷业中采用最多的是色谱、油墨色样卡。其中,孟赛尔表色系统是最具代表性的显色系统,它按目视色彩感觉等间隔的排列方式采用色卡表示色彩的色相、明度、饱和度三种属性。色卡用圆筒坐标进行配置,纵轴表示明度 V,圆周方向表示色相 H,半径方向表示饱和度 C。

(2) 混色系统表示法。

由于显色系统存在的不足,人们迫切需要一种精度更高、对人依赖性低的色彩定量描述系统,因此提出了混色系统。它以用光的混色实验求出的为了与某一颜色相匹配所必要的色光混合量作为基础,并对色彩进行定量描述。混色系统又称三色表色系统,用三个值表示色刺激。把色刺激的光谱分布称为色刺激函数。三刺激值是由色刺激函数这种物理量和人的心理上的光谱响应的组合而求出的,因此是一种心理物理量。我们把表示色刺激特性的三刺激值称为色度值,把用色度值表示的色刺激称为心理物理色。因此混色系统的表色值可用色度值。常用的混色系统有如下三种。

① CIE-RGB 系统。

1931 年 CIE 规定三原色光的选取为:红原色波长为 700.0nm,绿原色波长为 546.1nm,蓝原色波长为 435.8nm。根据实验,当这三原色光的相对亮度比例为 1.0000:4.5907:0.0601,或辐射量比例为 72.0966:1.3791:1.0000 时,就能混合匹配产生等能量中性色的白光 E。所以,CIE 选取上述比率作为红、绿、蓝三原色光的单位量,即 (R):(G):(B)=1:1:1,将此时每一原色的亮度值归一化,因此确定了标准观察者匹配函数,得到的三刺激值 R、G、B 可以唯一确定具有任意光谱分布的光的颜色。

② CIE-XYZ 系统。

由于 RGB 系统的负值带来的运算难度,在此基础上用坐标变换方法,选用三个理想中的原色来代替实际的三原色,从而将 CIE-RGB 系统中的光谱三刺激值和色度坐标均变换为正值。选择 (X)、(Y)、(Z) 代表三个假想的红、绿、蓝原色。

③ 均匀表色系统。

均匀表色系统是为了使色彩的复制更精确、更完美,使色彩的转换和校正尺度更合理,减少由于空间的不均匀带来的复制误差,而找出的一种最均匀的色彩空间,即在不同位置、不同方向上相等的几何距离在视觉上有对应相等的色差,把易测的空间距离作为色彩感觉差别量。均匀表色系统能使色彩复制技术优化,使色彩匹配和色彩复制的准确性加强。

2. 色度测量基本原理

色度测量是将人眼对颜色的定性颜色感觉转变成定量的描述,这个描述基于表色系统。印刷品的色度测量是测量从印刷品表面反射或透射出来的光谱,基本原理是依据颜色的三刺激值计算公式为

$$
\begin{aligned}
X &= K\int \Phi(\lambda)\bar{x}(\lambda)\mathrm{d}\lambda \\
Y &= K\int \Phi(\lambda)\bar{y}(\lambda)\mathrm{d}\lambda \\
Z &= K\int \Phi(\lambda)\bar{z}(\lambda)\mathrm{d}\lambda
\end{aligned}
\tag{3-16}
$$

其中,$\Phi(\lambda)$ 为印刷品的色刺激,对于反射物体为 $\Phi(\lambda)=\beta(\lambda)S(\lambda)$,透射物体为 $\Phi(\lambda)=\tau(\lambda)S(\lambda)$,$S(\lambda)$ 为照明的光谱分布,$\beta(\lambda)$ 为反射物体的光谱反射率,$\tau(\lambda)$ 为透射物体的光谱透过率;K 为调整因数,定义为

$$
K = \frac{100}{\int S(\lambda)\bar{y}(\lambda)\mathrm{d}\lambda}
$$

3. 积分球原理与结构

积分球的结构如图 3.38 所示。积分球的主要功能是作为光收集器,积分球内均匀涂有漫反射涂层,可以高效反射 200~2600nm 范围的光线。被收集的光可以作为漫反射光源或被测光源。积分球的基本原理是光通过照明接口进入积分球,经过多次反射后非常均匀地散射在积分球内部。探测器与积分球侧面的接口相连,该接口内部有一个挡板,探测器只能测量到挡板上的光,这样就不受从照明接口进入光的角度的影响,从而避免了第一次反射光直接照在探测器。

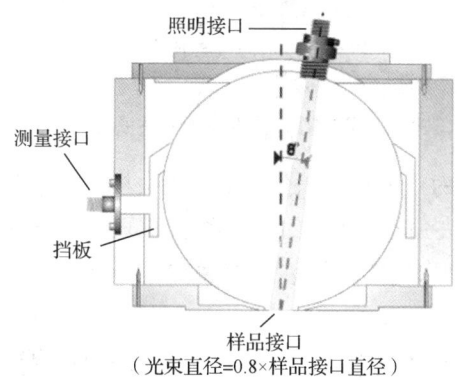

图 3.38 积分球的结构

本实验选用的是内径 50mm 的光纤式积分球,探测器使用 SMA905 光纤接头将光导入到光纤光谱仪进行探测,照明光源使用白光源,使用 SMA905 光纤接头将白光源与积分球连接。

4. 照明及观察方式

照明及观察方式的不同，会使同一色样呈现的颜色有所不同，为正确评价颜色，照明及观察方式应该统一，为此，CIE 标准对照明及观察方式也做了规定。CIE 规定不透明样品的色度测量推荐使用以下四种照明及观察方式之一。

（1）45°/垂直（缩写为 45°/0°），如图 3.39 所示。照明光束的轴线与样品表面的法线成 45°±2°。观察方向与样品法线之间的夹角不应超过 10°。

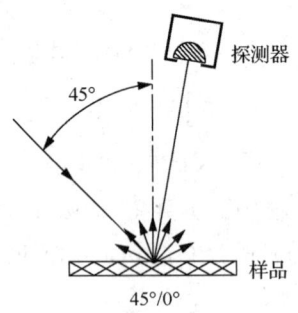

图 3.39　照明及观察方式一

（2）垂直/45°（缩写为 0°/45°），如图 3.40 所示。照明光束的轴线与样品表面的法线之间的夹角不应超过 10°。在与法线成 45°±2°的方向观测样品。照明光束中任一照明光线与光轴之间的夹角不应超过 8°。观测光束也应遵守相同的限制。

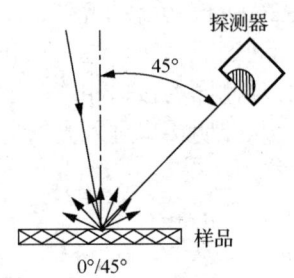

图 3.40　照明及观察方式二

（3）漫射/垂直（缩写为 d/0°），如图 3.41 所示。样品用积分球漫射照明，样品的法线和观测光束的轴线之间的夹角不应超过 10°。积分球可以是任意直径，只要开孔部分的总面积不超过球内反射面积的 10%即可。观测光束中任一观测光线与观测光轴之间的夹角不应超过 5°。

（4）垂直/漫射（缩写为 0°/d），如图 3.42 所示。照明光束的轴线与样品表面的法线之间的夹角不应超过 10°。用积分球收集样品反射光通量。照明光束中任一光线与其光轴之间的夹角不应超过 5°。积分球可以是任意直径的，只要开孔部分的面积不超过球内反射面积的 10%即可。

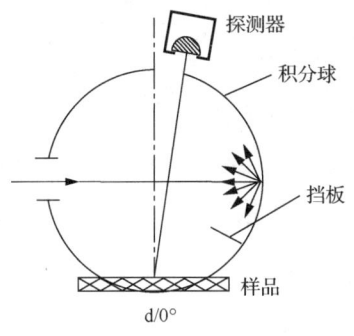

图 3.41　照明及观察方式三

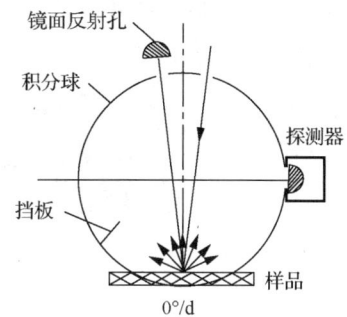

图 3.42　照明及观察方式四

5. 使用反射式光纤探测物体颜色

在测量一些面积较小的物体时，由于积分球口径一般都在 10mm，无法使用积分球精确测量较小区域的颜色信息。工程上普遍采用反射式光纤作为探测光纤。

本实验采用反射式光纤，其结构和参数如图 3.43 所示。

整个探测光纤呈 Y 字形，其中 6 根光纤与光源连接用作照明，一根光纤连接光纤光谱仪用作探测。探测端光纤束由 7 根 200μm 光纤组成，6 根光纤围绕一根光纤圆周排布。光纤芯径均为 200μm。

使用反射式光纤探测物体颜色实验的连接框图，如图 3.44 所示。此种方法是 CIE 推荐的 d/0° 方式的一种变形，现在工程上广泛应用。

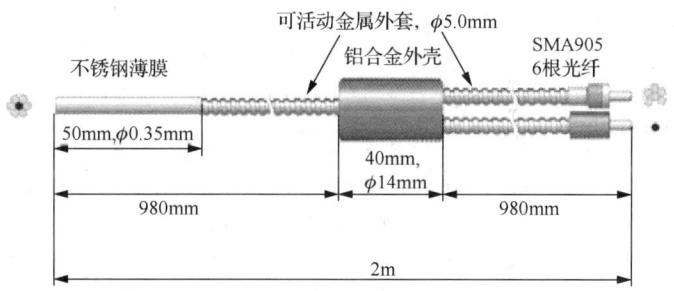

图 3.43　反射式光纤结构

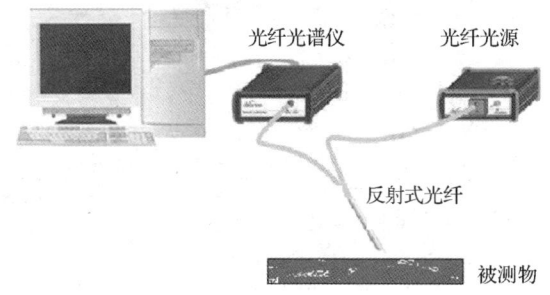

图 3.44　使用反射式光纤探测物体颜色实验的连接框图

6. 使用积分球探测物体颜色

当被测量物体面积较大时，为了提高精度，一般采用漫射/垂直（缩写为 d/0°）方式检测，样品用积分球漫射照明。其实验的连接框图如图 3.45 所示。

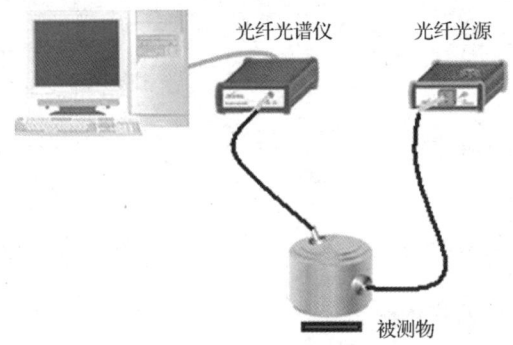

图 3.45　使用积分球探测物体颜色实验的连接框图

7. 系统标定及标准白板

按照国家标准《物体色的测量方法》（GB/T 3979—2008）的要求，在物体颜色测试前需要使用标准白板进行标定。标准白板的要求遵循国家标准《用于色度和光度测量的标准白板》（GB/T 9086—2007）。

标准白板分为有光泽和无光泽两种，这两种标准白板具有较高的光谱反射性能。无光泽的陶瓷标准白板，其表面的漫反射性能接近氧化镁或硫酸钡漫反射标准白板，既可用于色度和光度的直接测量，又可用于工作标准的标定。

本实验选用的标准白板由白色漫反射材料 PTFE 制成，可以满足对反射率要求很高的场合，如图 3.46 所示。在色度学应用中，要求在反射测量时先测量白板的反射光谱曲线作为参考，如图 3.47 所示。由于用 PTFE 材料制作的标准白板的反射率非常高，在 350～1800nm 光谱范围内达到约 98%的反射率，在 250～2500nm 光谱范围内达到约 92%的反射率。PTFE 材料具有非常好的长期稳定性，而且不易被水沾湿。

图 3.46 彩图

图 3.46　标准白板实物图

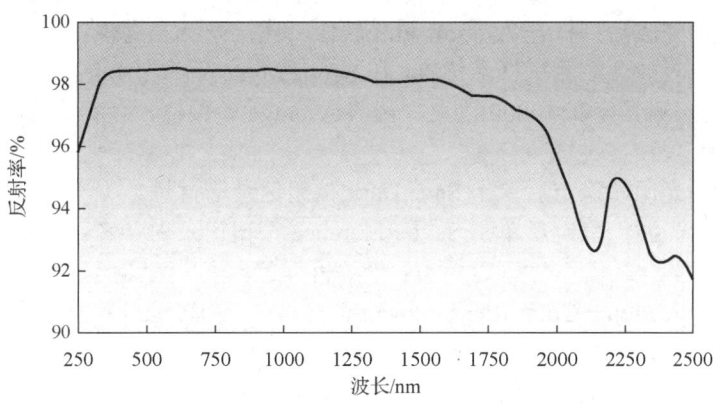

图 3.47　参考白板反射光谱曲线

3.6.3　设计参考

1. 使用反射式光纤探测物体颜色

（1）系统搭建。

① 按照图 3.44 连接各个器件，其中光纤与光纤光谱仪的连接如图 3.48 所示，光纤与光纤光源的连接如图 3.49 所示。在使用中应保护光纤端面不接触到其他物体，以免磕碰或污染光纤端面影响测量精度；在连接光纤时应避免光纤弯曲角度过大导致光纤折断。

 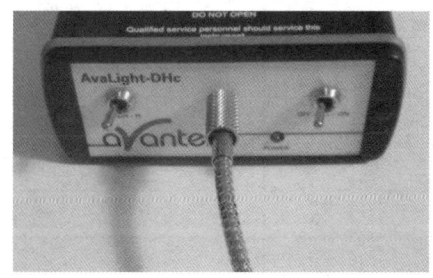

图 3.48　光纤与光纤光谱仪的连接实物图　　图 3.49　光纤与光纤光源的连接实物图

② 搭建光纤探测平台。反射式光纤探测平台的搭建如图 3.50 所示。

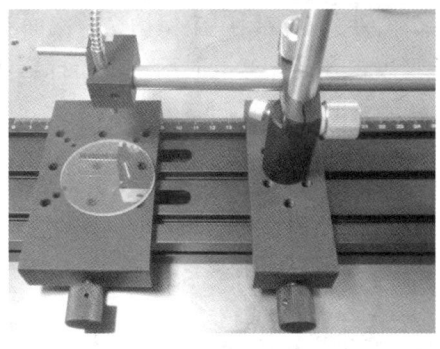

图 3.50　反射式光纤探测平台的搭建实物图

③ 搭建光路完成后,打开 AvaSoft-Full 软件,连接光纤光谱仪。

④ 将标准白板放置在测试样品位置,在 Scope Mode 下调节 Integration Times 参数值,使得光纤光谱仪探测强度在 10000 以上,调节 Average 参数值,使得光谱谱线平稳。

(2) 系统标定。

① 关闭照明光源,稳定后单击 Save Dark 按钮记录暗背景。

② 打开照明光源,稳定后单击 Save Reference 按钮记录白参考。

(3) 测试数据。

① 选择 Application→Color Measurement 命令,在 LABChart 界面设置 Illuminant 参数为 D65,设置 CIE Standard Observer 参数为 0 degrees(这两项也可根据需要选择其他选项),在 Reference Color 栏选择参考颜色,然后单击"OK"按钮。

② 将反射式光纤探头对准待测物体即可开始测量,若 dE 等参数的值过大(大于 0.1)或者浮动严重,可适当增大 Average 参数值后再试。

③ 数据测试。随机测试色标卡中的 5 种色标。将实验相关数据记录于表 3-8。

测试仪器:光纤光谱仪 AvaSpec-2048。

测试波长范围:350~1100nm,$\Delta\lambda$=2.4nm。

采用 0°方向照明,漫反射接收几何条件,标准照明体 D65。

表 3-8 反射式光纤探测物体颜色数据记录表

环境条件	温度　　℃;湿度　　%RH			
色标卡序号	三刺激值($X\ Y\ Z$)	L　a*　b*		x　y

2. 使用积分球探测物体颜色

(1) 系统搭建。

① 按照图 3.45 连接各个器件。在使用中应保护光纤端面不接触到其他物体,以免磕碰或污染光纤端面影响测量精度;在连接光纤时应避免光纤弯曲角度过大导致光纤折断。

② 按照图 3.51 搭建积分球测试平台。

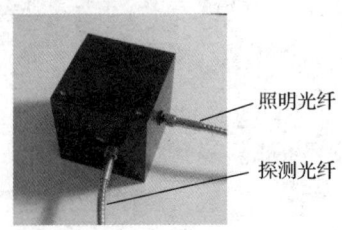

图 3.51　积分球测试平台搭建实物图

③ 搭建光路完成后，打开 AvaSoft-Full 软件，连接光纤光谱仪。

④ 将标准白板紧贴在积分球采样口上，在 Scope Mode 下调节 Integration Times 参数值，使得光纤光谱仪探测强度在 5000 以上，调节 Average 参数值，使得光谱谱线平稳。

（2）系统标定。

① 关闭照明光源，稳定后单击 Save Dark 按钮记录暗背景。

② 打开照明光源，将标准白板紧贴在积分球采样口上，稳定后单击 Save Reference 按钮记录白参考。

（3）测试数据。

① 选择 Application→Color Measurement 命令，在 LABChart 界面设置 Illuminant 参数为 D65，设置 CIE Standard Observer 参数为 10 degrees（这两项也可根据需要选择其他选项），在 Reference Color 栏选择参考颜色，然后单击 OK 按钮。

② 将反射式光纤探头对准待测物体即可开始测量，若 dE 等参数的值过大（大于 0.1）或者浮动严重，可适当增大 Average 参数值后再试。

③ 数据测试。随机测试色标卡中的 5 种色标。将实验相关数据记录于表 3-9。

测试仪器：光纤光谱仪 AvaSpec-2048。

测试波长范围：380~1100nm，$\Delta\lambda$=2.4nm。

采用 10°方向照明，漫反射接收几何条件，标准照明体 D65。

表 3-9 积分球探测物体颜色数据记录表

环境条件　　温度：　　℃；湿度：　　%RH

色标卡序号	三刺激值（X Y Z）	L　a*　b*	x　y

3. 液体颜色测定（拓展设计实验）

此部分可作为课程设计实验，也可根据实际生产和生活需要结合蓝牙等技术，作为毕业设计或学生科研课题。当测试无腐蚀的透明液体时，可直接将反射式光纤探头插入液体内进行测试，测试方法与使用反射式光纤探测物体颜色实验相同。测试结束后应使用清水冲洗光纤，并擦拭干净。注意，光纤端面如果被腐蚀将对测试结果产生极大影响。

实验注意事项如下。

① 将反射式光纤探头或积分球对准待测物体即可开始测量，若 dE 等参数的值过大（大于 0.1）或者浮动严重，可适当增大 Average 参数值再试。

② 应保持光源、光纤、光纤光谱仪等各器件的稳定，尤其是光纤不要剧烈晃动。被测物体表面应尽可能是平面。测量过程中应该保持积分时间和平均次数等参数不变。

③ 使用反射式光纤探头测量时，尤其应当注意保持反射式光纤探头与被测物体的距离不变，并且与标准白板的距离相等。

④ 使用积分球测量时，由于光强较弱，积分时间和平均次数可能较大，因而测量时间稍长，这时要注意进入稳定的测量周期之后再进行保存白/黑参考等操作。

⑤ 为了提高测试的稳定性，白光源和光纤光谱仪应提前预热 30 分钟。

3.7 利用透射光谱测定滤光片透过率实验

3.7.1 概述

光学透过率是所有的透光器件的重要指标，掌握光学器件的透过率检验方法可以帮助我们研究各种光学器件的性能。光学滤光片广泛应用于医疗、冶金、航空、航天、军事等领域。滤光片的主要指标有光谱透过率、中心波长（窄带干涉滤光片）、半波宽、截止波长等。

1. 实验目的

利用 RLE-SA02-PRO 光纤光谱综合测试系统搭建滤光片透过率测试平台，掌握光纤光谱仪的工作原理和运用，掌握滤光片的主要性能指标和相应的检验方法。

2. 实验仪器

光纤光谱仪、积分球、卤钨光源、照明光纤、光纤准直镜、探测光纤、二维可调棱镜台、窄带滤光片、中性密度透过率测试样品、长波通滤光片、AvaSoft-Full 软件、计算机等。

3.7.2 实验原理

本实验使用光纤光源经准直后作为照明光源，使用积分球作为匀光器，使用光纤光谱仪检测光谱。滤光片透过率测试实验的连接框图如图 3.52 所示。

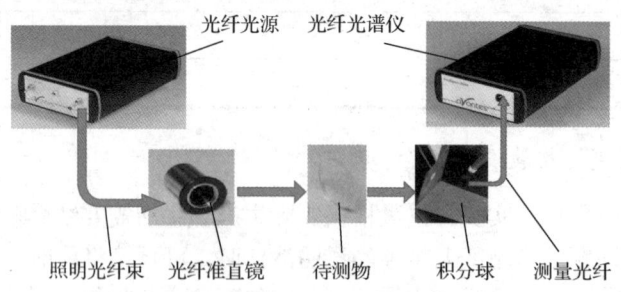

图 3.52 滤光片透过率测试实验的连接框图

3.7.3 设计参考

1. 实验系统搭建与标定

（1）按照连接框图 3.52 和实物图 3.53 连接光纤光源、光纤准直镜、积分球和光纤光谱仪。

第 3 章 光电信息技术创新性实验

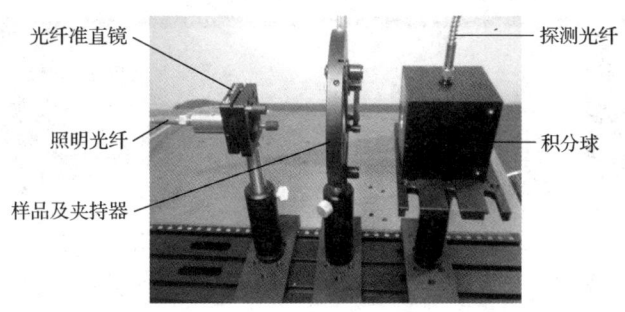

图 3.53　滤光片透过率测试实验的实物图

（2）根据实物图，安装各夹持部件。并调整各器件同心等高。有些定制产品如光纤准直镜调节支架可能与实物图不符。

（3）打开光纤光谱仪，在不开光纤光源的情况下记录黑背景。

（4）打开光纤光源，调整光纤准直镜与积分球采样口等高，并使光束正入射进采样口，待光纤光源预热 30 分钟后，调整光纤光谱仪和 Average 参数值，使得光谱强度在 10000 以上，稳定后保存白参考。

注意：如果环境光影响较大，导致测试光谱曲线不稳定，可增大 Average 参数值，增加计算参数的平均值范围，稳定光谱曲线。

（5）使用透过率测量模式测量样品透过率，选择 T 模式。

2. 中性密度滤光片透过率测试

将中性密度滤光片装在样品测试位置，测量其在各光谱范围内的透过率曲线，测试效果如图 3.54 所示。

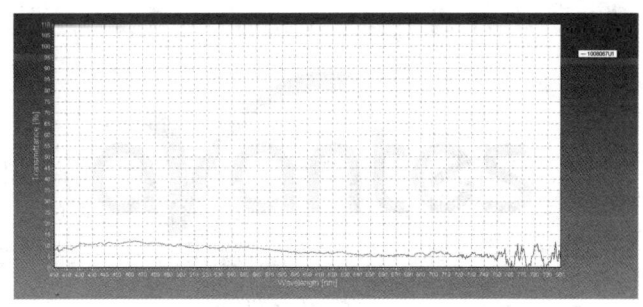

图 3.54　中性密度滤光片透过率测试效果

3. 长波通滤光片测试

将不同带通的滤光片装在样品测试位置，测量其在各光谱范围内的透过率曲线。通过软件自带的测量功能，测量长波通滤光片的透过波段、透过率、截止波长、截止带宽等参数，测试效果如图 3.55 所示。

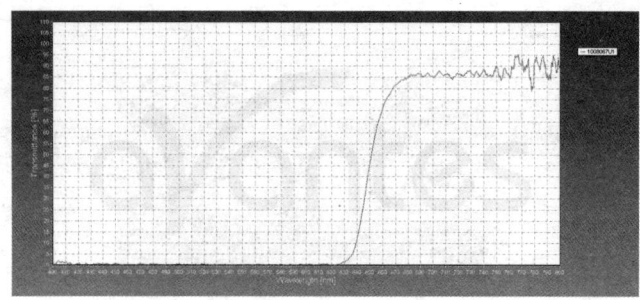

图 3.55　长波通滤光片测试效果

4. 窄带滤光片测试

将窄带滤光片装在样品测试位置，测量其在各光谱范围内的透过率曲线。通过软件自带的测量功能，测量窄带滤光片的峰值透过率、半波带宽参数，测试效果如图 3.56 所示。

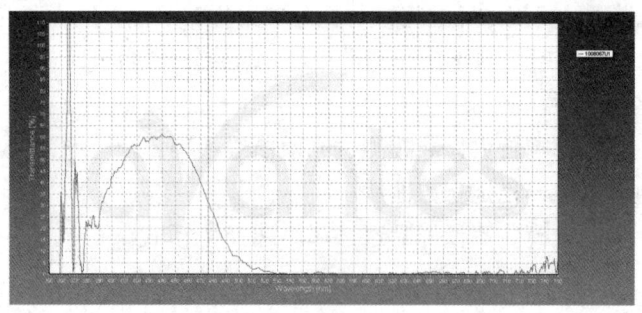

图 3.56　窄带滤光片测试效果

3.8　利用等离子体光谱测定气体成分实验

3.8.1　概述

随着温度的升高，一般物质依次表现为固体、液体和气体，它们统称物质的三态。当气体温度进一步升高时，其中许多甚至全部分子或原子将由于激烈的相互碰撞而离解为电子和正离子。这时物质将进入一种新的状态，即主要由电子和正离子（或是带正电的核）组成的状态。这种状态的物质称为等离子体，称为物质的第四态。

目前，直接测量等离子体的仪器分为两大类。一大类是测量等离子体的密度和温度，方法分两种：一种是根据落到传感器上的带电粒子产生的电流来推算，如法拉第筒、减速势分析器和离子捕集器；另一种是探针，通过在探针上加不同电压引起的电源变化推算。另一大类是测量等离子体的特征谱线（光谱法），使用光纤探测等离子体信号，通过光纤光谱仪进行数据采集和分析。

1. 实验目的

利用 RLE-SA02-PRO 光纤光谱综合测试系统搭建等离子体气体成分测定平台，掌握光纤光谱仪的工作原理和运用，掌握等离子体辉光放电的原理和相应的气体成分测定方法。

2. 实验仪器

光纤光谱仪、光纤准直镜、辉光球、光纤支架、AvaSoft-Full 软件、探测光纤、计算机等。

3.8.2 实验原理

辉光球发光是低压气体（或称稀疏气体）在高频强电场中的放电现象。辉光球中央有一个黑色球状电极。辉光球的底部有一块振荡电路板，通电后，振荡电路产生高频电压电场，由于球内稀薄气体受到高频电场的电离作用而光芒四射。辉光球工作时，在球中央的电极周围形成一个类似于点电荷的场。当用手（人与大地相连）触及球时，球周围的电场、电势分布不再均匀对称，故辉光在手指的周围处变得更为明亮。

本实验使用辉光球准直后作为照明光源，使用光纤光谱仪检测光谱。等离子体气体成分测定实验的连接框图如图 3.57 所示，实物图如图 3.58 所示。

图 3.57　等离子体气体成分测定实验的连接框图

图 3.58　等离子体气体成分测定实验的实物图

3.8.3 设计参考

（1）按照图 3.57 连接等离子体发射源和光纤光谱仪。

（2）开启光纤光谱仪，将光纤光谱仪模式设置为 S 模式。

（3）开启辉光球。

（4）将光纤使用光纤卡具贴近积分球，如图 3.58 所示。注意，不能让光纤端面与积分球接触，否则容易导致光纤污损。

(5) 调整光纤光谱仪积分时间，使得最大光强在 3000 左右。

(6) 使用软件自带的测量功能测量等离子体各条特征谱线的波长值，如图 3.59 所示。

(7) 各种惰性气体特征谱线和原子特征谱线可以在 www.nist.gov 网页中查询。

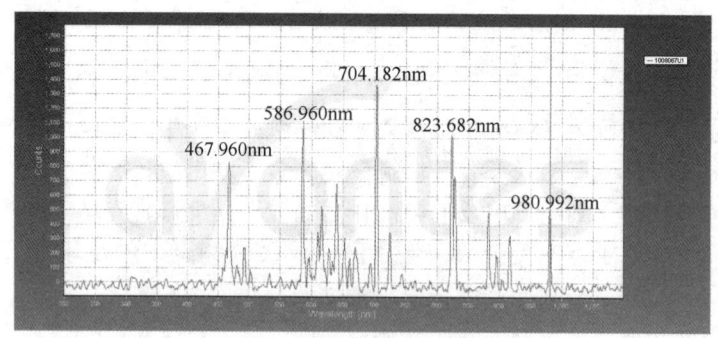

图 3.59 等离子体各条特征谱线波长值检测效果

3.9 利用白光干涉测定薄膜厚度实验

3.9.1 概述

随着信息产业的发展，光学薄膜的需求不断增大，对器件特性的要求也越来越高。物理厚度是薄膜最基本的参数之一，它会影响整个器件的最终性能，因此快速而精确地测量薄膜厚度具有重要的意义。台阶仪是常用的厚度测试工具，然而它需要在样品上制作台阶，同时测试中机械探针与样品接触，会对一些软膜的表面造成损伤，因而非破坏的光学手段是更为理想的方法。传统的测量薄膜物理厚度的光学方法主要有光度法和椭偏法两种。其中，光度法是通过拟合分光光度计测得的透/反射率曲线来得到光学薄膜厚度的一种方法，但它要求膜层较厚以产生一定的干涉振荡，并且只能测量弱吸收膜；椭偏法测量具有灵敏度高的优点，但是受界面层等因素的影响，需要复杂的数学模型来求解厚度。上述这些方法已经成功而广泛地应用在各个领域，然而随着近年来微光机电系统等微加工技术的发展，经常需要在具有纹理的基板上（patterned substrate）沉积薄膜，因此用测量表面轮廓的白光干涉仪来进行薄膜厚度测量的方法引起了人们的关注。

1. 实验目的

利用 RLE-SA02-PRO 光纤光谱综合测试系统搭建薄膜厚度测量平台，掌握光纤光谱仪的工作原理和运用，掌握基于白光干涉的原理来测量薄膜厚度的方法。

2. 实验仪器

光纤光谱仪、Y 形反射式光纤、光纤光源、探测光纤支架、AvaSoft-Thinfilm 应用软件、薄膜测试片、计算机等。

3.9.2 实验原理

薄膜厚度测量系统是基于白光干涉的原理来确定光学薄膜的厚度。白光干涉图样通过数学函数计算出薄膜厚度。对于单层膜来说，如果已知薄膜介质的 n 和 k 值就可以计算出它的物理厚度。

一束光从空气垂直入射到薄膜表面，由菲涅耳反射定律，其振幅反射系数为

$$r_{01} = \frac{\tilde{n} - n_0}{\tilde{n} + n_0} \tag{3-17}$$

式中，$\tilde{n} = n - \mathrm{i}k$，称为复折射率，$k$ 为薄膜消光系数，i 为虚数单位。

振幅透射系数为

$$t_{01} = \frac{2n}{\tilde{n} + n_0} \tag{3-18}$$

透射光在薄膜与基底界面再次发生反射，其振幅反射率为

$$r_{12} = \frac{\tilde{s} - \tilde{n}}{\tilde{s} + \tilde{n}} \tag{3-19}$$

其中，$\tilde{s}$ 为基底的复折射率。反射光在两界面间多次发生反射。则第一次的反射光和多次反射的透射光在空气中发生多光束干涉，其干涉的总振幅相对于入射光的反射比为

$$r = \frac{r_{01} + r_{12}\mathrm{e}^{-\mathrm{i}2\beta}}{1 + r_{01}r_{12}\mathrm{e}^{-\mathrm{i}2\beta}} \tag{3-20}$$

式中，$\beta = \dfrac{2\pi d(n - \mathrm{i}k)}{\lambda}$，$\beta$ 为相位因子，λ 为光的波长，则光强反射比 $R = |r|^2$。

① 对于 air/film/substrate/air 系来说，如果基底 substrate 为吸收材料，且足够厚，而没有反射光从基底与空气界面反射回来，则反射率 $R = |r|^2$。

② 对于 air/film/substrate/air 系来说，如果基底 substrate 为无吸收材料，则有反射光从基底与空气界面反射回来，设空气折射率为 1，则

透射率曲线为

$$T = \mathrm{transmittance} = \frac{Ax}{B - Cx + Dx^2} \tag{3-21}$$

式中，$A = 16s(n^2 + k^2)$；

$B = [(n+1)^2 + k^2][(n+1)(n+s^2) + k^2]$；

$C = [(n^2 - 1 + k^2)(n^2 - s^2 + k^2) - 2k^2(s^2 + 1)]2\cos\varphi - k[2(n^2 - s^2 + k^2) +$

$(s+1)(n^2 - 1 + k^2)]2\sin\varphi$；

$D = [(n-1)^2 + k^2][(n-1)(n-s^2) + k^2]$；

$\varphi = -4\pi nd/\lambda$，$x = \mathrm{e}^{-\alpha d}$，$\alpha = 4\pi k/\lambda$。

以上各式中，d 为薄膜物理厚度，n 为薄膜折射率，k 为薄膜消光系数，s 为基底折射率。

反射率曲线为

$$R = \text{reflectance} = \frac{E - Fx + Gx^2}{B - Cx + Dx^2} \quad (3\text{-}22)$$

式中，B、C、D 和式（3-21）相同；

$E = [k^2 + (n-1)^2][k^2 + (1+n)(n+s^2)]$；

$F = H - 8(s-1)^2 \dfrac{p_0 - p_1 x + p_2 x^2}{q_0 - q_1 x + q_2 x^2}$；

$G = [k^2 + (1+n)^2][k^2 + (n-1)(n-s^2)]$；

$H = -2\cos\varphi[(n^2-1)(n^2-s^2) + k^2(1+2n^2+k^2+s^2)] + k(1+k^2+n^2)(s^2-1)\sin\varphi$。

③ 对于多层膜系。

界面矩阵为

$$\boldsymbol{I}_{ab} = \begin{pmatrix} 1/t_{ab} & r_{ab}/t_{ab} \\ r_{ab}/t_{ab} & 1/t_{ab} \end{pmatrix} \quad (3\text{-}23)$$

膜层矩阵为

$$\boldsymbol{L} = \begin{pmatrix} e^{i\beta} & 0 \\ 0 & e^{i\beta} \end{pmatrix} \quad (3\text{-}24)$$

多层膜系的矩阵为

$$\boldsymbol{S} = \boldsymbol{I}_{01}\boldsymbol{L}_1\boldsymbol{I}_{12}\boldsymbol{L}_2\cdots\boldsymbol{I}_{m-1}\boldsymbol{L}_m\boldsymbol{I}_{ms} = \begin{pmatrix} S_{11} & S_{12} \\ S_{21} & S_{22} \end{pmatrix} \quad (3\text{-}25)$$

则

$$r = \frac{S_{21}}{S_{11}}, \quad t = \frac{1}{S_{11}}, \quad R = |r|^2$$

$$\begin{pmatrix} B \\ C \end{pmatrix} = \left\{\prod_{j=1}^{k} \begin{pmatrix} \cos\delta_j & \dfrac{i}{\eta_j}\sin\delta_j \\ i\eta_j\sin\delta_j & \cos\delta_j \end{pmatrix}\right\} \begin{pmatrix} 1 \\ \eta_{k+1} \end{pmatrix} \quad (3\text{-}26)$$

式中，$\delta_j = \dfrac{2\pi n_j d_j \cos\theta_j}{\lambda}$；

对于 TE 波（s-波），$\eta_j = n_j \cos\theta_j$，对于 TM 波（p-波），$\eta_j = \dfrac{n_j}{\sin\theta_j}$。

反射率为

$$R = \left(\frac{\eta_0 B - C}{\eta_0 B + C}\right)\left(\frac{\eta_0 B - C}{\eta_0 B + C}\right)^* \quad (3\text{-}27)$$

透射率为

$$T = \frac{4\eta_0 \eta_{k+1}}{(\eta_0 B + C)(\eta_0 B + C)^*} \quad (3\text{-}28)$$

反射相位变化为

$$\varphi = \arctan\left(\frac{i\eta_0(CB^* - BC^*)}{\eta_0^2 BB^* - CC^*}\right) \quad (3\text{-}29)$$

优化拟合方法的基本原理是，根据反射光干涉的基本理论，在一定范围内改变反射曲线的参量 $(d, s(\lambda_i), n(\lambda_i), k(\lambda_i))$，使理论曲线和实验得到的曲线方差最小，即

$$\min \sum_{i=1}^m \left[R^{\text{thero}}(\lambda_i) - R^{\text{meas}}(\lambda_i)\right]^2 \quad (3\text{-}30)$$

由于变量数太多，为了确定解和加快收敛速度，要对这些变量加入一些限制或对变量进行转换再加入限制，如建立折射率和消光系数的色散模型（即折射率和消光系数随波长改变而改变的规律）。

3.9.3 设计参考

（1）薄膜厚度测量实验的连接框图如图 3.60 所示，将 Y 形反射式光纤标有光源的一端与光纤光源连接，将标有光谱仪的一端与光纤光谱仪连接；将探测端与薄膜厚度测量支架连接。其实物图如图 3.61 所示。

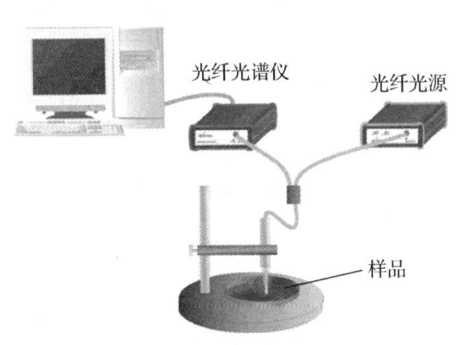

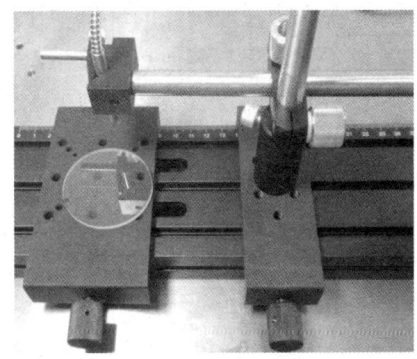

图 3.60 薄膜厚度测量实验的连接框图　　图 3.61 薄膜厚度测量实验的实物图

（2）打开 AvaSoft-Thinfilm 软件，单击 start 按钮开始测量。

（3）保存参考光谱，选取一块待测未镀膜的光学基底，放置于光纤探测端下方，调整探测高度约为 10mm，调整光纤光谱仪积分时间，使得光强在 5000 以上，也可以使用自动积分时间调整。

（4）输入测量参数，在 Layer Display 窗口中输入材料限制、波长限制、膜厚限制等参数。单击 Apply 按钮保存设置。

（5）关闭光纤光源，保存黑背景。注意，当积分时间和探头位置更改后，需要重新进行参考光谱和黑背景的标定。

（6）重新打开光纤光源，更换待测的薄膜。观察此时光谱强度是否饱和，如果饱和应重新按照步骤（3）～（5）调整积分时间，并重新保存参考光谱和黑背景数据。

（7）开始测量，选择 R 模式，单击 Start 按钮，开始进行薄膜厚度测量，测量效果如图 3.62 所示。

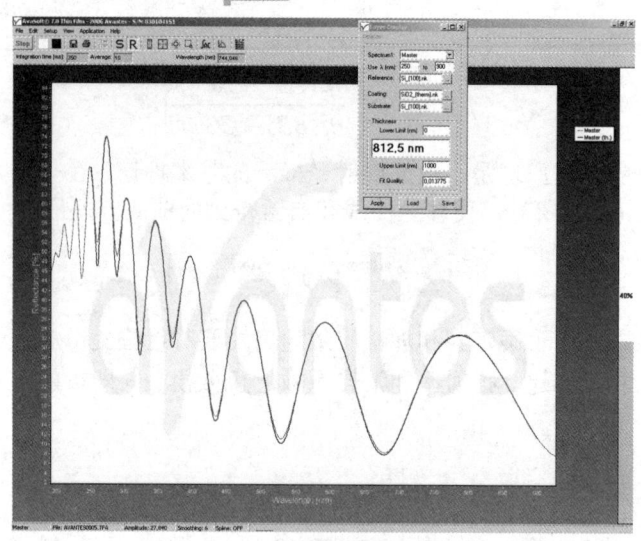

图 3.62　薄膜厚度测量效果

实验注意事项如下。

① 光源必须在较干燥的环境中使用和保存。
② 设备应避免与其他热源接触。
③ 设备必须由与设备匹配的电源供电,否则会损坏设备。
④ 避免设备跌落。
⑤ 避免有水渗入机壳。
⑥ 避免人眼直视出光口。

第 4 章
光学器件组装与检验

近几年来，照相机、手机等光电产品在日常生活中的普及率越来越高，对光电产品需求的增长推动了光学器件产业的发展。未来几年手机制造行业对光学玻璃产品以及其他光学器件的需求将会继续高速增长。此外，在安全监控、体感游戏机、指纹/掌纹辨识器、LED 照明、生物医疗、智能电视等行业，对于光学器件的需求也呈上升趋势。

光学器件的装配与测试行业的技术含量较高，但生产自动化程度不高，因此，技术人员的技术水平和生产管理水平直接影响产品质量和良品率。光学器件的检验与装配各工序的要求非常精细，需要相关技术人员具备丰富的光学知识、熟练掌握光学工艺。作为光电专业的学生只有掌握光学器件加工及检测的基础知识与技能，接受基础光学设计及制作的应用训练，学习光电行业中光电产品的设计及制造方法，才能成为光电行业及相关领域的核心人才。

4.1 光学器件清洁包装、光洁度检测

4.1.1 引言

光学器件的微妙性质要求在处理光学器件时必须遵循特殊的程序，从而使其性能和寿命达到最大化。在日常使用中，光学器件会接触到灰尘、水和皮肤油脂等污染物。这些污染物会在光学器件表面形成热点和腐蚀点，造成永久性的损伤，从而增加光学器件表面的散射和对入射光的吸收。镀膜的光学器件特别容易受到这种损害。

由于光学器件的材料、尺寸、精度等因素不同，使用正确的处理和清洁方法非常重要。本实训内容涵盖了光学器件的拿取、清洁、包装、光洁度检验，适用于多种光学器件的常规处理和清洁程序。

本实训的主要目的如下。
（1）学习光学器件的拿取方法及注意事项，并进行操作实习。
（2）学习光学器件清洁的方法及注意事项，并进行操作实习。
（3）学习光学器件包装的方法与注意事项，并进行操作实习。
（4）学习光学器件的正确储存方法及注意事项。

4.1.2 原理与知识点

1. 垂直净化工作柜简介

垂直净化工作柜（图 4.1）是医药卫生、生物工程、科学实验等领域用于无菌无尘洁净环境的局部净化单元。空气经垂直净化工作柜顶部和后部的初效空气过滤器和低噪声离心式通风机压入静压箱，经高效空气过滤器在上部均匀吹出，形成高洁净度的水平和垂直空气幕，去除工作区域内的原始空气，开机后 5 分钟即达到理想的高洁净度空间。采用可调风机双速调节风量大小，轻触型开关调节电压，保证工作区内的风速始终处于理想状态。

2. 三目体视显微镜简介及操作注意事项

三目体视显微镜（图 4.2）又称实体显微镜、立体显微镜，是一种具有正像立体感的目视仪器。它具有两个完整的光路，所以观察时物体呈现立体感。其主要用途有：作为动物学、植物学、昆虫学、组织学、考古学等的研究和解剖工具；在电子工业，作为元器件检查、焊点检查的工具；对各种材料的气孔形状、腐蚀情况等表面现象的检查；透镜、棱镜或其他透明物质的表面质量检查；精密刻度的质量检查等。

图 4.1 垂直净化工作柜

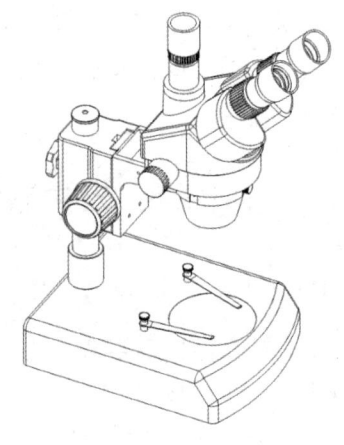
图 4.2 三目体视显微镜

三目体视显微镜可配备摄影目镜，可以实时将被测物体显示在液晶屏幕上，可以减少因长时间的观察带来的视觉疲劳。同时配备了数显测量平台（图 4.3），最小分度值为 0.001mm，可以 X-Y 双向移动被测物体，利用此装置可以通过投影来测量某些光学器件。

三目体视显微镜的调节步骤为：①旋转变焦手轮到最大倍率；②旋转视度调节环（图 4.4）到 0 刻线位置；③通过右边的目镜观察，如果像不清晰，旋转变焦手轮使像清晰；④旋转变焦手轮到最小倍率；⑤通过右边的目镜观察，如果像不清晰，旋转右视度调节环使像清晰；⑥再旋转变焦手轮到最大倍率，通过右边的目镜观察，如果像不清晰，可重复步骤③到⑤，这可使视度调节更精确；⑦旋转变焦手轮到最小倍率，通过左边的目镜观察，如果像不清晰，旋转左视度调节环使像清晰。

图4.3 数显测量平台

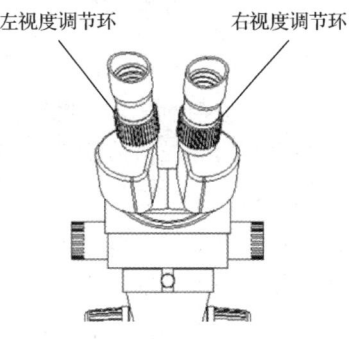

图4.4 视度调节

三目体视显微镜的成像参数如表4-1所示。

表4-1 三目体视显微镜的成像参数

目镜	标准配置		辅助物镜					
			0.5X		1.5X		2X	
	工作距离100mm		工作距离165mm		工作距离45mm		工作距离30mm	
	放大率	视场范围	放大率	视场范围	放大率	视场范围	放大率	视场范围
10X/20	7X	28.6	3.5X	57.1	10.5X	19	14X	14.3
	45X	4.4	22.5X	8.9	67.5X	3	90X	2.2
15X/15	10.5X	21.4	5.25X	42.8	15.75X	14.3	21X	10.7
	67.5X	3.3	33.75X	6.7	101.25X	2.2	135X	1.7
20X/10	14X	14.3	7X	28.6	21X	9.5	28X	7.1
	90X	2.2	45X	4.4	135X	1.5	180X	1.1

注意，工作距离是固定的，不随倍率的改变而改变。使用辅助物镜后，则

总放大率=物镜放大率×目镜倍率×辅助物镜放大率

$$物方视场（mm）= \frac{目镜视场}{物镜放大率 \times 辅助物镜放大率}$$

摄影装置上底片的放大率=物镜放大率×辅助物镜放大率×摄影目镜放大率

3. 清洁试剂调配及介绍

清洁光学器件使用分析级（纯度>99%）的酒精和乙醚混合液。根据擦拭环境和擦拭的器件，酒精和乙醚按照体积分数 8:2 至 5:5 比例配置，要求擦拭后的药剂迅速干燥，以免残留的液体黏附空气中的灰尘颗粒，再次污染镜面。酒精的挥发速度较乙醚慢，如果挥发速度慢，应提高乙醚比例，反之应降低乙醚比例。挥发速度太快将影响擦拭的效率。

酒精学名乙醇，易燃，其蒸汽与空气可形成爆炸性混合物，遇明火、高热能引起燃烧爆炸，因此需要在通风柜等通风设备里进行操作。操作人员必须经过专门培训，严格遵守

操作规程。建议操作人员佩戴过滤式防毒面具（半面罩），穿防静电工作服；远离火种、热源，工作场所严禁吸烟；使用防爆型照明、通风系统和设备；防止酒精蒸汽泄漏到工作场所空气中；避免与氧化剂、酸类、碱金属、胺类接触；灌装时应控制流速，且有接地装置，防止静电积聚；储区应配备相应品种和数量的消防器材及泄漏应急处理设备。

乙醚也称依打，有毒性，是一种用途非常广泛的有机溶剂，与空气隔绝时相当稳定。乙醚是无色极易燃液体，极易挥发，气味特殊。纯度较高的乙醚不可长时间敞口存放，否则其蒸气可能引来远处的明火进而引起火灾。

清洁试剂应储存于阴凉、通风的库房；远离火种、热源；库房温度不宜超过 37℃，保持容器密封；应与氧化剂、酸类、碱金属、胺类等分开存放，切忌混储；采用防爆型照明、通风系统和设备；禁止使用易产生火花的机械设备和工具；储区应配备相应品种和数量的消防器材及泄漏应急处理设备。

4. 擦镜棉介绍

擦镜棉一般采用高级脱脂棉，这是一种上等长纤维纯棉，经精梳后进行化学和溶剂脱脂处理，完全除去油脂、蜡质、机械杂质及盐类等物质后的纯净脱脂棉。擦拭光学器件时需要将高级脱脂棉缠绕在棉签上蘸取适量混合液进行擦拭。

5. 光学零件表面疵病的国家标准

国家标准《光学零件表面疵病》（GB/T 1185—2006）中给出的术语和定义介绍如下。

（1）表面疵病（surface imperfections）。

光学零件表面呈现的麻点、斑点、擦痕、破边等瑕疵。除镀膜层疵病、长擦痕和破边之外的表面疵病又称一般表面疵病，简称一般疵病。

（2）麻点（pit pitting）。

光学零件表面呈现的微小的点状凹穴，包括开口气泡、破点，以及细磨或精磨后残留的砂痕等。一般疵病公差的基本级数对应的麻点又称粗麻点，级数小于一般疵病公差基本级数的麻点则称细麻点。

注意，一般疵病公差基本级数对应的疵病面积与同级粗麻点的面积相等。

（3）斑点（stain）。

光学零件表面经侵蚀或镀膜之后形成的反射光中呈干涉色突变的局部腐蚀或覆盖。

注意，在透射光中能观察到的斑点按麻点处置，在透射光中观察不到的斑点按 JB/T 8226 规定的色斑处置。

（4）擦痕（scratch）。

光学零件表面呈现的微细的长条形凹痕。长宽比不大于 160:1 的擦痕又称短擦痕，长宽比大于 160:1 的擦痕则称长擦痕。

（5）破边（edge chips）。

光学零件有效孔径之外的边缘破损，不包括可发展的裂纹。

注意，位于有效孔径内的破边部分按麻点处置；破边虽然位于有效孔径之外，它仍可能对光学系统产生不利的影响，影响零件密封性和安装牢固度。

（6）级数（grade number）。

表征表面疵病大小且以毫米（mm）为单位的数值分级。级数值为疵病面积的平方根，也是该级表面疵病的最大值。

（7）换算系数（sub-division factors）。

在疵病面积不变的前提下，一般疵病公差基本级数的疵病，分解成若干个较小级数的疵病（包括细麻点和短擦痕）的倍增系数；或由基本级数折算成不同长宽比的短擦痕的倍增系数。

注意，一般疵病公差基本级数所对应的长擦痕，其面积与该级数的疵病面积不相等。

（8）可见度（visibility）。

在规定的试验方法和试验条件下，光学零件表面疵病的可觉察性。

（9）表面疵病公差（surface imperfection tolerance）。

光学零件表面允许的疵病基本级数及其个数，或表面疵病的可见度。

（10）全显露疵病（fully-developed imperfection）。

能散射所有入射光的疵病。

（11）部分显露疵病（partially-developed imperfection）。

能将入射光部分散射并部分透过的疵病。

（12）擦痕等效宽度（line-equivalent width，LEW）。

全显露的擦痕的宽度或与所拦截的部分显露擦痕的透光量相当的吸光擦痕的宽度。

注意，全显露的擦痕的宽度即为其几何宽度。

（13）麻点等效直径（spot-equivalent diameter，SED）。

全显露的麻点直径或与所拦截的部分显露麻点的透光量相当的吸光麻点的直径。

注意，全显露的麻点直径即为其几何直径。

（14）疵病阈值（imperfection threshold）。

零件表面疵病总量的限定值，超过该值时该零件不再适用其特定的应用。

（15）亮视场疵病对比度（bright-field imperfection contrast）。

背景的最大亮度与通过疵病的光强之差和两者之和的比率。

注意，该值的大小取决于人眼的观察方式是透射观察还是反射观察，且取决于是直接观察还是透过器件观察。

（16）明度比较（obscuration comparison）。

在亮视场条件下，以疵病的最大对比度与已知数据的明度标样作比较来测定其严重程度的方法。

（17）视觉对比度阈值（visual contrast threshold）。

观察者刚好能察觉物体细节时所需要的物体亮度与其背景光亮度之比的最小值。

国家标准《光学零件表面疵病》（GB/T 1185—2006）所规定的光学检验符号及含义如表4-2所示。

表 4-2　光学检验符号及含义

符号	含　义	计量单位
A_n	疵病公差的基本级数	mm
$A_{n,1}$	一般疵病公差的基本级数	
$A_{n,2}$	镀膜层疵病公差的基本级数	
$A_{n,3}$	长擦痕公差的基本级数	
$A_{n,4}$	破边公差的最大破损尺寸	
A'_n	基本级数所对应的短擦痕宽度，$A'_n = A_n/k$	
$A'_{n,3}$	一般疵病公差基本级数所对应的长擦痕宽度，$A'_{n,3} = A_{n,1}/k$	
A''_n	基本级数所对应的短擦痕长度，$A''_n = A_n \times k$	
$A''_{n,3}$	一般疵病公差基本级数所对应的长擦痕长度，$A''_{n,3} = A_{n,1} \times k$	
A_b	由基本级数换算所得的较小级数，$A_b = A_n/k$	
A'_b	由基本级数换算所得的较小级数所对应的擦痕宽度，$A'_b = A_b/k$	
A''_b	由基本级数换算所得的较小级数所对应的擦痕长度，$A''_b = A_b \times k$	
B	表面疵病代号	—
C	镀膜层疵病代号	
E	破边代号	
k	换算系数	
k_b	个数换算系数，$k_b = k^2$	
L	长擦痕代号	
N_n	基本级数疵病的许有个数	个
$N_{n,1}$	一般疵病公差基本级数的许有个数	
$N_{n,2}$	镀膜层疵病公差基本级数的许有个数	
$N_{n,3}$	长擦痕公差基本级数的许有个数	
N_b	由基本级数换算所得的较小级数疵病的许有个数，$N_b = N_n \times k_b = N_n \times k^2$	
R	反射观察可见度代号	—
T	透射观察可见度代号	
V	可见度试验条件等级数，分为 1～5 五个等级	
$\sum_n$	基本级数及其许有个数的疵病总面积	mm²
$\sum_b$	基本级数及其许有个数换算成较小级数后的疵病总面积	

6. 利用光学显微镜进行光洁度的检验

光学器件由于其特殊性，其光洁度的检验一般需要在无接触的光学显微镜下进行。可通过三目体视显微镜的目镜观测光学器件的表面光洁度，也可通过配备的液晶显示器观测；通过移动平台进行位置调节，通过调节倍率旋钮进行放大倍数调节，具体调节倍数可根据观测器件的大小或疵病的大小进行调节，原则是能在所观察的视场内看清楚。

（1）将需要进行光洁度检验的器件用镊子（较大器件可以用手直接拿取）放置在载物台上。

（2）调节物镜距离和放大倍数至最佳观察倍数。

（3）需要测量疵病尺寸的通过侧推平移台测量。

7. 光学分划零件的国家标准

（1）标准使用范围。

国家标准《光学分划零件通用技术条件》（GB/T 11162—2009）规定了光电仪器用光学分划零件的分划线、字符和符号的笔划线、表面疵病的要求、试验方法和在图纸上的标注。

（2）基本要求。

分划线宽度基本尺寸偏差和同一零件上宽度基本尺寸相同的分划线彼此间宽度均匀性，不应超过表4-3的规定。

表4-3 分划线宽度基本尺寸偏差和宽度均匀性　　　　　　　　　　　单位：mm

基本尺寸（B）		$B\leq0.003$	$0.003<B\leq0.007$	$0.007<B\leq0.012$	$0.012<B\leq0.02$	$0.02<B\leq0.03$
1级	偏差	±0.0005	±0.0010	±0.0015	±0.0025	±0.0040
	均匀性	0.0005	0.0010	0.0015	0.0025	0.0040
2级	偏差	±0.0010	±0.0015	±0.0030	±0.0050	±0.0070
	均匀性	0.0010	0.0015	0.0030	0.0050	0.0070
基本尺寸（B）		$0.03<B\leq0.05$	$0.05<B\leq0.08$	$0.08<B\leq0.12$	$0.12<B\leq0.2$	$B>0.2$
1级	偏差	±0.006	±0.010	±0.015	±0.020	正负线宽的10%
	均匀性	0.006	0.008	0.010	0.015	线宽的10%
2级	偏差	±0.010	±0.015	±0.030	±0.030	正负线宽的15%
	均匀性	0.010	0.012	0.015	0.020	线宽的15%

分划线长度基本尺寸偏差不应超过表4-4的规定。

表4-4 分划线长度基本尺寸偏差　　　　　　　　　　单位：mm

基本尺寸（L）	$L\leq0.2$	$0.2<L\leq0.5$	$0.5<L\leq1.0$	$1.0<L\leq10$	$10<L\leq20$	$20<L\leq100$	$L>100$
偏差	±0.01	±0.03	±0.05	±0.10	±0.20	±0.50	±1.0

在视场内可同时观察到一组分划线列（指游标、带尺等），各分划线的一端应处在同一连线上，其允许偏差应符合如下规定。

① 当无干线时，各线端之间最大偏差距离不应超过分划线的宽度；当分划线宽度小于 0.01mm 时，各线端之间最大偏差距离允许超过分划线宽度，但最大不应超过 0.01mm；各分划线与视场内可同时观察到的开始和末尾两根分划线端点连线的垂直度不应大于 3′，如图 4.5 所示。

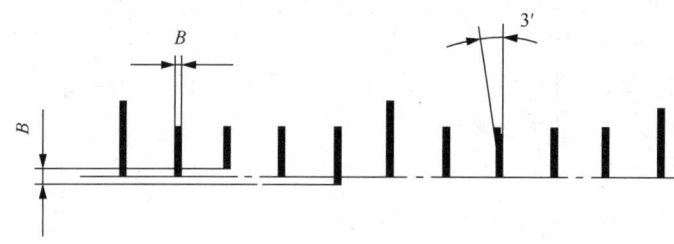

图 4.5　无干线时分划线列各线端之间的距离偏差和垂直度

② 当有干线时，各线端与干线未相交的断缝距离不应超过分划线的宽度，但不允许线端穿越干线；当分划线宽度小于 0.01mm 时，未相交的断缝距离允许超过分划线宽度，但最大不应超过 0.01mm；各分划线与干线的垂直度不应大于 3′，如图 4.6 所示。

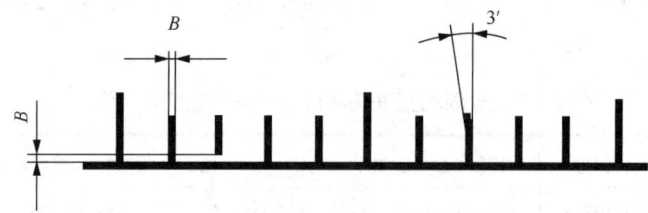

图 4.6　有干线时分划线列各线端之间的距离偏差和垂直度

虚线（或点）的中心线应处在同一直线上，其直线度不应超过线宽（或点的直径）的 1/5，如图 4.7 所示。当线宽（或点的直径）大于 0.05mm 时，直线度不应超过 0.01mm。

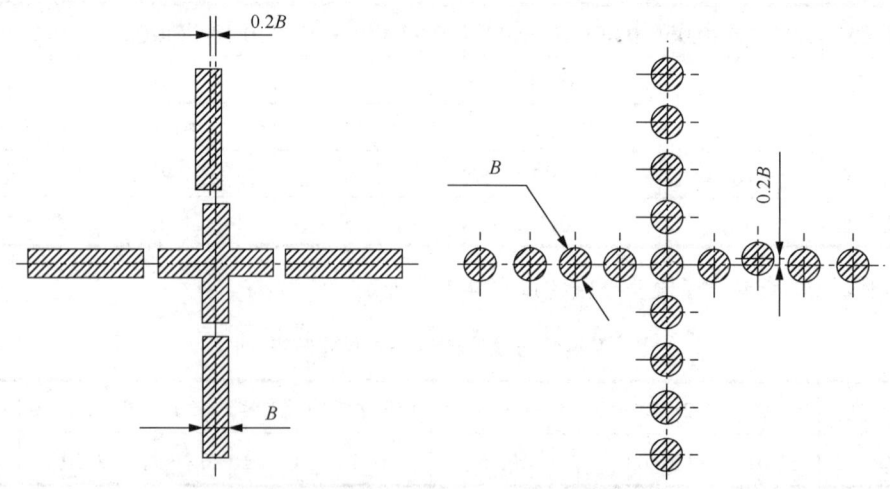

图 4.7　虚线（或点）的直线度

(3) 图纸上的标注。

① 在图纸上除应标明技术要求外，尚需标注线条宽度公差等级和线条疵病等级（以符号 T 表示）以及线条实际使用的放大倍数（以符号 β 表示）。

例 1：线条宽度公差为 1 级（第 1 个数字），线条疵病为 2 级（第 2 个数字），线条实际放大倍数为 40 倍。

标注示例：

$$\text{线条 } T=1\sim2 \quad \beta=40 \quad \text{GB/T 11162}$$

例 2：线条宽度公差等级和线条疵病等级为 1 级，线条实际使用倍数为 40 倍。

标注示例：

$$\text{线条 } T=1 \quad \beta=40 \quad \text{GB/T 11162}$$

② 对于未作规定的特殊要求应在图纸技术要求中注明，对使用有影响而不允许存在疵病（包括表面疵病和线条疵病）的局部区域，应在图样上用细实线标出。

8. 光学分划元件的检测方法

光学元件表面疵病的定量测量一般采用光学分划板的比对法进行测量或利用光学测微尺进行测量，如图 4.8 所示。

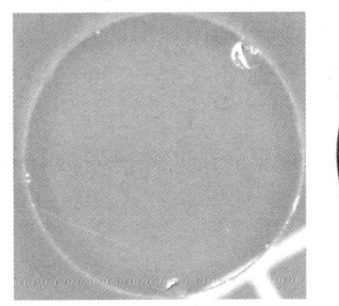
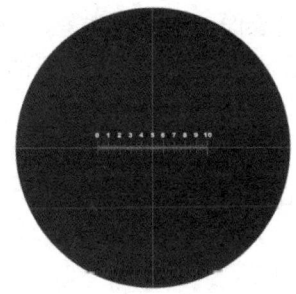

图 4.8 表面疵病、分划板、测微尺图示

通常比对所使用的标准由分划板给出，我们只需要将疵病宽度与比对板进行比对，即可得出疵病的长度和宽度，必要时可以求出疵病的面积。

4.1.3 实训内容

（1）配置擦镜溶剂。
（2）光学器件的拿取。
（3）清洁光学器件。
（4）光学器件的崩边检查。
（5）光学窗口、透镜、棱镜、反射镜、滤光片、分划板的光洁度检测与分级。
（6）光学器件的包装。

4.2 光学器件面型与外形检测

4.2.1 引言

本实训的主要目的如下。

(1) 学习使用光学平晶进行光学器件面型检测的方法,并进行操作实训。

(2) 学习光学器件图纸标注外形尺寸的方法。

(3) 了解光学器件外形尺寸检测时的注意事项。

4.2.2 原理与知识点

1. 光学平晶简介

光学平晶是具有两个(或一个)光学测量平面的正圆柱形或长方形的量规,如图 4.9 所示。光学测量平面是表面粗糙度数值和平面度误差都极小的玻璃平面,它能够产生光波干涉条纹。光学平晶分平面平晶和平行平晶两种。平面平晶主要用于测量高光洁表面的平面度误差,即用平面平晶检验量块测量面的平面度误差。平行平晶的两个光学测量平面是相互平行的,用于测量两个高光洁表面的平行度误差,如千分尺两测量面的平行度误差。光学平晶用光学玻璃或石英玻璃制造。圆柱形平面平晶的直径通常为 45~150mm。其光学测量平面的平面度误差为:1 级精度的为 0.03~0.05μm;2 级精度的为 0.1μm。常见的长方形平面平晶的有效长度一般为 200mm。本实验配备的平行平晶,其孔径为ϕ50mm,面平行度<2″,面型为$\lambda/8$,四级光洁度。

2. 机械外形量具简介

(1) 数显游标卡尺。

数显游标卡尺(图 4.10)是以数字显示测量示值的长度测量工具,是一种测量长度、内外径的仪器。数显游标卡尺采用光栅、容栅等测量系统,其测量精度可以达到 0.01mm。

图 4.10 彩图

图 4.9 光学平晶

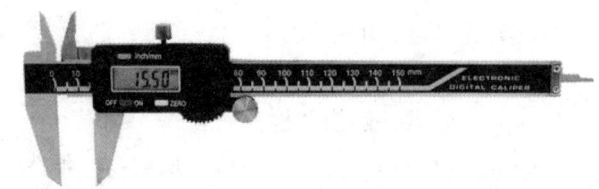

图 4.10 数显游标卡尺

（2）数显外径千分尺。

数显外径千分尺（图 4.11）是一种比数显游标卡尺具有更高精度的测量工具，其测量精度可以达到 0.001mm，一般用于测量外径等。

图 4.11 彩图

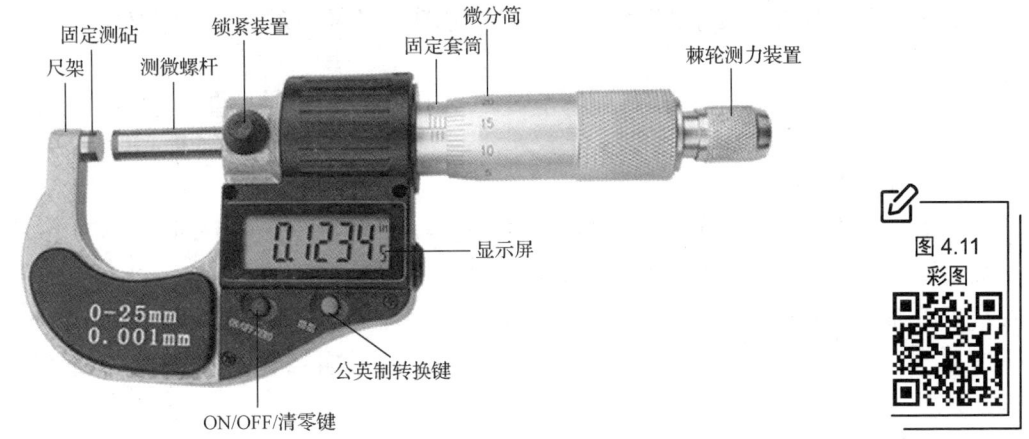

图 4.11　数显外径千分尺

3. 光学器件图纸识别方法

光学器件在加工时需要提供专业的图纸，图纸需要标注光学器件的外形尺寸、材料、技术要求及其特性等参数。

（1）主标题栏。

主标题栏一般包含产品型号、图号、图纸名称、材料、编号、尺寸公差标注体系、规格、比例、阶段标记等，如图 4.12 所示。

<table>
<tr><td colspan="2">产品型号</td><td colspan="6" rowspan="4">RealLight</td></tr>
<tr><td colspan="2">图号</td></tr>
<tr><td colspan="2">图纸名称　平行平晶</td></tr>
<tr><td colspan="2">材料　K9</td></tr>
<tr><td colspan="2">编号</td><td colspan="4">规格 Ø50</td><td colspan="2">重量</td></tr>
<tr><td colspan="2" rowspan="3">尺寸公差标注体系：公制
未注明公差：　X ±.2
粗糙度 Rz0.025 ▽MAX　X.x ±.1
角度 ±30'　X.xx ±.05
倒角 0.5X45°　X.xxx ±.005</td><td colspan="4">阶段标记</td><td>数量</td><td>比例</td></tr>
<tr><td>S</td><td></td><td></td><td></td><td>1</td><td>1:1</td></tr>
<tr><td colspan="4">共 1 页</td><td colspan="2">第 1 页</td></tr>
</table>

图 4.12　主标题栏

（2）图纸标注要求。

① 透镜、分划板等圆形光学器件应标注下列尺寸及公差。

a. 光学器件表面的曲率半径；b. 外圆直径及公差；c. 中心厚度及公差；d. 倒角尺寸及公差。光学器件的表面为平面时，通常不标注，有时标注为 R_{∞}。

注意，一般以参考尺寸标注球面镜的边缘厚度及弯月透镜凸面顶点到凹面边缘的轴向尺寸。

② 透镜及其他非圆形光学器件应标注下列尺寸及公差。

a. 光学器件的直线尺寸和角度及公差；b. 倒角尺寸及公差；c. 光学器件表面通光区域尺寸。

注意，棱镜图纸上若未画出棱的倒角图形，则所标注的尺寸一律为到尖棱的尺寸；标注棱镜角度公差时，一般标注在锐角上。

（3）对倒角的标注。

光学器件图纸上一般用图形和文字表明倒角要求。若图纸上的倒角尺寸小于2mm时，一般不绘制出实际倒角图形，只需在倒角处引出细实线，标注其倒角尺寸。不允许倒角的棱线应用细实线引出，并注明"尖棱"（现在一般标注"倒脊不可"）。若在同一图形上所有或部分倒角尺寸相同时，则只需用文字在技术要求中注明"全部倒角××"或"其余倒角××""未注倒角××"。

（4）对光洁度的要求。

图纸上应按有关规定标出每一面的光洁度要求。若各表面光洁度要求相同时，则只需在图纸的右上角标出"全部××"；若大部分表面光洁度要求相同，而少数表面光洁度要求不同时，则只在少数表面上标出加工代号，其余的加工代号在图纸右上角标明，如"其余××"，如图4.13所示。

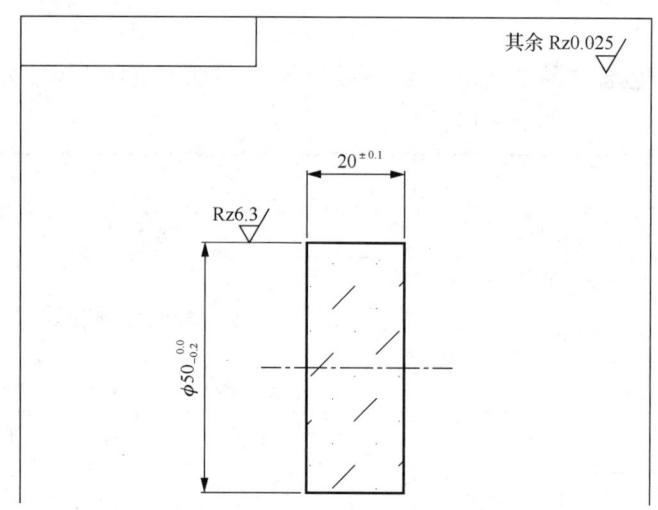

图4.13 对光洁度的要求

表面粗糙度符号如图4.14所示。图4.14（a）所示符号表示通过去除材料所得到的表面，表面高低不平度为3.2μm，可通过铣磨得到；（b）所示符号表示通过去除材料所得到的平面，表面高低不平度为1.6μm，可通过树脂细砂轮铣磨或精磨得到；（c）所示符号表示通过去除材料所得到的表面，表面高低不平度为0.1μm，需通过先精磨、后抛光得到；（d）所示符号表示不去除材料，是压型料表面。

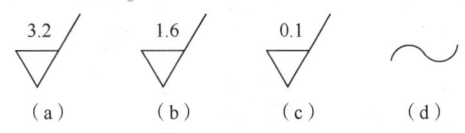

图 4.14 表面粗糙度符号

4.2.3 实训内容

（1）使用光学平晶检测光学器件。
（2）光学透镜的外形尺寸检测。
（3）光学棱镜的外形尺寸检测。
（4）光学窗口的外形尺寸检测。
（5）使用光学显微镜检测光学器件尺寸。
（6）光学窗口的面型检测。

4.3 光学器件抛光面的形位公差检测

4.3.1 引言

本实训的主要目的如下。
（1）掌握使用光学自准直仪对光学器件容易损坏的抛光面形位公差进行非接触检测的方法，并进行操作实训。
（2）了解光学自准直仪测量棱镜角度公差、平行差、塔差等指标。

4.3.2 原理与知识点

光学自准直仪是一种光学测角仪器，它是利用光学自准直原理来观测目标位置的变化，广泛应用于直线度和平面度的测量，其与多面棱镜、标准量块等配合可以检测分度机构的分度误差，此外还可以测量零部件的垂直度、平行度等。光学自准直仪一般由三部分组成：体外反射镜，物镜光管部件，测微目镜部件。

1. 光学自准直仪的分类

根据分划板和各个光学器件的位置、结构不同分类，可将光学自准直仪分为以下三种。
（1）高斯型自准直仪（图 4.15）。

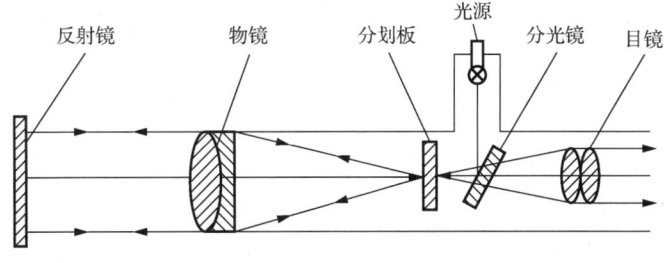

图 4.15 高斯型自准直仪

如果反射镜严格与光轴垂直，则十字线在分划板成的像与原来的十字线完全重合。若反射镜有一维小转角 α，则十字线像将偏离原来的十字线，其偏离量的大小可以通过观测目镜读出。高斯型自准直仪的优点是：目镜视场不受遮挡，且分划板上的刻线位于视场正中，观察方便。高斯型自准直仪的缺点是：亮度损失大，因而自准直像较暗；另外，因为安置了分光镜，所以目镜焦距较长，因而无法获取较大的放大倍数。

（2）阿贝型自准直仪（图 4.16）。

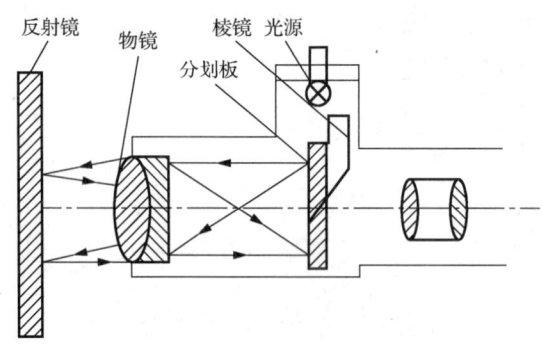

图 4.16　阿贝型自准直仪

若平面反射镜对光轴产生微小转角 α，则十字线像将发生偏离，偏离量可从刻度尺上读出。阿贝型自准直仪的优点是：光强度大，亮度损失只有 10%～15%。阿贝型自准直仪的缺点是：视场被胶合棱镜遮挡了一半，又因光管出射光和反射光的方向不同，当反射镜和物镜之间的距离超过一定的数值后，反射光线就不能进入物镜成像，所以仪器工作距离较短。

（3）双分划板型自准直仪（图 4.17）。

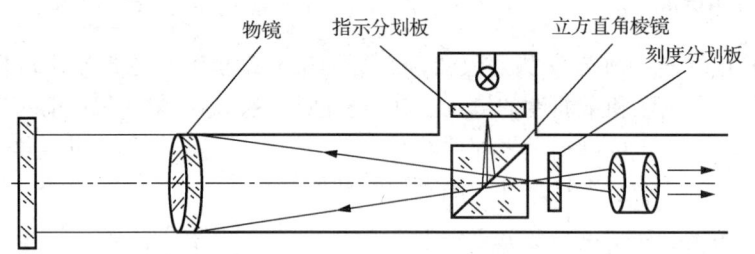

图 4.17　双分划板型自准直仪

双分划板型自准直仪的优点是：视场不被遮挡，刻线可位于视场中央；目镜焦距短，可获得较大倍率的放大；目镜和光源可互换位置，给使用带来方便。双分划板型自准直仪的缺点是：结构比较复杂，亮度损失较大（介于上述两种自准直仪之间）。本实训采用的是双分划板型自准直仪。

2. 自准直仪测量棱镜误差参数及原理

（1）自准直光管原理。

自准直光管原理如图 4.18 所示，光线通过位于物镜焦平面的分划板后，经物镜形成平行光。平行光被垂直于光轴的反射镜反射回来，再通过物镜后在焦平面上形成分划板标线像与标线重合。当反射镜倾斜一个微小角度 α 时，反射回来的光束就倾斜角度 2α。

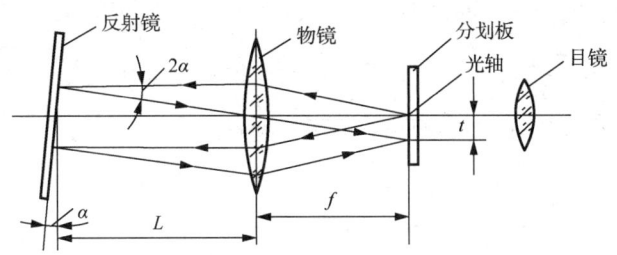

图 4.18　自准直光管原理

由光源发出的光经分划板和物镜后射到反射镜上，如反射镜倾斜，则反射回来的十字线像偏离分划板上的零位的距离 t 为

$$t = f \cdot \tan 2\alpha \tag{4-1}$$

式中，f 为焦距；α 为偏角，当 α 值很小时，有 $\tan 2\alpha \approx 2\alpha$。

$$\alpha = t/2f \tag{4-2}$$

（2）平面光学窗口平行度误差检测原理。

如图 4.19 所示，两个平面的偏角为 θ，设入射光线垂直入射，则在第二个平面上的入射角为 θ，所以反射到第一个平面上的光线入射角为 2θ。根据折射公式得 $n\sin 2\theta = n'\sin\varphi$（$n$ 为玻璃的折射率，n' 为空气的折射率，$n' \approx 1$），由于角度很小，因此可以得到 $\theta = \dfrac{\varphi}{2n}$。两反射像的夹角为 φ，由式（4-1）可知，每 0.1mm 代表 0.9′（焦距 $f=11.45$mm），因此根据得到的距离 t 值可得到 φ。

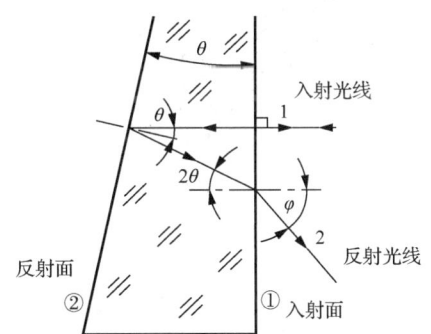

图 4.19　平面光学窗口平行度误差检测光路图

（3）分光棱镜分光角度误差检测原理。

如图 4.20 所示，假设分光棱镜底面棱的夹角为 α，分光棱镜的分光角度为 θ。根据折射公式得 $n\sin 2\alpha = n'\sin\varphi$（$n$ 为玻璃的折射率，n' 为空气的折射率，$n' \approx 1$），由图 4.20 可知，$\theta = \dfrac{\varphi(n-1)}{2} + 90°$。由式（4-1）可知，每 0.1mm 代表 0.9′，因此根据得到的距离 t 值可得到 φ。

（4）直角棱镜 90°误差检测原理。

如图 4.21 所示，由光线在棱镜中的传播规律可知，当偏角为 θ 时，经过一次反射后入射角为 2θ。根据折射公式得 $n\sin 2\theta = n'\sin\varphi$（$n$ 为玻璃的折射率，n' 为空气的折射率，$n' \approx 1$），可以得到 $\theta = \dfrac{\varphi}{2n}$。由图 4.21 可知，两反射像的夹角为 φ，由式（4-1）可知，每 0.1mm 代表 0.9′，因此根据得到的距离 t 值可得到 φ。

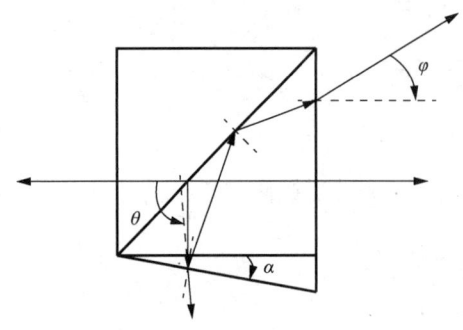

图 4.20　分光棱镜分光角误差检测光路图

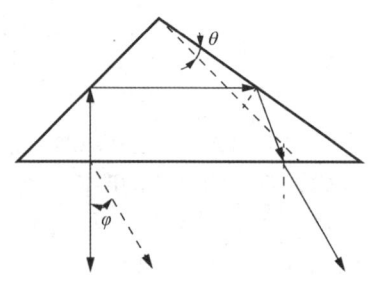

图 4.21　直角棱镜 90°误差检测光路图

（5）自准直仪的结构介绍。

自准直仪的结构如图 4.22 所示。通过旋转台 1 可以实现自准直仪在竖直面上旋转。齿轮齿条移动台是在齿条立柱上移动的台面，通过齿条立柱自准直仪可以上下移动。

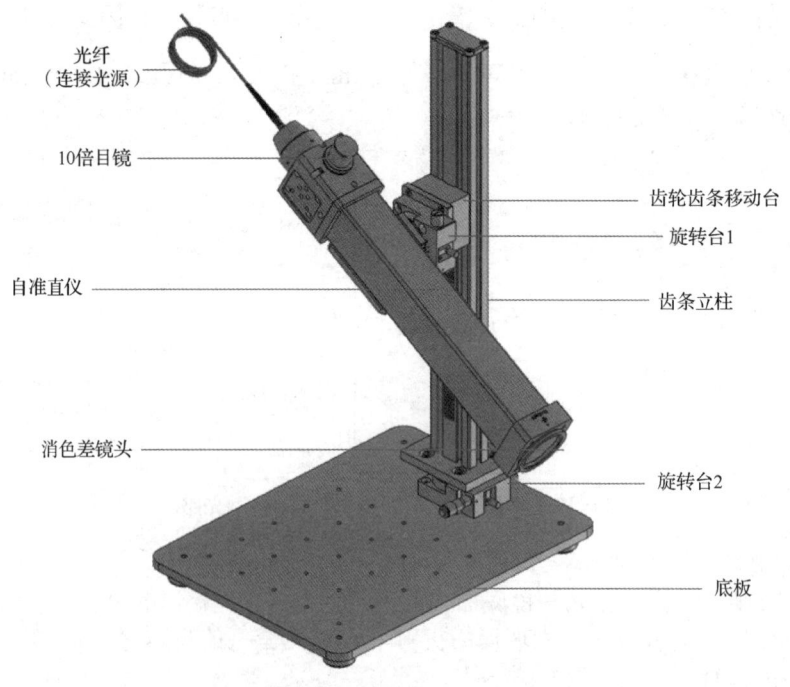

图 4.22　自准直仪的结构

通过旋转台 2 则可实现自准直仪在水平面上旋转。自准直仪的焦距为 400mm，消色差镜头的通光孔径为 46mm，10 倍目镜自带分划板，精度为 0.1mm，用来放大十字叉丝像。

光纤的接口类型为 SMA905，自准直仪通过光纤可连接光源。

4.3.3 实训内容

1. 平面光学窗口的平行度误差测量

按照图 4.23 所示放置待测光学器件，并将光源打开。将自准直仪调成水平状态，让光垂直入射到光学器件表面。

上、下、左、右调整自准仪，使得可以在目镜中找到两个反射的十字叉丝像，如图 4.24 所示。记录两个十字叉丝像的距离 t，将 t 代入 $\theta = \dfrac{t}{2nf}$ 中便可求得 θ。

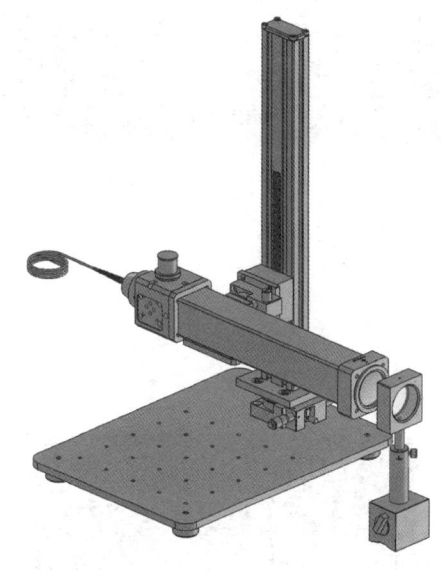

图 4.23　平面光学窗口的平行度误差测量

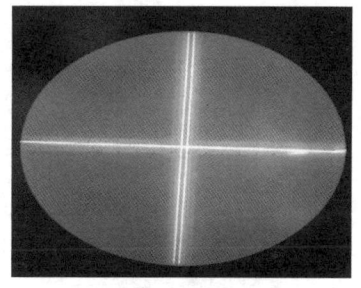

图 4.24　两个反射的十字叉丝像 1

2. 分光棱镜分光角度误差测量

按照图 4.25 所示放置待测光学器件，并将光源打开。将自准直仪调成水平状态，让光垂直入射到光学器件表面。

上、下、左、右调整自准仪，使得可以在目镜中找到两个反射的十字叉丝像，如图 4.26 所示。记录两个十字叉丝像的距离 t，将 t 代入 $\theta = \dfrac{t}{4nf}$ 中便可求得 θ。

3. 直角棱镜 90° 误差测量

按照图 4.27 所示放置待测光学器件，并将光源打开。将自准直仪调成水平状态，让光垂直入射到光学器件表面。

上、下、左、右调整自准仪，使得可以在目镜中找到两个反射的十字叉丝像，如图 4.28 所示。记录两个十字叉丝像的距离 t，将 t 代入 $\theta = \dfrac{t}{4nf}$ 中便可求得 θ。

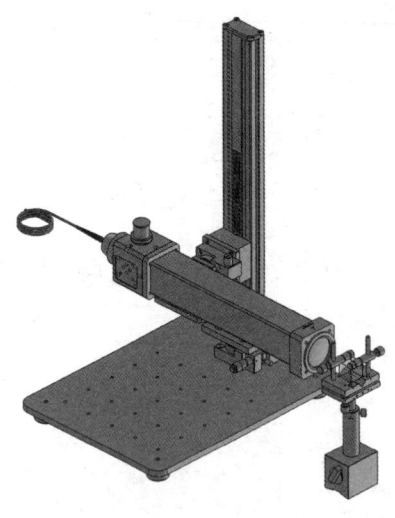

图 4.25 分光棱镜分光角度误差测量

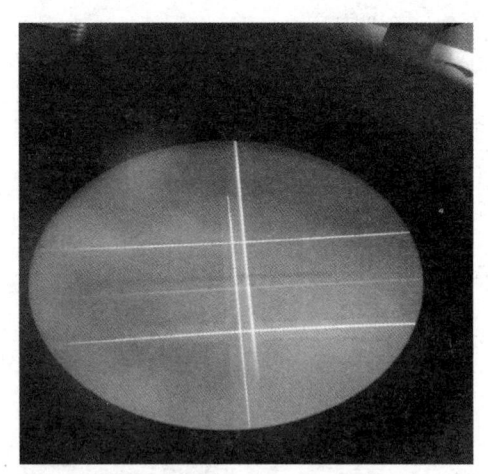

图 4.26 两个反射的十字叉丝像 2

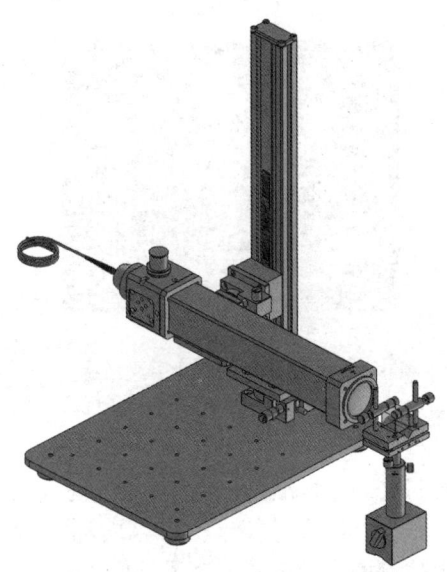

图 4.27 直角棱镜 90°误差测量

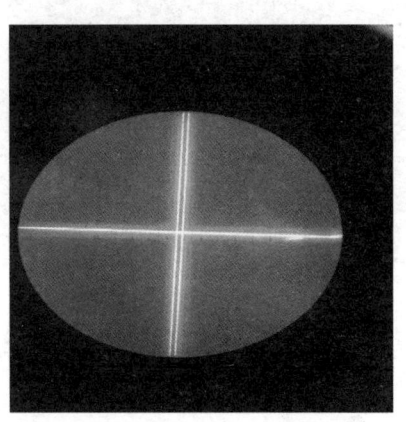

图 4.28 两个反射的十字叉丝像 3

4.4 光学棱镜检测

4.4.1 引言

本实训的主要目的是学习光学测角仪的使用方法；学习使用光学测角仪测量棱镜角度和折射率。

本实训的主要目的如下。

（1）学习光学测角仪的使用方法，并进行操作实训。

（2）学习使用光学测角仪测量棱镜角度的方法，并进行操作实训。

（3）学习使用光学测角仪测量折射率的方法，并进行操作实训。

4.4.2 原理与知识点

1. 光学测角仪简介

光学测角仪也称分光计（图 4.29），是一种测量光线之间夹角的仪器。不少物理量，如折射率、光波长等，都可以用光线的偏转角来度量，因此光学测角仪是光学实验中的一种基本仪器。此外，它还具备多种扩展功能，如在光学测角仪的载物台上放置色散棱镜或衍射光栅，就成为一台简单的光谱仪；和偏振片、波片及光电探测器配合，就可以对光的偏振现象进行定量的研究。

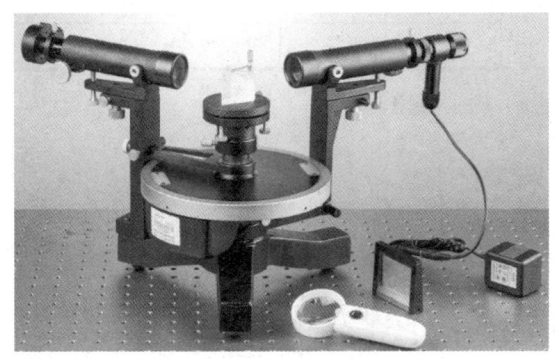

图 4.29 光学测角仪

2. 光学测角仪的主要性能指标及参数（表 4-5）

表 4-5 光学测角仪的主要性能指标及参数

项目	性能指标	参数
测角精度	—	1′
望远镜光学系统	倍率	7X
	视场	3°22′
	出瞳直径	ϕ3.14mm
	镜目距	14mm
平行光管光学系统	物镜焦距	170mm
	物镜全直径	ϕ33mm
望远镜目镜视度调节范围	—	≥±5D
平行光管和望远镜物镜间的最大距离	—	120mm
狭缝宽度调节范围	—	0.02～2mm

续表

项目		性能指标	参数
载物台		直径	φ70mm
		旋转角度	360°
		升降范围	20mm
刻度盘规格		刻度盘直径	φ178mm
		刻度范围	0°~360°
		刻度格值	0.5°
		游标读数示值	1′
外形尺寸		长×宽×高	520×250×250mm
净重		—	12kg
主要附件	三棱镜	棱角	60°±5′
	光学平板直径		φ30mm

3. 光学测角仪的结构（图4-30）

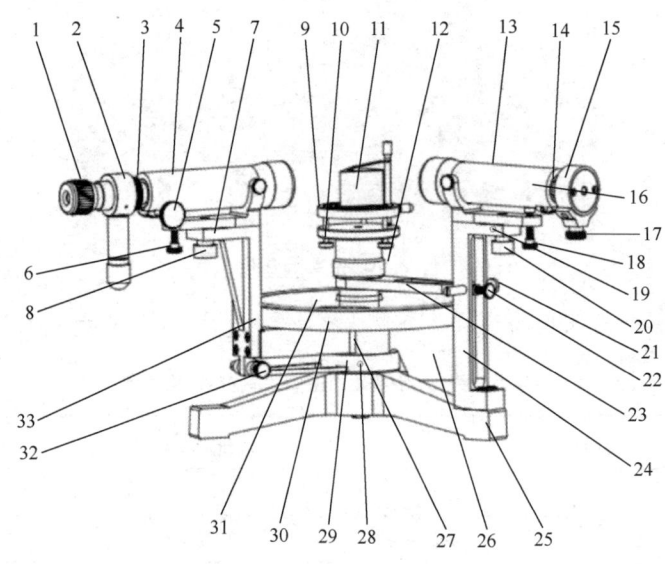

图 4.30　光学测角仪的结构

1-目镜视度调节手轮；2-阿贝式自准直目镜；3-目镜锁紧螺钉；4-阿贝式自准直望远镜；
5-望远镜调焦手轮；6-望远镜光轴高低调节螺钉；7-望远镜光轴水平调节螺钉（背面）；
8-望远镜光轴水平锁紧螺钉；9-载物台；10-载物台调平螺钉；11-三棱镜；12-载物台锁紧螺钉（背面）；
13-平行光管；14-狭缝装置锁紧螺钉；15-狭缝装置；16-平行光管调焦手轮（背面）；
17-狭缝宽度调节手轮；18-平行光管光轴高低调节螺钉；19-平行光管光轴水平调节螺钉；
20-平行光管光轴水平锁紧螺钉；21-游标盘微动螺钉；22-制动架2与游标盘止动螺钉；23-制动架2；
24-立柱；25-底座；26-转座；27-转座与度盘止动螺钉（背面）；28-制动架1与底座止动螺钉；
29-制动架1；30-度盘；31-游标盘；32-望远镜微调螺钉；33-支臂

在底座的中央固定一中心轴,度盘和游标盘套在中心轴上,可以绕中心轴旋转。度盘下端有一推力轴承支撑,使旋转轻便灵活。度盘上刻有 720 条等分刻线,格值为 30 分。对径方向设有两个游标读数装置,测量时,读出两个读数值,然后取平均值,这样可以消除偏心引起的误差。

立柱固定在底座上,平行光管安装在立柱上,平行光管的光轴位置可以通过立柱上的高低和水平调节螺钉来进行微调,平行光管带有一狭缝装置,可沿光轴移动和转动,狭缝的宽度在 0.02～2mm 内可以调节。

阿贝式自准直望远镜(4)安装在支臂(33)上,支臂与转座(26)固定在一起,并套在度盘上,当松开转座与度盘止动螺钉(27)时,转座与度盘可以相对转动,当旋紧止动螺钉时,转座与度盘一起旋转。旋紧制动架 1 与底座止动螺钉(28),借助制动架 1 末端上的望远镜微调螺钉(32)可以对望远镜进行微调(旋转),同平行光管一样,望远镜系统的光轴位置也可以通过望远镜光轴高低和水平调节螺钉(6、7)进行微调。阿贝式自准直目镜(2)可以沿光轴移动和转动,目镜的视度可以调节。分划板视场的参数如图 4.31 所示。

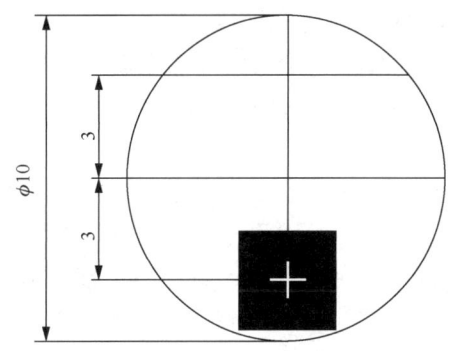

图 4.31 分划板视场的参数

载物台(9)套在游标盘上,可以绕中心轴旋转,旋紧载物台锁紧螺钉(12)以及制动架 2 与游标盘止动螺钉(22)时,借助立柱上的游标盘微动螺钉(21)可以对载物台进行微调(旋转)。放松载物台锁紧螺钉,载物台可根据需要升高或降低。调到所需位置后,再把锁紧螺钉旋紧。载物台上有三个调平螺钉(10),通过调节,使载物台面与旋转中心线垂直。

4. 光学测角仪的调整

(1) 目镜调焦。

目镜调焦的目的是使眼睛通过目镜很清楚地看到目镜中分划板上的刻线。调焦方法为:先把目镜视度调节手轮旋出,然后一边旋进,一边从目镜中观察,直到分划板刻线成像清晰,再慢慢地旋出手轮,到目镜中的像的清晰度将被破坏而未破坏为止。

(2) 望远镜调焦。

望远镜调焦的目的是将目镜分划板上的十字线调整到物镜的焦平面上,也就是望远镜对无穷远调焦。调焦方法为：打开光源，把望远镜光轴高低和水平调节螺钉调到适中的位置；在载物台的中央放上光学平行平板，其反射面对着望远镜物镜，且与望远镜光轴大致垂直；通过调节载物台调平螺钉和转动载物台，使望远镜的反射像和望远镜处于一条直线上；从目镜中观察，此时可能看到一个亮斑，调节望远镜调焦手轮移动目镜，对望远镜进行调焦，使亮十字线成清晰像；然后利用载物台上的调平螺钉和载物台微调机构，把这个亮十字线调节到与分划板上方的十字线重合，往复移动目镜，使亮十字线和十字线无视差地重合。

（3）调整望远镜的光轴垂直于旋转主轴。

调整望远镜光轴高低调节螺钉，使反射回来的亮十字线精确地成像在十字线上，然后把游标盘连同载物台平行平板旋转180°，观察到的亮十字线可能与十字线有一个垂直方向的位移，此时亮十字线可能偏高或偏低，调整载物台调平螺钉，使位移减少一半。再次调整望远镜光轴高低调节螺钉，使垂直方向的位移完全消除。把游标盘连同载物台、平行平板再转过180°，检查其重合程度。重复上述步骤，使偏差得到完全校正。

（4）将分划板十字线调成水平或垂直。

当载物台连同平行平板相对于望远镜旋转时，观察亮十字线是否水平地移动，如果分划板的水平刻线与亮十字线的移动方向不平行，就要转动目镜，使亮十字线的移动方向与分划板的水平刻线平行。注意不要破坏望远镜的调焦，然后将目镜锁紧螺钉旋紧。

（5）平行光管调焦。

平行光管调焦的目的是把狭缝调整到物镜的焦平面上，即平行光管对无穷远调焦。调焦方法为：关掉目镜照明器上的光源，打开狭缝，用漫射光照明狭缝；在平行光管物镜前放一张白纸，检查在纸上形成的光斑，调节光源的位置，使得在整个物镜孔径上照明均匀；除去白纸，把平行光管光轴水平调节螺钉调到适中位置，将望远镜管正对平行光管，从望远镜目镜中观察，调节望远镜微调螺钉和平行光管光轴高低，调节平行光管光轴高低调节螺钉，使狭缝位于视场中心；调节平行光管调焦手轮，前后移动狭缝装置，使狭缝清晰地成像在望远镜分划板平台上。

（6）调整平行光管的光轴垂直于旋转主轴。

调整平行光管光轴高低调节螺钉，升高或降低狭缝像的位置，使得狭缝对目镜视场中心对称。

（7）将平行光管狭缝调成垂直。

旋转狭缝装置，使狭缝与目镜分划板的垂直刻线平行。注意不要破坏平行光管的调焦，然后将狭缝装置锁紧，螺钉旋紧。

4.4.3 实训内容

（1）使用光学测角仪测量直角棱镜的角度。

（2）使用光学测角仪测量折射率。

4.5 系统焦距检测

4.5.1 引言

透镜是基本的光学器件之一。透镜的成像规律是许多光学仪器的设计依据，其中焦距是透镜的重要参数，测定焦距是最基本的光学实验。通过本实训掌握光具座上各元件的共轴等高调节，了解进行光学实验和使用光学仪器的一般规则，用不同的方法测定凸透镜和凹透镜的焦距，并通过软件计算透镜焦距。本实训的主要目的如下。

（1）光学焦距仪的使用。

（2）光学器件的焦距检测。

4.5.2 原理与知识点

1. 光学焦距仪简介

焦距仪的测量原理是光源照亮多缝板，经平行光管以平行的光线投射到被测透镜上后，多缝刻线会在其焦平面上成像，通过 CCD 相机前后移动，找到精确的透镜焦平面位置（即成像最清晰处），采集 CCD 像面上的多缝像，再经过相应的软件计算就可得出被测透镜的焦距。透镜焦距测量原理如图 4.32 所示。

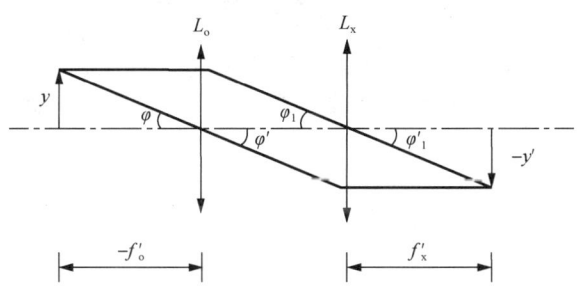

图 4.32 透镜焦距测量原理

$$\tan\varphi = \frac{y}{f'_o}, \quad \tan\varphi'_1 = \frac{y'}{f'_x} \tag{4-3}$$

平行光管射出的是平行光，且通过透镜光心的光线不改变方向，因此

$$\varphi = \varphi' = \varphi_1 = \varphi'_1 \tag{4-4}$$

$$\frac{y}{f'_o} = \frac{y'}{f'_x} \tag{4-5}$$

$$f'_x = \frac{y'}{y} f'_o \tag{4-6}$$

式中，f'_o 为平行光管物镜焦距；y 为玻罗板上线对的长度；y' 为用 CCD 采集到的玻罗板上线对像的距离；f'_x 为待测透镜的焦距。

本实训中测量凸透镜焦距和凹透镜焦距的光路图如图 4.33 和图 4.34 所示。

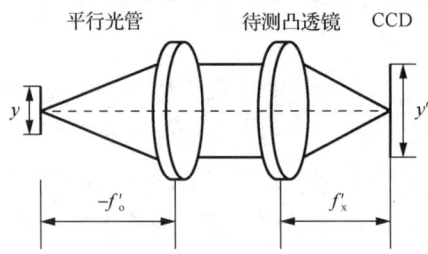

图 4.33 凸透镜焦距测量光路图

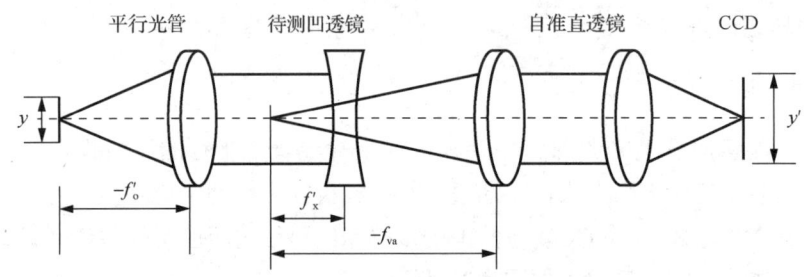

图 4.34 凹透镜焦距测量光路图

测量凹透镜焦距需要将一组自准直透镜与待测凹透镜组成伽利略望远系统，通过测量 CCD 中采集到的望远镜系统中的像对距离，即可求得凹透镜的焦距。

$$f'_x = -\frac{y'}{y} f_o \tag{4-7}$$

相应地，本实训中测量凸透镜焦距和凹透镜焦距的实验装配图如图 4.35 和图 4.36 所示。

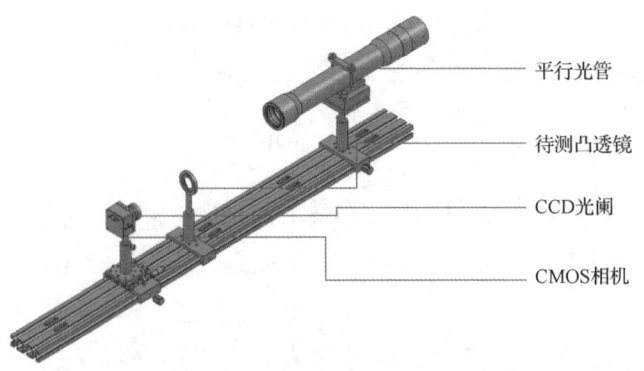

图 4.35 凸透镜焦距测量实验装配图

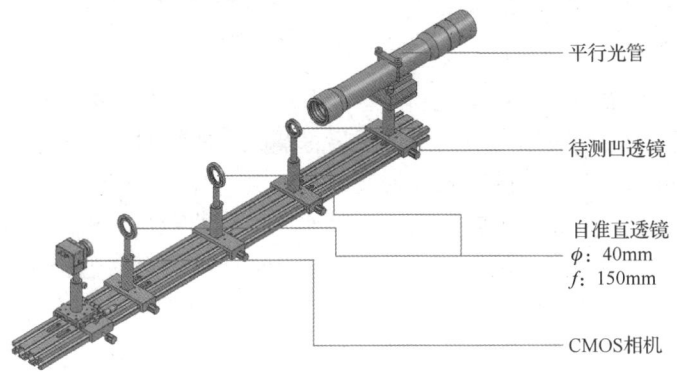

图 4.36　凹透镜焦距测量实验装配图

2. 光学系统分辨率及分辨率板

在光学成像系统中，其成像质量的好坏，必须经过实践的检验。因此，对于采用什么样的方法或手段来正确地评价和检验光学系统的成像质量显得尤为重要。人们先后提出了光学传递函数法、瑞利判断法、分辨率法、星点法、点列图法等。其中，星点法、点列图法带有一定的主观性，光学传递函数法能对像质做出更为全面的评价，而用分辨率法评价像质，由于其指标单一，且便于测量，在光学系统的像质检测中得到了广泛的应用。

3. 瑞利判据

一个发光物点经过光学系统成像，但即使是理想的光学系统，由于光的衍射，所成的像也不再是一个点而是一个衍射像，称为艾里斑。如果有两个发光物点，则经过光学系统后形成两个上述这样的亮斑。瑞利指出，能分辨的两个等亮度点间的距离对应艾里斑的半径。也就是说，一个亮点的衍射图案中心与另一个亮点的衍射图案的第一暗环重合时，这两个亮点能被分辨，如图 4.37 所示。这时在两个衍射图案光强分布的叠加曲线中有两个极大值和一个极小值，其极大值与极小值之比为 1:0.735，这与光能接收器（如眼睛或照相底板）能分辨的亮度差别相当。若两个亮点更靠近，光能接收器就不能分辨出它们是两个分开的点，如图 4.38 所示。

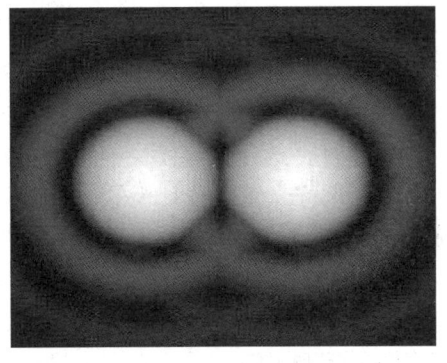

图 4.37　能分辨的情况

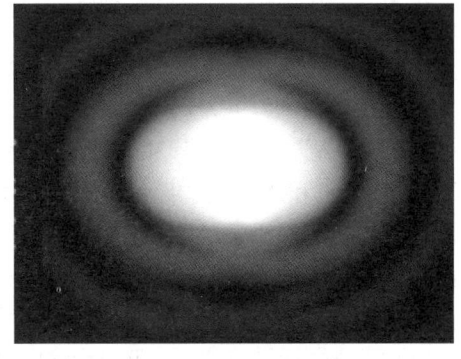

图 4.38　不能分辨的情况

4. 镜头分辨率的测量

在一个固定的平面内，分辨率越高，意味着可使用的点数越多，这是判断镜头好坏的一个重要指标，镜头的分辨率一般用单位距离里能分辨的线对数来表示。在没有像差的理想情况下，艾里斑的大小与光的波长和通光口径有关。可以从理论上推出，艾里斑的宽度是 $\sin\theta = 1.22\lambda/D$，其中 λ 是光的波长，D 是通光口径的直径。在某些对分辨率要求非常高的场合下，艾里斑对分辨率的影响就不可忽视。按照光的衍射理论和瑞利判据的定义，在没有像差的条件下，镜头的分辨率仅与镜头的相对孔径有关，若以能分辨的两点距离来表示，则有

$$\sigma = \frac{1.22\lambda f'}{D} \tag{4-8}$$

镜头的分辨率通常用每毫米能分辨的线对数 N_1 来表示，此时有

$$N_1 = \frac{1}{2\sigma} = \frac{D}{2.44\lambda f'} \tag{4-9}$$

值得注意的是，光学系统的分辨率是一个整体的概念，它由镜头的分辨率和 CCD/CMOS 芯片的分辨率两部分组成。设镜头的分辨率为 N_1，CCD/CMOS 芯片的分辨率为 N_P，则光学系统的分辨率 N 可表示为

$$\frac{1}{N} = \frac{1}{N_1} + \frac{1}{N_P} \tag{4-10}$$

CCD/CMOS 芯片的分辨率 N_P 可以根据它的像元大小计算得到。光学系统分辨率的测量就是根据以上原理，将分辨率板作为目标物放在物平面位置。计算机通过 CCD/CMOS 芯片采集被测镜头像平面上的分辨率板的像，通过图像处理技术和 CCD/CMOS 芯片像元的大小，分析所得图像的灰度分布，以刚能分辨开两线之间的最小距离 σ（单位为 mm）的倒数为系统的分辨率 N，从而可以算出镜头的分辨率 N_1。

4.5.3 实训内容

1. 凸透镜焦距检测

（1）参照图 4.35，将平行光管、待测凸透镜和 CMOS 相机放置在平行导轨上，调节所有光学器件共轴，打开平行光管光源，CMOS 相机前装配简易 CCD 光阑，通过数据线与计算机相连。固定平行光管和透镜下的滑块。运行实验软件，选择采集模块中的"采集图像"，调整相机和透镜间的距离，使计算机屏幕上能出现平行光管中分划板的像，找到分划板像后，固定相机下的滑块，微调平移台，使成像清晰。需要注意的是，连接平行光管的直流可调电源选用 9V 输出，即配有单输出接口的可调电源。实验另配有 12V 可调电源，为双输出接口。如果错接成 12V 输出的可调电源，则会直接烧毁平行光管里的 LED 灯。

（2）调节平行光管光源亮度，使 CMOS 相机的线对像清晰均匀，且不会曝光过度，单击"保存图像"按钮保存图片。图 4.39 所示为分划板清晰图。

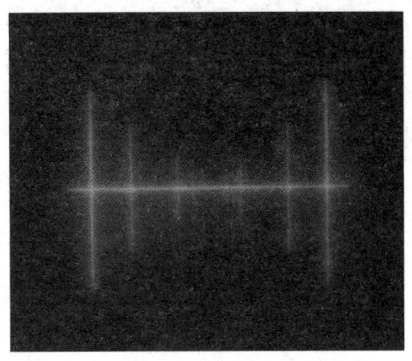

图 4.39　分划板清晰图

（3）运行焦距测量模块，在"透镜选取"中选择"正透镜"，单击"读图"按钮读入刚采集的图片。设置好二值化阈值后（默认值为 0.3），单击"二值化"按钮，可得到二值化处理后的线对图，如图 4.40 所示。

（4）输入被测的分划板线对距离（默认值为 10mm），单击"截取测量区域"按钮，用鼠标在图像上拖动选择一个矩形框，如图 4.41 所示，矩形框比线对略宽。

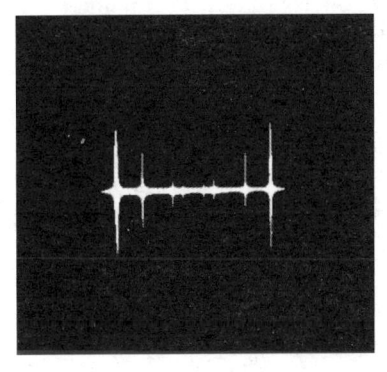

图 4.40　二值化处理后的线对图　　图 4.41　截取测量区域

（5）单击"测量焦距"按钮，便可测得该透镜焦距。

（6）在不同位置选择测量区域，测量焦距，取多组焦距值的平均值。

2．凹透镜焦距检测

（1）参照图 4.36，将平行光管和 CMOS 相机放置在平行导轨上。CMOS 相机尽量放在靠近导轨的另一侧，给中间待测凹透镜和自准直透镜留下摆放空间，并调节共轴，固定滑块。打开平行光管光源。需要注意的是，连接平行光管的直流可调电源选用 9V 输出，即配有单输出接口的可调电源。实验另配有 12V 可调电源，为双输出接口。如果错接成 12V 输出的可调电源，则会直接烧毁平行光管里的 LED 灯。

（2）将其中一个自准直透镜（ϕ:40mm，f:150mm）（双凸透镜）加入光路，放置在靠近相机一端的导轨上。调节共轴，寻找平行光管里的线对像。此时，根据实际情况，可再次调整相机的高度，保证光路共轴。在找到线对像后，移动自准直透镜，将像调整清晰即可。

(3) 将另一个自准直透镜和待测透镜同时放置在平行光管和已经调整好的自准直透镜之间。调节共轴线对并改变待测凹透镜与刚放入的自准直透镜之间的距离。通过相机采集软件寻找清晰线对像。找到清晰线对像后，固定滑块。旋转电源旋钮，调节平行光管光源亮度，使 CMOS 相机的线对像清晰均匀，且不会曝光过度，保存图片。

(4) 重复前面凸透镜焦距检测实训内容中的步骤（3）～（6），在"透镜选取"中选择"负透镜"即可。

4.6 光学系统像差检测

4.6.1 引言

按照几何光学的观点，光学系统的理想状况是点物成点像，即物空间一点发出的光能量在像空间也集中在一点上，但由于像差的存在，在实际中是不可能的。评价一个光学系统或光学器件像质优劣的根据是物空间一点发出的光能量在像空间的分布情况。在传统的像质评价中，人们先后提出了很多种像质评价方法，如斯特列尔判断法、瑞利判断法、分辨率法、星点法、刀口阴影法和点列图法等，这些方法各有其特点，其中使用最广泛的有分辨率法、星点法和刀口阴影法。

星点法就是通过观察点光源（星点）经物镜所成像斑的不同形状来评价光学系统成像质量的优劣。星点法能够分析与光束结构有关的各种几何像差和装配加工的某些误差，其优点是所使用的设备简单、直观、灵敏度高。本实训采用 CMOS 相机采集图像并进行后期分析。

本实训的主要目的如下。
(1) 了解星点法的原理。
(2) 了解几何像差现象。
(3) 学会使用像差检测仪测试光学系统及评价成像质量。
(4) 学会测量和分析光学镜头视场、景深。

4.6.2 原理与知识点

1. 像差简介

像差就是光学系统实际成像与理想像之间的差异。近轴近似下，光线偏折的非线性项可忽略，像差极小，而实际的光学系统均需对有一定大小的物体以一定的宽光束进行成像，因此，不具备理想成像的条件及特性，即像并不完善。可见，像差是由球面本身的特性所决定的，即使透镜的折射率非常均匀，球面加工得非常完美，像差仍会存在。几何像差主要有 7 种：球差、彗差、像散、场曲、畸变、位置色差及倍率色差，前 5 种为单色像差，后 2 种为色差。

2. 星点法检验原理

光学系统对照明物体或自发光物体成像时，可将物光强分布看成无数个具有不同强度的独立发光点的集合。每一发光点经过光学系统后，由于衍射和像差以及其他工艺疵病的影响，在像面处得到的星点像光强分布是一个弥散光斑，即点扩散函数。在等晕区内，每个光斑都具有完全相似的分布规律，像面光强分布是所有星点像光强的叠加结果。因此，星点像光强分布规律决定了光学系统成像的清晰程度，也在一定程度上反映了光学系统对任意物分布的成像质量。上述的点基元观点是进行星点检测的基本依据。

星点法是通过考察一个点光源经光学系统后，在像面及像面前后不同截面上所成衍射像的形状（通常称为星点像）及光强分布来定性评价光学系统成像质量好坏的一种方法。由光的衍射理论可知，一个光学系统对一个无限远的点光源成像，其实质就是光波在其光瞳面上的衍射结果，焦面上的衍射像的振幅分布就是光瞳面上的振幅分布函数，亦称光瞳函数的傅里叶变换，光强分布则是振幅模的平方。对于一个理想的光学系统，光瞳函数是一个实函数，而且是一个常数，代表一个理想的平面波或球面波，因此星点像的光强分布仅取决于光瞳的形状。在圆形光瞳的情况下，理想光学系统焦面内星点像的光强分布就是圆函数的傅里叶变换的平方，即艾里斑光强分布，即

$$\begin{cases} \dfrac{I(r)}{I_0} = \left[\dfrac{2J_1(\psi)}{\psi} \right]^2 \\ \psi = kr = \dfrac{\pi D}{\lambda f'} r = \dfrac{\pi}{\lambda F} r \end{cases} \quad (4\text{-}11)$$

式中，$I(r)/I_0$ 为相对强度（在星点衍射像的中间规定为 1.0）；r 为在像平面上离开星点衍射像中心的径向距离；$J_1(\psi)$ 为一阶贝塞尔函数。

通常，光学系统也可能在有限共轭距内是无像差的，在此情况下 $k = (2\pi/\lambda)\sin u'$，其中 u' 为成像光束的像方半孔径角。

无像差星点衍射像如图 4.42 所示，在焦点上，中心圆斑最亮，外面围绕着一系列亮度迅速减弱的同心圆环。衍射光斑的中央亮斑集中了全部能量的 80%以上，其中第一亮环的最大强度不到中央亮斑最大强度的 2%。在焦点前后对称的截面上，衍射图形完全相同。光学系统的像差或缺陷会引起光瞳函数的变化，从而使对应的星点像产生变形或改变其光能分布。待检测光学系统的缺陷不同，星点像的变化情况也不同。故通过将实际星点衍射像与理想星点衍射像进行比较，可反映出待检测光学系统的缺陷并由此评价像质。

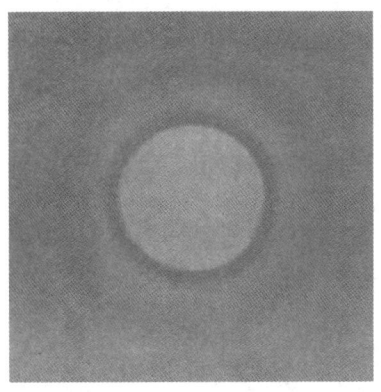

图 4.42 无像差星点衍射像

3. 光学镜头景深原理介绍

任何光能接收器都是不完善的，并不要求像平面上的像点为一几何点，而要求根据光能接收器的特性，规定一个允许的数值。当入射光瞳直径为定值时，便可确定成像空间的深度，在此深度范围内的物体可成清晰像。在景像平面上所获得的成清晰像的物空间深度称为成像空间的景深，简称景深。能成清晰像的最远的平面称为远景平面；能成清晰像的最近的平面称为近景平面。对准平面距远景平面和近景平面的距离分别称远景深度和近景深度。显然，景深 Δ 是远景深度 Δ_1 和近景深度 Δ_2 之和，即 $\Delta = \Delta_1 + \Delta_2$。远景平面、对准平面和近景平面到入射光瞳的距离分别用 p_1、p 和 p_2 表示，并以入射光瞳中心点 P 为坐标原点，所有这些值均为负值。在像空间对应的共轭面到出射光瞳的距离分别用 p_1'、p' 和 p_2' 表示，并以出射光瞳中心点 p' 为坐标原点，所有这些值均为正值。设入射光瞳直径以 $2a$ 表示，光学系统的景深如图 4.43 所示。

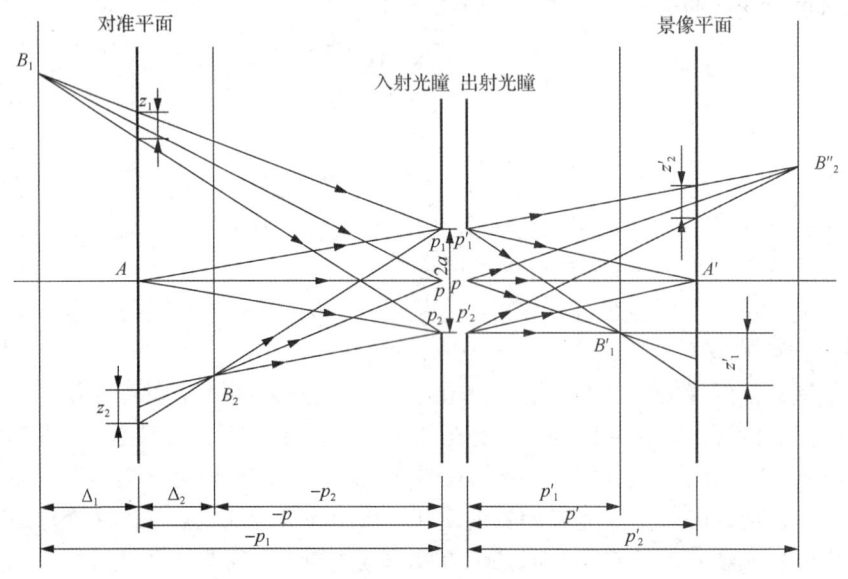

图 4.43 光学系统的景深

设景像平面与对准平面上的弥散斑直径分别为 z_1, z_2 和 z_1', z_2'，由于两个平面共轭，故有

$$z_1' = \beta z_1 \tag{4-12}$$

$$z_2' = \beta z_2 \tag{4-13}$$

式中，β 为景像平面和对准平面之间的垂轴放大率。

由图 4.43 中的相似三角形关系可得

$$\frac{z_1}{2a} = \frac{p_1 - p}{p_1} \tag{4-14}$$

$$\frac{z_2}{2a} = \frac{p - p_2}{p_2} \tag{4-15}$$

由此得

$$z_1 = 2a \frac{p_1 - p}{p_1} \tag{4-16}$$

$$z_2 = 2a\frac{p - p_2}{p_2} \tag{4-17}$$

所以

$$z_1' = 2\beta a\frac{p_1 - p}{p_1} \tag{4-18}$$

$$z_2' = 2\beta a\frac{p - p_2}{p_2} \tag{4-19}$$

可见，景像平面上的弥散斑大小除了与入射光瞳有关，还与距离 p_1、p 和 p_2 有关。弥散斑直径的允许值决定光学系统的用途。例如，一个普通照相物镜，若照片上各点的弥散斑对人眼的张角小于人眼极限分辨角，则可认为图像是清晰的。通常用 ε 表示弥散斑对人眼的极限分辨角。在极限分辨角确定后，允许的弥散斑大小还与观测距离有关。日常经验表明，当用一只眼睛观察空间的平面像时，观察者会把像面上自己所熟悉的物体的像投射到空间而产生空间感。但获得空间感觉时，诸物点间相对位置的正确性与眼睛观察物体的距离有关。为了获得正确的空间感觉必须要以适当的距离观察。即应使像上的各点对眼睛的张角与直接观察空间各对应点对眼睛的张角相等，符合这一条件的距离称为正确透视距离，以 D 表示。为方便起见，以下公式推导不考虑正负号。如图 4.44 所示，眼睛在 R 处，为得到正确的透视，景像平面上像 y' 对点 R 的张角 ω' 应与物空间的共轭物 y 对入射光瞳中心 p 的张角 ω 相等，即

$$\tan\omega = \frac{y}{p} = \tan\omega' = \frac{y'}{D} \tag{4-20}$$

则得

$$D = \frac{y'}{y}p = \beta p \tag{4-21}$$

所以景像平面上弥散斑直径的允许值为

$$z' = z_1' = z_2' = D\varepsilon = \beta p\varepsilon \tag{4-22}$$

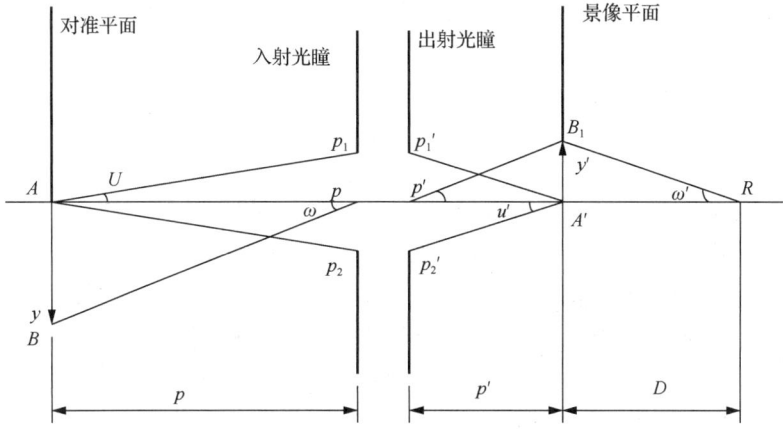

图 4.44 正确透视

对应对准平面上弥散斑的允许值为

$$z = z_1 = z_2 = \frac{z'}{\beta} = p\varepsilon \tag{4-23}$$

即相当于从入射光瞳中心来观察对准平面时，其上的弥散斑直径 z_1 和 z_2 对眼睛的张角也不应超过眼睛的极限分辨角 ε。确定对准平面上弥散斑允许直径以后，由式（4-16）和式（4-17）可求得远景和近景到入射光瞳的距离 p_1 和 p_2 为

$$p_1 = \frac{2ap}{2a - z_1} \tag{4-24}$$

$$p_2 = \frac{2ap}{2a + z_2} \tag{4-25}$$

由此可得远景和近景到对准平面的距离，即远景深度 Δ_1 和近景深度 Δ_2 为

$$\Delta_1 = p_1 - p = \frac{pz_1}{2a - z_1} \tag{4-26}$$

$$\Delta_2 = p - p_2 = \frac{pz_2}{2a + z_2} \tag{4-27}$$

将 $z_1 = z_2 = p\varepsilon$ 代入式（4-26）和式（4-27），得

$$\Delta_1 = \frac{p^2\varepsilon}{2a - p\varepsilon} \tag{4-28}$$

$$\Delta_2 = \frac{p^2\varepsilon}{2a + p\varepsilon} \tag{4-29}$$

由式（4-28）和式（4-29）可知，当光学系统的入射光瞳直径 $2a$ 和对准平面的位置以及极限分辨角确定后，远景深度 Δ_1 较近景深度 Δ_2 为大。

总的成像深度，即景深 Δ 为

$$\Delta = \Delta_1 + \Delta_2 = \frac{4ap^2\varepsilon}{4a^2 - p^2\varepsilon^2} \tag{4-30}$$

若用孔径角 U 取代入射光瞳直径，由图 4.44 可知它们之间的关系为

$$2a = 2p\tan U \tag{4-31}$$

将式（4-31）代入式（4-30），得

$$\Delta = \frac{4p\varepsilon\tan U}{4\tan^2 U - \varepsilon^2} \tag{4-32}$$

由式（4-32）可知，入射光瞳的直径越小，即孔径角越小，景深越大。在拍照片时，把光圈缩小可以获得大的空间深度的清晰像，其原因就在于此。

实验中，用于成像的物体是平行光管里的多缝板，多缝板是固定不动的，且采用平行光束，所以物空间的深度我们无法直接测量。但由于对准平面与成像平面是共轭的，故而可以间接计算像空间的深度。通过改变孔径光阑大小、透镜组的焦距大小，从而可以研究光学系统孔径光阑、系统焦距与景深的关系。

影响景深的因素主要有以下三个。

① 对像的清晰度要求越低，景深越大；对像的清晰度要求越高，景深越小。

② 物距越大，景深越大；物距越小，景深越小。

③ 焦距越短，景深越大；焦距越长，景深越小。

在验证焦距与景深的关系时，需计算节点器的系统焦距，计算公式为

$$f = \frac{f_1 f_2}{\Delta} \tag{4-33}$$

式中，f_1、f_2 分别是节点器两个透镜的焦距；Δ 是光学间距。

4. 光学镜头主要参数介绍

场曲镜头：通光口径ϕ23mm，外径ϕ36mm，长度 80.5mm，f=71.6mm，光洁度 Ⅳ 级，镀宽带增透膜 400～700nm。

球差镜头：通光口径ϕ23mm，f=100mm，光洁度 Ⅳ 级，镀宽带增透膜 400～700nm，整体厚度 23.8mm，光阑可调。

彗差镜头：通光口径ϕ23mm，外径ϕ36mm，L=68mm，f=90mm，光洁度 Ⅳ 级，镀宽带增透膜 400～700nm。

像散镜头：通光口径ϕ18mm，外径ϕ36mm，L=75.3mm，f=55.6mm，光洁度 Ⅳ 级，镀宽带增透膜 400～700nm。

4.6.3 实训内容

1. 观测标准像差镜头的单类像差现象

（1）参照图 4.45 安装所有的器件。需要注意的是，连接平行光管的直流可调电源选用 9V 输出，即配有单输出接口的可调电源。实验另配有 12V 可调电源，为双输出接口，如果错接成 12V 输出的可调电源，则会直接烧毁平行光管里的 LED 灯。

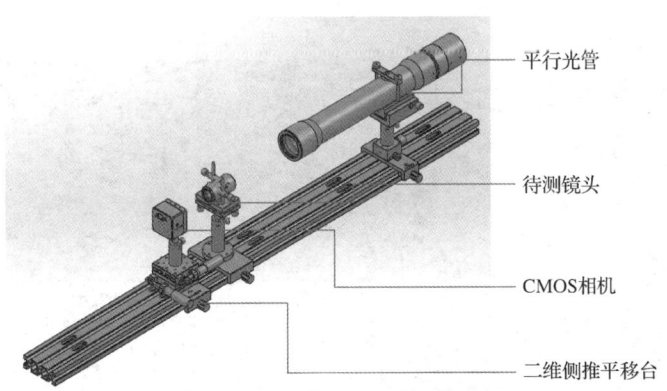

图 4.45 观测标准像差镜头的单类像差现象实训装配图

（2）将所有器件调整至同心等高。由于 CMOS 相机在 X 方向和 Y 方向都有移动，因此将两个侧推平移台装在一起来达到需求。

（3）选取其中某一色 LED（4 挡开关控制顺序为：关—红—绿—蓝）作为平行光管光源并打开，打开 CMOS 相机采集程序，使用连续采集模式。

（4）沿光轴方向调整 CMOS 相机位置，使得待测镜头焦斑像最小且锐利。在测量以下像差时，如果由于像差镜头焦距过短而使镜头与相机的距离过近时，可以不用 CCD 光阑。

① 观察球差现象时，平行光管里使用的是针孔，将球差镜头前的光阑打开到最大，沿光轴方向移动 CMOS 相机，观察焦斑前后的光束分布。此时可通过微调 CMOS 相机下的二维侧推平移台来实现。

② 观察慧差现象时，平行光管里使用的是针孔，慧差镜头下使用旋转台，通过移动 CMOS 相机找到清晰的像，可通过二维侧推平移台来精调，旋转慧差镜头，采集不同角度下的慧差。

③ 观察像散现象时，平行光管里使用的是十字缝，如果所成的像是倾斜的，可以通过旋转平行光管使其水平，搭好光路，将平行光管偏离轴一定角度（15°左右），移动 CMOS 相机找到清晰的像，在 X 方向微调 CMOS 相机下的二维侧推平移台，采集像散现象。

④ 观察场曲现象时，平行光管里使用的是玻罗板，搭好光路，将平行光管偏离轴一定角度（15°左右），移动 CMOS 相机找到清晰的像。最右端和最左端玻罗板分划线聚焦的图像如图 4.46 和图 4.47 所示。在 X 方向微调 CMOS 相机下的二维侧推平移台，分别采集每条线清晰时的图像，并绘制场曲曲线图。

打开相机采集程序，选择十字辅助线，选择分辨率为 640×512，调整像在靶面的位置，使其水平线与十字线重合，在 X 方向使用千分丝杆调整场曲镜头与 CMOS 相机之间的距离，使玻罗板某一外端线最清晰且锐利，则认为此时该端线的像面与 CMOS 靶面重合，记录此时的侧推平移台千分丝杆读数值，记作 X_1，并将其作为 X 轴原点。

调节 CMOS 相机下的 X 方向的二维侧推平移台，使其焦点向另一端移动，将玻罗板上的所有分划线经场曲镜头成的像面依次与 CMOS 靶面重合，分别读出对应的千分丝杆读数值。

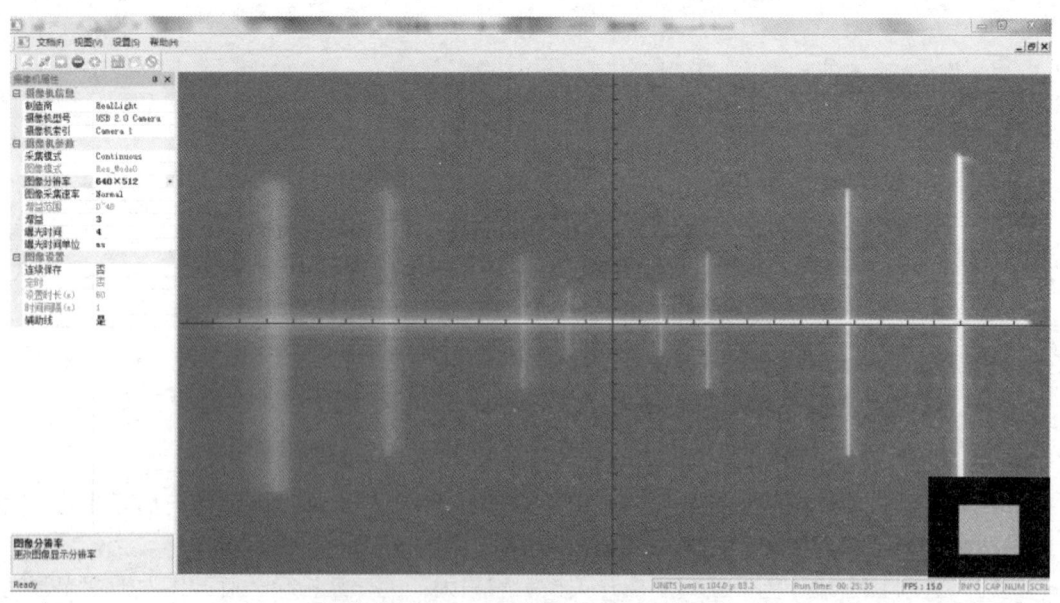

图 4.46　最右端玻罗板分划线聚焦的图像

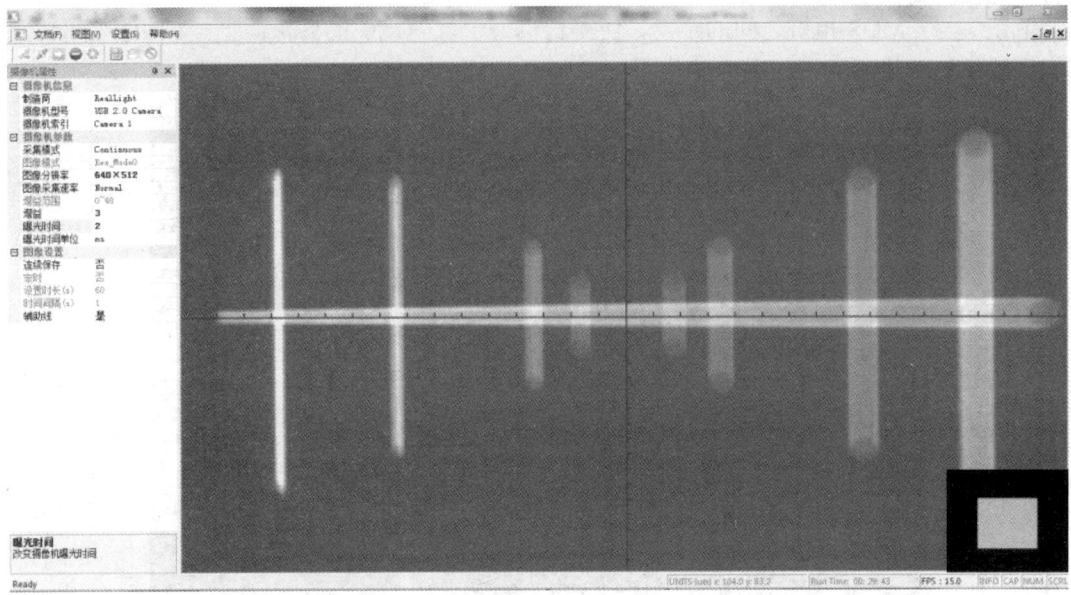

图 4.47　最左端玻罗板分划线聚焦的图像

用计算机软件对玻罗板分划线进行标定,将端线位置作为 Y 轴原点,数出其他各线与该端线间的小格数 n,如果两线之间的小格数不是整数,需要自己进行估算,每小格的距离为 104.0μm,计算玻罗板分划线经场曲镜头成像后每条线的位置坐标 s。以每次千分丝杆的读数与 X_1 的差值作为 X 轴,玻罗板分划线的位置坐标为 Y 轴,建立平面直角坐标系,绘制出弧矢场曲曲线图。将场曲镜头沿光轴方向旋转 90°,测量子午场曲并绘制子午场曲曲线图,如图 4.48 所示。

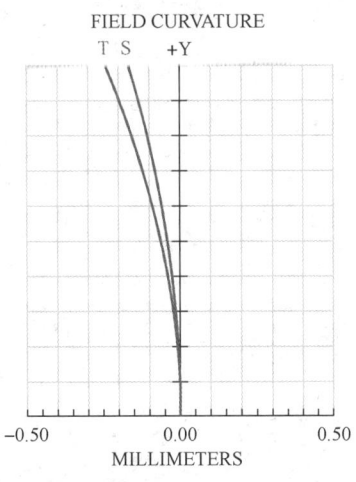

图 4.48　子午场曲曲线图

(5)当观察其他像差时,如果光路是从右向左,当镜头与 CMOS 相机之间的距离不足时,旋转台锁紧旋钮会妨碍相机移动到特定位置,因此应把旋转台 180° 反向安装在导轨上。由于本实训配备 4 种像差镜头,每种镜头的焦距不同,因此在更换像差镜头后,需要重新调节镜头与 CMOS 相机之间的距离，使得相机处于像差镜头的后焦面上。4 种像差镜头采集到的像差效果示意图如图 4.49～图 4.52 所示。

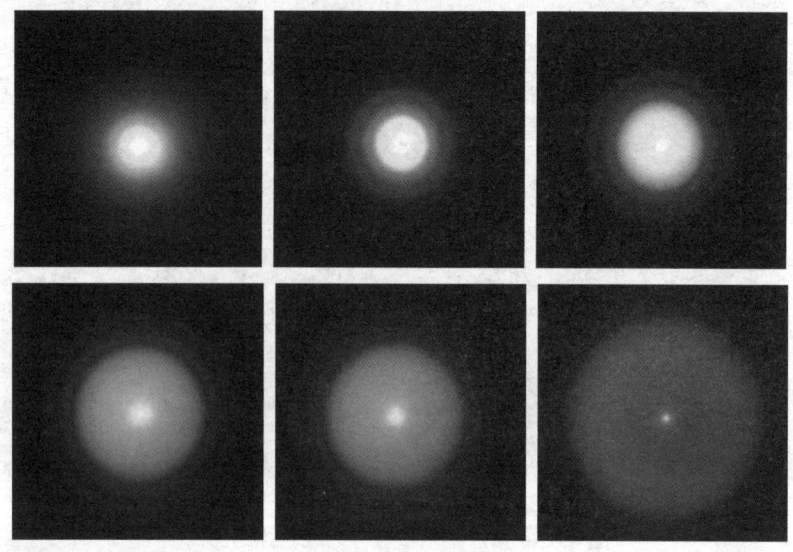

图 4.49　球差效果示意图

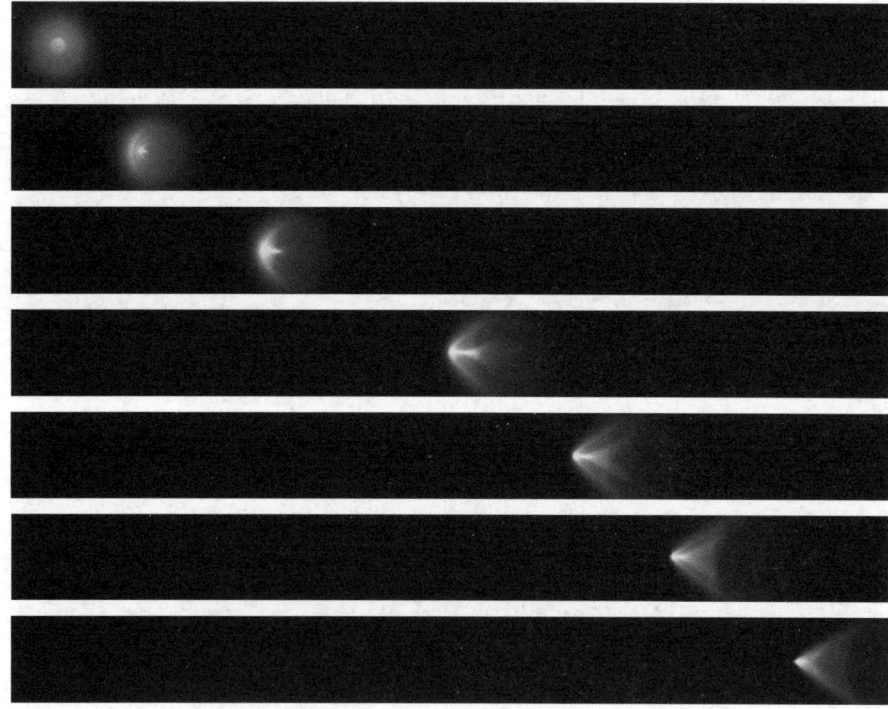

图 4.50　彗差效果示意图

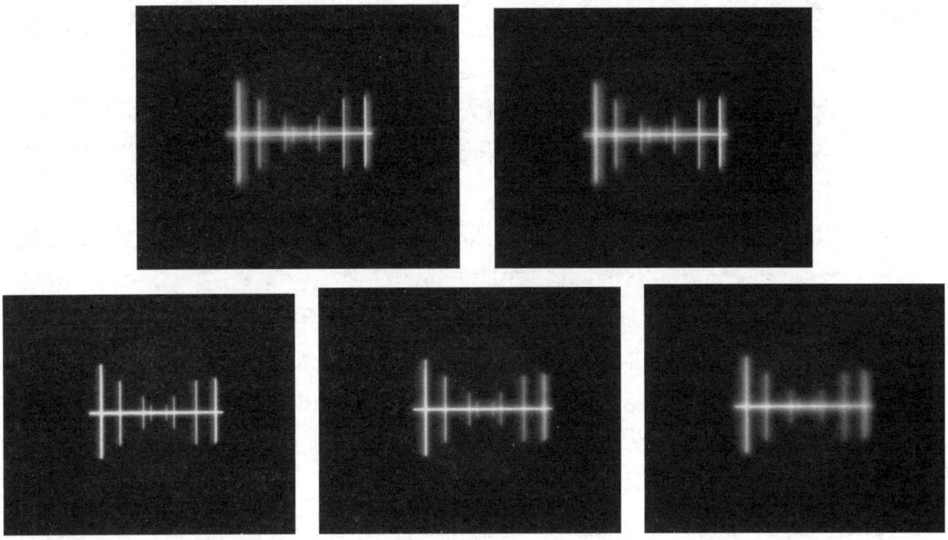

图 4.51 场曲效果示意图

图 4.52 像散效果示意图

2. 测量镜头的位置色差

（1）参照图 4.53 安装所有的器件（平行光管里加入针孔）。

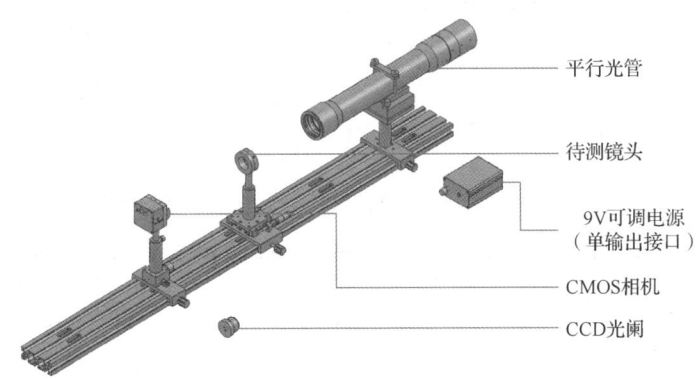

图 4.53 测量镜头的位置色差实训装配图

（2）由于本实训使用的星点像只有 15μm，在较明亮的环境下无法通过肉眼观察到平行光管发光，如需检查平行光管光源是否连接正确，可直接目视平行光管出光口检查。

（3）平行光管发出的光较弱，实训时请关闭室内照明，并使用遮光窗帘。

（4）打开 CMOS 相机的采集程序，使用连续采集模式，此时如果显示图像亮度过高，则适当减小相机的曝光时间和增益值。

（5）将 LED 亮度可调旋钮调至最大，拨动平行光管后端 4 挡拨动开关（拨动开关控制顺序为：关—红—绿—蓝），打开红色照明。

（6）调整 CMOS 相机沿导轨方向移动，将 CMOS 相机靶面调整到与待测镜头后焦点重合位置，此时可以在计算机屏幕上观察到待测镜头焦点亮斑。

（7）调整平行光管照明亮度，使得显示亮斑亮度在饱和值以下，微调待测镜头下方的平移台，使得焦点亮斑最小且锐利，此时认为待测镜头后焦点与 CMOS 靶面重合，记录此时的平移台千分丝杆读数值。

（8）变换平行光管照明光源颜色，使用千分丝杆调整待测镜头与 CMOS 相机之间的距离至焦点亮斑最小且锐利，分别记录此时的千分丝杆读数值，填入表 4-6 中。

表 4-6 位置色差测量结果

L'_F	L'_C	L'_D	$\Delta L'_{FC}$	$\Delta L'_{FD}$	$\Delta L'_{DC}$

（9）根据下列公式计算出待测镜头的位置色差值。

$$\Delta L'_{FC} = L'_F - L'_C \quad (4\text{-}34)$$

$$\Delta L'_{FD} = L'_F - L'_D \quad (4\text{-}35)$$

$$\Delta L'_{DC} = L'_D - L'_C \quad (4\text{-}36)$$

式中，L'_F 是红光的成像位置；L'_D 是绿光的成像位置；L'_C 是蓝光的成像位置。

（10）根据 L'_F、L'_C 和 L'_D 判断波长大小与折射率之间的关系。

3. 使用像差检测仪观测光学镜片的像差

该实训的步骤与"观测标准像差镜头的单类像差现象"实训差不多，只是将其中的标准像差镜头换为光学镜片即可。

4. 景深测量

（1）采用平行光管、可变光阑、节点镜头及分划板作为本实训的主要部件，选取多缝板（玻罗板）作为目标物对成像进行评价，参照图 4.54 安装所有的器件。

（2）将可变光阑贴近节点镜头并将光阑调至最大。

（3）调整分划板至清晰成像。

（4）前后移动分划板并分别记录前后移动至成像模糊位置处。通过分划板下的侧推平移台记录成像模糊的前后两个位置 a_1、a_2。

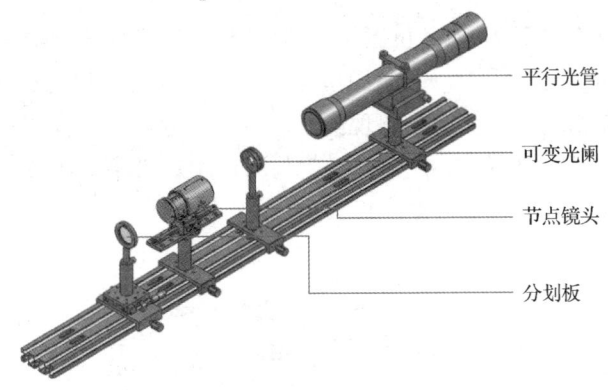

图 4.54 景深测量实训装配图

（5）缩小光阑，重复步骤（4），并再次记录此时成像模糊的位置 b_1、b_2。

（6）计算两次的景深，$A = a_1 - a_2$、$B = b_1 - b_2$。继续改变可变光阑大小（光阑不可大于 25.4mm），记录不同光圈大小时的景深，并分析孔径光阑与景深的关系。

（7）固定可变光阑孔径大小，调节使节点镜头两透镜之间的距离最小，重复步骤（4），记录此时成像模糊的位置 c_1、c_2，计算此时该系统的焦距与景深 $c = c_1 - c_2$。

（8）调节节点镜头两透镜之间的距离，重复步骤（7），分析该光学系统焦距与景深的关系。

4.7 光学系统刀口仪像差检测

4.7.1 引言

刀口阴影法可灵敏地判别会聚球面波前的完善程度。一方面，物镜存在的几何像差使得不同区域的光线成像到像空间不同位置上，刀口在像面附近切割成像光束，即可看到具有特定形状的阴影图。另一方面，物镜的几何像差对应着出瞳处的一定波像差，并由此可求得刀口图方程及其相应的阴影图；反之，由阴影图也可检测典型几何像差。刀口阴影法所需设备简单，检测方法方便、直观，故非常有实用价值。

（1）熟悉刀口阴影法检测几何像差原理。
（2）掌握球差的阴影图特征。
（3）利用图像处理方法测量轴向球差。
（4）熟练使用刀口阴影法测量光学系统初级彗差。
（5）掌握初级彗差的阴影图特征。

4.7.2 原理与知识点

对于理想成像系统，成像光束经过光学系统后的波面是理想球面，所有光线都会聚于球心 O，如图 4.55 所示。此时用不透明的锋利刀口以垂直于图面的方向切割该成像光束，当刀口正好位于光束会聚点 O 处（位置 N_2）时，则原本均照亮的视场会变暗一些，但整个视场仍然是均匀的（阴影图 M_2）；当刀口位于光束交点之前（位置 N_1），则视场中与刀口相对系统轴线方向相同的一侧视场出现阴影，相反的方向仍为亮视场（阴影图 M_1）。当刀口位于光束交点之后（位置 N_3），则视场中与刀口相对系统轴线方向相反的一侧视场出现阴影，相同的方向仍为亮视场（阴影图 M_3）。

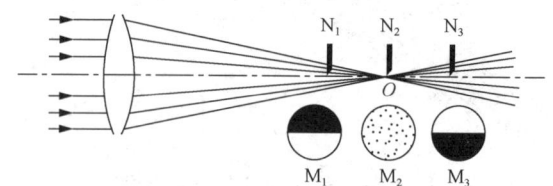

图 4.55　理想成像系统刀口阴影图

实际光学系统由于存在球差，成像光束经过光学系统后不再会聚于轴上同一点。此时，如果用刀口切割成像光束，根据光学系统球差的不同情况，视场中会出现不同的图案形状。图 4.56 所示为 4 种光学系统中典型的球差及其相应的阴影图。图 4.56（a）和（b）为球差校正不足和球差校正过度的情况，相当于单片正透镜和单片负透镜球差情况。这两种情况在设计和加工质量良好的光学系统中一般极少见，除非把有的镜片装反了，或是光学系统中某个光学间隔严重超差所致。图 4.56（c）和（d）为实际光学系统中常见的球差情况。

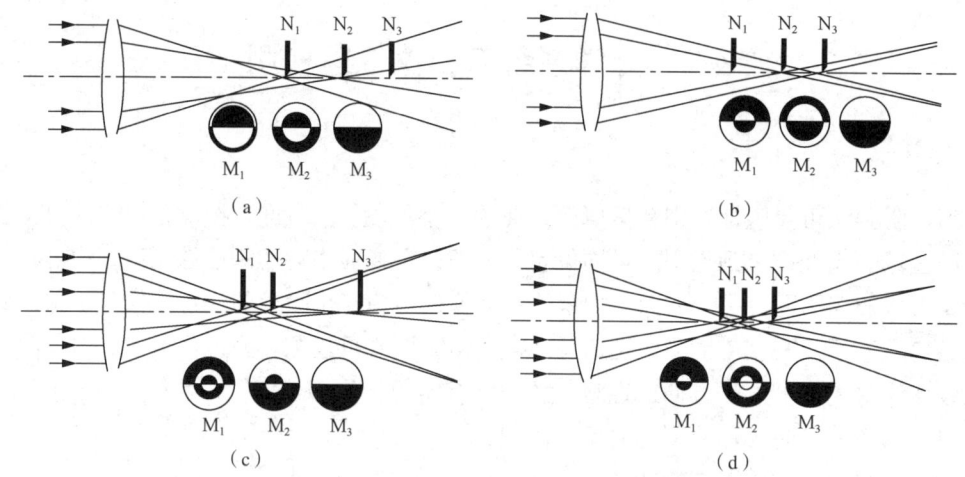

图 4.56　光学系统中典型的球差及相应的阴影图

利用刀口阴影法对系统轴向球差进行测量就是要判断出与视场图案中亮 2 暗环带分界（呈均匀分布的半暗圆环）位置相对应的刀口位置，一般光学系统球差的表示以近轴光束的焦点作为球差原点。

根据图 4.57，若待测透镜只存在球差，则测量看到的刀口环阴影图应该是与光瞳面同心的圆，并且刀口的轴向位置与阴影图的形状一一对应。测量前应调节刀口切在光轴上，若刀口轴向移动时，看到刀口环对称地扩大或缩小，说明刀口轴向移动方向已与光轴一致。

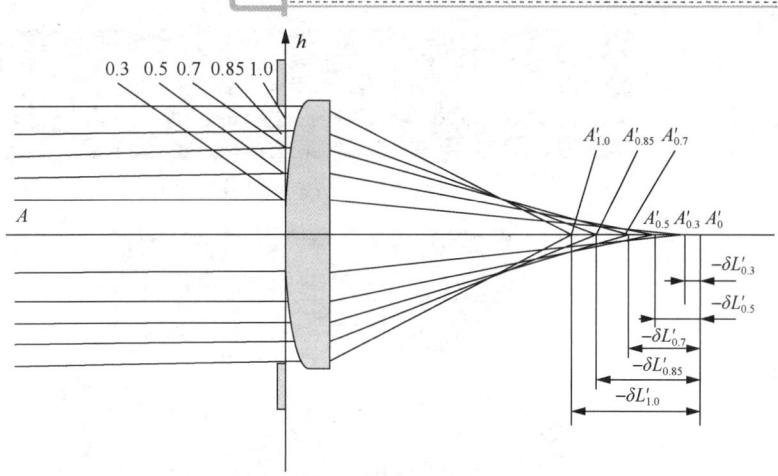

图 4.57 无限共轭系统球差

这里,阴影图刀口环与刀口轴向偏移近轴焦点的位移 δ_L 之间的对应关系,就是要求的球差曲线。图 4.58 就是一个典型的光学系统的初级球差曲线,横轴是位移量,纵轴是阴影图刀口环直径。球差切割效果图如图 4.59 所示。

彗差是轴外像差之一,它体现的是轴外物点发出的宽光束系统成像后的失对称情况。彗差是指通过待检测物镜光瞳面的各环带光线不会聚于一点而产生的垂轴方向的偏差。存在初级彗差时,光瞳面某一环带上各个径向的光线对的像方焦点仍形成一环状像,但与各环带光相对应环状像的大小和位置均不同,最后叠加成彗差像。当刀口在近轴像面内沿彗差像轴线向着光轴方向切入时,若从彗差的头部切入,则先切掉的是光瞳中心部分光线所成的像,故先看到光瞳面中心先出现椭圆阴影暗区。随着刀口的进一步切入,椭圆阴影暗区逐渐扩大,直至光瞳面的边缘的月牙状亮区全部变暗。若从慧差尾部切入,则先切掉光瞳两边的部分,成像为一个较亮的椭圆,随着刀口的进一步切入,椭圆会越来越大直至变成一个圆,效果如图 4.60 所示。

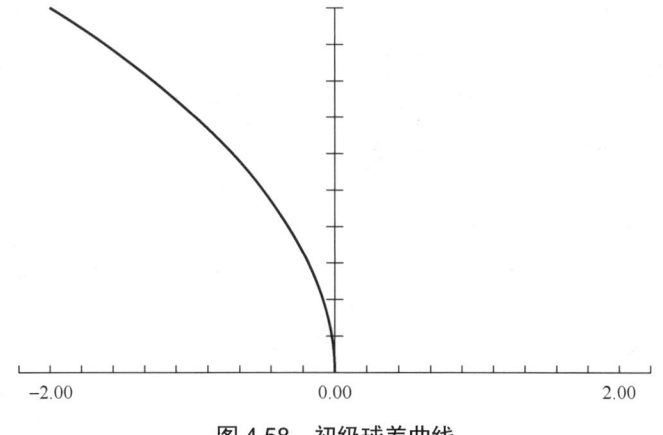

图 4.58 初级球差曲线

图 4.59 彩图

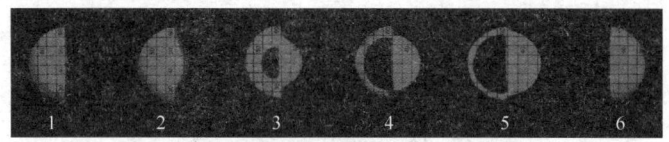

图 4.59 球差切割效果图

图 4.60 彩图

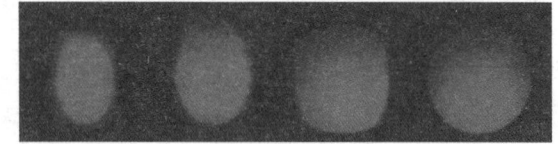

图 4.60 彗差头部和尾部切割效果图

4.7.3 实训内容

1. 初级球差测量

（1）参照图 4.61 安装所有的器件。

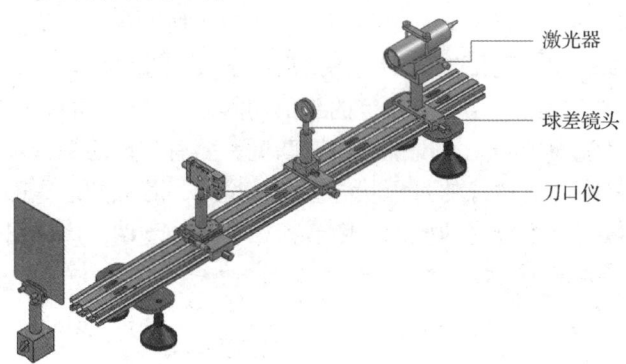

图 4.61 初级球差测量实训装配图

（2）固定可变光阑（说明：实验中可变光阑的作用是调整光路，光路调整好后可变光阑可移走，因此图 4.61 中未标出）的高度和孔径，安装激光器，调整激光管夹持器，使出射光在近处和远处都能通过可变光阑（近处调节激光器的高度和角度，远处调节激光管夹持器的俯仰、偏摆旋钮），保持此小孔光阑高度不变，作为后续高度调整标志物。

（3）将各光学器件放置在激光器的出光口处，调整各器件中心高与激光等高。

（4）将球差镜头插入准直后的光路中，并且打开其前面的光阑。在激光光束会聚点处插入刀口仪，使用刀口仪下的侧推平移台微调刀口仪沿光轴的位置，使得刀口正好处于光斑束腰处。

（5）调整刀口仪旋钮，切割光束束腰位置，使用白屏观察出射光斑情况，观测球差镜头像差。

(6)调整侧推平移台,使刀口仪沿 X 轴方向前后移动,观察不同切割位置的出射光斑的情况。测量并记录刀口在轴线不同位置时白屏上对应阴影图上半圆形阴影的直径。其中刀口轴向位置通过轴向的侧推平移台丝杆读出,白屏上的阴影图通过钢尺测出,并画出球差曲线。

2. 初级彗差测量

(1)参照图 4.61 安装所有的器件,将球差镜头换为彗差镜头。

(2)由于彗差镜头的焦距较短,建议将刀口仪下的套筒放在侧推平移台上离彗差镜头较近的位置,因为彗差镜头应该绕其节点旋转。这里如果旋转滑块带动彗差镜头旋转,其后焦点处的光斑没有明显径向移动,即说明旋转中心正好处于镜头的节点上。刀口起始位置应该在镜头的近轴焦点上,并且应该正好切到光轴上,记下此时径向侧推平移台丝杆的读数。

(3)径向旋转彗差镜头 2°,此时可以看见后边白屏上有小的椭圆阴影图。

(4)调节径向侧推平移台的丝杆,带动刀口切割阴影图,并观察丝杆带动刀口切割彗差图案的阴影图,当阴影图有特殊图像出现时记录丝杆上的数值并用钢尺测量对应阴影图的横轴和纵轴长度。此时调节侧推平移台丝杆,会依次看到图 4.62 中 1~3 的现象。

(5)当阴影图完全消失瞬间(图 4.62 中第 4 张图),记录此时丝杆读数。

(6)径向旋转彗差镜头 4°,重复步骤(4)、(5)。

(7)计算旋转彗差镜头 2°和 4°时的彗差值。

(8)分别画出旋转慧差镜头 2°和 4°时的彗差特征关系曲线。

图 4.62 彗差实验现象

图 4.62 彩图

第 5 章
光电子器件的制备与测试

光传输与交换、光接入和光通信器件是光通信产业中市场最大的部分，而光通信器件产业又是近年发展势头最迅猛的领域。相关数据显示，我国光纤通信技术和产品设备已经处于世界领先水平，拥有世界上最大、最完整的光通信产业链，我国已成为光通信器件产品输出大国。

随着光通信技术的不断创新与升级，光通信器件在传输速率、波长范围及功耗等方面都实现了显著提升。光通信技术的进步推动了整个行业的快速发展。全球互联网和移动通信的迅猛发展，使得对高速、高带宽通信设备的需求日益增长，进而促进了光通信器件市场规模的不断扩大。特别是在 5G 网络建设和数据中心需求的驱动下，该市场呈现出快速增长的趋势。中国作为世界上最大的电信市场之一，其光通信器件行业也在迅速崛起。得益于国家政策的支持及投资力度的加大，我国已成为全球光通信器件领域的重要参与者和竞争者。在我国多个地区，尤其是广东、上海、江苏、浙江和湖北等地，已经形成了具有一定规模的光通信器件产业集群。这些区域聚集了大量相关企业和产业链上下游企业，构建了一个完善的产业生态系统，进一步加速了行业的发展步伐。展望未来，随着 5G 商用化进程加快、物联网应用普及以及数字化转型深入推进，预计光通信器件行业将继续保持高速增长态势。同时，技术创新、产业结构优化升级以及国际合作将成为推动行业发展的关键因素。因此，培养更多具备专业技能的人才以满足未来市场需求变得尤为紧迫。

针对光通信产业的市场需求，结合光电信息科学与工程专业卓越工程师的培养计划，本章综合应用光纤制备技术、激光焊接技术、可靠性测试技术，制备光通信产业中广泛使用的光纤耦合半导体激光器、光纤耦合探测器及光纤跳线等无源器件，并用这些器件设计光通信系统。

5.1 产品展示与认知实训

5.1.1 引言

激光器是一种特殊产品，对于生产环境及人员卫生都有很高要求。本实训将展示半导体激光器及相应的耦合器件，引导学生认识和了解光纤结构。

本实训的主要目的如下。

（1）了解光纤器件的种类。

（2）了解半导体激光器的结构与主要参数。

（3）了解同轴型光发射器件的结构与主要参数。

5.1.2 原理与知识点

1. 光纤器件

光纤器件包括光纤有源器件和光纤无源器件。光纤有源器件包括激光器、光电探测器、光电放大器等，它们在光路中起到提供能量和放大能量的作用。光纤无源器件包括光纤连接器、光纤耦合器、波分复用器、光开关、光纤衰减器、隔离器和光环形器等。

光纤耦合器又称分歧器、连接器、适配器、法兰盘，其主要用于实现光信号分路、合路，或者用于延长光纤链路，在电信网络、有线电视网络、用户回路系统、区域网络中都会用到。常用光纤耦合器的工作原理如图 5.1 所示，中间部分为耦合器，它把左右两侧光纤（分别对应发射光纤和接收光纤）的两个端面精密对接起来，以使发射光纤输出的光能量能最大限度地耦合到接收光纤中去。

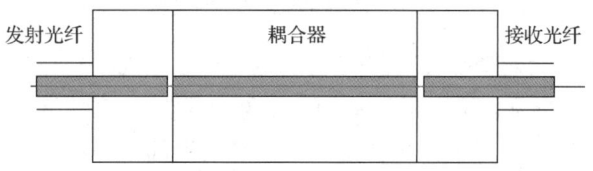

图 5.1　常用光纤耦合器的工作原理

光纤衰减器作为一种光纤无源器件，主要用于光通信系统中光功率的调试、光纤仪表的定标校正及光纤信号衰减。光纤衰减器采用掺有金属离子的衰减光纤制造而成，能把光功率调整到所需要的水平。根据端口的类型，可将光纤衰减器分为 SC 光纤衰减器、FC 光纤衰减器和 ST 光纤衰减器。

2. 光纤的分类

光纤的工作波长、折射率分布、传输模式、原材料等特征是光纤分类的主要依据。根据工作波长，可将光纤分为紫外光纤、可见光纤、近红外光纤、红外光纤等；根据折射率分布，可将光纤分为阶跃型、近阶跃型、渐变型、其他型（如三角型、W 型、凹陷型等）；根据传输模式，可将光纤分为单模光纤（含偏振保持光纤、非偏振保持光纤）、多模光纤；根据原材料，可将光纤分为石英玻璃光纤、多成分玻璃光纤、塑料光纤、复合光纤等。光纤的被覆材料有无机材料（碳等）、金属材料（铜、镍等）和塑料等。

本实验用到的光纤是单模光纤和多模光纤，其基本参数如表 5-1 所示。

表 5-1　光纤的基本参数

项目	纤芯直径/μm	包层直径/μm	涂敷层直径/μm
单模光纤	3.2~9.3	125	250
多模光纤	50、62.5	125	250

3. 半导体激光器的结构与主要参数

激光器中的半导体材料主要是 III-V 族化合物，衬底材料常选用 GaAs（砷化镓）和 InP（磷化铟），通过 Al、In 等元素的添加进行外延生长（AlGaAs、InGaAsP），使材料形成异质结量子阱结构，如图 5.2 所示。这类激光器的输出波长在紫外光到 1.7μm 范围内。

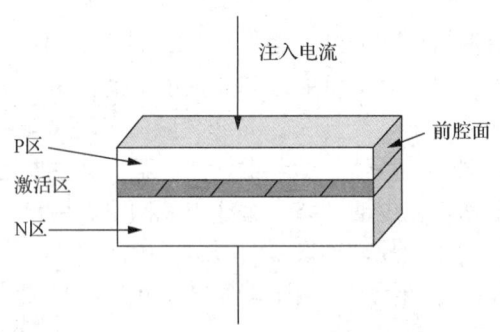

图 5.2　半导体激光器的结构

根据固体的能带理论，半导体材料中电子的能级形成能带。高能量的为导带，低能量的为价带，两带被禁带分开。引入半导体的非平衡电子-空穴对复合时，把释放的能量以发光形式辐射出去，这就是载流子的复合发光。一般所用的半导体材料有两大类，直接带隙半导体材料和间接带隙半导体材料，其中直接带隙半导体材料（如 GaAs）比间接带隙半导体材料（如 Si）有更大的辐射跃迁概率，发光效率也更高。

半导体复合发光达到受激发射（即产生激光）的必要条件是：①从 P 型侧和 N 型侧注入到有源区的载流子密度十分高时，占据导带电子态的电子数超过占据价带电子态的电子数，就形成了粒子数反转分布；②半导体激光器中存在谐振腔，一般来说，谐振腔由其两端的镜面组成，称为法布里-珀罗谐振腔；③在谐振腔中由受激辐射引起的光增益超过光损耗。谐振腔的光损耗主要包括腔镜的不完全反射和介质对光的吸收。

激光器的参数是对激光器性能的描述，同时也直接决定了使用者对激光光源的选择。一般来说，半导体激光器的有关参数包括电学参数、空间光学参数、光谱特性、动态特性等方面，其中激光的阈值电流、输出功率、发射波长是最为重要的参数。

（1）阈值电流。

半导体激光器的输出功率通常用 P-I 曲线表示。当外加正向电流达到某一数值时，输出功率急剧增加，这时将产生激光振荡，这个电流称为阈值电流，用 I_{th} 表示。图 5.3 给出了典型的激光器 P-I 曲线。从图 5.3 中可以看到，当激励电流 $I < I_{th}$ 时，有源区无法达到粒子数反转，也无法达到谐振条件，此时以自发辐射为主，输出功率很小，发出的是荧光；当激励电流 $I > I_{th}$ 时，有源区不仅有粒子数反转，而且达到了谐振条件，此时受激辐射占据主导，输出功率急剧增加，发出激光。对于激光器来说，要求阈值电流越小越好，影响阈值电流的因素包括晶体的掺杂浓度、谐振腔的损耗、半导体材料结型及温度等。

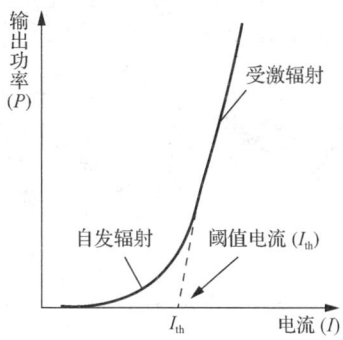

图 5.3 典型的激光器 P-I 曲线

（2）输出功率。

半导体激光器的输出功率为

$$P = P_{th} + \frac{\eta_d h\nu}{e}(I - I_{th}) \tag{5-1}$$

式中，I 为激光器的驱动电流；P_{th} 为激光器的阈值功率；I_{th} 为激光器的阈值电流；$h\nu$ 为光子能量；e 为电子电荷；η_d 为外微分量子效率，是激光器达到阈值后，输出光子数的增量与注入电子数的增量之比，代表了半导体激光器的电-光转换效率。

在式（5-1）中，$h\nu$ 和 e 为常数，P_{th} 很小可忽略。由此可知，输出功率主要取决于驱动电流 I、阈值电流 I_{th} 及外微分量子效率 η_d。

（3）发射波长。

半导体激光器的发射波长是由导带的电子跃迁到价带时所释放出的能量决定的，这个能量近似等于禁带宽度 E_g。

$$h\frac{c}{\lambda} = E_g \tag{5-2}$$

式中，λ 为发射光的波长；h 为普朗克常数；c 为光速。

不同半导体材料有不同的禁带宽度，因而有不同的发射波长。例如，GaAlAs-GaAs 材料适用于 0.85μm 波段的激光，InGaAsP-InP 材料适用于 1.3～1.55μm 波段的激光。此外，温度的升高会使半导体的禁带宽度变小，导致波长变大。

4. 同轴型光发射器件的结构与主要参数

TO 最早的定义是晶体管外壳（transistor outline），后来逐步演化为一种封装形式的概念，也就是指同轴封装，用以区分另一种蝶形封装形式。同轴型光发射器件的典型外形和结构如图 5.4 所示。从图 5.4 中可知，同轴型光发射器件主要由 TO-CAN、耦合部分、接口部分等组成。其中 TO-CAN 是主要器件，其外形和结构如图 5.5 所示。从图 5.5 中可知，激光器管芯和背光检测管接在热沉上，通过键合的方法与外部实现互联，并且 TO-CAN 一定要密闭封装。耦合部分一般是通过透镜（透镜可以直接装在 TO-CAN 上，也可以不装在 TO-CAN 上）装在图 5.4 所示的位置上。接口部分可以是带尾纤和连接器的尾纤型，也可以是带连接器而不带尾纤的插拔型。尾纤的固定一般采用环氧树脂粘接或采用激光焊接。另外可以使用单透镜结构或直接在光纤端面制作透镜的方法提高耦合效率。

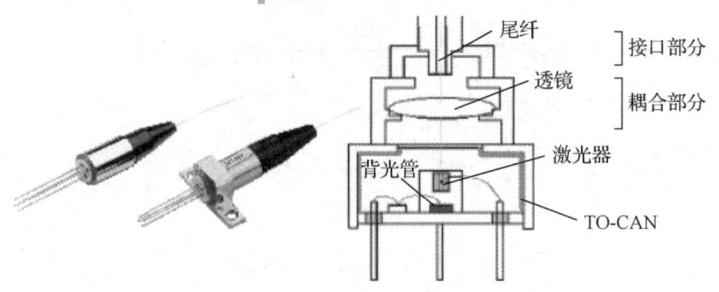

图 5.4 同轴型光发射器件的典型外形和结构

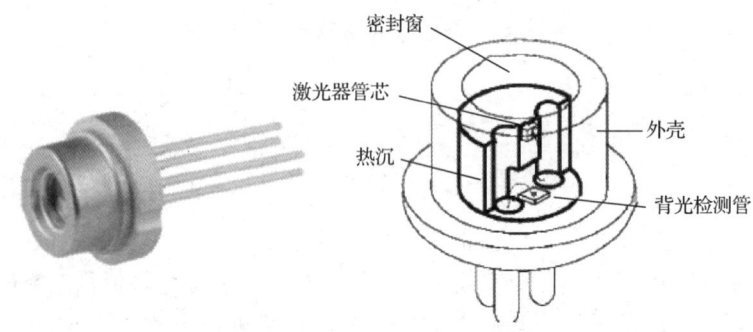

图 5.5 TO-CAN 的外形和结构

同轴型光发射器件的主要参数一般包括功率、阈值、背光等。功率的大小直接决定光的能量、传输距离（不同类型的同轴型光发射器件能达到的功率有较大差异）。在阈值正常范围内，阈值越小越好，阈值过大表明芯片结构已受损，在相同的工作条件下，较小阈值将可获得较大功率。模块可调电阻大小决定背光的大小及范围，固定可调电阻下，希望能获得一致性好的背光电流值，通过对背光电流值的监控实现对功率的监控。

5.2 光纤切割与光纤插针的制备实训

5.2.1 引言

随着光纤通信技术的迅猛发展和人们日益增长的信息传输和交换需要，光纤的使用也越来越广泛。本实训中学生将通过亲自动手处理、组装光纤套件，了解光纤的结构，学会光纤涂覆层剥离、切割及配套器件的组装。

本实训的主要目的如下。

（1）了解光纤的结构与使用注意事项。

（2）学习光纤的拿取、盘绕、运输的方法。

（3）掌握光纤涂覆层剥离的方法。

（4）熟练掌握光纤套管的安装、光纤端面切割。

（5）掌握点胶机的使用方法，学习 ND353 胶的调配和储存方法。

(6) 了解光纤耦合插针的制作工艺。

(7) 了解 ND353 胶的固化工艺特点，并进行光纤插芯固化。

(8) 了解光纤插芯制备过程检验。

5.2.2 原理与知识点

1. 光纤的弯曲损耗及最小弯曲半径

易弯曲性是光纤重要的优点之一，如果光纤弯曲的曲率半径太小，将引起光的传播途径的改变，使光从纤芯渗透到包层，甚至可能穿过包层向外渗漏。在正常情况下，光在光纤弯曲部分中进行传输时，为保持同相位的电场和磁场处于同一平面，则越靠近外侧，速度就会越快。其相速度可能超过光速，这意味着传导模将转化为辐射模，也就意味着衰减将会增加。通常情况下，光纤成缆、现场敷设、光缆接头等场合都会引起光纤的弯曲损耗。本实训所使用光纤的最小弯曲半径约为芯径的 300 倍。

2. 光纤切割

光纤切割刀（图 5.6）是用来处理石英玻璃光纤的一种工具，可处理单芯或多芯裸光纤。

光纤切割刀可用于切割像头发一样细的光纤，切好的光纤末端经数百倍放大后观察仍是平整的。光纤的材料一般为石英玻璃，所以对光纤切割刀的刀片材质有较高要求。光纤切割使用方法：①确认装置有刀片的滑动板在面前一端，打开大压板、小压板；②用剥纤钳剥除光纤涂覆层，预留裸纤长度为 30～40mm，用蘸酒精的脱脂棉或棉纸包住光纤，然后把光纤擦干净。用脱脂棉或棉纸擦一次，不要用同样的脱脂棉或棉纸去擦第二次（注意，要用纯度大于 99%的酒精）；③目测光纤涂覆层边缘对准切割器标尺上适当的刻度（12～20cm）后，左手将光纤放入导向压槽内，要求裸光纤笔直地放在左、右橡胶垫上；④合上小压板、大压板，推动装置有刀片的滑块，使刀片划切光纤卜表面，并自由滑动至另一侧，切断光纤；⑤左手扶住切割器，右手打开大压板并取走光纤碎屑，放到固定的容器中；⑥用左手捏住光纤同时右手打开小压板，仔细移开切好端面的光纤（注意，整洁的光纤断面不要碰及其他物品）。

笔式红宝石光纤切割刀（图 5.7）中的红宝石刀片宽度约 5mm（半刃），采用优质红宝石作为基材，经过精密切割和精细研磨，刀片锋利，常用于裸光纤的简单处理。

图 5.6 光纤切割刀

图 5.7 笔式红宝石光纤切割刀

3. 光纤陶瓷插芯的结构

光纤陶瓷插芯（图 5.8）又称陶瓷插针，它是光纤连接器插头中用于精密对中的圆柱形器件，中心有一微孔，用于固定光纤。光纤陶瓷插芯通常由纳米氧化锆（ZrO_2）材料经一系列配方、加工而成，其孔径、圆度误差为 $0.5\mu m$。具有陶瓷插芯的光纤连接器是可拆卸、分类的活动连接器，使光通道的连接、转换调度更加灵活，可用于光通信系统的调试与维护。

光纤陶瓷插芯作为固定光纤的器件，其主要结构可分为基准面、机械基准面及光学基准面三个部分，如图 5.9 所示。

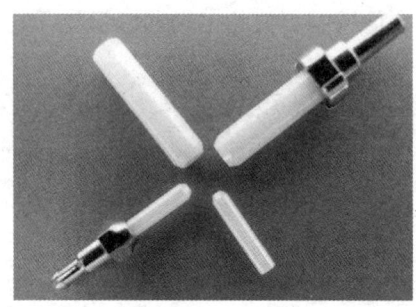

图 5.8　光纤陶瓷插芯

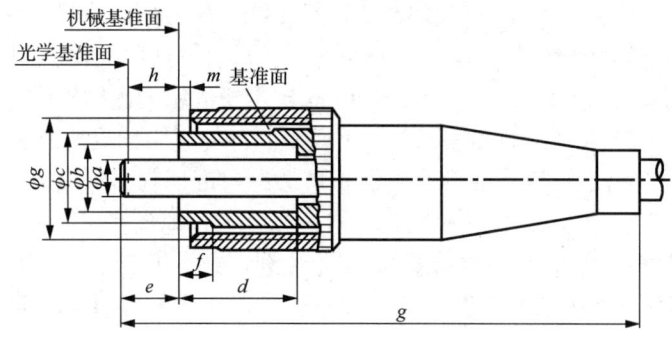

图 5.9　光纤陶瓷插芯的结构

4. ND353 胶的特性与使用简介

ND353 胶是由美国 Epoxy Technology 公司研制生产的一种光纤胶粘剂，广泛用在光纤连接器的生产上，其具有如下特征。

（1）ND353 胶是一种双组份环氧树脂胶粘剂，由树脂和固化剂两种成分混合而成。该胶粘剂固含量为 100%，适用于高温条件下的热固化。它能在 200℃下连续工作，并可承受数小时 300~400℃的高温而性能不变。此外，这种 ND353 胶具有抗多种溶剂和化学品溶解和浸蚀的能力，是粘接光纤、金属、玻璃、陶瓷以及大多数塑料的理想选择。

（2）ND353 胶具有很长的可操作时间，易操作，易渗入光纤束中，固化时由琥珀色变成深红色，可通过颜色而非时间来辅助判断是否完全固化。

（3）ND353 胶适用于薄膜和稍厚膜状表面。若需在较厚的表面上使用，建议先将胶体在室温或略高于室温下凝胶化，随后在提高温度下进行短时间固化。

(4) ND353 胶适用于涂刷、浸渍、浇灌或机械滴胶工艺。

ND353 胶在不同温度下的固化时间不同，60℃时固化时间为 0.5～1 小时，80℃时固化时间为 15 分钟，100℃时固化时间为 5 分钟，120℃时固化时间为 2 分钟，150℃时固化时间为 1 分钟。

5. 点胶机简介及应用

点胶机是一种以流体为控制对象的专业设备。点胶机能将胶水、油漆或其他液体以特定的形态点滴、灌注或涂覆于特定的产品表面或产品内部，用于粘接、密封或覆涂层。其可分为半自动点胶机、普通点胶机、自动点胶机等。

点胶机的工作原理是：压缩空气送入胶瓶（注射器），将胶压进与活塞室相连的进给管中，当活塞处于上冲程时，活塞室中填满胶，当活塞向下推进滴胶针头时，胶从针嘴压出，滴出的胶量由活塞下冲的距离决定，可以手工调节，也可以通过软件控制。

5.2.3 实训工艺

1. ND353 胶的调制与储藏

（1）打开电子称。

（2）将绝缘袋立于电子称上，将电子称调 0。

（3）导入组分 A，记录下组分 A 的质量。

（4）导入 10 倍组分 A 质量的组分 B。

（5）用封口机将绝缘袋口封住。

（6）双手挤压绝缘袋，直至组分 A 和组分 B 充分混合。

（7）将调制好的胶导入试管 1 中，称取质量。

（8）取试管 2，加水至与试管 1 质量相同。

（9）将试管 1 和试管 2 放入离心机对称位置，转数设置为 2000 转，时间设置为 5 分钟，去除组分混合时带来的气泡。

（10）调制好后放入低温储藏箱。

注意，将调制好的去气泡的胶水倒入容器中后冷藏，冷藏温度在-45℃时效果最佳。

2. ND353 胶的检验

（1）取少量调制好的胶放入高温储藏箱，温度设置为 80℃，时间设置为 30 分钟，待固化后观察颜色是否变为深红色。

（2）观察调好的胶的内部是否有气泡，若有气泡则需再次使用离心机去泡。

3. 光纤预处理及插芯制作

（1）根据要求选择截取相应芯径、种类、长度及数量的光纤，待用。若要求光纤外有保护套管，则再截取要求长度的 PVC 套管（图 5.10）；若没有要求光纤外有保护套管，则根据陶瓷插芯的长度截取 1.3～3cm 不等的 PVC 套管待用。

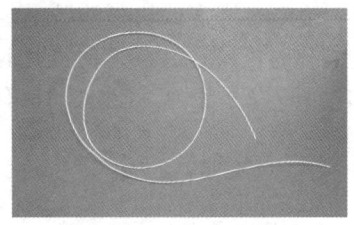

图 5.10　PVC 套管

（2）将截取好的光纤插入 PVC 套管，根据陶瓷插芯的长度在 PVC 套管前预留 1～2cm 的光纤。

（3）用牙签分别挑取 AB 胶（有刺激性气味，需戴口罩操作）两种组分于一干净平面上（质量比约为 1:1），充分混合后用牙签点在 PVC 套管与光纤连接处，静置约 5 分钟，等待胶固化。

（4）取下已固定的光纤，用光纤剥线钳将光纤上的涂敷层剥落。

（5）将陶瓷插芯固定于光纤镀膜架上（图 5.11），用点胶机将 ND353 胶注满插芯内部（图 5.12），胶水要从插芯前端的陶瓷孔内流出，点满胶后待用（若长时间不用则需冷藏，ND353 胶在室温下的可操作时间约为 4 小时）。

图 5.11　固定陶瓷插芯

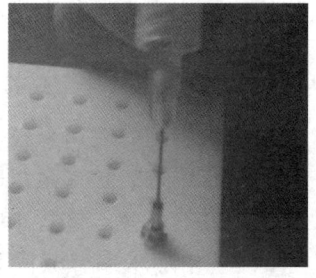
图 5.12　注胶

（6）取下注胶的陶瓷插芯，小心地将处理好的光纤从陶瓷插芯的金属端插入，直至光纤从陶瓷端的小孔内探出（探出的光纤在胶固化前不能断）。

（7）将插好的陶瓷插芯重新安装在卡具上，用牙签蘸取少许 ND353 胶点于 PVC 套管与陶瓷插芯的金属端，以胶在金属端外形成水滴状为准，确保陶瓷插芯内部注满胶且无缝隙。

（8）盘好尾端光纤，贴于平台上，保证从陶瓷插芯端部出来的光纤是竖直状态（图 5.13）。

（9）将陶瓷插芯放入高温储藏箱，以 80℃烘烤 30 分钟以上，待 ND353 胶完全固化后取出。

（10）用光纤切割刀沿陶瓷插芯体形成 30°斜角，在陶瓷插芯靠近光纤胶根部滑动切断外露的多余光纤。

（11）每个陶瓷插芯都要检查是否已去胶。用刀片将陶瓷插芯上的胶体刮掉，用手指捏住陶瓷插芯金属端尾部和光纤的结合部位，不可过分弯曲以免将光纤折断，用刀片把陶瓷插芯周围的胶刮掉。

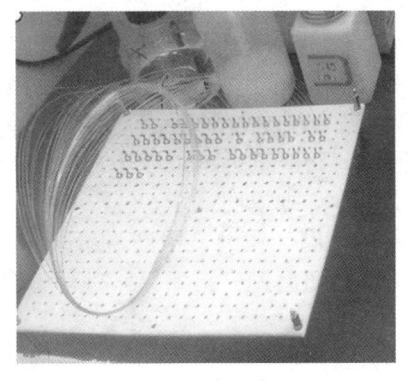

图 5.13 陶芯插芯摆放状态

图 5.13 彩图

5.3 光纤端面研磨实训

5.3.1 引言

光纤端面的质量直接影响激光器最终输出光斑的大小、形状和功率。光纤端面研磨能够改善端面质量,提高激光的耦合和输出效率。学生通过本实训将了解光纤端面研磨流程,掌握光纤端面研磨技术。

本实训的主要目的如下。

(1)掌握光纤研磨机的结构和操作方法。

(2)掌握光纤研磨机的光纤装卡方法。

(3)掌握光纤研磨工艺,并能进行光纤粗磨、精磨、抛光。

5.3.2 原理与知识点

1. 光纤研磨机简介

光纤研磨机是专门用来研磨各种光纤连接器产品的设备,主要用来研磨光纤端面,如光纤跳线、尾纤、束状光纤、能量光纤、塑料光纤、光纤器件的预埋短插芯等,其在光通信行业应用非常广泛。

光纤研磨机是通过两个电机来分别控制公转和自转,从而达到 8 字形研磨的效果(市面上也有用一个电机同时控制公转和自转的机器,这种机器的稳定性稍差)。根据加压方式的不同,光纤研磨机可分为两大类:一类是中心加压光纤研磨机;另一类是四角加压光纤研磨机。中心加压光纤研磨机是通过研磨夹具中心位置传导压力,通过调节重锤位置改变研磨压力的一种研磨机。

研磨盘运动主要分为主轴的自转运动和研磨盘的公转运动。主轴的设计采用行星式运动结构,研磨盘固定在行星齿轮上。行星齿轮有两种运动,一种是绕自身中心运动,另一种是随着杆系的转动,所以行星齿轮的运动就是研磨盘的运动。

2. 光纤研磨纸简介

研磨纸是指利用超精密涂布技术，将精选的微米或纳米级研磨微粉（金刚石、碳化硅、氧化铝、氧化铈、氧化硅等）与高性能粘合剂均匀混合后，涂覆于高强度 PET 聚酯薄膜表面，然后经过高精度裁剪工艺加工而成。研磨纸运用领域非常广泛，如光通信领域、微型电机领域等，下面就具体产品的应用进行详细说明。

金刚石研磨纸：用于光纤连接器的研磨（粗磨、中磨、精磨）；硬盘磁头、盘面的抛光；光学玻璃、光学晶体、LED、LCD 的研磨抛光；半导体材料（砷化镓、磷化铟等）的研磨抛光。

碳化硅研磨纸：用于陶瓷插芯的去胶粗磨；塑料插芯的研磨抛光；磁头的精磨抛光。

氧化铝研磨纸：用于光纤连接器的研磨；太阳能电池硅片的研磨；硬盘碳层凸起的去除；光学材料的研磨抛光。

氧化铈研磨纸：用于光学材料的研磨抛光。

氧化硅研磨纸：用于光纤连接器的最终超精密抛光。

5.3.3 实训工艺

1. 去胶

光纤去胶：将待研磨光纤装入相对应的研磨盘时，必须装盘到位，保证装盘后每个连接器头都有弹性；将连接器头放在平整的绿色研磨纸上进行去胶，在研磨纸上研磨时力道由轻变重，做 8 字形或圆形研磨，直到感觉不刮手。

检查内容：研磨的连接器头需全部去胶，如有个别的胶去不掉则将其挑出，将所有不容易去胶的光纤放在一起再进行研磨。

2. 装夹插芯

（1）将研磨夹具放置在等高器上，用扳手松开夹具上的内六角螺丝，依次顺序松开各侧面的螺丝。

（2）将要加工的陶瓷插芯端面向下放入夹紧部位的 V 形槽中，使每个插芯端面紧贴等高器的表面，如图 5.14 所示。放置陶瓷插芯时，应根据插芯的数量来确定放置的方位。

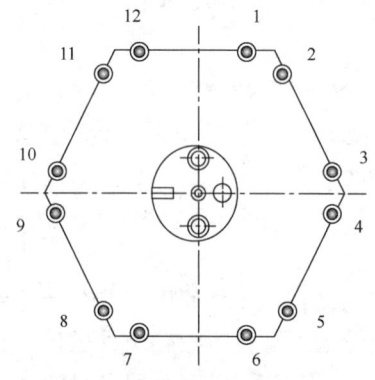

注：研磨盘一共可以安装 12 个陶瓷插针，图中数字表示陶瓷插针的位置

图 5.14 陶瓷插芯紧固位置

（3）用扳手拧紧螺丝，使陶瓷插芯紧固在夹具的 V 形槽中。应确认所有的陶瓷插芯夹紧牢固、到位，不得有松动、晃动现象。

（4）将陶瓷插芯上的光缆分成均衡的两组，分别用线夹夹住，形成两股。

注意，用手指将陶瓷插芯向下紧压，然后用内六角扳手拧紧螺丝，应确认每个插芯夹紧后不松动。

3．插芯研磨

将去胶后的陶瓷插芯安装于光纤研磨机的平台上准备研磨，一共需要四道研磨。

（1）第一道使用绿色研磨纸（30μm），将研磨片放置在研磨底盘上，然后调整重锤，使之处于正确的位置。转动手柄，放置重锤，使压紧销钉处于放松位置。将研磨片擦拭干净，然后用挤液瓶在研磨片上挤下 2mL 左右的水。研磨时长 1 分 30 秒，重锤使用 3 挡，转数指针为 5。

（2）第二道使用橘色研磨纸（9μm），其他操作与步骤（1）相似，研磨时长 2 分 30 秒，重锤使用 3 挡，转数指针为 5。

（3）第三道使用淡橘色研磨纸（1μm），其他操作与步骤（1）相似，研磨时长 2 分钟，重锤使用 2 挡，转数指针为 5。

（4）第四道使用透明的研磨纸，其他操作与步骤（1）相似，研磨时长可在 1 分 30 秒、1 分 20 秒或 1 分 40 秒间调节，重锤使用 2 挡，转数指针为 3。（第四道研磨纸用 5 次后需要更换。）

5.4　光纤端面检测实训

5.4.1　引言

光纤广泛应用于光通信布线网络、光通信及测试设备中。光纤端面的脏污会影响光链路的传输性能，增加信号的传输损耗。因此，光纤端面的检测与清洁十分重要。学生通过本实训将会熟悉检测仪器的使用方法，掌握光纤端面检测技术。

本实训的主要目的如下。

（1）了解光纤端面观察仪的结构及其使用方法。

（2）学习手工精抛的工艺。

（3）学习光纤端面检验工艺。

（4）学习应力对光纤输出光斑质量的影响。

（5）测量光纤的数值孔径。

5.4.2　原理与知识点

1．光纤端面观察仪

光纤端面观察仪由光纤端面放大镜及监视系统组成，常见的放大倍数有 50 倍、80 倍、200 倍、400 倍等。

2. 应力对光纤的影响

当材料在外力作用下而又不产生惯性移动时，其集合形状和尺寸将发生变化，这种变化称为形变。材料发生形变使内部产生大小相等但方向相反的作用力来抵抗外力，把分布内力在一点的集度称为该点的应力。应力是产品的不稳定因素，它将给产品带来一些隐患，如开裂。因为应力的存在，在受到外界作用后（如遇到化学溶剂或高温烘烤），会诱使器件应力残留位置开裂，若光纤与陶瓷插芯间的 ND353 胶由于温差变化而开裂，将导致尾纤偏离耦合位置，直接使光斑质量下降、产品功率下降。此外，由于残留应力的存在，产品在室温时会有较长时间的内应力释放，或者高温时出现短时间内残留应力释放，同时由于产品局部存在位置强度差，产品会在应力残留位置产生翘曲或变形问题。

3. 光纤数值孔径

入射到光纤端面的光并不能全部被光纤传输，只有在某个角度范围内的入射光才可以。这个角度 α 的正弦值就称为光纤的数值孔径（numerical aperture，NA）（$NA=\sin\alpha$），多模光纤 NA 的范围一般为 0.18～0.23，所以一般有 $\sin\alpha = \alpha$，即 $NA = \alpha$。有时为了简便，数值孔径的表达式也可表示为 $NA=n\sin\alpha$，其中 n 为介质折射率。

光纤的数值孔径大小与纤芯折射率及纤芯-包层相对折射率差有关。从物理上看，光纤的数值孔径表示光纤接收入射光的能力。NA 越大，则光纤接收入射光的能力越强。但是 NA 太大时，光纤的模畸变加大，会影响光纤的带宽。因此，在光纤通信系统中，对光纤的数值孔径有一定的要求。为了有效地把光射入到光纤中去，应采用数值孔径与光纤数值孔径相同的透镜进行集光。

光在光纤中从高折射率介质入射到低折射率介质时，会发生折射，控制其折射率差会实现全反射，所以光纤数值孔径和纤芯-包层相对折射率有关。如果用 n_1 表示纤芯折射率，n_2 表示包层折射率，则可表示为 $NA = \sqrt{(n_1^2 - n_2^2)}$，这一结果是在阶跃光纤的条件下推导出来的，对应的数值孔径称为最大理论数值孔径 NA_t，但在实际中最常使用的是有效数值孔径 NA_e，两者的关系为 $NA_t = 1.05 NA_e$。

5.4.3 实训工艺

灰尘、污垢及其他污染物对两根光纤之间的光信号传输会产生干扰，若一光纤接头受到污损尤其带有坚硬的细微颗粒，在与另一光纤对接时不仅会影响光纤间的对接效率，还将造成光纤接头端面的损伤或使污损物牢固地黏附在光纤接头端面。

1. 光纤端面检验

（1）将用研磨机研磨好的陶瓷插芯从研磨机上取下，陶瓷端插入光纤端面观察仪的相应孔位中，调节孔位前端的物镜及孔位的 X、Y、Z 三轴位置，使插芯在显示器中心可见且最大最清晰。

（2）观察研磨后的陶瓷端面是否干净，光纤是否清晰可见，若有划痕或黑点需手动处理。在绒布上撒少许研磨液，然后研画"8"字，再用沾有酒精的纸巾把研磨液擦干净，然后放到端面放大镜上看是否还有划痕或黑点，反复几次直至划痕或黑点消失。若手动无法将划痕或黑点去除，则需重新使用研磨机从第一道工序开始研磨。

光纤端面污损图例如图 5.15 所示。

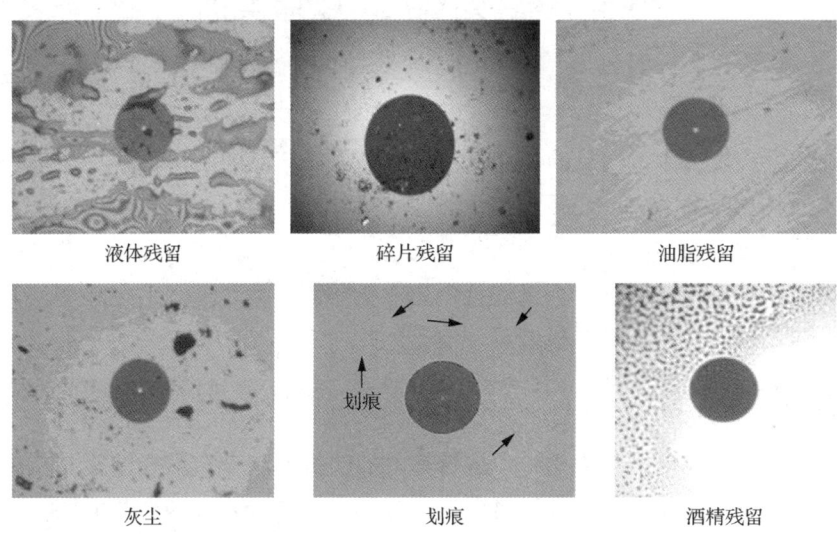

图 5.15　光纤端面污损图例

2. 光纤数值孔径测量

（1）参照图 5.16 搭建光纤数值孔径测量光路，在三波长功率计前安装小孔进行采集。

（2）打开激光器，调整物镜，使物镜后出射光在同一光轴上，将待测光纤一端连接在激光器上的输出光纤上，另一端固定在功率计前。

（3）打开激光器电源，调节待测光纤与激光器探头之间的距离，找到功率值最大点，记录下来。

（4）垂直方向移动功率计探头，监控功率计读数，待功率下降至初始读数的 1/10 时，记录移动位移，计算数值孔径。

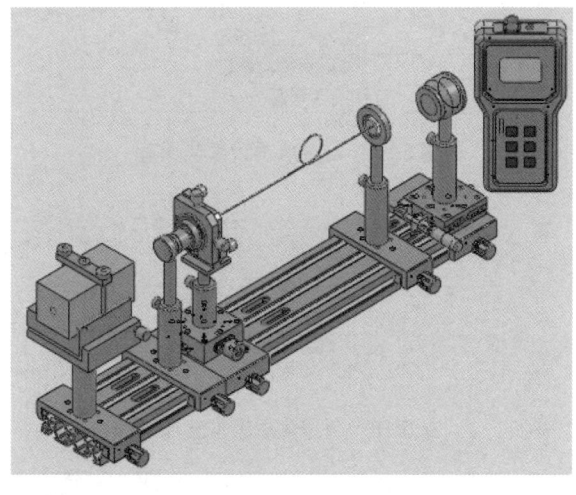

图 5.16　光纤数值孔径测量光路

5.5 器件外观尺寸检验实训

5.5.1 引言

在实际的生产生活中,物料的尺寸、参数对于最终产品的质量、品质有着至关重要的影响。在本实训中学生将对产品组件进行相关检验,熟悉检验流程及相关质检要求。

本实训的主要目的如下。

(1)根据光学器件图纸进行自聚焦透镜光学检验。

(2)根据机械器件图纸进行机械器件检验。

5.5.2 原理与知识点

自聚焦透镜又称梯度折射率透镜,是指其内部的折射率分布沿径向逐渐减小的柱状光学透镜,具有聚焦和成像功能。由于自聚焦透镜具有端面准直、耦合和成像特性,加上其圆柱状小巧的外形特点,广泛应用于微型光学系统中。自聚焦透镜是光纤通信无源器件中必不可少的基础器件,应用于要求有聚焦和准直功能的各种场合,如准直器、耦合器、光隔离器、光开关、波分复用器等。

根据自聚焦透镜的传光原理,对于 1/4 节距的自聚焦透镜,当从一端面输入一束平行光时,经过自聚焦透镜后光线会会聚在另一端面上,这种端面聚焦的功能是传统曲面透镜无法实现的。自聚焦透镜聚焦原理如图 5.17 所示。准直是聚焦功能的可逆应用。根据自聚焦透镜的传光原理,对于 1/4 节距的自聚焦透镜,当会聚光从自聚焦透镜一端面输入时,经过自聚焦透镜后会转变成平行光线。自聚焦透镜准直原理如图 5.18 所示。

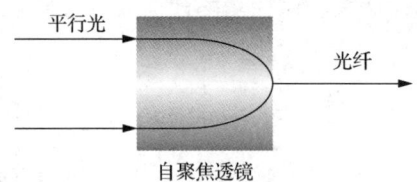

图 5.17 自聚焦透镜聚焦原理

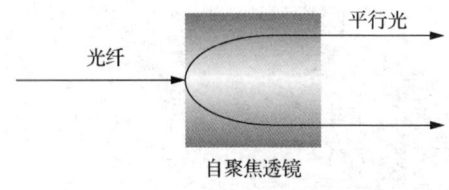

图 5.18 自聚焦透镜准直原理

当光在空气中传播遇到不同介质时,由于介质的折射率不同会改变光的传播方向。传统透镜是通过控制透镜表面的曲率,利用产生的光程差使光线会聚到一点。自聚焦透镜与普通透镜的区别在于，自聚焦透镜材料折射率的分布沿径向逐渐减小，能够使沿轴向传输的光产生连续折射，从而实现出射光线平滑且连续地会聚到一点。自聚焦透镜的主要参数包括节距、透镜长度、折射率分布常数、数值孔径等。

自聚焦透镜除具备一般曲面透镜的成像功能，还具有端面成像的特性。本实训配备的是 $P/2$ 节距的自聚焦透镜。$P/2$ 节距的自聚焦透镜的成像示意图如图 5.19 所示。

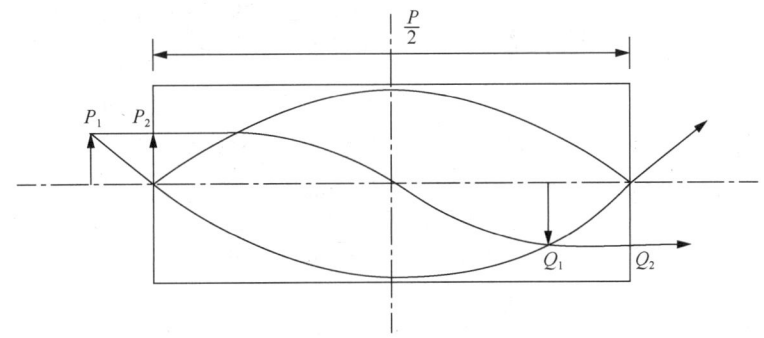

图 5.19　$P/2$ 节距的自聚焦透镜的成像示意图

5.5.3　实训工艺

1. 自聚焦透镜检验工艺

（1）在显微镜下用镊子夹住自聚焦透镜侧面。
（2）观察自聚焦透镜的侧面是否光滑，是否有毛边、毛刺，透镜中是否存在气泡等。
（3）观察自聚焦透镜整体品相是否完整。
（4）观察自聚焦透镜两端是否完整，是否有裂痕、划伤、凹坑、手印等。
（5）观察端面镀膜是否完整。
（6）用游标卡尺根据图纸测量各方面参数。
（7）分别对合格与不合格项进行分类、统计、记录，撰写检验报告。

2. 机械器件检验工艺

（1）查看图纸，通过对视图的分析，掌握机械器件的形体结构。
（2）根据图纸上所标技术参数，选择适当的测量工具（本实训所需工具为游标卡尺和千分尺）。
（3）观察器件的外观是否符合图纸外观要求，表面是否光滑干净、有无瑕疵。
（4）按照图 5.20 所示的透镜座标注尺寸参考图分别测量机械器件的直径、内外孔径、高度等。
（5）分别对合格与不合格项进行分类、统计、记录，撰写检验报告。

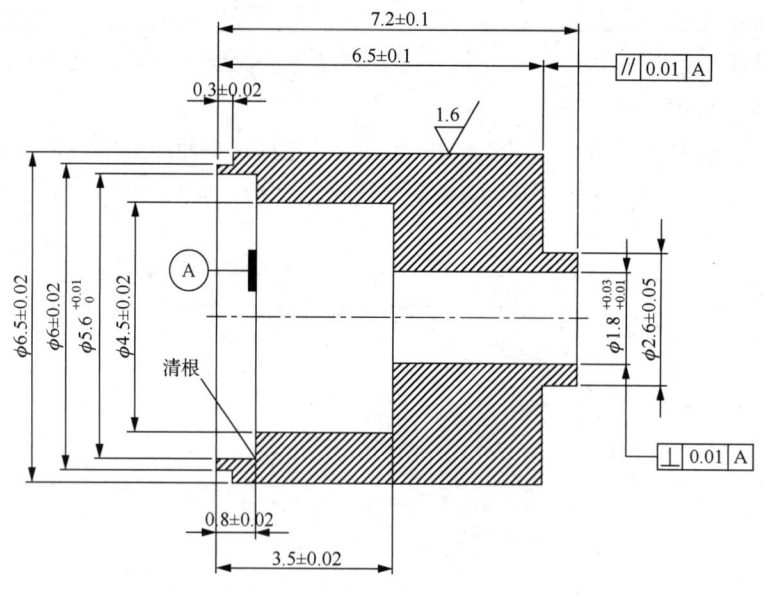

图 5.20　透镜座标注尺寸参考图

5.6　光通信器件光纤耦合实训

5.6.1　引言

耦合是光通信产品生产过程中重要的环节，其作用是将各器件组合起来，为后续工作做准备。在本实训中学生将体验耦合操作，为激光器的设计及光路的设计提供参考。

本实训的主要目的如下。

（1）学习耦合台各部件功能、参数、操作方法和注意事项。

（2）学习光纤耦合的操作步骤与注意事项，并进行光纤耦合实训。

（3）根据器件指标要求，对耦合好的器件进行光斑质量与功率检测。

5.6.2　原理与知识点

1. 光纤耦合原理

（1）光纤直接耦合。

光纤直接耦合是激光器发出的激光直接照射到平面端面的光纤上进行耦合，如图 5.21 所示。

（2）光纤微透镜直接耦合。

① 球透镜端面耦合，将光纤端面加工成球面，形成一个微透镜对光束进行耦合，从而增加光纤的数值孔径，如图 5.22 所示。

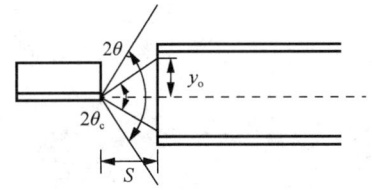
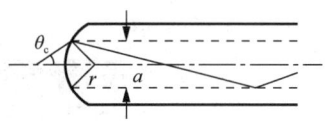

图 5.21 光纤直接耦合　　　　　　　图 5.22 球透镜端面耦合

② 圆锥形微透镜耦合，通过化学腐蚀或拉丝的方法，将光纤的一端加工成类似圆锥状来进行激光与光纤的耦合，如图 5.23 所示。

（3）间接耦合

① 柱透镜耦合，利用柱透镜特殊结构，将在其径向方向上的光线发散角进行有效压缩，常见于蝶形封装，如图 5.24 所示。

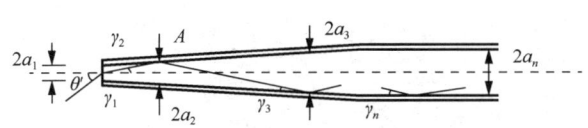
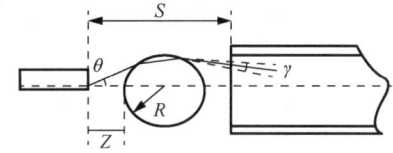

图 5.23 圆锥形微透镜耦合　　　　　图 5.24 柱透镜耦合

② 自聚焦透镜耦合，利用自聚焦透镜的特性将激光耦合进光纤，本实训使用的就是这种方法。

2. 耦合台的使用方法

耦合台的结构如图 5.25 所示。

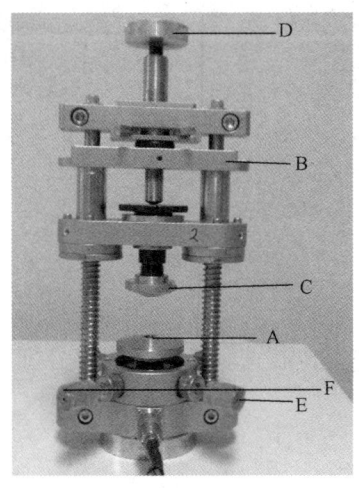

图 5.25 耦合台的结构

A-TO 封装激光器安装处；B-垂直位移；C-光纤陶瓷插芯安装处；D、E、F-耦合调整旋钮

(1) 按照接线图正确连接耦合台的正负极。

(2) 将 TO 封装激光器安装在图 5.25 中的 A 处,用镊子按压激光器,旋紧固定旋钮,管脚对应如图 5.26 所示。

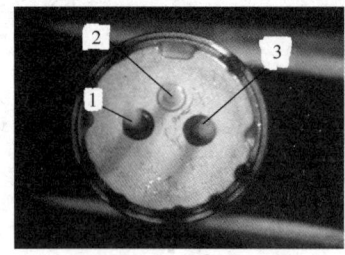

图 5.26　管脚对应示意图

(3) 将光纤陶瓷插芯安装在图 5.25 中的 C 处,旋紧固定旋钮,锁死光纤陶瓷插芯,下压 B,使插芯下降,插芯进入光纤座,如图 5.27 所示。

图 5.27　光纤陶瓷插芯安装后示意图

(4) 将光纤尾端用红宝石光纤切割笔切割,放在功率计探头前,利用图 5.25 中的 D、E、F 三个旋钮调节光纤陶瓷插芯位置,使激光器耦合后的输出功率最大。

5.6.3　实训工艺

1. 自聚焦透镜安装

(1) 取出自聚焦透镜安装台,将透镜放在安装台上,如图 5.28 所示。

图 5.28 将透镜座放在安装台上

（2）一只手持镊子夹起自聚焦透镜侧面，另一只手用蘸有 ND353 胶的光纤在透镜侧面每隔大约 120°点一滴胶水。

（3）将滴有胶水的透镜从透镜座上方竖直放入透镜座相应的空位，并用镊子尾部将透镜按压至底端。

（4）将透镜放入 80℃的高温储藏箱内，烘烤大约 30 分钟后取出。

2. 自聚焦透镜检测

（1）用镊子夹住透镜座尾端，移至体视显微镜下。

（2）检查自聚焦透镜两端是否有溢出的 ND353 胶，若有，用刀片轻轻刮去（不能刮伤透镜）。

（3）用镊子夹持透镜探出部分，轻轻摇晃，看透镜与透镜座是否粘接牢固。

（4）检查好的组件，用棉签蘸取酒精，向一个方向擦拭 3 次。

（5）在显微镜下观察擦拭后的透镜是否有水痕，是否干净，若干净，则装盒待用。

5.7 激光焊接制备实训

5.7.1 引言

激光器焊接是耦合的后续工作，焊接工艺及焊点质量将影响产品使用的寿命及稳定性。在本实训中学生可了解激光焊接机的结构及工作原理，掌握激光焊接的操作步骤。

本实训的主要目的如下。

（1）学习激光焊接机的结构及激光焊接原理。

（2）学习激光焊接的使用与调试工艺。

（3）学习 TO 管焊接工艺。

（4）学习激光器耦合焊接工艺。

5.7.2 原理与知识点

1. 激光焊接机的结构及特点

激光焊接机是一种精密仪器，一般由光路系统、电源系统、控制系统、冷却系统、聚焦系统、光纤传输系统等构成，具有对焦光斑小和精度等级高等特点，因此可进行高精密零件的焊接。

与传统的焊接加工相比，激光焊接具有加工速度快，热变形及热影响小（适合加工高熔点、高硬度、特种材料），可对零件进行局部热处理，可对复杂形状零件、微小件进行加工，可在真空中进行加工，加工时无噪声、对环境无污染等优点。

2. 激光焊接的原理

激光焊接通过连续或脉冲激光束来实现。激光焊接的原理可分为热传导型焊接和激光深熔焊接。热传导型焊接是对需要焊接的区域进行辐射加热，当材料表面的热量逐渐通过热传导渗透到材料内部的时候，就能通过调整能量及重复频率等来促使材料熔化。激光深熔焊接则需要在连续激光束下完成工作，实现材料的彼此连接及调整焊接深度。这种焊接在足够高密度的激光照射下，会使焊接材料在某个点快速高效地吸收激光束的能量，这样就可以使材料被全部熔融穿透。

3. 焊接参数

激光输出功率直接影响焊接深度和焊接速度，如图 5.29 和图 5.30 所示。

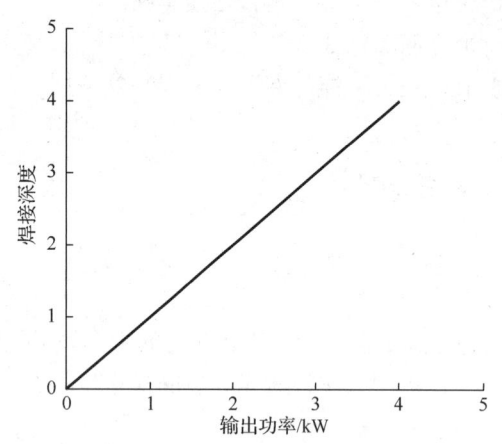

图 5.29 激光输出功率与焊接深度的关系

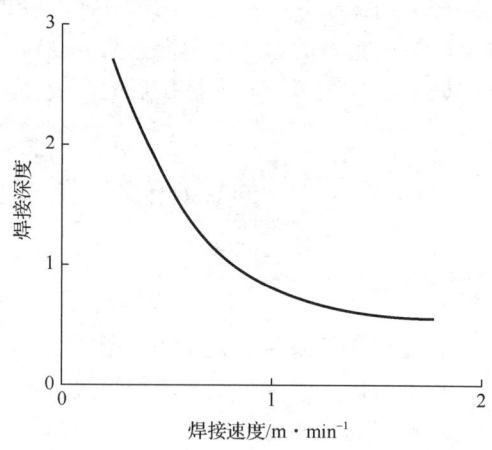

图 5-30 焊接速度与焊接深度的关系

5.7.3 实训工艺

1. 激光焊接机的使用与调试工艺

（1）打开激光焊接机的三路激光，调节电流为 300A，脉宽为 5ms。

(2)将 2 个金属套筒上下对齐放在激光焊接机中央（图 5.31），在 CCD 摄像显示下，调节激光焊接机的三路激光指示光至两个金属套筒接缝处（图 5.32）。

图 5.31　金属套筒

图 5.32　激光指示光

(3)将三路激光指示光的光斑调节到最小，此时为最佳聚焦。

(4)轻踩激光焊接机的脚踏开关 2s，激光焊接机出光进行焊接，此时在金属套筒接缝处可见 3 个均匀的焊点。

(5)转动金属套筒约 60°，以同样的方法再次焊接 3 点。

2. 焊接检查

(1)在显微镜下观察 6 个焊点，焊点外观应是圆形并穿透金属套筒，金属套筒内侧应可以看到黑色圆点。

(2)用两个钳子同时掰已焊接好的两个金属套筒，掰时用力应较大且断开时的声音清脆。

满足以上两点要求，表示焊接结果合格，可以正常生产；如不满足以上两点要求，则应调高设备电流值并重新焊接，直至焊接结果合格。

3. TO 管焊接工艺

(1)将装有透镜的 LD 管座套在 TO 管上，然后倒放在耦合台上，如图 5.33 所示。

(2)打开激光焊接机电源，调节电流为 300A，脉宽为 5ms，打开激光焊接机的一路激光。

(3)在 CCD 摄像显示下，调节激光指示光至 LD 管座与 TO 管的接缝处。

(4)将激光指示光的光斑调节到最小，此时为最佳聚焦。

(5)轻踩激光焊接机的脚踏开关 2s，激光焊接机出光进行焊接，此时焊点为 1。

(6)将 LD 管座向右微微旋转，以上述同样的方法焊接焊点 2，将 LD 管座向左微微旋转焊接焊点 3，此时的焊点位置如图 5.34 所示。

(7)将 LD 管座转动 90°，用步骤（5）和（6）的方法在 LD 管座一周焊接 4 处，每处 3 个焊点，共焊接 12 个焊点。

(8)在显微镜下检查焊点，焊点饱满为合格，否则重新焊接。

（9）将焊接合格的管座的另一端（可以看见透镜的一端）放在显微镜下，用酒精棉擦拭干净。

图 5.33 TO 管焊接

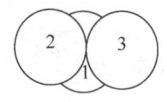

图 5.34 焊点位置

4. 激光器耦合焊接工艺

（1）器件安放。

① 将激光器安装在相应的耦合台上，激光器的正负极应与耦合台的正负极相对应。

② 将陶瓷插芯的开口环插入相应的耦合台的上方（图 5.35），陶瓷插芯端面应与光纤的端面充分接触，光纤输出端对准功率计。

③ 将尾纤安装在相应的耦合台上方（图 5.36），光纤输出端对准功率计。

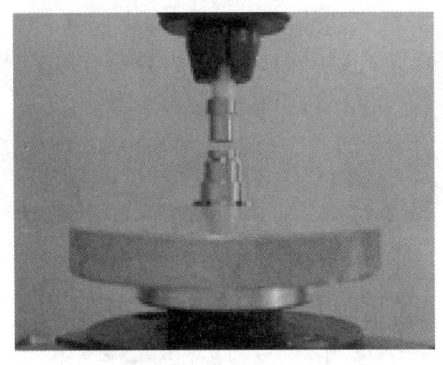

图 5.35 开口环耦合

图 5.36 尾纤耦合

④ 调节耦合台的 Z 方向调节钮，使尾纤套插入过渡套（或尾纤座）内。

⑤ 确认电源的电位器归零，打开电源开关，将电流调节到激光器的工作电流。

（2）功率调节。

① 调节耦合台的 X 方向和 Y 方向调节钮，观察功率计的读数，使光输出功率最大。

② 缓慢调节 Z 方向调节钮，观察功率计的读数，使光输出功率最大。

③ 重复步骤①、②，观察功率计读数，使光输出功率最大，记录此时的功率值 P_1。

出纤功率≥10mW 的激光器在 $I=(I_f+I_{th})/2$ 处将功率调节到最大后，逐渐将电流调节到激光器的工作电流后再参照步骤①、②进行调节，使光输出功率最大，记录此时的功率值 P_2。

（3）焊接

① 打开激光焊接机的三路激光，调节电流为 300A，脉宽为 5ms。

② 在 CCD 摄像显示下，调节三路激光指示光，使其均匀对称地分布在 LD 管座与过渡套（或尾纤座）的接缝处，同时将激光指示光调节到最佳聚焦。

③ 轻踩激光焊接机的脚踏开关 2s，激光焊接机出光进行焊接，此时在接缝处可见 3 个均匀的焊点。

④ 参照 TO 管焊接工艺，在 3 个焊点的基础上，在每个焊点的左右各焊一点，共焊接 9 个焊点。

（4）注胶固定。

① 在耦合台上，通过 CCD 摄像显示，找到插针套与过渡套（尾纤座）的缝隙最小处。

② 用废光纤轻轻蘸一点 502 胶涂在最小缝隙处。

③ 待 502 胶干透，测试并记录此时的功率值 P_3。

④ 松开固定管座的夹子，调节耦合台的 Z 方向调节钮，轻轻将激光器组件抬起。

⑤ 松开耦合台上方的夹子，用镊子将激光器组件取出并插在防静电海绵上。

⑥ 在显微镜下观察 502 胶填充情况，不应超过缝隙的 1/3，否则应将激光器组件拆掉重新耦合焊接并固定。

⑦ 用废光纤将新调配的 ND353 胶涂抹在缝隙处，至 ND353 胶不再往下流，此时 ND353 胶已将缝隙灌满。

⑧ 将激光器组件垂直插在防静电海绵上，放入瓷盘并加盖。

⑨ 放入 80℃高温储藏箱烘烤 24 小时后取出，测试并记录此时的功率值 P_4。

5.8 产品终检及成品包装实训

5.8.1 引言

终检是产品出厂前必不可少的工序，是产品质量的保证。在本实训中将让学生体验质检员的工作及职责。

本实训的主要目的如下。

（1）学习半导体激光器测试仪的结构、功能、操作须知。

（2）使用半导体激光器测试仪测试半导体激光器的 P-I-V 曲线、阈值电流、斜率效率、串联电阻、中心波长、光谱宽度等参数，并生成检验报告。

（3）学习光纤耦合器件的终检工艺。

（4）测试光纤耦合器件的功率、电流、电压值，并填写检验报告。

（5）了解产品贴签、包装注意事项，并进行包装实训。

5.8.2 原理与知识点

半导体激光器测试仪的结构如图 5.37 所示。

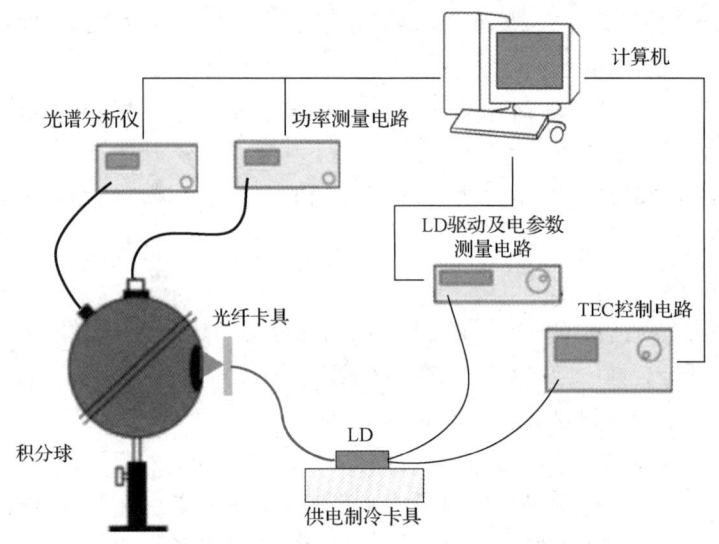

图 5.37　半导体激光器测试仪的结构

LD 驱动电路负责给激光器一个扫描电流，扫描时间为 0.2s（时间短，激光器发热量小，温漂小）。在 0.2s 内，扫描 200 个数据点，对激光器电压、功率、背光电流进行采集，采集完毕后，返回计算机绘制 P-I-V 曲线，并计算相关参数。在扫描前，将激光器的温度控制在设定值，如采用 PID 调节温度为 25℃，温控精度在 0.1℃。

主要测试部件采用进口爱万提斯光谱分析仪，探测范围 785～980nm，光谱测量中心波长的分辨率为 0.1nm，准确度为 0.2nm，重复性为 0.1nm。光谱测量的半高全宽的分辨率为 0.1nm，重复性为 5%（对于半高全宽大于 1nm 的谱线）。

控温部件主要是水冷机和控温座。水冷机的工作原理：将冷水与需控温设备形成一密闭循环水路。设备或仪表所产生的热量由液体载体从设备中传递出去。通过水冷机将热量散发到机外，从而保证设备工作在正常温度范围内。同时封闭的循环水路中一般采用专用介质，有效解决了传统开路循环系统结垢、异物堵塞等问题，从而极大地降低了循环水路的维护量与故障率。

图 5.38 所示为以 980nm10W 为例的测试数据。在界面右侧显示测试数据；中间显示光功率-电流、光功率-电流对比数据、正向电压-电流、正向电压-电流对比数据、背光电流-光功率、背光电流-光功率对比数据的曲线；左侧显示待测激光器的光谱。

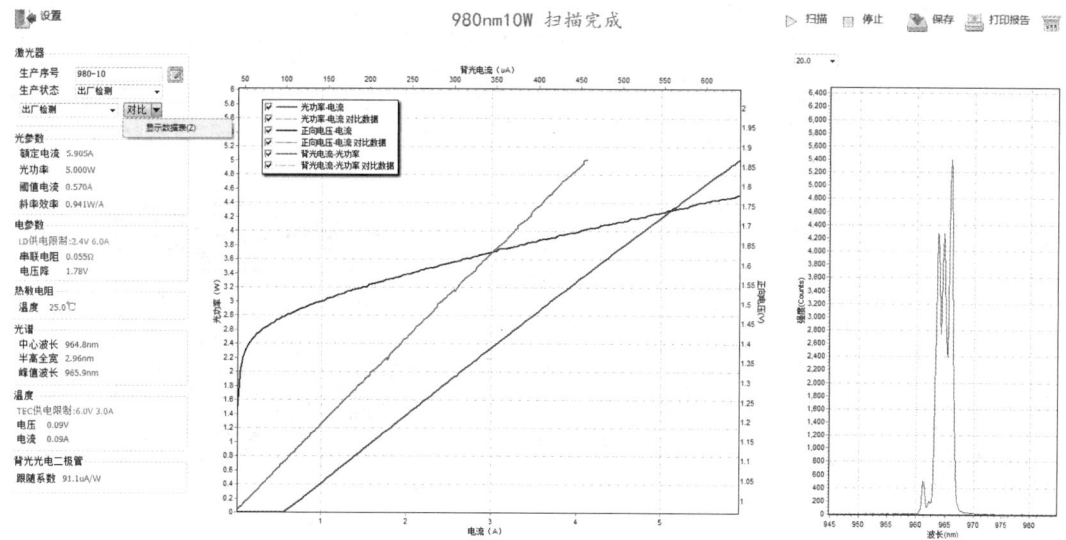

图 5.38 半导体激光器测试仪测试结果图

5.8.3 实训工艺

1. 光纤耦合器件终检工艺

组装完成的光纤耦合器件外观如图 5.39 所示。

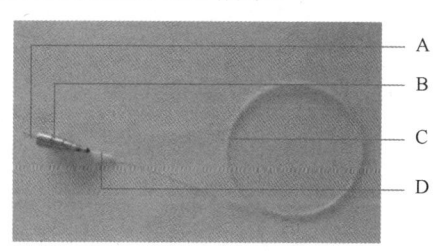

图 5.39 光纤耦合器件外观

（1）查看器件表面（图 5.39 中的 B）是否整洁、完好，器件不得有毛刺，表面不可有磕碰、划伤等现象。

（2）尾纤套管（图 5.39 中的 D）长度一致（要求尺寸差别在 20mm 内）。

（3）光纤（图 5.39 中的 C）没有明显的折痕、破裂等。

（4）引脚（图 5.39 中的 A）没有较大的弯曲。

2. 实验测试

（1）根据检验单上 650nm 同轴激光器的参数设置直流稳压电源的电流电压的上限参数。

（2）戴上指套（防止静电和腐蚀），将待测器件固定（固定前将光纤打开）在热沉上并与电源接通。

（3）选定输出线路，根据所选直流稳压电源的上限来选择对应的电流和电压值。要求这些数值比电源设定的电流、电压上限值稍大但又最接近。打开开关后，观察输出光是否为均匀圆斑。如果输出光不是均匀圆斑，则关闭电源开关，并使用光纤切割刀修整光纤尾纤端面，以确保输出光呈现均匀圆斑（若光纤端面不平，会导致出射光不均匀，进而影响功率测量的准确性），如图 5.40 所示。

 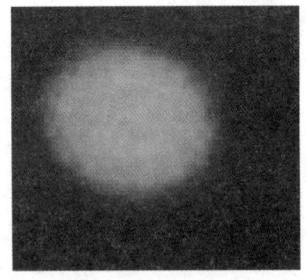

（a）光斑空心，不合格　　　　　　（b）合格光斑

图 5.40　光斑形状

（4）调节功率计为 mW 挡、波长为 650nm 挡，将尾纤与功率计相连，调节电源电流，记录电流、电压值。要求测得的电流值不得超过 30mA，若输出光很弱（功率达不到要求），也为不合格产品。

（5）贴签、包装产品。